“十五五”高等学校新工科电子信息类专业系列教材

单片机与嵌入式系统原理与应用

李　刚　林　凌　陈　妮　招展奇◎主　编
元　伟　王似玉　郝文延　陈　柱
刘　洋　李忠贤　张祖锋　孙敬来◎副主编

中国铁道出版社有限公司
CHINA RAILWAY PUBLISHING HOUSE CO., LTD.

内 容 简 介

本书以"大课程"、"理实融合"和"引导式"教学为宗旨，将常规的三门课程（C 语言、单片机和嵌入式系统）有机地融为一体，这样不仅提高了教学效率，还能使课程教学变得更为系统、生动。本书共分 9 章，主要内容包括：单片机与嵌入式系统概述，MCS-51 系列单片机基本原理，单片机开发与仿真环境搭建，C51 语言程序设计，MCS-51 系列单片机内部资源、常用接口及应用，ARM 嵌入式微处理器及应用（基于 STM32 处理器），嵌入式实时操作系统 μC/OS-Ⅱ概述，单片机应用中的典型技术，应用系统举例。

本书配套丰富的数字化资源，系统全面、有机动态建设和更新在线课程等教学资源，注重教材、实验（条件）、教学方法和教学手段有机结合。

本书适合作为高等院校电子信息类及相关专业的本科、研究生教材，也可作为相关工程技术人员的参考书。

图书在版编目（CIP）数据

单片机与嵌入式系统原理与应用 / 李刚等主编. 北京 ：中国铁道出版社有限公司，2025. 8. --（"十五五"高等学校新工科电子信息类专业系列教材）.
ISBN 978-7-113-32485-8

Ⅰ. TP368.1

中国国家版本馆 CIP 数据核字第 2025WW2720 号

书　　名：单片机与嵌入式系统原理与应用
作　　者：李　刚　林　凌　陈　妮　招展奇

策　　划：何红艳　　　　　　编辑部电话：（010）63560043
责任编辑：何红艳　绳　超
封面设计：刘　颖
责任校对：苗　丹
责任印制：赵星辰

出版发行：中国铁道出版社有限公司（100054，北京市西城区右安门西街 8 号）
网　　址：https://www.tdpress.com/51eds
印　　刷：北京鑫益晖印刷有限公司
版　　次：2025 年 8 月第 1 版　2025 年 8 月第 1 次印刷
开　　本：787 mm×1 092 mm 1/16　印张：18.5　字数：462 千
书　　号：ISBN 978-7-113-32485-8
定　　价：59.80 元

前言

单片机与嵌入式系统几乎无所不在,在各种各样的系统中起着核心的控制作用,如火箭、导弹、飞机、潜水艇、高铁、汽车、水表、电表和煤气表等。因而“单片机与嵌入式系统”是高等院校所有涉电专业——自动化、电子工程、生物医学工程、物联网、测控等专业的核心课程。同时,“单片机与嵌入式系统”课程又与C语言、操作系统等密不可分,具有内容庞杂的特点,但目前与其他课程一样,受到课时数大幅度压缩的影响,教学面临极为严峻的窘境。因此,急需一种全新的、适应当前教学改革的教材。该教材需要服从于教学要求,提供较为完整的知识体系,方便学生自学,而不是为“照本宣科”提供“本”。

基于此,编者提出了破解目前教学困境的思路:“大课程”、“理实融合”和“引导式”教学:

(1)“大课程”意味着在课程体系甚至专业学科的层面考虑课程设置、教学方法,破解课程的割裂和重叠等难题。

(2)“理实融合”符合人类的认知规律,有助于学生提高学习效果和效率。

(3)“引导式”教学:授之以渔,培养学生的“科学思维”和“工程思维”,打破“程式化”和“满堂灌”的形式主义教学惯性,培养具有全面素养的人才。

具体到本书,主要体现在:

(1)大课程:本书将常规的三门课程,即**C语言、单片机和嵌入式系统**有机地融为一体,这样不仅提高了教学效率,还能使课程教学变得更为系统、生动。

(2)理实融合:书中采用多种形式、难易不等的实验,既与知识点密切相关,又有一定自由发挥的空间。体现在:

实践诱发学习兴趣:学习的最高境界和最好状态;

实践提供感性认识:有助于理解和避免指鹿为马;

实践促进理论学习:书到用时方恨少;

实践检验学习成效:学以致用,体现学习的目的。

理实融合最重要的作用是提高学生“主动学习”的积极性和培养“自主学习”的能力。

(3)“引导式”教学:本书方便任课老师精心安排教学内容和方式,特别是对于“单片机与嵌入式系统”这样实践性极强的课程,可通过边教边实践、先实践后教和只实践(让学生自主完成探索式实践和学习)等多种教学形式完成,教材只是为这样的教学提供有效支撑。

本书配套丰富的数字化资源[可登录中国铁道出版社教育资源数字化平台(https://www.tdpress.com/51eds)获取],系统全面、有机动态建设和更新在线课程等教学资源,注重教材、实验(条件)、教学方法和教学手段有机结合。

本书由天津大学李刚、林凌,广西医科大学陈妮,广州医科大学招展奇任主编,由天津农学院元伟、天津理工大学中环信息学院王似玉、长治医学院郝文延、湖南工业大学陈柱、广州医科大学刘洋、内蒙古医科大学李忠贤、天津理工大学张祖锋、天津大学孙敬来任副主编。

理想很丰满,实现却是异常艰难。编者尽了最大努力,力求编写一本全新的教材,为教改贡献我们的力量。如有不当之处,还请不吝指正。

编　者

2024年12月于北洋园

目录

第1章

单片机与嵌入式系统概述

本章主要介绍了单片机与嵌入式系统的基本概念、特点、组成结构以及它们之间的关系，同时回顾了单片机与嵌入式系统的发展历程。

学习目标

(1)了解单片机与嵌入式系统的基本概念。

(2)熟悉单片机与嵌入式系统的关系。

(3)了解单片机与嵌入式系统的发展历程。

1.1　单片机的基本概念

单片机全称为单片微型计算机(single chip microcomputer)，是一种将中央处理器(CPU)、随机存储器(RAM)、只读存储器(ROM)、多种I/O接口以及定时/计数器等功能集成在一块集成电路芯片上的微型计算机系统。它就像是一个小型的“智能大脑”，虽然体积小，但具备了计算机的基本功能，可以独立完成一些简单或复杂的控制任务。其中，89C51系列单片机如图1-1所示。

图1-1　Atmel公司89C51系列单片机

1.1.1　单片机的组成结构

中央处理器(CPU)：作为单片机的核心部件，负责执行指令、进行数据运算和逻辑判断等操作，就如同人的大脑一样，指挥着整个单片机系统的运行。它从存储器中读取指令和数据，经过运算处理后，再将结果存储回存储器或通过I/O接口输出。

存储器：包括随机存储器(RAM)和只读存储器(ROM)。RAM用于临时存储程序运行过程中的数据、中间结果等，其特点是可以随时读写，但掉电后数据会丢失，类似于计算机中的内存。ROM则用于存储单片机的程序代码和一些固定不变的数据，如初始化参数等，其内容在一般情况下只能读取，不能随意修改，掉电后数据不会丢失，类似于计算机中的硬盘。

输入输出接口(I/O接口)：是单片机与外围设备进行信息交互的桥梁。通过I/O接口，单片机可以接收来自外部传感器等设备的输入信号，如温度、湿度、按键状态等，也可以向外部执行机构等设备发送输出信号，如控制电机的转动、LED灯的亮灭等。不同的单片机具有不同数量和功能的 I/O 接口,以满足各种不同应用场景的需求。

定时/计数器:可以对内部时钟信号或外部输入信号进行计数,也可以根据设定的时间间隔产生定时中断,用于实现定时控制、精确定时操作以及测量时间间隔等功能。例如,在一个智能温度控制系统中,定时/计数器可用于定时采集温度数据,每隔一定时间就对温度传感器进行一次数据读取。

1.1.2 单片机的工作原理

单片机的工作过程本质上就是执行程序的过程。程序是由一系列指令组成的,这些指令被预先存储在单片机的 ROM 中。当单片机上电复位后,CPU 会从 ROM 的特定地址开始读取指令,并按照指令的要求进行相应的操作,如数据处理、I/O 口控制等。CPU 不断地重复读取指令、执行指令的过程,直到程序结束或遇到特殊的停止指令。在这个过程中,单片机通过 I/O 接口与外围设备进行数据交互,实现对外部世界的感知和控制。

单片机的工作过程具有高度的自动化和灵活性。由于程序是预先存储在 ROM 中的,因此单片机可以按照预设的逻辑和算法自动执行各种任务,而无须人工干预。这种自动化特性使得单片机在工业自动化、智能家居等领域得到了广泛应用。同时,由于程序可以灵活编写和修改,因此单片机可以适应各种不同的应用场景和需求,展现出极高的灵活性和可扩展性。

1.1.3 单片机的应用领域

工业控制:在工业生产过程中,单片机可用于对生产设备的控制、生产数据的采集和处理等。例如,通过单片机可以实现对电机转速的精确控制、对生产线上产品质量的检测等,提高生产效率和产品质量。

消费电子:在日常生活中的许多电子产品都离不开单片机,如智能手机、平板电脑、数字照相机、微波炉、洗衣机等。单片机在这些产品中负责实现各种功能控制,如手机的按键控制、照相机的拍照控制、家电的运行模式控制等。

汽车电子:在汽车中,单片机广泛应用于发动机控制、车身电子稳定系统、车载娱乐系统等方面。例如,电子控制单元(ECU)就是一个基于单片机的系统,它可以根据各种传感器采集到的信息,如发动机转速、水温、油压等,精确控制发动机的喷油、点火等操作,以提高发动机的性能和燃油经济性。

智能家居:随着智能家居的发展,单片机也发挥着重要作用。它可以用于控制家庭中的灯光、窗帘、门锁、空调等设备,实现智能化的家居控制。例如,通过单片机可以实现智能门锁的密码识别、指纹识别功能,以及根据室内环境温度自动控制空调的启停和温度调节。

1.2 嵌入式系统的基本概念

嵌入式系统是一种嵌入到物理设备或产品中,以实现特定功能为目的,并且通常具有实时性、可靠性等严格要求的专用计算机系统。它将计算机技术、半导体技术和电子技术与各个行业的具体应用相结合,是一个技术密集、资金密集、高度分散、不断创新的知识集成系统。其应用范畴如图 1-2 所示。

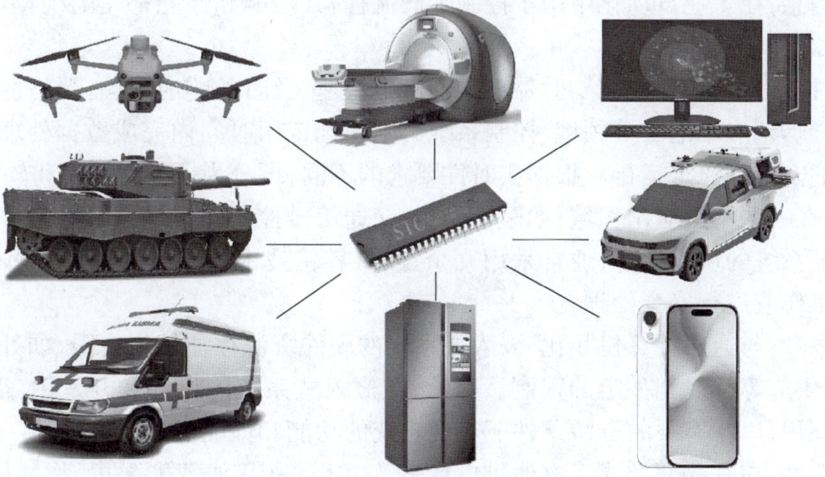

图 1-2 嵌入式系统应用范畴

1.2.1 嵌入式系统的组成

1. 硬件部分

处理器:这是嵌入式系统的核心,负责执行指令和处理数据,类似于人的大脑。其性能、功耗等特性直接影响整个系统的性能和应用场景,常见的有 ARM、PowerPC、MIPS 等架构的处理器。

存储器:包括用于存储程序和数据的只读存储器(ROM)、随机存储器(RAM)等。ROM 用于保存启动代码、操作系统内核和应用程序等固定内容,而 RAM 用于程序运行时的临时数据存储和操作。

输入输出设备:这是嵌入式系统与外部环境交互接口,如传感器作为输入设备,可采集温度、湿度、压力等物理量;而执行器作为输出设备,可控制电机转动、阀门开关等。此外,还包括显示器件、键盘、触摸屏等常见的输入输出设备。

通信接口:用于实现嵌入式系统与其他设备或系统之间的通信,常见的有串口、以太网接口、USB 接口、蓝牙、Wi-Fi 等,确保数据能够在不同设备之间准确、快速地传输。

2. 软件部分

嵌入式操作系统:这是管理和控制嵌入式系统硬件与软件资源的程序,为应用程序提供运行环境和开发接口。它具有实时性、可裁剪性等特点,常见的有 VxWorks、μC/OS-Ⅱ、Linux、Windows Embedded 等。

设备驱动程序:这是使硬件设备能够正常工作并与操作系统和其他软件进行交互的程序,负责将上层软件的指令转换为对硬件的具体操作,同时将硬件的状态和数据反馈给上层软件。

应用程序:这是根据具体应用需求开发的软件,用于实现特定的功能,如智能手表中的健康监测应用、智能家居中的环境控制应用等。

1.2.2 嵌入式系统的特点

专用性:嵌入式系统通常是为特定的应用或任务而设计的,如在智能手环中用于监测运动数据和健康信息,在工业自动化中用于控制生产流程,其功能和性能都是围绕特定需求进行优化的。

实时性:许多嵌入式系统需要对外部事件做出快速、及时的响应,具有严格的实时性要求。例如,在航空航天、汽车电子等领域,控制系统必须在规定的时间内完成数据处理和控制操作,以确保系统的安全和稳定运行。根据实时性要求的不同,可分为硬实时系统和软实时系统。

可靠性:在一些关键应用领域,如医疗设备、交通信号控制等,嵌入式系统的可靠性至关重要。为了保证系统的可靠运行,通常采用冗余设计、容错技术等,确保在出现故障或异常情况时能够继续工作或进行安全处理。

资源受限性:与通用计算机相比,嵌入式系统的硬件资源往往较为有限,如处理器性能、存储容量、电源供应等都受到一定的限制。因此,在嵌入式系统的设计和开发中,需要充分考虑资源的有效利用,以在有限的资源条件下实现系统的功能和性能要求。

功耗敏感性:在一些便携式或电池供电的嵌入式设备中,如智能手机、物联网传感器节点等,功耗是一个关键因素。为了延长设备的电池续航时间,需要采用低功耗的硬件设计和软件算法,优化系统的功耗管理。

1.2.3 嵌入式系统的发展趋势

智能化:随着人工智能技术的发展,嵌入式系统越来越多地集成了人工智能算法和模型,如在智能安防监控中实现人脸识别、行为分析,在智能家居中实现语音识别和智能控制,使嵌入式设备具有更强的智能感知和决策能力。

网络化:物联网的兴起促使嵌入式系统更加注重网络化连接。通过各种通信技术将大量的嵌入式设备连接成一个庞大的网络,实现设备之间的数据共享和协同工作,如工业物联网中的设备互联、智能家居系统的远程控制等。

小型化与低功耗化:在微电子技术不断进步的推动下,嵌入式系统的硬件将朝着更小尺寸、更低功耗的方向发展,以满足可穿戴设备、微型传感器等应用对设备体积和功耗的严格要求。

多核与异构化:为了满足日益复杂的应用需求和提高系统性能,嵌入式处理器逐渐向多核与异构化方向发展,将不同类型的处理器核心(如 CPU、GPU、DSP 等)集成在一块芯片上,实现不同任务在不同核心上的高效并行处理。

1.3 单片机与嵌入式系统的关系

1. 单片机是嵌入式系统的重要组成部分

单片机作为一种具有完整计算机功能的芯片,常常作为嵌入式系统的核心处理器使用。在许多简单的嵌入式应用中,单片机可以直接与外围设备连接,通过编写相应的程序来实现对设备的控制和数据处理,构成一个基本的嵌入式系统。

2. 嵌入式系统拓展了单片机的应用范围

嵌入式系统不仅仅是硬件的组合,还包括了丰富的软件和复杂的系统设计。通过在单片机上运行嵌入式系统和开发各种应用程序,可以将单片机的应用拓展到更广泛的领域,实现更复杂的功能。例如,在智能家居系统中,利用单片机作为控制核心,结合传感器、通信模块等硬件设备，再加上相应的嵌入式软件，可以实现对家庭环境的智能监测和控制。

3. 相互促进与发展

随着单片机技术的不断进步，其性能越来越强，功能越来越丰富，为嵌入式系统的发展提供了更强大的硬件支持。同时，嵌入式系统应用需求的不断增长，也对单片机的性能、功耗、集成度等方面提出了更高的要求，推动了单片机技术的不断创新和发展。

1.4　单片机与嵌入式系统的发展历程

1.4.1　单片机的发展历程

1. 初级阶段（20 世纪 70 年代初至 20 世纪 70 年代中期）

1971 年，美国 Intel 公司推出了世界上第一台微处理器 4004，标志着微型计算机时代的开始。随后，Intel 公司又推出了 8008、8080 等微处理器。这些微处理器虽然功能相对简单，但为单片机的发展奠定了基础。1974 年，仙童公司推出了世界上第一块单片机 F8，它将 8 位 CPU、64 B 的 RAM、2 个并行口和 1 个 8 位定时/计数器集成在一块芯片上，开启了单片机的发展历程。

2. 发展阶段（20 世纪 70 年代中期至 20 世纪 80 年代中期）

这一时期，单片机的性能得到了很大的提升，出现了许多具有代表性的产品。例如，Intel 公司的 MCS-48 系列单片机，它集成了 8 位 CPU、1 KB 的 ROM、64 B 的 RAM、2 个 8 位并行口和 1 个 8 位定时/计数器，具有较强的控制功能，广泛应用于工业控制、智能仪器仪表等领域。

3. 成熟阶段（20 世纪 80 年代中期至 20 世纪 90 年代中期）

随着半导体技术的不断进步，单片机的集成度和性能进一步提高。出现了如 Intel 公司的 MCS-51 系列单片机，它在 MCS-48 系列单片机的基础上进行了大量的改进和扩展，具有丰富的指令系统、强大的中断系统和多种外设接口，成为当时应用最广泛的单片机之一。此外，Atmel 公司的 AT89 系列单片机也因其具有 Flash 存储器，方便用户进行程序的擦写和修改，受到了广大用户的欢迎。

4. 高性能阶段（20 世纪 90 年代中期至今）

进入 20 世纪 90 年代中期以后，单片机向高性能、低功耗、低成本的方向发展。出现了许多新型的单片机，如 ARM 公司的 ARM Cortex-M 系列单片机，采用了先进的 RISC（精简指令集计算机）架构，具有较高的性能和较低的功耗，广泛应用于手机、平板电脑、汽车电子等领域。同时，单片机的功能也越来越丰富，集成了各种通信接口、传感器接口、数字信号处理功能等，能够满足不同应用场景的需求。

1.4.2　嵌入式系统的发展历程

1. 起源阶段（20 世纪 60 年代至 20 世纪 70 年代）

嵌入式系统的起源可以追溯到 20 世纪 60 年代，当时计算机技术开始应用于军事和航空航天领域，如美国阿波罗登月计划中的计算机系统，用于控制飞船的飞行姿态、导航等任务。这些早期的嵌入式系统主要是基于专用的计算机硬件和定制的软件，功能相对简单，规模也较小。

2. 形成阶段(20世纪70年代至20世纪80年代)

随着微处理器和微控制器的出现,嵌入式系统得到了快速发展。这一时期,嵌入式系统开始应用于工业控制、汽车电子、通信等领域,如汽车中的电子控制单元(ECU)、工业自动化中的控制器等。嵌入式软件也逐渐从简单的汇编语言程序发展到具有一定结构和功能的操作系统,如VRTX、pSOS等实时操作系统开始出现,提高了嵌入式系统的开发效率和可靠性。

3. 发展阶段(20世纪80年代至20世纪90年代)

20世纪80年代至20世纪90年代,嵌入式系统进入了快速发展阶段。随着集成电路技术的不断进步,嵌入式处理器的性能不断提高,存储器容量不断增大,各种外设接口也越来越丰富。同时,嵌入式操作系统也得到了进一步的发展和完善,出现了如WindowsCE、Linux等通用的嵌入式操作系统,为嵌入式系统的开发提供了更加便捷的平台。这一时期,嵌入式系统在消费电子、网络通信、医疗设备等领域得到了广泛应用,如手机、数字照相机、路由器等产品中都采用了嵌入式系统。

4. 普及阶段(20世纪90年代至今)

进入20世纪90年代以后,随着互联网技术的兴起和普及,嵌入式系统与网络技术、人工智能技术等深度融合,应用范围不断扩大,几乎渗透人们生活和工作的各个领域。智能家居、智能交通、工业物联网、智能医疗等领域的快速发展,使得对嵌入式系统的需求持续增长。同时,嵌入式系统的开发技术也越来越成熟,出现了许多先进的开发工具和平台,如集成开发环境(IDE)、实时仿真器等,大大提高了嵌入式系统的开发效率和质量。

习　题

简答题

(1)简述单片机的发展历史。

(2)嵌入式系统的基本概念、特点是什么?

(3)简述单片机与嵌入式系统之间的关系。

(4)结合自己的常识,举例说明生活中用到的哪些电子产品具有单片机与嵌入式系统特征。

(5)举例解释嵌入式系统的多核与异构化。

第2章

MCS-51系列单片机基本原理

本章主要介绍了MCS-51系列单片机的发展、型号、结构、特点、片外存储器的扩展应用及新型器件等。

学习目标

(1)理解MCS-51系列单片机的结构、特点、类型和片外存储器等内容。

(2)了解MCS-51系列单片机的扩展应用。

2.1 MCS-51系列单片机简介

MCS-51系列单片机由Intel公司在1980年推出,它的诞生标志着单片机发展进入了一个新的阶段。MCS-51系列单片机是一种集成的电路芯片,包含了中央处理器(CPU)、随机存储器(RAM)、只读存储器(ROM)、多种I/O接口、中断系统、定时/计数器等功能。

2.1.1 MCS-51系列单片机的发展

MCS-51系列单片机的发展可以分为三个主要阶段。

1. 初级单片机阶段

以Intel公司的MCS-48为代表。这个阶段的单片机功能相对简单,但为后续的发展奠定了基础。MCS-51系列单片机在这个阶段逐渐崭露头角,其集成度和性能开始受到关注。

2. 高性能单片机阶段

MCS-51系列单片机在这个阶段成为主流。Intel公司推出了完善、典型的MCS-51单片机系列,设置了经典的8位单片机的总线结构,包括8位数据总线、16位地址总线、控制总线及具有多机通信功能的串行通信接口。CPU外围功能单元的集中管理模式,体现工控特性的位地址空间及位操作方式,指令系统也趋于丰富和完善,增加了许多突出控制功能的指令,例如位控、乘除等。

3. 8位单片机巩固完善及16位单片机推出阶段

以MCS-96系列为代表。在这个阶段,8位单片机不断巩固和完善,同时16位单片机也开始推出。MCS-51系列单片机在这个阶段继续发挥着重要作用,其性能和功能不断提升,以适应不断变化的市场需求。

历经多年发展,MCS-51系列单片机仍是应用的主流产品。这得益于它的稳定性、可靠性和广泛的适用性。许多公司在MCS-51的基础上进行功能的增、减、改变,生产出了各种与

MCS-51 兼容的单片机系列，如 Atmel 公司的 AT89S51、AT89S52、AT89S53 等等，STC 公司的 STC89C51、STC89C52、STC89C53、STC90C516 等等。这些单片机与 8051 的系统结构相同，采用 CMOS 工艺。常用 80C51 系列来称呼所有具有 8051 指令系统的单片机。

MCS-51 系列单片机的发展历程见证了单片机技术的不断进步和创新。从最初的简单功能到如今的高性能、多功能，MCS-51 系列单片机始终在嵌入式系统中占据着重要地位。

2.1.2 MCS-51 系列单片机的型号及其功能、分类

1. MCS-51 系列单片机的主要型号及其功能

8051：这是 MCS-51 系列中最典型的产品，具有 8 位 CPU、4 KB 的 ROM、128 B 的 RAM、4 个 8 位并行 I/O 口、2 个 16 位定时/计数器、5 个中断源等。

8031：没有内部 ROM，适用于需要外部程序存储器的应用场景。

8751：具有 4 KB 的 EPROM，适用于需要频繁修改程序的场合。

8052：在 8051 的基础上增加了更多的内部存储器和功能，如更多的 I/O 口和定时/计数器。

8752：具有 EPROM，功能和 8751 相似，但具体细节可能有所不同。

不同型号的功能差异：

基本型和增强型：末位数为“1”的型号为基本型，如 8051；末位数为“2”的型号为增强型，如 8052。增强型通常具有更大的内部存储器和更多的功能。

存储器配置：不同型号的单片机在 ROM 和 RAM 的配置上有所不同。例如，8051 具有 4 KB 的 ROM 和 128 B 的 RAM，而 8751 则具有 4 KB 的 EPROM。

2. 根据不同标准的分类

MCS-51 系列单片机分类见表 2-1。

表 2-1 MCS-51 系列单片机分类

<table>
<tr><th rowspan="2">系列</th><th rowspan="2">型号</th><th colspan="2">片内存储器</th><th colspan="2">片外存储器</th><th colspan="2">I/O 口</th><th rowspan="2">中断源/个</th><th rowspan="2">(定时/计数器)/(个×位)</th></tr>
<tr><th>ROM</th><th>RAM</th><th>RAM</th><th>ROM</th><th>并行/(个×位)</th><th>串行/个</th></tr>
<tr><td rowspan="3">51 子系列</td><td>8051、80C51</td><td>4 KB ROM</td><td rowspan="3">256 B</td><td rowspan="6">64 KB</td><td rowspan="6">64 KB</td><td rowspan="6">4×8</td><td rowspan="6">1</td><td rowspan="3">5</td><td rowspan="3">2×16</td></tr>
<tr><td>8751、87C51</td><td>4 KB EPROM</td></tr>
<tr><td>8951、89C51</td><td>4 KB EEPROM</td></tr>
<tr><td rowspan="3">52 子系列</td><td>8052、80C52</td><td>8 KB ROM</td><td rowspan="3">512 B</td><td rowspan="3">6</td><td rowspan="3">3×16</td></tr>
<tr><td>8752、87C52</td><td>8 KB EPROM</td></tr>
<tr><td>8952、89C52</td><td>8 KB EEPROM</td></tr>
</table>

①根据单片机内部程序存储器的配置分为如下四类：

无 ROM（ROMless）型：8031、80C31、8032、80C32。

带 MaskROM（掩模 ROM）型：8051、80C51、8052、80C52。

带 EPROM 型：8751、87C51、8752。

带 EEPROM 型：8951、89C51、8952、89C52。

②根据单片机内部存储器的容量配置分为如下两类：

51 子系列:芯片型号的最末位数字以 1 作为标志,是基本型产品。

52 子系列:芯片型号的最末位数字以 2 作为标志,是增强型产品。

③根据芯片的半导体制造工艺分为如下两类:

HMOS 工艺型:芯片型号中无 C 的产品。

CHMOS 工艺型:芯片型号中有 C 的产品。

2.2 MCS-51 系列单片机的结构

MCS-51 系列单片机是一种经典的 8 位单片机,其具体结构图如图 2-1 所示。其结构的主要部分分为五项:中央处理器(CPU)、输入输出接口(I/O 口)、存储器、定时/计数器和中断系统等。

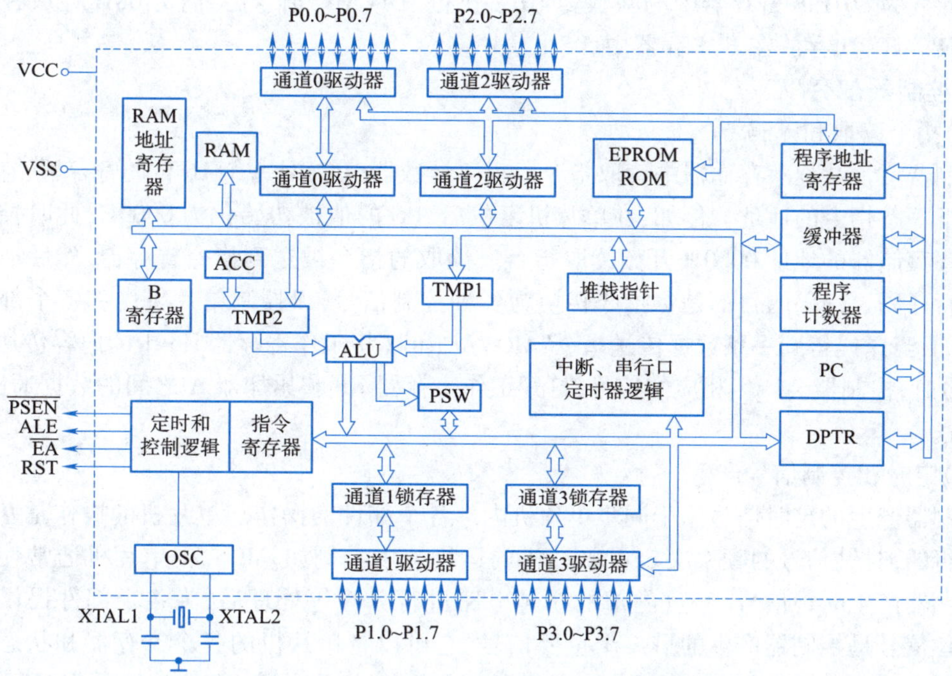

图 2-1　MCS-51 系列单片机结构图

2.2.1 MCS-51 系列单片机的中央处理器

1. 运算器部分

(1)算术逻辑单元(ALU)

ALU 是 MCS-51 系列单片机运算器的核心部件,它能够执行多种算术和逻辑运算。例如,在算术运算方面,它可以完成加法、减法、乘法和除法。以加法运算为例,假设要计算两个 8 位二进制数 A = 01010101B 和 B = 10101010B 的和,ALU 会按照二进制加法规则进行运算,得到结果 11111111B。在逻辑运算方面,它可以执行与、或、非、异或等操作。比如对于两个数 A = 11001100B 和 B = 10101010B 进行与运算,ALU 会将对应的位进行与操作,即 A 和 B 的第 1 位 1 和 0 相与得 0,第 2 位 1 和 1 相与得 1 等,最终结果为 10001000B。

(2)累加器 A

累加器 A(ACC)是 MCS-51 系列单片机中最常用的寄存器之一。在算术和逻辑运算中,它经常作为操作数参与运算。例如,在加法指令“ADDA,#data”中,#data 是一个立即数,这个指令的意思是将累加器 A 中的内容与立即数相加,结果存放在累加器 A 中。如果累加器 A 中初始值为 30H,指令为“ADDA,#10H”,那么执行完指令后,累加器 A 中的值就变为 40H。在乘法运算中,它也起到关键作用。当执行乘法指令“MULAB”时,其中一个操作数在累加器 A 中,另一个在 B 寄存器中,乘积的低 8 位存放在累加器 A 中,高 8 位存放在 B 寄存器中。

(3)B 寄存器

B 寄存器主要用于乘法和除法运算。在乘法运算时,如前面提到的“MULAB”指令,它与累加器 A 配合使用。在除法运算中,例如执行“DIVAB”指令,被除数存放在累加器 A 中,除数存放在 B 寄存器中,运算结果的商存放在累加器 A 中,余数存放在 B 寄存器中。假设累加器 A 中的被除数为 80H,B 寄存器中的除数为 10H,执行“DIVAB”指令后,商为 08H 存放在累加器 A 中,余数为 00H 存放在 B 寄存器中。

2. 控制器部分

(1)指令读取和译码

控制器负责从程序存储器中读取指令。程序计数器(PC)是一个 16 位的寄存器,它指向要执行的下一条指令的地址。例如,在单片机复位后,PC 的值被初始化为 0000H,此时控制器就会从程序存储器的地址 0000H 开始读取指令。读取的指令被送到指令寄存器,然后通过译码电路进行译码。译码的目的是将指令转换为各种控制信号,以控制单片机内部各个部件的操作。比如,当译码得到一条数据传送指令“MOVA,Rn”(将工作寄存器 Rn 中的内容传送到累加器 A 中)时,控制器会产生相应的信号,打开工作寄存器 Rn 和累加器 A 之间的数据通路,完成数据传送。

(2)定时和控制信号产生

控制器产生的定时信号用于同步单片机内部各个部件的操作。单片机的操作是基于时钟信号进行的,时钟信号的频率决定了单片机的运行速度。例如,MCS-51 单片机通常使用外部晶体振荡器产生时钟信号,经过内部的时钟电路进行分频等处理后,为各个部件提供定时信号。复位信号是控制器产生的另一个重要信号,它可以将单片机的各个寄存器和状态位初始化为默认值。当单片机复位引脚(RST)接收到有效的复位信号(高电平持续一定时间)时,PC 被清零,其他寄存器如累加器 A、B 寄存器等也被初始化为特定的值,这样可以确保系统从一个已知的状态开始运行。

2.2.2 MCS-51 系列单片机的端口

1. 准双向并口

MCS-51 系列单片机中的准双向并口主要指的是 P0、P1、P2 和 P3 口。这些端口在结构和功能上具有一定的相似性,同时也存在一些差异。以下是对 MCS-51 系列单片机准双向并口的详细解释。

(1)准双向并口的定义

准双向并口是指端口在输入和输出方向上具有一定的灵活性,但并非真正的双向(即不能同时作为输入和输出)。在 MCS-51 系列单片机中,准双向并口的输入和输出操作需要通过特定的控制逻辑来实现。

(2)准双向并口的结构

MCS-51系列单片机的准双向并口(P0、P1、P2、P3口)在结构上包括口锁存器、输出驱动器和输入缓冲器。其中,口锁存器用于存储输出数据,输出驱动器用于驱动外部电路,输入缓冲器则用于接收外部输入信号。

(3)准双向并口的功能

①P0口:MCS-51系列单片机中的P0口是一个三态双向口,可以在输入、输出和高阻态之间切换。其驱动能力相对较大,可以驱动高达8个TTL(transistor-transistor logic,晶体管-晶体管逻辑)电路。三态特性是指输出状态、输入状态和高阻态。

输出状态:P0口可以输出数据,驱动外部电路。

输入状态:P0口也可以作为输入口,接收外部信号。在输入状态下,P0口需要被外部电路拉成高电平或低电平,以实现信号的读取。

高阻态:高阻态是指P0口既不输出也不输入,相当于一个开路状态。此时,P0口对外部电路的影响最小,可用于实现多个电路之间的隔离。

②P1口:主要作为通用I/O口使用,每一位都可以分别定义为输入线或输出线。在某些特定型号的MCS-51系列单片机中(如8032/8052),P1.0和P1.1还具有特殊功能,分别作为定时器T2的外部计数脉冲输入端和捕捉/重装触发脉冲输入端。

③P2口:除了可以作为通用I/O口使用外,还可以作为系统扩展时的地址总线高8位输出引脚。在单片机系统仅使用地址的低8位时,P2口仍然可以作为通用I/O口使用。

④P3口:具有双重功能。第一功能是一般I/O口,与P1口类似;第二功能是每位具有相应的专用功能,如串行通信、外部中断、定时/计数控制等。在实际应用中,P3口的某一位只能用于第一或第二功能之一。

(4)准双向并口的操作注意事项

①输入操作:当需要将准双向并口配置为输入时,应先向对应的口锁存器写入"1",使输出驱动器截止,以免误读数据。

②输出操作:输出数据时,可以直接向口锁存器写入数据,输出驱动器会将数据输出到外部电路。

③电流限制:MCS-51系列单片机的I/O口有一定的电流限制,通常不超过20 mA(输入)和1.2 mA(输出)。在实际应用中,应注意不要超出这些限制,以免损坏单片机或外部电路。

2. 多功能I/O口

MCS-51系列单片机多功能I/O口能够实现基本的输入输出功能,还具备多种特殊功能,极大地增强了单片机的应用灵活性和扩展性。

1)P0口

(1)结构特点

P0口是一个8位漏极开路双向I/O口。其内部包含了1个数据输出锁存器、2个三态输入缓冲器以及场效应管驱动电路。当作为通用I/O口使用时,由于其漏极开路的特性,需要外接上拉电阻才能实现正常的高电平输出。

(2)通用I/O功能

输出模式:当向P0口锁存器写入数据时,数据经锁存器和场效应管驱动电路输出到端口引脚。若输出高电平，由于漏极开路，实际端口电平需依赖外接上拉电阻拉高；若输出低电平，则场效应管导通，引脚被拉低。

输入模式：在读取端口数据时，先向锁存器写入"1"，使场效应管截止，然后外部信号经三态输入缓冲器读入到内部数据总线。P0 口的输入输出模式可通过相应的指令进行灵活切换。

(3)地址/数据分时复用功能

在访问外部存储器时，P0 口承担着低 8 位地址和数据的分时复用传输任务。先输出低 8 位地址信号，由地址锁存信号(ALE)将其锁存到外部地址锁存器中，然后 P0 口切换为数据总线，进行数据的读写操作。这种分时复用机制有效地减少了单片机引脚数量，提高了系统的集成度。

2)P1 口

(1)结构特点

P1 口是一个 8 位准双向 I/O 口。它内部有数据输出锁存器和三态输入缓冲器，并且其内部已经集成了上拉电阻，不需要像 P0 口那样外接上拉电阻(除非有特殊的驱动要求)。

(2)通用 I/O 功能

输出模式：将数据写入 P1 口锁存器后，数据经内部电路直接输出到端口引脚。由于有内部上拉电阻，输出高电平较为稳定。

输入模式：先向锁存器写入"1"，使端口处于输入状态，外部信号经三态输入缓冲器读入内部数据总线。P1 口常用于连接一些简单的外围设备，如按键、LED 等，实现基本的输入输出控制功能。

(3)特殊功能应用(可选)

在某些特定型号或扩展应用中，P1 口的部分引脚可能被赋予特殊功能，例如作为定时/计数器的外部输入引脚等，但这种特殊功能应用相对较少且依赖于具体的单片机型号和应用场景。

3)P2 口

(1)结构特点

P2 口也是一个 8 位准双向 I/O 口，其结构与 P1 口类似，包含数据输出锁存器和三态输入缓冲器以及内部上拉电阻。

(2)通用 I/O 功能

输出模式：数据通过锁存器输出到端口引脚，内部上拉电阻保证输出高电平的稳定性。

输入模式：先向锁存器写入"1"后，可读取外部输入信号。在一般的通用 I/O 应用中，P2 口可用于连接多种外围设备，如传感器、显示模块等。

(3)地址输出功能

当 MCS-51 系列单片机访问外部存储器时，P2 口作为高 8 位地址总线输出端口。与 P0 口输出的低 8 位地址配合，可实现对 64 KB 外部数据存储器或程序存储器的寻址操作。在这种模式下，P2 口的输出由单片机的硬件自动控制，无须用户软件过多干预。

4)P3 口

(1)结构特点

P3 口同样为 8 位准双向 I/O 口，但其内部结构在具备数据输出锁存器和三态输入缓冲器以及内部上拉电阻的基础上，针对每个引脚都设计了特殊功能复用电路。

(2)通用 I/O 功能

输出模式:数据经锁存器和内部电路输出到引脚,有内部上拉电阻辅助高电平输出。

输入模式:先向锁存器写入“1”,可接收外部输入信号。

(3)第二功能应用

P3 口的每个引脚都有特定的第二功能,例如 P3. 0(RXD)和 P3. 1(TXD)用于串行通信,P3. 2(INT0)和 P3. 3(INT1)用于外部中断输入,P3. 4(T0)和 P3. 5(T1)用于定时/计数器外部输入,P3. 6(WR)和 P3. 7(RD)用于外部数据存储器的写和读控制信号。在实际应用中,可根据系统需求灵活选择使用 P3 口的通用 I/O 功能或第二功能,可大大提高单片机端口资源的利用率。

5)I/O 口的驱动能力

P0 口的驱动能力相对较弱,由于其漏极开路结构,在输出高电平时需要较大的上拉电阻来提供足够的电流驱动外部负载。一般情况下,P0 口每个引脚可驱动 8 个 TTL 负载,但在实际应用中,为了保证系统的可靠性,通常会外接驱动芯片或缓冲器来增强其驱动能力,尤其是在连接多个或较大功率的外围设备时。

P1、P2、P3 口由于内部有上拉电阻,其驱动能力相对较强一些,每个引脚可驱动 4 个 TTL 负载。在连接一些小型的外围设备,如单个按键、LED 指示灯等时,通常可以直接使用这些端口而无须额外的驱动电路。但如果要连接多个或功率较大的负载,同样可能需要考虑增加驱动芯片来确保系统的正常运行。

2. 2. 3　MCS-51 系列单片机存储体系结构

MCS-51 系列单片机的存储体系结构是其实现各种功能的重要基础。合理的存储体系设计使得单片机能够高效地存储和处理程序代码、数据,为嵌入式系统开发提供了灵活的资源利用方式。MCS-51 系列单片机采用哈佛结构,这种结构的主要特点是程序存储器和数据存储器相互独立,拥有各自独立的地址空间和访问总线,如图 2-2 所示,ROM 与 RAM 分别编址。这种分离式的设计使得程序和数据可以同时被访问,提高了单片机的执行效率。

1. 程序存储器(ROM)

(1)存储内容

程序存储器主要用于存放程序代码和常数。这些程序代码包括用户编写的应用程序、系统初始化程序以及一些固定的表格数据等。例如,在一个简单的温度控制系统中,控制算法的程序代码以及温度上下限的常量数据都会存储在程序存储器中。

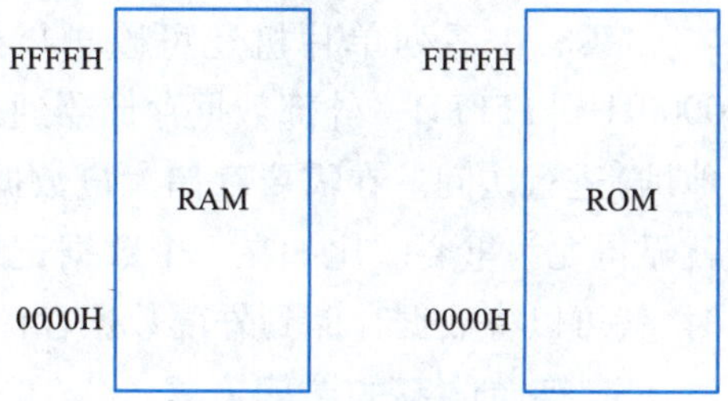

图 2-2　哈佛结构

(2)容量与寻址范围

片内程序存储器容量:不同型号的 MCS-51 系列单片机片内程序存储器容量有所不同。常见的有 4 KB、8 KB 等。其片内程序存储器的地址范围从 0000H 开始,具体的终止地址根据容量大小而定。

片外程序存储器扩展:如果片内程序存储器容量不能满足应用需求,可以通过外部引脚扩展片外程序存储器。片外程序存储器的寻址范围可以达到 64 KB,地址范围从 0000H 到 FFFFH。单片机通过控制引脚(如$\overline{EA}$引脚)来选择是从片内还是片外程序存储器读取指令。

当$\overline{EA}$引脚接高电平时，单片机先从片内程序存储器读取指令，当程序计数器(PC)的值超过片内程序存储器的地址范围后，自动转向片外程序存储器读取；当$\overline{EA}$引脚接低电平时，单片机直接从片外程序存储器读取指令。

2. 数据存储器(RAM)

1)存储内容

数据存储器主要用于存储程序运行过程中的中间数据、变量、堆栈等。在一个数据采集系统中，采集到的传感器数据会临时存储在数据存储器中，等待后续的处理和传输。

2)内部数据存储器

(1)低 128 字节(00H ~ 7FH)

工作寄存器区(00H ~ 1FH)：这 32 个字节被划分为 4 组工作寄存器，每组 8 个字节(R0 ~ R7)。程序可以通过设置程序状态字(PSW)中的 RS0 和 RS1 位来选择使用哪一组工作寄存器。这种分组设计方便了在不同的中断服务程序或子程序中快速切换工作寄存器组，提高了程序的执行效率。

位寻址区(20H ~ 2FH)：这 16 个字节共 128 位，可以进行位操作。每一位都有独立的位地址，可以用于存储一些标志位或控制位。例如，在一个按键扫描程序中，可以使用位寻址区的某一位来记录某个按键是否被按下。

用户 RAM 区(30H ~ 7FH)：这部分区域主要用于存储用户定义的变量和数据缓冲区等。用户可以根据程序的需要自由分配这部分空间。

(2)高 128 字节(80H ~ FFH)

这部分区域主要是特殊功能寄存器(SFR)。特殊功能寄存器用于控制和监视单片机内部的各种功能部件，如定时/计数器、中断控制器、I/O 端口等。每个特殊功能寄存器都有特定的功能和地址，通过对这些寄存器的读写操作，可以实现对单片机各种功能的配置和控制。例如，通过设置定时器控制寄存器(TCON)来启动或停止定时器，通过读取中断标志寄存器(IE)来判断是否有中断请求产生。

3)外部数据存储器

MCS-51 系列单片机还可以扩展外部数据存储器，其寻址范围可达 64 KB，地址范围从 0000H 到 FFFFH。外部数据存储器通过 P0 口(低 8 位地址和数据分时复用)和 P2 口(高 8 位地址)进行访问。在需要存储大量数据或者与外围设备进行数据交换时，外部数据存储器扩展就显得尤为重要。比如在一个数据记录系统中，当采集到的数据量超过内部数据存储器容量时，就可以将数据存储到外部数据存储器中。

3. 存储体系的访问方式

1)程序存储器访问

取指令操作：在程序执行过程中，程序计数器(PC)自动指向要执行的下一条指令的地址。单片机根据 PC 的值从程序存储器中读取指令代码，然后将指令代码送入指令译码器进行译码，最后执行相应的操作。

访问常数：当程序需要访问存储在程序存储器中的常数(如表格数据)时，会通过特定的指令和寻址方式来获取这些数据。例如，使用 MOVC 指令(用于读取程序存储器中的数据)，通过变址寻址方式来获取表格中的数据元素。

2)数据存储器访问

(1)内部数据存储器访问

直接寻址:对于内部数据存储器的低 128 字节,可以使用直接寻址方式。例如,要将一个数据存储到内部数据存储器的 30H 单元,可以使用指令“MOV 30H,#data”(其中#data 为要存储的数据)。

寄存器间接寻址:通过使用工作寄存器(如 R0、R1)作为地址指针来访问内部数据存储器。例如,要将一个数据存储到以 R0 内容为地址的内部数据存储器单元,可以使用指令“MOV@ R0,#data”。

位寻址:对于位寻址区的位操作,可以使用专门的位操作指令。例如,要将位寻址区 20H 单元的第 0 位清零,可以使用指令“CLR 20H. 0”。

(2)外部数据存储器访问

使用 MOVX 指令:当访问外部数据存储器时,需要使用 MOVX 指令。例如,通过 P0 口和 P2 口结合 MOVX 指令来实现数据的读写操作。在读取外部数据存储器的数据时,先将地址发送到 P0 口(低 8 位地址)和 P2 口(高 8 位地址),然后执行 MOVXA,@ DPTR(将以 DPTR 内容为地址的外部数据存储器单元的数据读入累加器 A)指令;在写入数据时,执行 MOVX@ DPTR,A(将累加器 A 中的数据写入以 DPTR 内容为地址的外部数据存储器单元)指令。

2. 2. 4　MCS-51 系列单片机的定时/计数器

1. 定时器 0 和定时器 1

MCS-51 系列单片机有两个 16 位的定时/计数器,即定时器 0(T0)和定时器 1(T1)。它们可以用于定时或计数。在定时模式下,定时器根据系统时钟信号进行计数,当计数值达到设定的定时时间后,会产生溢出中断请求。例如,在一个需要定时采集传感器数据的系统中,可以使用定时器 0 来定时,每隔一定时间(如 1 s)就触发一次数据采集操作。

在计数模式下,定时器可以对外部输入的脉冲信号进行计数。比如,在一个转速测量系统中,通过将传感器输出的脉冲信号连接到定时器的外部输入引脚,定时器对脉冲进行计数,根据计数结果和已知的脉冲周期等参数,就可以计算出被测物体的转速。

2. 工作方式

定时/计数器有多种工作方式,通过对相关的特殊功能寄存器(TMOD 和 TCON)进行设置来选择工作方式。例如,定时器 0 可以工作在方式 0(13 位定时/计数器)、方式 1(16 位定时/计数器)、方式 2(自动重装载的 8 位定时/计数器)和方式 3(两个 8 位定时/计数器)。不同的工作方式适用于不同的应用场景,方式 1 的 16 位定时/计数器计数范围较大,适用于较长时间的定时;方式 2 的自动重装载特性在需要周期性定时的应用中比较方便。

2. 2. 5　MCS-51 系列单片机的中断系统

1. 中断源

MCS-51 系列单片机有 5 个中断源,分别是外部中断 0(INT0)、外部中断 1(INT1)、定时器 0 中断、定时器 1 中断和串行口中断。

外部中断是由外部引脚(P3. 2 和 P3. 3)的电平变化触发的,当外部引脚的电平从高电平变为低电平(下降沿触发)或者从低电平变为高电平(上升沿触发)时,就会产生外部中断请求。

例如,在一个紧急停止按钮控制系统中,紧急停止按钮连接到外部中断 0 引脚,当按钮按下时,产生外部中断,系统可以立即执行紧急停止程序。

定时器中断是在定时/计数器溢出时产生的中断请求。

串行口中断则是在串行通信过程中,当发送或接收完一帧数据等情况时产生的中断请求。

2. 中断优先级

它具有两级中断优先级。用户可以通过设置中断优先级寄存器(IP)来确定各个中断源的优先级。高优先级中断可以中断正在执行的低优先级中断服务程序,而同级中断则不能相互中断。例如,如果将外部中断 0 设置为高优先级,定时器 0 中断设置为低优先级,那么当外部中断 0 请求产生时,即使定时器 0 正在执行中断服务程序,也会暂停定时器 0 中断服务程序,转而执行外部中断 0 的中断服务程序。

3. 中断响应过程

当一个中断请求产生后,CPU 会在当前指令执行完后,根据中断优先级判断是否响应中断。如果响应中断,CPU 会先将当前程序计数器(PC)的值(即下一条要执行的指令地址)压入堆栈保存,然后根据中断源的入口地址(如外部中断 0 的入口地址是 0003H),跳转到相应的中断服务程序执行。在中断服务程序执行完后,再从堆栈中弹出之前保存的 PC 值,继续执行被中断的程序。

2.3 MCS-51 系列单片机片外存储器的扩展应用

MCS-51 系列单片机内部的存储器资源有限。例如,其内部数据存储器(RAM)一般只有 128 字节或 256 字节,对于一些复杂的应用,如数据采集系统需要存储大量的传感器数据,或者图形显示系统需要存储图像数据等,内部数据存储器远远不够。其内部程序存储器(ROM)容量通常也较小,在程序代码较长、功能复杂的情况下,就需要扩展片外存储器。

在进行存储器扩展的过程中,当涉及特定的存储器空间,无论是数据存储器空间还是程序存储器空间,如果选择使用单片存储器芯片来实现这一功能,那么在设计时可以将此芯片的片选端固定设置为有效状态,这样做可以大大简化整个设计的复杂性。然而,这种做法在设计低功耗系统时是不被允许的。因为在低功耗系统中,必须对片选端进行精细的控制,确保只有在真正需要对存储器进行读写操作的时候,片选端才被激活为有效状态,而在其他时间段内,存储器芯片应该被置于低功耗模式,以减少能量消耗,从而达到降低系统整体功耗的目的。

2.3.1 标准扩展

MCS-51 系列单片机的标准扩展包括两方面:片外程序存储器扩展和片外数据存储器扩展,如图 2-3 所示。

1. 片外程序存储器扩展

(1)硬件连接

MCS-51 系列单片机通过其引脚与片外程序存储器相连。P0 口用于分时传送低 8 位地址和数据,P2 口用于传送高 8 位地址。例如,当扩展一片容量为 8 KB 的外部程序存储器(如 EPROM2764)时,其有 13 位地址线(A0 ~ A12)。P2 口的高 5 位(P2.0 ~ P2.4)与程序存储器的高 5 位地址线(A8 ~ A12)相连,P0 口与低 8 位地址线(A0 ~ A7)相连。片选信号($\overline{CE}$)可以通过地址译码器来产生，比如用 74LS138 译码器，根据高位地址来选择不同的程序存储器芯片。

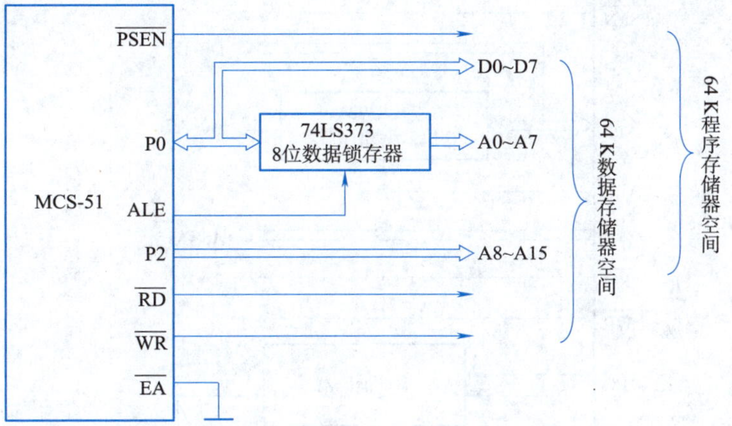

图 2-3　MCS-51 系列单片机的标准扩展

（2）访问过程

当单片机执行访问外部程序存储器的指令（如“MOVCA，@ A + DPTR”）时，首先由程序计数器（PC）或数据指针（DPTR）提供地址。P0 口先输出低 8 位地址，然后在地址锁存信号（ALE）的下降沿，将低 8 位地址锁存到外部的地址锁存器（如 74LS373）中。接着，P2 口输出高 8 位地址，与已经锁存的低 8 位地址一起构成 16 位地址，选中外部程序存储器中的一个存储单元。最后，数据从选中的存储单元通过 P0 口读入单片机。

2. 片外数据存储器扩展

（1）硬件连接

P0 口用于分时传送低 8 位地址和数据，P2 口用于传送高 8 位地址。以扩展一片静态随机存储器（SRAM）6264 为例，它有 13 位地址线（A0 ~ A12）。P2 口的高 5 位（P2.0 ~ P2.4）与 6264 的高 5 位地址线（A8 ~ A12）相连，P0 口与低 8 位地址线（A0 ~ A7）相连。读写控制信号（$\overline{WR}$和$\overline{RD}$）分别与 6264 的写允许和读允许引脚相连，用于控制数据的写入和读出。

（2）访问过程

当执行访问外部数据存储器的指令（如“MOVX@ DPTR，A”）时，先由数据指针（DPTR）或寄存器间接寻址的寄存器（如 R0、R1）提供地址。P0 口输出低 8 位地址，在 ALE 信号下降沿锁存。P2 口输出高 8 位地址，组成完整的 16 位地址。如果是写操作，累加器 A 中的数据在写控制信号（$\overline{WR}$）有效时，通过 P0 口写入外部数据存储器的指定单元；如果是读操作，在读控制信号（$\overline{RD}$）有效时，数据从外部数据存储器通过 P0 口读入累加器 A 或其他指定的寄存器。

2.3.2　MCS-51 系列单片机大容量数据空间的扩展

MCS-51 系列单片机微控制器通过其 I/O 口线，巧妙地将数据空间进行了分组、分页或分块处理，从而有效地实现了对大容量数据空间的扩展功能。这种设计允许用户在有限的硬件资源下，通过逻辑地址的映射和管理，访问更多的数据存储区域。通过这种方式，MCS-51 系列单片机不仅提高了数据处理的灵活性，还增强了其在各种嵌入式系统中的应用能力，使得它能够适应更加复杂和数据密集型的应用场景。MCS-51 系列单片机大容量数据空间的扩展图如图 2-4 所示。

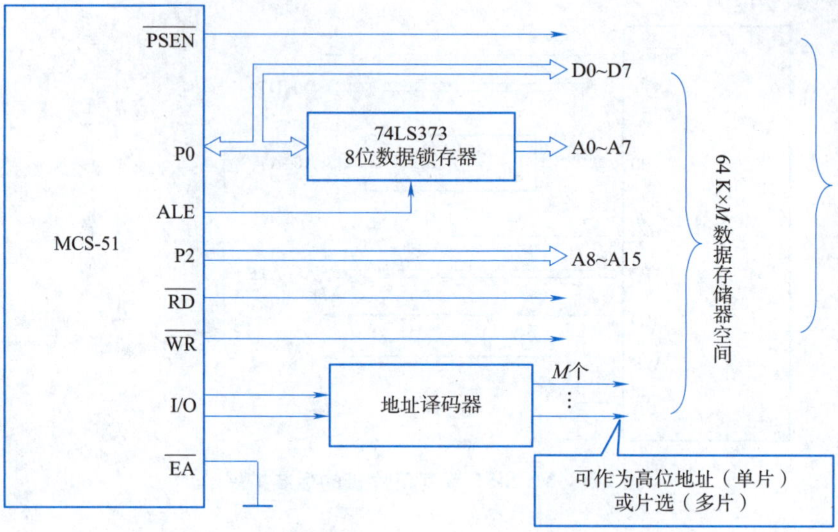

图 2-4　MCS-51 系列单片机大容量数据空间的扩展图

1. 扩展的基本原理

MCS-51 系列单片机本身的存储容量有限，为了满足大容量数据存储的需求，需要进行外部存储扩展。其基本原理是利用单片机的地址线、数据线和控制线与外部存储芯片进行连接。单片机通过地址线来选择存储单元，数据线进行数据的传输，控制线则用于控制数据的读写操作等。

例如，MCS-51 系列单片机的 P0 口可作为低 8 位地址/数据线复用，P2 口可作为高 8 位地址线（在访问外部存储器时）。通过这些端口与外部存储芯片的相应引脚连接，能够实现对大容量存储芯片的寻址和数据传输。

2. 地址译码技术

（1）全译码法

全译码法是指使用全部的地址线来进行译码，以产生片选信号。这种方法可以产生唯一的存储单元地址，不会出现地址重叠的情况。例如，当扩展多个大容量存储芯片时，假设使用 74LS138 译码器进行全译码。对于一个有 16 位地址线（A0 ~ A15）的系统，74LS138 译码器的输入引脚连接高位地址线，根据输入地址的不同组合，可以产生 8 个片选信号，每个片选信号对应一个特定的存储芯片或存储区域，这样能够精确地对每个存储单元进行寻址。

（2）部分译码法

部分译码法是只使用部分地址线进行译码来产生片选信号。这种方法会导致地址重叠的情况出现，但在某些情况下可以简化硬件电路。例如，在一些对存储容量要求不是特别精确的应用中，只使用高位地址线的一部分进行译码。不过，由于地址重叠，可能会出现多个不同的地址指向同一个存储单元的现象，在编程和使用时需要注意避免数据冲突。

3. 存储芯片的选择与连接

（1）静态随机存储器（SRAM）扩展

SRAM 芯片具有读写速度快的特点，适合作为大容量数据存储扩展。例如，以 62256

(32 K×8 位)SRAM 为例,它有 15 位地址线(A0～A14)和 8 位数据线(D0～D8)。连接时,P0 口与芯片的低 8 位数据线(D0～D7)和低 8 位地址线(A0～A7)复用连接,P2 口的部分引脚(如 P2.0～P2.6)与芯片的高 7 位地址线(A8～A14)连接。读写控制信号分别与单片机的相应引脚相连,用于控制数据的写入和读出。

(2)闪存(flash memory)扩展

闪存具有非易失性,适合存储程序代码和大量的数据。例如,扩展一片 29C040(512 K×8 位)Flash Memory,它有 19 位地址线(A0～A18)和 8 位数据线(D0～D7)。连接方式与 SRAM 类似,但在写入操作上可能会有一些特殊的要求,如需要特定的编程脉冲和写入时序来完成数据的写入,以防止数据误写和保护存储内容。

4. 软件编程

在软件编程方面,需要编写程序来实现对大容量扩展存储空间的数据读写操作。例如,在访问 SRAM 扩展存储时,对于写操作,首先要将要写入的数据放在累加器 A 或其他指定的寄存器中,然后通过“MOVX@ DPTR,A”(假设使用数据指针 DPTR 来寻址)这样的指令将数据写入到指定的存储单元。对于读操作,则使用“MOVXA,@ DPTR”指令从指定的存储单元读取数据并存入累加器 A。

2.3.3　MCS-51 的 IAP 功能扩展

为了实现 in-application programming(IAP)功能,程序存储器必须能够通过 MOVX 指令进行修改,因此存储基础应该采用 EEPROM 或者 Flash 技术。关于 MCS-51 微控制器的 IAP 功能扩展实例,可以参考图 2-5。同时,数据存储器应该使用静态随机存储器(SRAM)。如果需要实现 IAP 功能,并且数据存储区和程序存储区各自需要 32 KB 的空间,那么可以参考图 2-5 所示的扩展方法。需要注意的是,在图中所示的实现方案中,程序存储器的地址空间必须被安排在低 32 KB 的范围内,这意味着当地址线 A15 为“0”时,系统会选中程序存储器。这一点至关重要,因为如果地址空间没有正确设置,系统将无法正常运行。

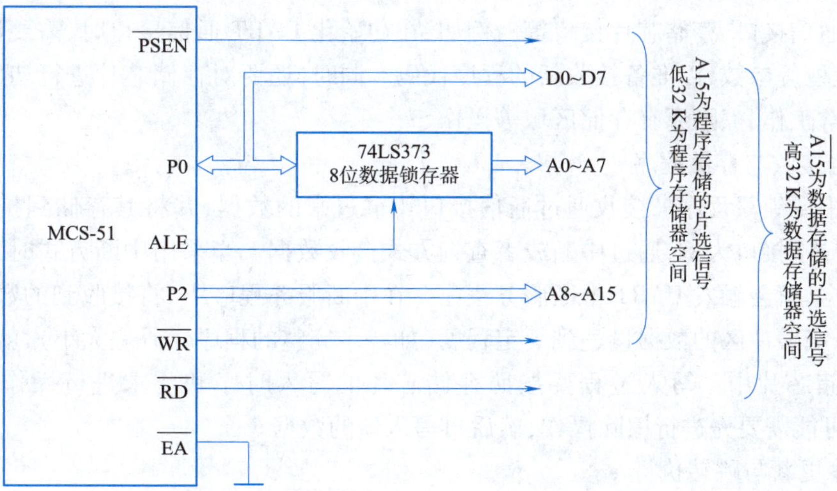

图 2-5　MCS-51 系列单片机的 IAP 功能的扩展

1. IAP 功能概述

IAP 是指在应用编程，它允许用户在程序运行过程中对单片机的程序存储器或数据存储器进行编程操作。对于 MCS-51 系列单片机，其本身通常没有强大的 IAP 功能，但可以通过一定的扩展来实现。这种功能在产品的远程升级、数据存储更新等场景中非常有用。例如，在一个智能电表系统中，通过 IAP 功能可以实现对电表计量程序的远程更新，而无须将电表拆卸下来进行重新编程。

2. 硬件扩展基础

(1)存储芯片选择

要实现 IAP 功能扩展，首先需要选择合适的存储芯片。一般会选择具有可擦写功能的非易失性存储器，如 Flash 存储器。例如，像 SST39VF1601 这样的 Flash 芯片，它具有大容量(16 Mbit)和可多次擦写的特性，适合用于存储要更新的程序代码或数据。在连接时，需要将其与 MCS-51 系列单片机的地址线、数据线和控制线正确连接。MCS-51 的 P0 口可用于复用的低 8 位地址/数据线连接，P2 口用于高地址线连接，同时还需要将读写控制信号与 Flash 芯片的相应引脚连接好。

(2)接口电路设计

除了存储芯片，可能还需要一些接口电路来辅助实现 IAP 功能。例如，在进行程序更新时，需要一个可靠的通信接口来接收新的程序代码。可以使用串行通信接口(如 UART)或者 SPI 接口。如果采用 UART 接口，需要将 MCS-51 系列单片机的 TXD 和 RXD 引脚与外部通信设备(如上位机用于发送更新程序)连接，并设计合适的通信协议，确保数据能够准确无误地传输。同时，为了保证数据传输的稳定性，可能还需要添加一些抗干扰电路，如电容滤波、光电隔离等。

3. 软件实现方法

(1)引导程序设计

需要设计一个引导程序来启动 IAP 过程。这个引导程序一般存储在单片机的固定地址区域，当系统复位或者接收到特定的启动 IAP 信号时，首先执行引导程序。引导程序的主要功能包括初始化通信接口、存储芯片接口等。例如，在初始化 UART 通信接口时，需要设置波特率、数据位、停止位等参数，以准备接收新的程序代码。同时，还要对存储芯片进行初始化，如检查芯片是否正常工作、擦除原有存储区域等操作。

(2)数据接收与存储程序

在软件中要编写程序来接收通过通信接口传输过来的数据，并将其存储到扩展的存储芯片中。以 UART 接口为例，通过中断或者查询方式接收数据。当采用中断方式时，每接收到一个字节的数据，就会触发 UART 中断服务程序。在中断服务程序中，将接收到的数据暂存到一个缓冲区中，当缓冲区的数据量达到一定程度(如一个完整的程序代码块大小)，就将这些数据写入扩展存储芯片中。写入过程要按照存储芯片的写入时序和要求进行操作，例如，对于 Flash 芯片，可能需要先进行擦除操作，然后再写入新的数据。

(3)程序更新与跳转执行

当新的程序代码全部存储到扩展存储芯片后，需要将其更新到单片机的程序存储器(如果是更新程序的情况)。这可能涉及一些复杂的操作，如对程序存储器的擦除和写入操作。在

MCS-51 系列单片机中,可能需要利用一些特殊的指令和程序流程来完成。例如,通过设置特定的寄存器和控制位,按照一定的顺序将扩展存储芯片中的新程序代码复制到单片机的程序存储器中。完成更新后,还需要设计程序跳转机制,使得单片机能够从新更新的程序部分开始执行。这可以通过修改程序计数器(PC)的值或者利用特定的跳转指令来实现。

4. 安全性与可靠性考虑

(1)数据校验

在 IAP 过程中,数据的准确性至关重要。为了防止数据传输错误或者存储错误,需要进行数据校验。常见的数据校验方法有 CRC(循环冗余校验)。在接收数据时,发送方可以对要发送的数据计算 CRC 值,并将 CRC 值与数据一起发送。接收方在收到数据后,同样计算 CRC 值,然后与接收到的 CRC 值进行比较。如果两者相同,则说明数据传输正确;否则,需要重新传输数据。

(2)程序备份与恢复

为了防止在 IAP 过程中出现意外情况(如突然断电、数据传输中断等)导致单片机程序损坏无法正常运行,需要考虑程序备份与恢复机制。可以在单片机内部或者其他可靠的存储位置保留一份原始程序的备份。当 IAP 过程出现问题时,可以通过备份程序来恢复系统的基本功能,然后再尝试重新进行 IAP 操作。

(3)访问权限控制

为了保证 IAP 功能的安全性,防止未经授权的程序更新,需要设置访问权限控制。例如,可以通过设置密码或者加密通信的方式,只有在输入正确的密码或者解密成功的情况下,才能启动 IAP 过程。同时,在软件中可以对不同的用户或者设备设置不同的权限级别,如管理员可以进行全面的程序更新操作,而普通用户只能进行部分数据更新操作。

2.4　新型的 MCS-51 器件

MCS-51 系列单片机作为经典的 8 位单片机,在工业控制、智能仪器仪表、消费电子等众多领域有着广泛的应用。随着技术的不断发展,新型的 MCS-51 器件不断涌现,它们在性能、体积、存储容量以及片上资源等方面都有了显著的提升和创新,进一步拓展了 MCS-51 系列单片机的应用范围和潜力。

2.4.1　高速的新型 MCS-51 器件

更高的时钟频率:传统的 MCS-51 单片机时钟频率一般较低,而新型的 MCS-51 器件通过改进内部电路结构和工艺,能够支持更高的时钟频率。例如,一些新型芯片可以工作在几十兆赫甚至更高的频率下,相比传统器件,数据处理速度和指令执行速度大幅提高。这使得它们能够更快速地响应外部事件,处理复杂的任务,如实时数据采集与处理、高速通信等。

优化的指令流水线:为了进一步提高运行速度,新型 MCS-51 器件采用了指令流水线技术。将指令的取指、译码、执行等操作分阶段并行处理,使得在一个时钟周期内可以同时处理多条指令的不同阶段,大大提高了指令的执行效率,从而整体提升了单片机的运行速度和性能。

应用案例:在智能家居的安防监控系统中,需要对摄像头采集的图像数据进行实时处理。高速新型 MCS-51 器件凭借其高时钟频率和指令流水线技术,能够快速地对图像数据进行边缘检测、目标识别等处理。例如,当检测到异常人员闯入时,能在极短时间内分析判断,并迅速发出警报信号,联动相关设备进行响应,保障家居安全。相比传统 MCS-51 器件,大大提升了监控系统的实时性和可靠性。在工业自动化生产线的实时监测环节,高速新型 MCS-51 器件可快速采集传感器数据,如温度、压力、位置等,及时分析处理,确保生产线设备稳定运行。一旦发现参数异常,能迅速调整控制策略,避免生产事故,提高生产效率和产品质量。

下面介绍一些常见的高速新型 MCS-51 器件品牌和型号:

STC89C51:由 STC 推出,新一代超强抗干扰、高速、低功耗的 51 单片机。采用 8051 核的 ISP 在系统可编程芯片,指令代码和传统 8051 单片机完全兼容,最高工作时钟频率达 80 MHz。片内有 4 KB 可反复擦写 1 000 次的 Flash 只读程序存储器,集成通用 8 位中央处理器和 ISP Flash 存储单元,有在系统可编程特性,通过 PC 端控制程序就能下载程序代码,无须购买通用编程器,且速度更快。

AT89S51:Atmel 公司产品,软硬件与标准 MCS-51 保持 100% 兼容,属于 8XC5X 系列的中档芯片。具备 ISP 在线编程功能,可降低开发成本和时间。工作电压范围较宽,能适应不同应用场景,拥有多种中断源和定时器,便于复杂控制任务开发。

P89C51RC +:属于 Philips 公司的 89C51RX 系列高档芯片。具备高速处理能力,在一些对数据处理速度和实时性要求高的工业控制、智能仪器仪表等场景中应用广泛。拥有较大容量的程序存储器和数据存储器,方便存储复杂程序和大量数据。

2.4.2 小体积的新型 MCS-51 器件

先进的封装技术:随着半导体制造工艺的不断进步,新型 MCS-51 器件采用了更先进的封装技术,如 QFN(四边扁平无引线封装)、BGA(焊球阵列封装)等。这些封装形式具有更小的尺寸和更高的集成度,能够在保证性能的前提下,将单片机的体积大幅缩小。例如,采用 QFN 封装的 MCS-51 芯片,其尺寸可能只有几平方毫米,非常适合应用于对体积要求苛刻的便携式设备、可穿戴设备等领域。

集成化设计:除了封装技术的改进,新型 MCS-51 器件在芯片内部的设计上也进行了优化,将更多的功能模块集成在一块更小的芯片面积上。通过采用更先进的半导体工艺,减小了晶体管等元件的尺寸,提高了集成度,同时优化了电路布局,减少了芯片内部的布线面积和空间,从而实现了小体积的设计目标。

常见的型号如下:

STC15W4K32S4 系列:由 STC 公司推出,采用 LQFP-48 封装,尺寸约为 7 mm × 7 mm。最高工作频率可达 35 MHz,具备较强的实时处理能力。片内集成 32 KB Flash 程序存储器,可存储复杂程序;2 560 B 的 RAM 用于运行时数据存储与处理。具备 SPI 接口、多个定时器、10 位 ADC 等丰富外设资源,适用于智能电表、小型传感器节点等对体积和功能都有要求的设备。

C8051F340:由 Silicon Labs 推出,采用 TSSOP-20 超小型封装,尺寸仅为 4.4 mm × 3 mm。

工作频率最高可达 24.5 MHz,可满足一般任务处理需求。内部集成 12 位高精度 ADC、DAC、比较器等模拟外设,能直接处理模拟信号。常用于可穿戴健康监测设备,如智能手环,可实时采集人体生理数据并初步处理;在微型无线传感器中,便于隐藏安装并实现环境参数监测与无线数据发送。

GD32F103C8T6(兼容 MCS-51 指令集):兆易创新推出,LQFP-48 封装,尺寸为 7 mm × 7 mm。工作频率最高可达 72 MHz,性能强劲。拥有 64 KB Flash 程序存储器和 20 KB SRAM,可存储更多程序和数据。集成丰富的通信接口,如 SPI、I2C、USART 等,以及定时器、ADC 等外设,适用于对体积和性能有较高要求的物联网节点、小型智能控制器等设备。

2.4.3 大容量的新型 MCS-51 器件

更大的程序存储器:新型 MCS-51 器件在程序存储器容量方面有了很大的提升。一些芯片配备了几十千字节甚至上百千字节的 Flash 存储器,相比传统的 MCS-51 器件,能够存储更多的程序代码。这使得开发者可以编写更复杂、功能更强大的应用程序,实现更多的功能和特性,例如运行较大的实时操作系统、实现复杂的算法和图形界面等。

丰富的数据存储器:除了程序存储器,数据存储器的容量也得到了显著增加。新型器件通常具有更大的 RAM 空间,能够满足应用程序在运行过程中对大量数据的存储和处理需求。例如,在数据采集系统中,可以存储更多的采样数据;在通信应用中,能够缓存更多的通信数据,提高数据传输的稳定性和可靠性。

常见的型号如下:

STC89C52RC:STC 公司产品,拥有 8 KB 的 Flash 程序存储器,相比早期 MCS-51 器件程序存储容量大幅提升,能容纳更复杂的程序代码,像一些小型智能设备的控制程序,包含多种功能模块的代码都能轻松存储。其数据存储器方面,内部集成了 256 B 的 RAM,能满足常规数据存储与处理,例如在简单的温度采集记录系统中,可临时存储一段时间内的温度采样数据。

AT89S52:Atmel 公司制造,具备 8 KB 的 Flash 程序存储器,能支持相对复杂的应用程序开发,如小型智能玩具的控制程序,实现多种互动功能。数据存储器上,有 256 B 的内部 RAM,可在运行过程中存储各类变量和中间数据。此外,它还支持外部数据存储器扩展,最多可扩展至 64 KB,通过外接存储芯片,能满足如数据记录量大的工业监测设备对海量数据存储的需求。

W78E58B:华邦公司产品,具备 32 KB 的 Flash 程序存储器,可存储功能丰富的程序,像一些具备复杂算法的工业控制程序。数据存储器为 256 B 内部 RAM,并且支持外部数据存储器扩展,最多可扩充至 64 KB。在一些需要大量数据处理和存储的工业自动化设备中,如小型自动化生产线的控制器,它能存储大量的生产参数和运行数据。

2.4.4 有特殊片上资源的新型 MCS-51 器件

内置 A/D 和 D/A 转换器:为了方便对模拟信号处理,一些新型 MCS-51 器件在片上集成了高性能的 A/D(模/数)和 D/A(数/模)转换器。A/D 转换器可以将外部的模拟信号精确地转换为数字信号,供单片机进行处理;D/A 转换器则可以将单片机处理后的数字信号转换为模拟信号,用于控制外部的模拟设备。这种集成化的设计大大简化了系统的硬件设计,提高了系统的可靠性和稳定性,广泛应用于各种需要模拟信号处理的场合,如工业自动化控制、音频处理等。

增强型通信接口:新型 MCS-51 器件还增加了一些特殊的通信接口,以满足不同的通信需求。例如,除了传统的 UART(通用异步接收发送设备)接口外,还集成了 SPI(串行外设接口)、I2C(集成电路总线)、USB(通用串行总线)等接口。这些通信接口使得 MCS-51 能够更方便地与其他外围设备进行通信和数据交换,如与传感器、显示器、存储设备等进行连接,实现更复杂的系统功能。

专用的控制模块:针对一些特定的应用领域,新型 MCS-51 器件还集成了专用的控制模块。例如,在电机控制领域,一些芯片内置了 PWM(脉冲宽度调制)发生器和电机驱动电路,能够直接对电机进行控制,实现电机的调速、正反转等功能;在电源管理领域,集成了电源管理模块,能够实现对电源的监控、稳压、节能等功能,提高系统的电源管理效率。

常用的经典产品如下:

C8051F330:由 Silicon Labs 推出,与 8051 完全兼容,使用专利 CIP-51 微控制器内核。具备高速流水线结构,最高可达 25 MIPS 执行速度。集成真正 10 位 200 ksps 的 16 通道单端/差分 ADC,带模拟多路器,还有 10 位电流输出 DAC,可满足高精度模拟信号处理需求。拥有硬件实现的 SMBus/I2C、增强型 UART 和增强型 SPI 串行接口,方便与多种外围设备通信。常用于工业数据采集设备,可快速准确采集模拟信号并传输。

STC12C5A60S2:STC 公司产品,工作频率最高可达 35 MHz。内置 10 位 ADC,具有 8 路高速输入通道,可快速采集多路模拟信号。集成 EEPROM,方便数据掉电保存。具备 SPI 接口,可用于高速数据传输。在智能电表中,可利用其 ADC 采集电压、电流等模拟信号,通过 SPI 接口与其他模块通信,并将重要数据存储在 EEPROM 中。

STC8A8K64S4A12:宏晶科技产品,最高工作频率达 48 MHz,性能强劲。内部集成 12 位高精度 ADC,拥有 16 个输入通道,可精准采集模拟信号。具备独立波特率发生器,使串口通信更稳定。还集成了双路 PWM,可用于电机调速等控制场景。适用于工业自动化控制领域,如小型电机控制系统,可利用 PWM 控制电机,通过 ADC 采集电机运行参数,并通过串口与上位机通信。

习　题

简答题

(1)根据单片机内部程序存储器的配置不同,MCS-51 系列单片机分为哪几类?它们的特点是什么?

(2)根据单片机内部存储器的容量配置不同,MCS-51 系列单片机分为哪几类?它们使用场景是怎样的?举例说明。

(3)根据芯片的半导体制造工艺不同,MCS-51 系列单片机分为哪几类?它们的芯片型号有什么特点?

(4)简述 MCS-51 系列单片机的内核。

(5)中央处理器(CPU)的功能是什么?

(6)简述 MCS-51 系列单片机的并行输入输出(I/O)口。

(7)简述大容量的新型 MCS-51 器件的特点和应用场景。

(8)简述宏晶科技 STC8A8K64S4A12 的特点和应用场景。

第 3 章

单片机开发与仿真环境搭建

使用 C 语言编程需要用编译器，以便把写好的程序编译为机器码，才能把可执行文件 HEX 写入单片机内。Keil μVision5 是众多单片机应用开发软件中较优秀的一款，集编辑、编译、仿真于一体，界面友好，易学易用，在调试程序、软件仿真方面也有很强大的功能，可以支持 ST、Atmel、NXP、TI 等公司 MCS-51 和 ARM 架构的芯片，如 89C51、Cortex-M3、Cortex-R4、ARM 7、ARM 9 等系列器件。2013 年 10 月，正式推出 Keil MDK-ARM V5.00，该版本使用 μVision5 IDE，是目前针对 ARM 微控制器，尤其是 ARM Cortex-M 内核微控制器最佳的一款集成开发工具。

学习目标

(1) 掌握 Keil μVision5、Proteus 软件的使用方法，以及在 Keil μVision5、Proteus 软件环境中建立新工程的步骤。

(2) 熟悉 Keil μVision5、Proteus 软件的安装过程，Proteus 软件中元器件的参数修改方法。

(3) 了解 Keil μVision5、Proteus 软件的应用。

3.1 Keil 软件安装

本书使用的软件是 Keil μVision5，本书配套第三章资料包①里已经提供 51 单片机编程环境 C51V961 和 STM32 单片机编程环境 MDK5.35 两个版本安装包。要获得 Keil 5 的最新版安装包，可以到 Keil 的官方网站下载或者在网页里面搜索“Keil 5 下载”。MCS-51 和 ARM 架构芯片的 IDE(集成开发环境)安装过程一样，都可参考下面的步骤。

3.1.1 安装步骤

①如果是压缩包，一定要先解压再使用提供的安装包，然后打开解压后的文件夹。右击 C51V961 或 MDK5.35，选择“以管理员身份运行”。弹出安装界面，单击 Next 按钮，如图 3-1 所示。

②在 License Agreement 界面中，选中 I agree to all the terms of the preceding License Agreement 复选框，如图 3-2 所示。

---

① 相关资料请登录 https://www.tdpress.com/51eds 下载。

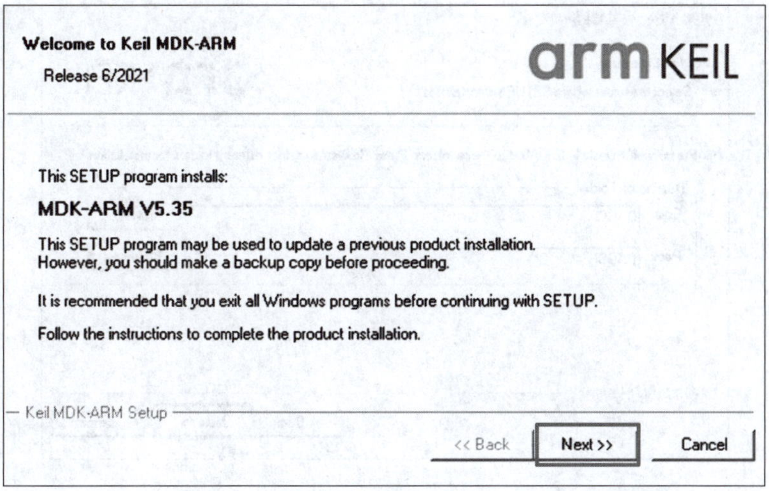

图 3-1　安装界面

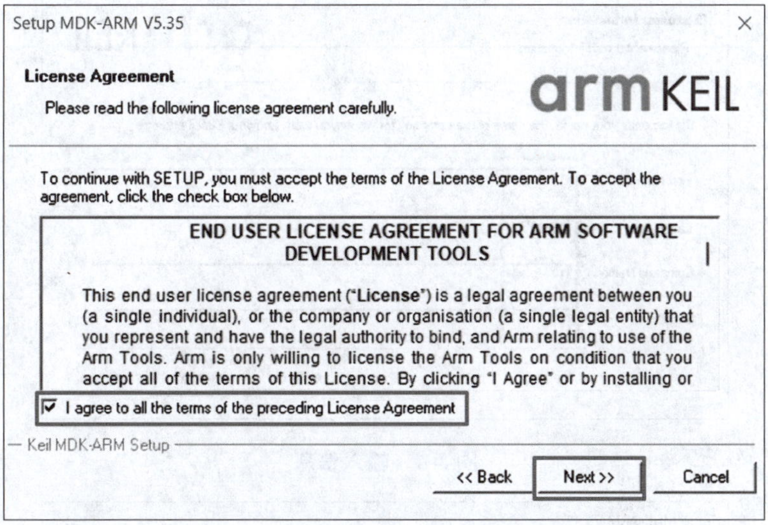

图 3-2　License Agreement 界面

③弹出选择安装路径界面，选择默认或者单击后面的 Browse 按钮更改安装路径。注意：路径中最好不要有汉字，如图 3-3 所示。单击 Next 按钮，如图 3-4 所示。输入相关信息(可随便输入如 11、22)，输入完毕后单击 Next 按钮。

④开始安装，等待安装完成，如图 3-5 所示。

⑤安装完成，取消选中 Show Release Notes 复选框，单击 Finish 按钮即可，如图 3-6 所示。(51 系列单片机到这步即可双击桌面 Keil μVision5 图标进入编辑界面)。编辑界面主要由菜单栏、工具栏、工程窗口、文件编辑窗口组成。

⑥安装完 MDK5. 35 开发环境后，会提示是否安装各种器件库，读者可以用本书提供的芯片包安装器件库，也可以根据实际需要安装各种器件库，如图 3-7 所示，单击 OK 按钮，关闭当前页面。

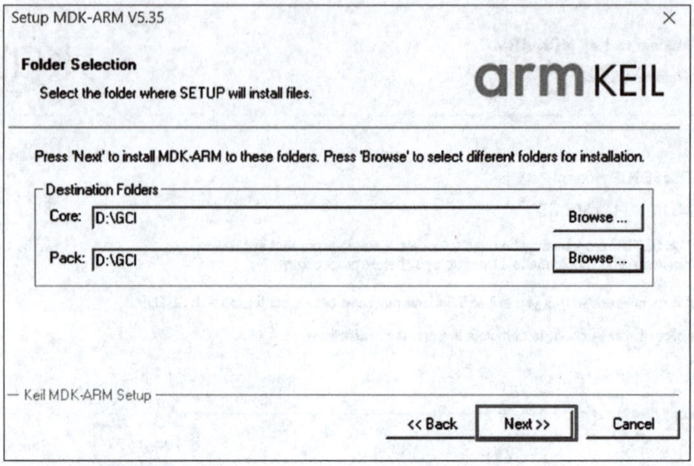

图 3-3　选择安装路径

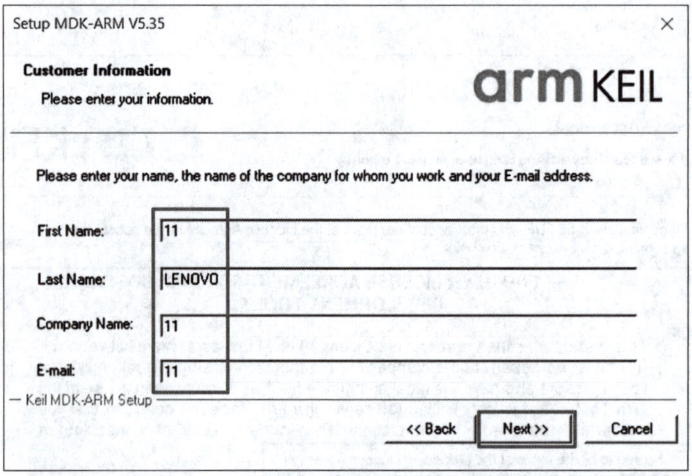

图 3-4　输入信息

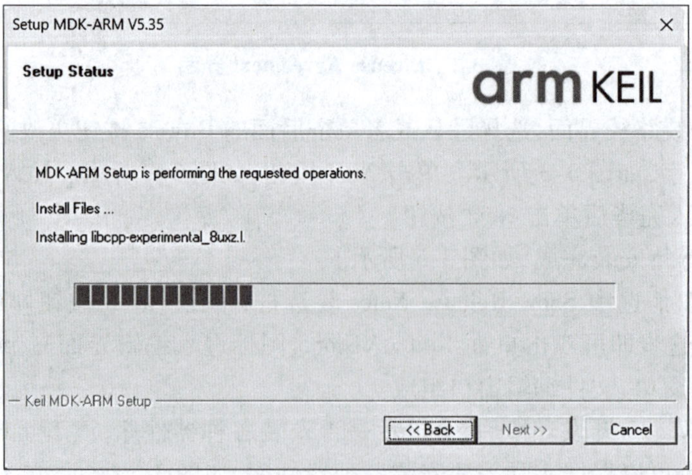

图 3-5　开始安装

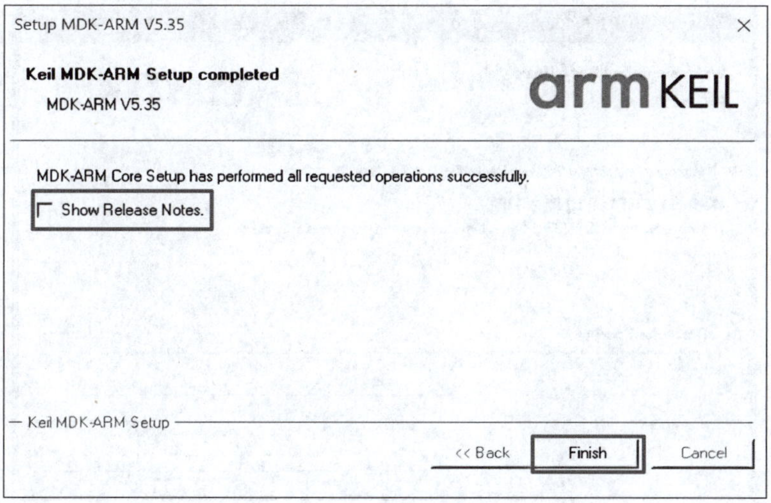

图 3-6　去掉勾选

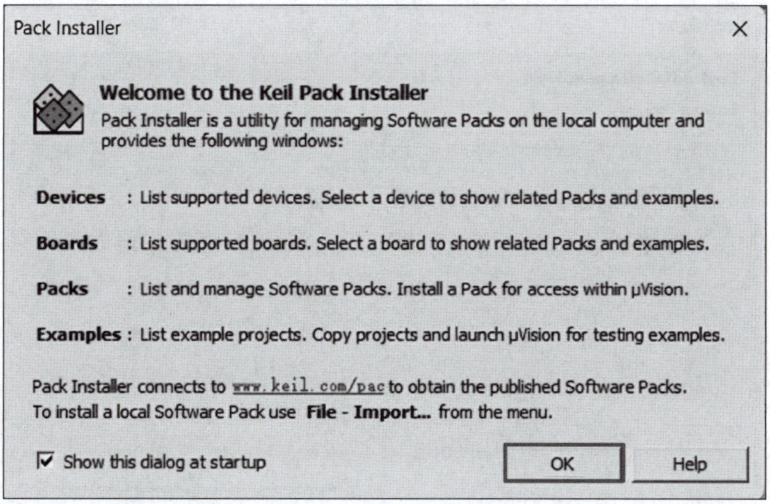

图 3-7　提示安装器件库

3.1.2　安装 STM32 芯片包

安装完 MDK5.35 后，还需要给芯片安装驱动，驱动文件在对应的芯片包中(51 系列单片机不需要这一步)。芯片包可以用第三章资料包提供的安装包：Keil.STM32F1xx_DFP.2.3.0.pack，也可以直接去 Keil 的官网下载。双击安装包，弹出界面如图 3-8 所示，路径可以选择默认，也可以选择与 Keil 一样的路径。单击 Next 按钮，开始安装，安装完成后如图 3-9 所示，单击 Finish 按钮即可。

注意：如果双击不能安装，右击 Keil.STM32F1xx_DFP.2.3.0.pack，选择“打开方式”→“选择其他应用”命令，找到并选中 PackUnzip.exe 程序，单击“确定”按钮，如图 3-10 所示。如果没有找到 PackUnzip.exe，单击“更多应用”按钮，移动鼠标到最后，选择“在这台电脑上查找其他应用”命令，这时需要找到 Keil 的安装路径，在 Keil_v5 文件夹中打开 UV4 文件夹，在其中找到并选择 PackUnzip.exe 程序，单击“打开”按钮。

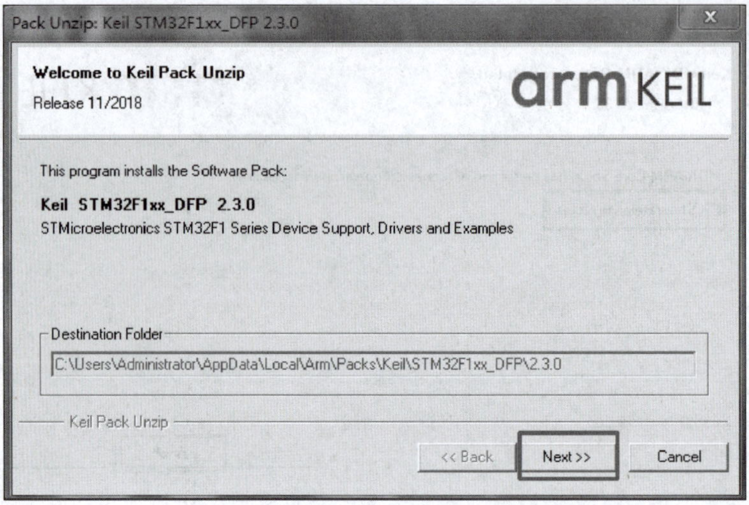

图 3-8 安装包界面

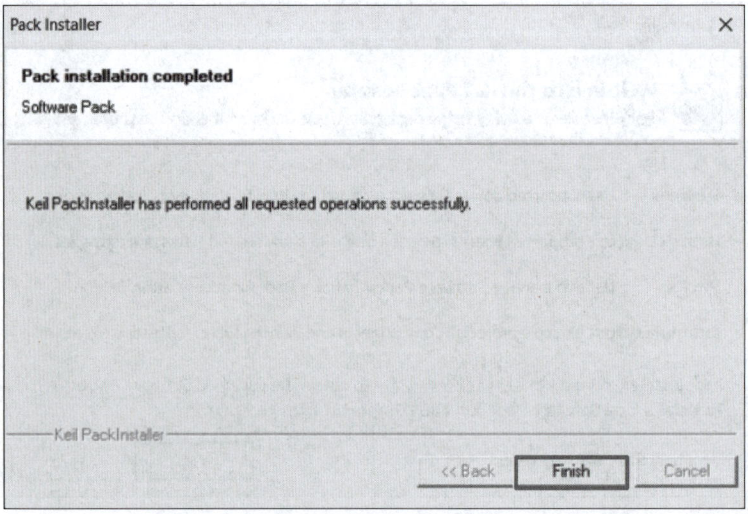

图 3-9 安装完成

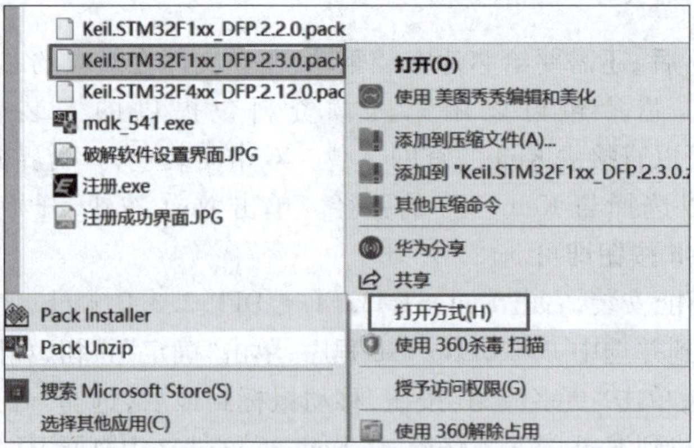

图 3-10 查找 PackUnzip. exe 方式

3.2　创建 C51 单片机工程

①建立一个空文件夹 MCU51，用于存放工程文件，以避免和其他文件混合。

②启动：双击桌面上的 Keil μVision5 图标，出现启动界面，会出现 Keil μVision5 软件开发环境界面，由菜单栏、工具栏、工程窗口、文件编辑窗口等组成。

③新建工程：在打开的界面菜单栏，选择 Project→New μVision Project 命令新建一个工程 LED，如图 3-11 所示。在弹出的对话框中，选择存放路径为刚才建立的“MCU51”文件夹下，给这个工程取名 LED 后保存，不需要填扩展名，注意默认的工程扩展名为 uvproj，如图 3-12 所示。

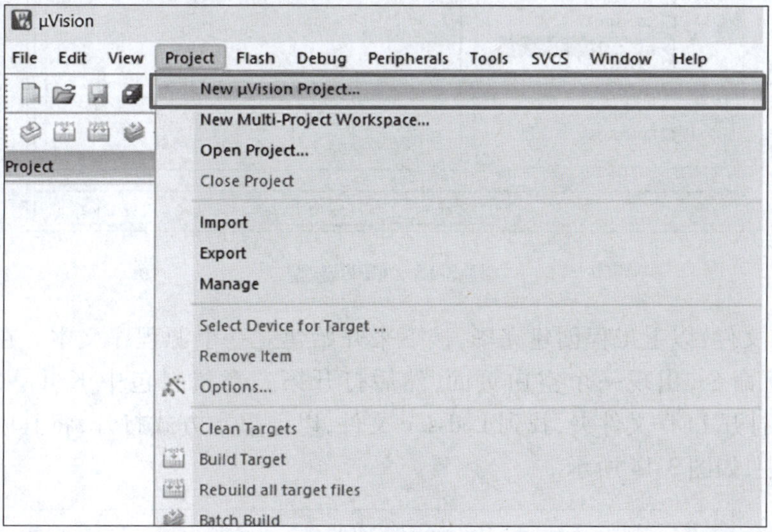

图 3-11　新建 51 工程

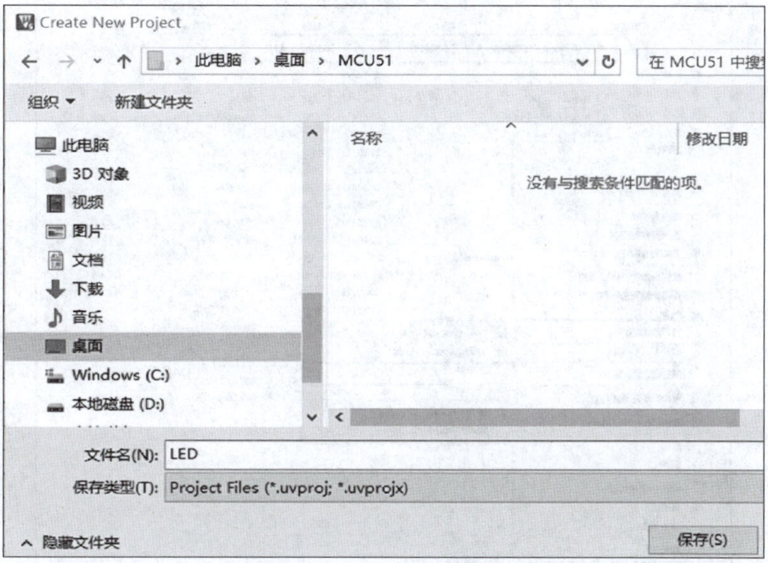

图 3-12　保存工程

④选 CPU 类型：在弹出的界面中，CPU 类型下找到并选中 Atmel 下的 AT89S51 或 AT89S52。单击 OK 按钮，创建了新工程 LED，如图 3-13 所示。

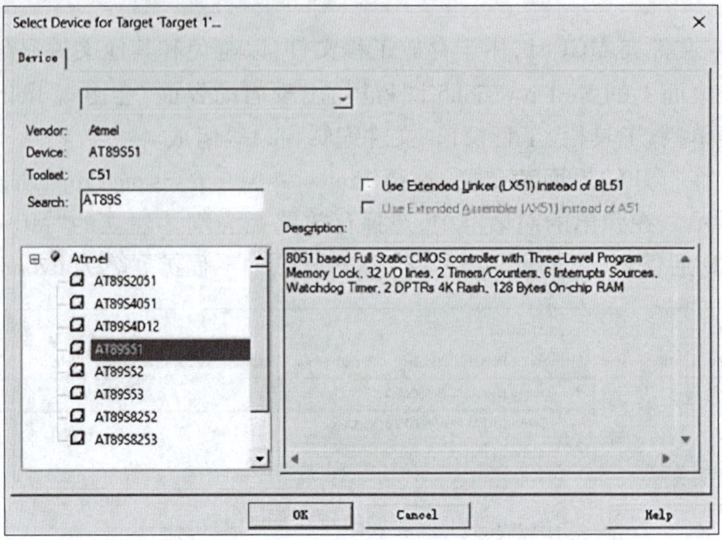

图 3-13　CPU 选型

⑤创建 . C 文件：以上工程创建完毕，接下来开始建立一个源程序文本。在新工程界面中选择 File→New 命令，出现一个空白页面，然后打开第三章资料包中 Keil_V5 文件夹，打开 51Keil 文件夹，打开 LED 文件夹，找到 Ledss. c 文件，以记事本方式打开，将其中内容复制到新建的空白页面中，如图 3-14 所示。

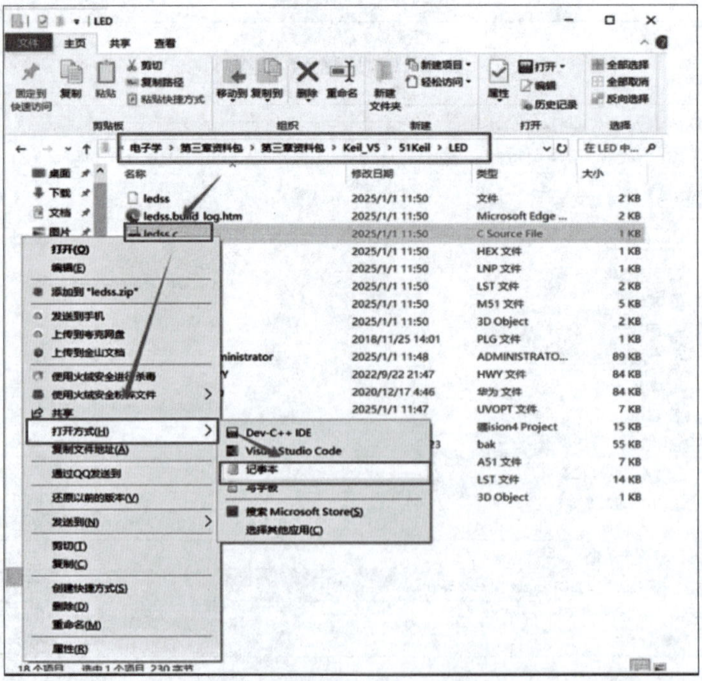

图 3-14　建立源程序文本

⑥保存文件：单击“保存”按钮，保存以上文件，输入源程序文件名称，注意一定要带扩展名“.c”，如 Led.c，然后保存，如图 3-15 所示。

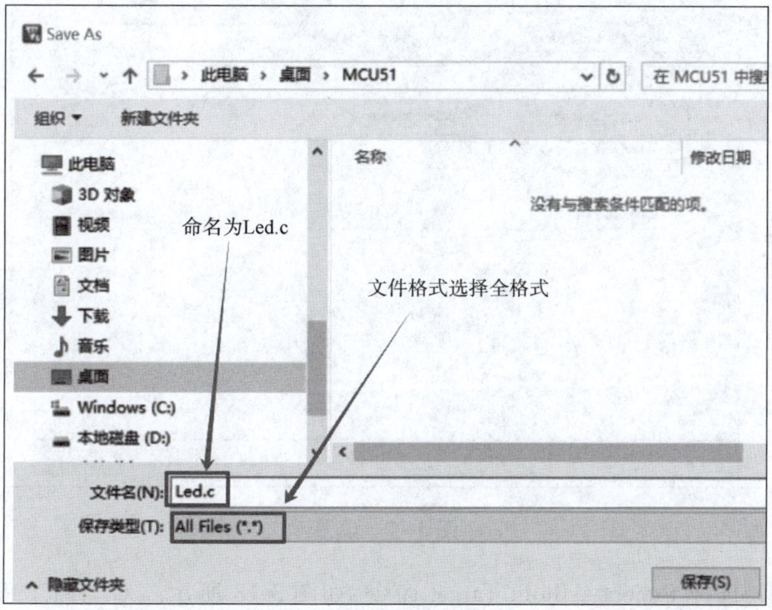

图 3-15　保存文件

⑦在工程中添加文件：把刚创建的源程序 Led.c 文件加入工程项目文件中，单击 Target1 前的 + 号，右击 Source Group1 文件夹，选择 Add Existing Files to Group‘Source Group 1’命令。在弹出的界面选中 Led.c，单击 Add 按钮，单击 Close 按钮关闭，如图 3-16 所示。

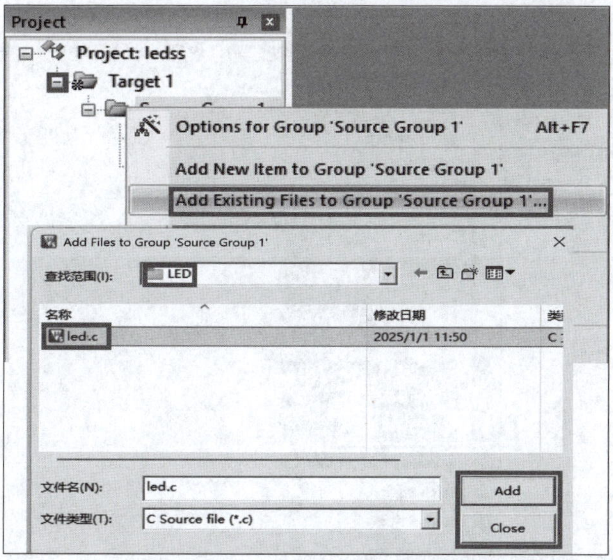

图 3-16　在工程中添加文件

⑧设置 Output 页：在 Output 栏选中 Create HEX File 复选框，使编译器输出单片机需要的 HEX 文件，如图 3-17 所示。

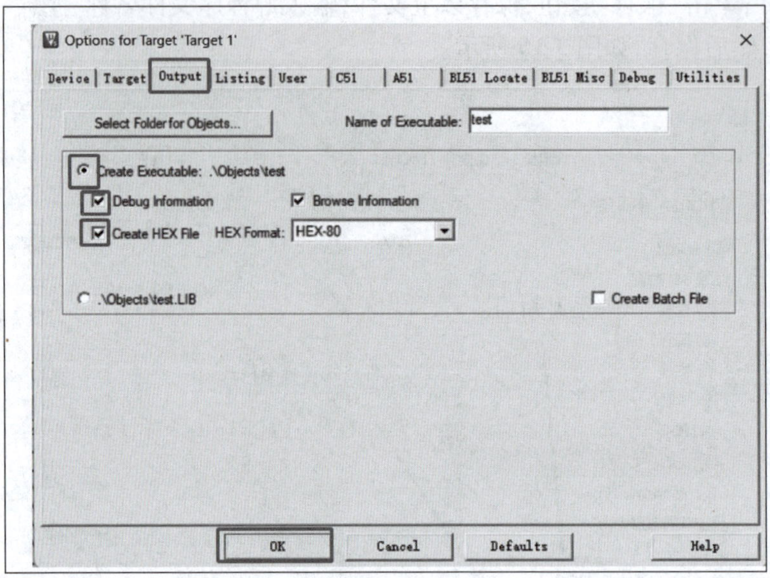

图 3-17　设置

⑨编译工程:选择 Project→Build Target 命令,如图 3-18 所示。对当前工程进行连接。如果当前文件已修改,软件会先对该文件进行编译,然后再连接以产生目标代码;若选择 Rebuild all target files 命令,将会对当前工程中的所有文件重新进行编译然后再连接,确保最终产生的目标代码是最新的。编译过程中的信息将出现在输出窗口中的 Build 页中。如果源程序中有语法错误,会有错误报告出现,双击错误报告,可以定位到出错的位置。修改错误直至编译通过。

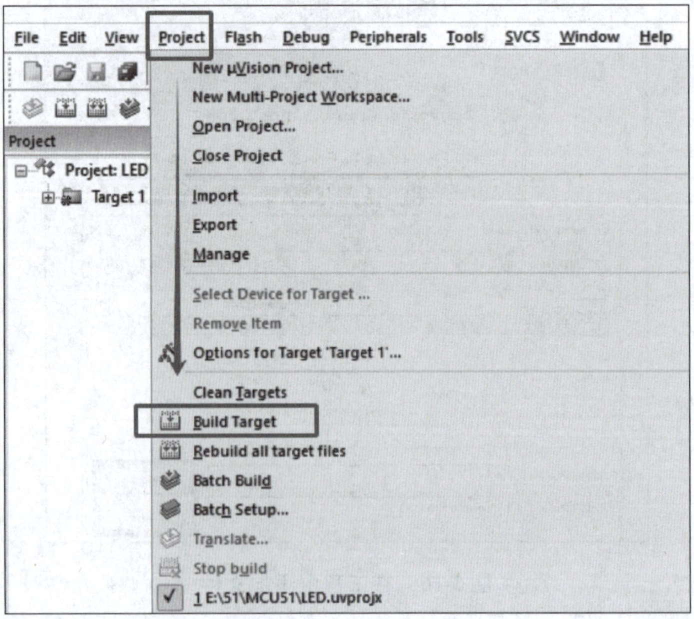

图 3-18　编译文件

3.3　创建 STM32 工程

创建 STM32 工程就需要用到固件库。STM32 固件库是由意法半导体(ST)提供的,旨在帮助用户更方便地开发 STM32 微控制器程序的一套函数集合。固件库函数负责与寄存器直接交互,并向上提供用户可调用的接口(API)。通过这些封装好的接口,开发者无须深入了解底层硬件细节,就能灵活地使用每一个外设。

STM32 固件库的结构主要包括以下两部分。CMSIS 层:这是 ARM 公司为了实现不同芯片公司生产的 Cortex-M3 芯片在软件上的基本兼容而提出的 CMSIS 标准。CMSIS 分为三个基本功能层:核内外设访问层、中间件访问层和外设访问层。ST 官方库是根据这套标准设计的。标准外设库:这是一个固件函数包,包含了微控制器所有外设的性能特征。每个外设驱动都由一组函数组成,覆盖了该外设所有功能。建立 STM32 工程模板步骤如下:

①新建文件:建立一个空文件夹命名 GC1(可以根据自己的需要命名此顶层目录),双击 GC1 文件夹,在该文件夹里再建立三个文件夹命名为 PROJECT(放工程文件)、USER(放 main 函数等)、OUTPUT(放 hex 文件)。从参考工程“GPIO 输出—使用固件库点亮 LED 灯”中,复制 Libraries 文件夹到 GC1 文件夹里,如图 3-19 所示。Libraries 文件夹里面包含两个文件夹 CMSIS(核心文件,里面包含了 startup 启动文件)、FWLib(库函数文件)。

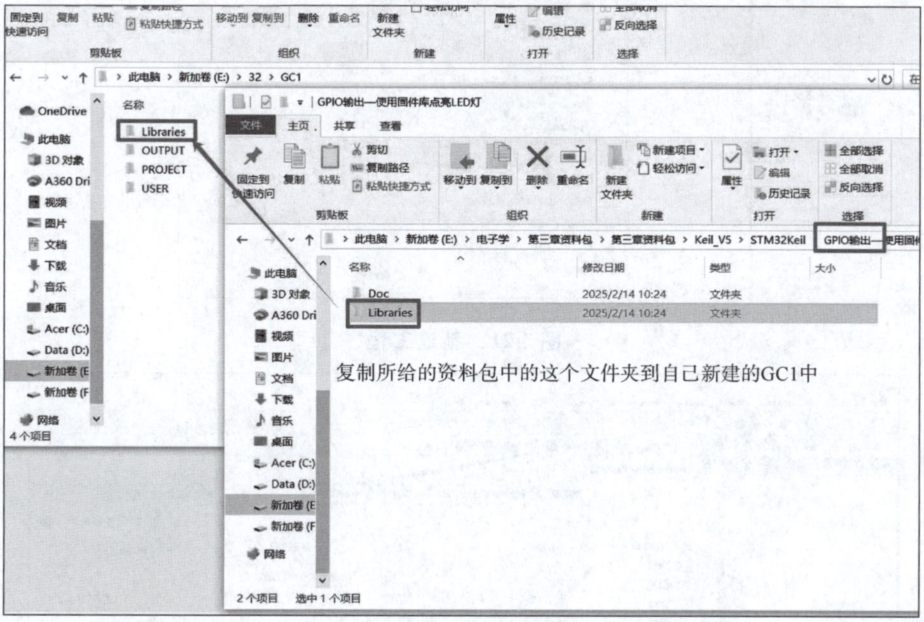

图 3-19　建立文件夹

②复制文件:在参考工程“GPIO 输出—使用固件库点亮 LED 灯”中,将 User 文件夹中内容全部复制到新建的 USER 文件夹里,如图 3-20 所示。

③新建工程:双击安装好的 Keil 软件图标,运行 Keil μVision5,进入后选择 Project→New μVision Project 命令,弹出对话框要求给工程命名,命名为 LED,选择保存到新建的工程路径 PROJECT 文件夹里,如图 3-21、图 3-22 所示。

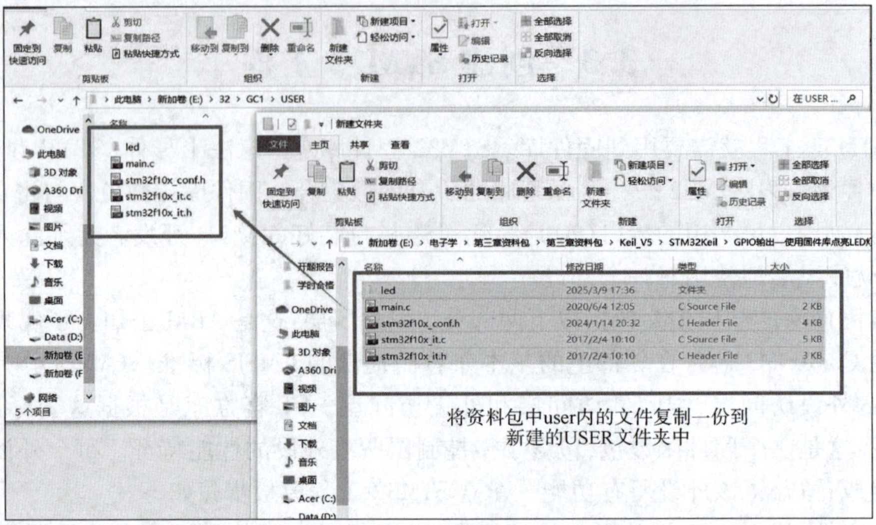

图 3-20　复制 USER

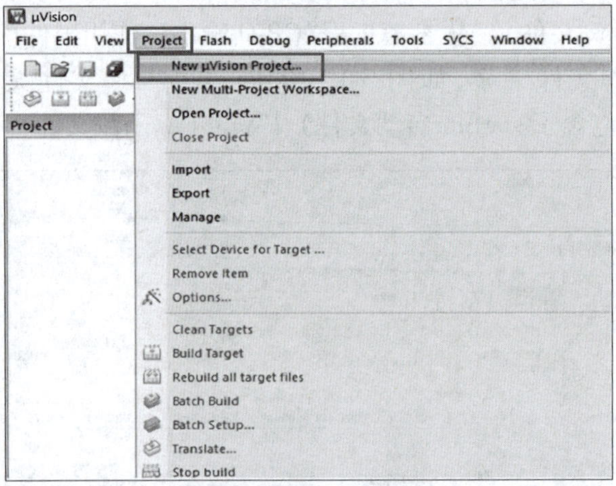

图 3-21　新建工程

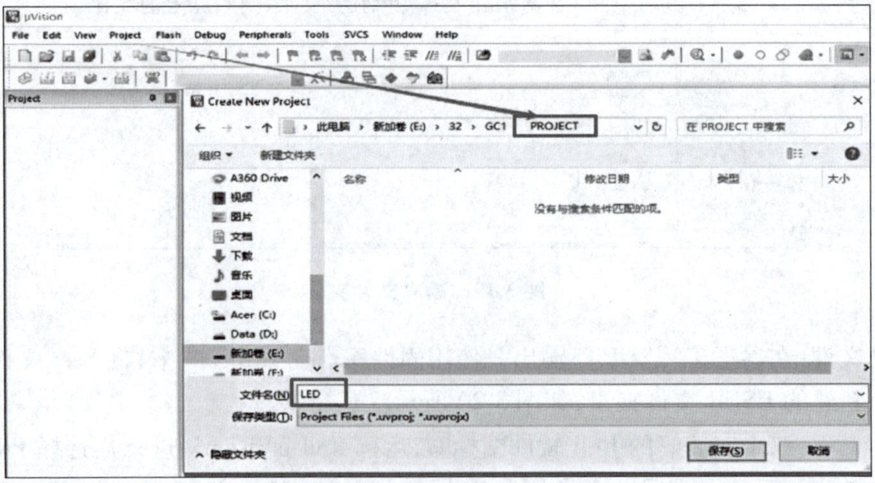

图 3-22　保存工程到指定文件夹

④选择 CPU 型号：弹出 CPU 选择窗口，选择 STMicroelectronics→STM32F103ZE，选好后单击 OK 按钮，如图 3-23 所示。

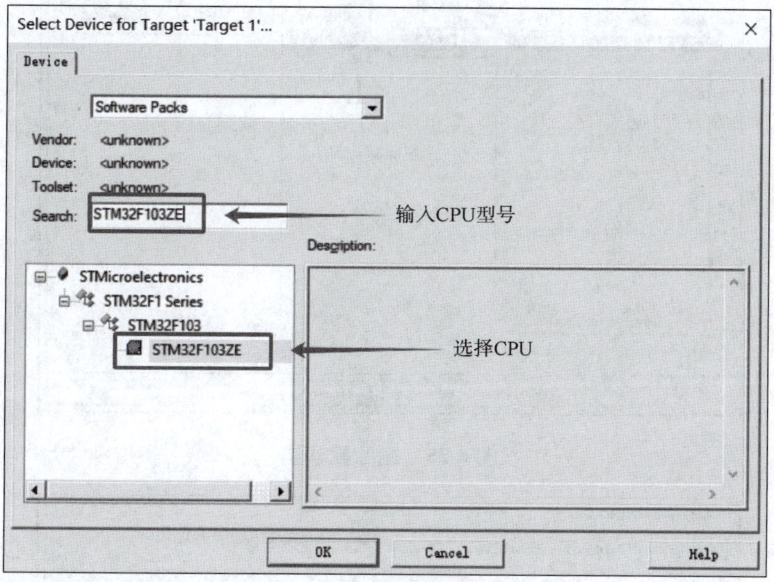

图 3-23　选择 CPU 型号

⑤完成新建：弹出 Copy STM32 Startup Code to Project Folder and ADD File to Project? 提示时，选择“否”（在后面的步骤中会根据 CPU 选择启动文件，这里不用选择），完成工程建立。

⑥新建工程组：右击 Target1，选择 Manage Project Items 命令，在打开的对话框中选择 Project Items，在 Project Targets 栏下面双击 Target1 改名为 LED，在 Groups 栏中删除默认组，重新建立 4 个 Groups：STARTUP、CMSIS、FWLB、USER，如图 3-24 ~ 图 3-27 所示。

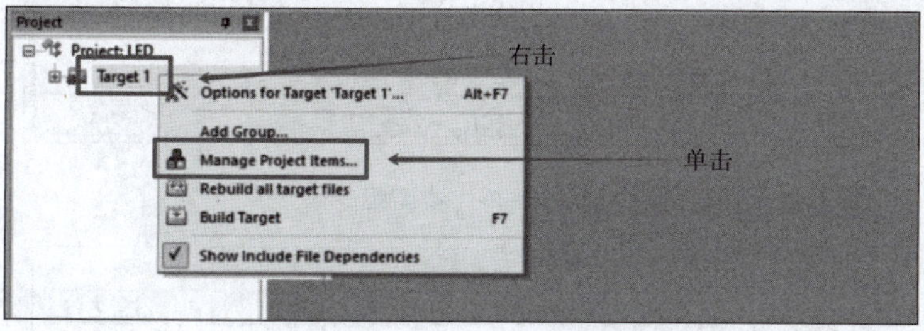

图 3-24　打开项目管理器

⑦添加文件：建完后需在每个 Group 中添加文件。选中 CMSIS，单击 AddFiles 按钮①，单击上退按钮②，双击 Libraries③，如图 3-28 所示，在 CMSIS 文件夹中选 core_cm3④，单击 Add 按钮；选 system_stm32f10x. c，单击 Add 按钮，单击 Close 按钮，如图 3-29 所示。按此过程分别向 USER 中加入 USER\main. c、stm32f10x_it. c 和 USER\led\bsp_led. c。向 STARTUP 中加入 Libraries\CMSIS\startup\请将文件类型改为 All files⑤\startup_stm32f10x_hd. s，如图 3-30 所示。向 FWLB⑥中加入 Libraries\FWLib\src\，如图 3-31 所示，进入 src 文件夹后选第一个文件 misc. c 移动鼠标到最后一个文件，按下【Shift】键同时点最后一个文件，把文件全选上，单击 Add 按钮，单击 Close 按钮，添加完单击 OK 按钮结束。

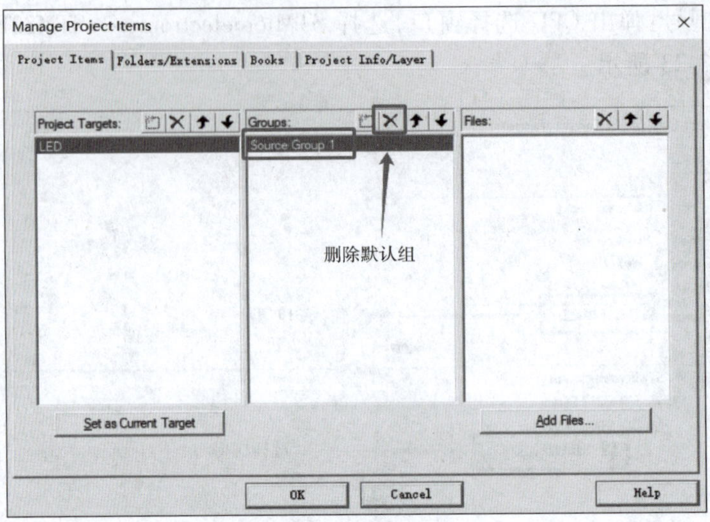

图 3-25　删除默认组

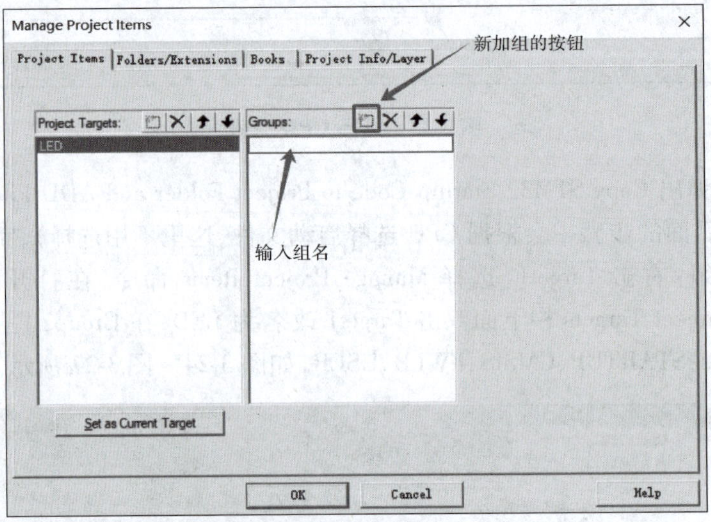

图 3-26　建新组

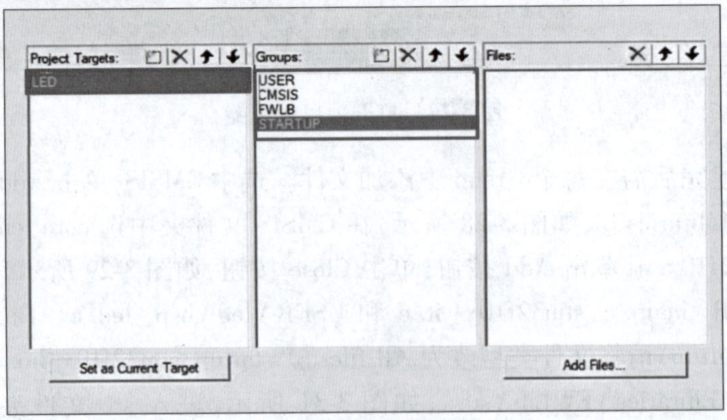

图 3-27　所有组

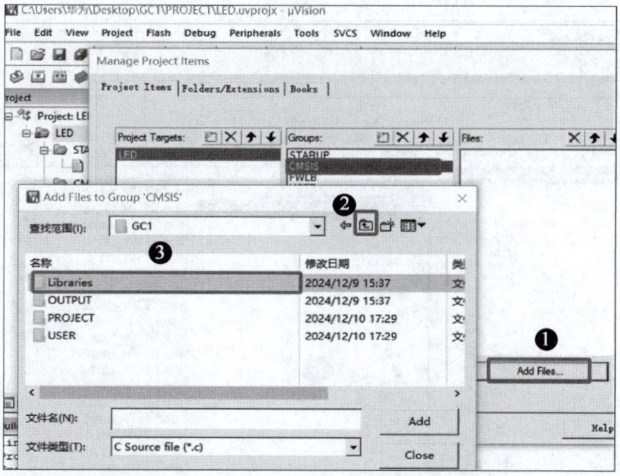

图 3-28　CMSIS 组中添加文件

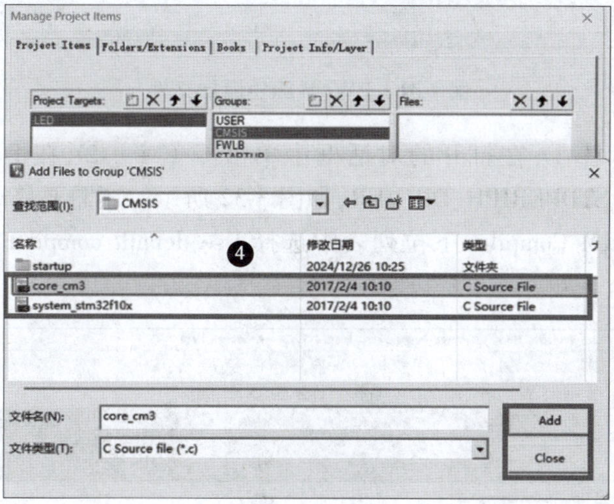

图 3-29　点添加

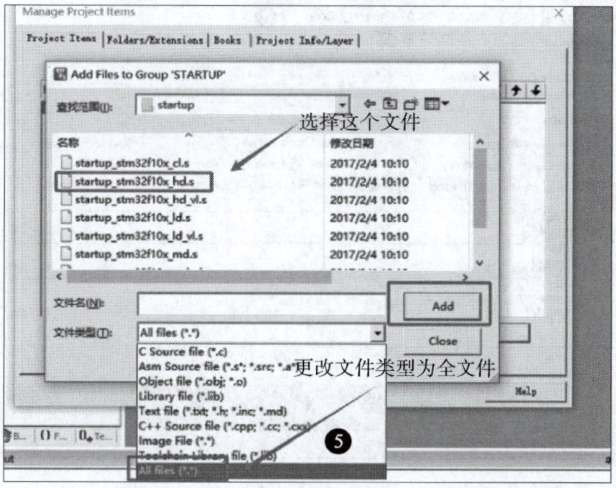

图 3-30　STARTUP 组中添加文件

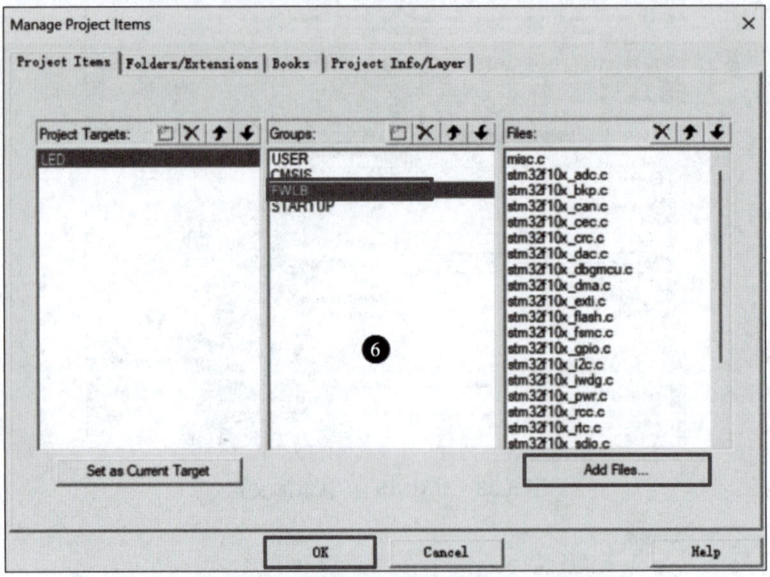

图 3-31　FWLB 组中添加文件

⑧设置：单击魔术棒①，在打开的对话框中单击 C/C ++ ②，在 Define③文本框中输入 STM32F10X_HD，USE_STDPERIPH_DRIVER，如图 3-32 所示。还需要修改版本，在魔术棒对话框中单击 Target，在 ARM Compiler 下拉列表中选择 Use default compiler version 5，单击 OK 按钮，如图 3-33 所示。

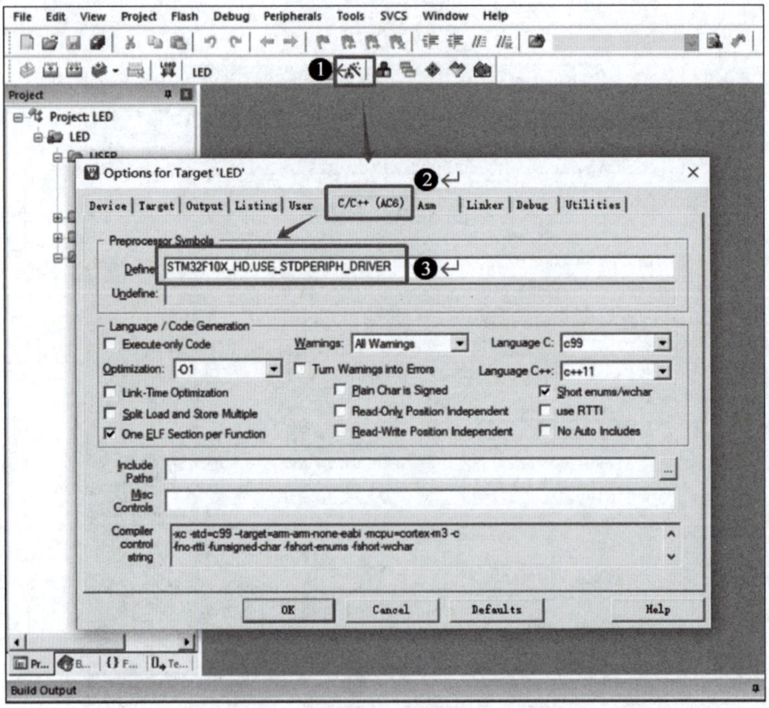

图 3-32　定义编译预处理指令

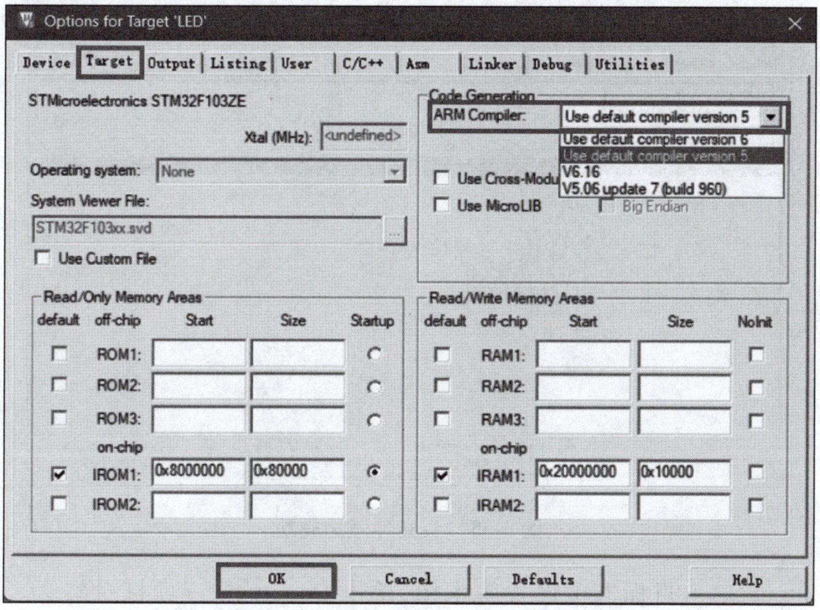

图 3-33　修改版本

⑨添加 . h 头文件：单击魔术棒①，在打开的对话框中单击 C/C ++ ②，依次单击 Include Paths 后面按钮③，在弹出的界面中按图 3-34 箭头顺序选 GC1→Libraries→FWlib→inc 文件夹，单击②③选 GC1→Libraries→CMSIS，单击“确定”按钮；单击②③选 GC1→USER，单击“确定”按钮；单击②③选 GC1→USER→led，单击“确定”按钮，这样就添加了以上文件中的头文件，单击“确定”按钮结束。再单击 OK 按钮完成添加，如图 3-35 所示。

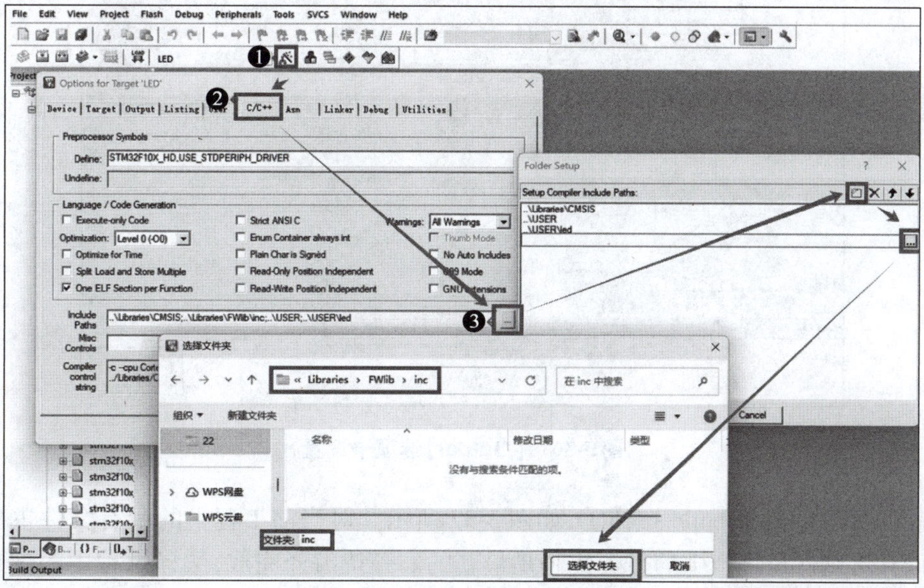

图 3-34　添加 . h 头文件

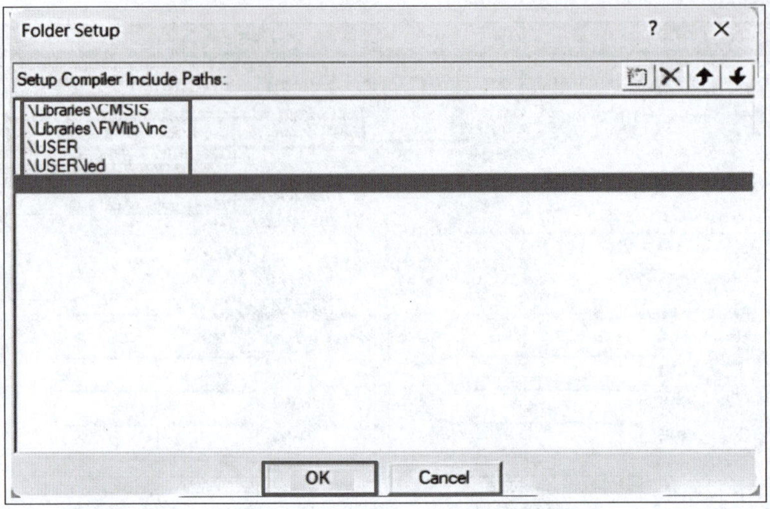

图 3-35 头文件添加成功

⑩设置 Output:单击目标选项设置魔术棒,单击 Output①,三项打对勾②。再单击 Select Folder for Objects③,设置输出文件保存的位置,选择工程路径 GC1\OUTPUT④,单击 OK 按钮⑤,如图 3-36 所示。

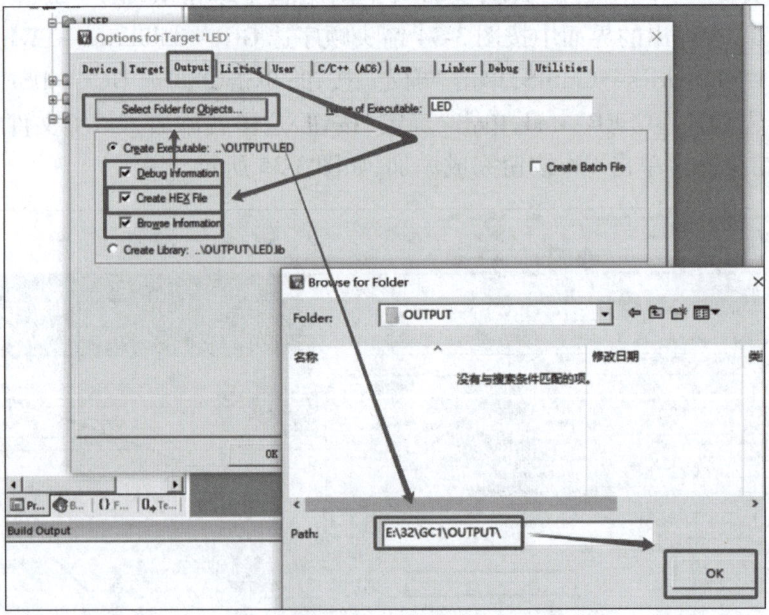

图 3-36 【Output】选项卡设置

⑪编译工程:单击 Rebuild 按钮①,如图 3-37 所示。对当前工程中的所有文件重新进行编译然后再连接,确保最终产生的目标代码是最新的。等待编译完成,编译过程中的信息将出现在输出窗口中的 Build 页中,如果源程序中有语法错误,会有错误报告出现,双击该行,可以定位到出错的位置。修改直至编译通过。出现提示 creating hex file…,0 Error(s),0 Warning(s)②时,说明工程建立完整正确,如图 3-38 所示。

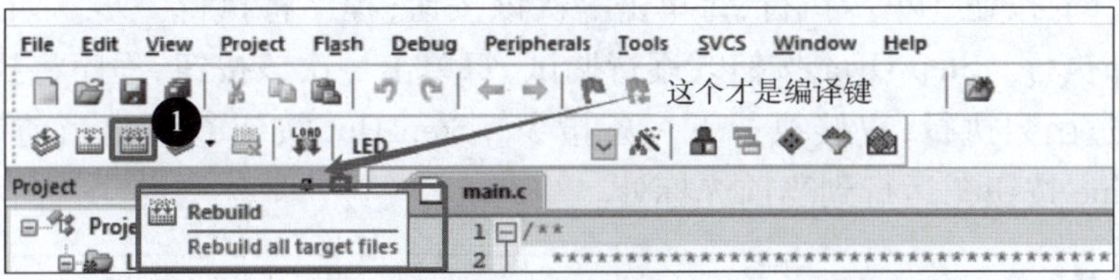

图 3-37　编译按钮

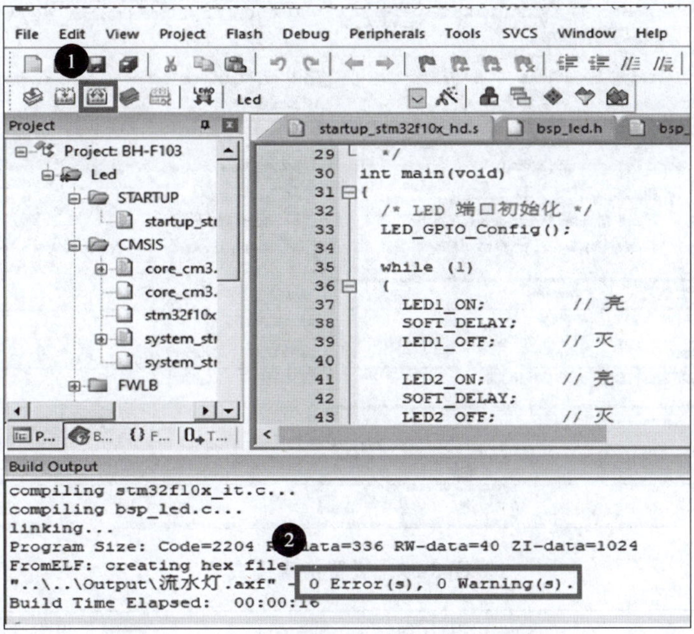

图 3-38　编译工程

3.4　程序的仿真、调试

①检查芯片和晶振：单击目标选项设置魔术棒，弹出的界面中单击 Device 检查芯片型号 51 为 AT89C51，晶振频率为 12 MHz；STM32 为 STM32F103C8/R6/ZE，晶振频率为 8.0 MHz。

②设置仿真模式：单击 Debug 按钮①，选中 Use Simulator 单选按钮②，如图 3-39 所示，51 系列单片机设置选默认即可。STM32 尤其注意请将原默认参数修改为图 3-39 中框内所示，否则可能无法识别 Signal 信号，单击 OK 按钮③。

③调试应用程序：成功进行编译、连接，看到 creating hex file 0 Error(s)，并且设置好仿真模式后，在工具栏上，单击 Debug 按钮可以启动调试模式。或者可以通过 Debug→Start/Stop Debug Session 菜单项启动 μVision 的调试模式。在 μVision 的调试模式下，调试菜单和调试命令是可用的，大多数编辑器的功能都是可用的。例如，可以使用查找命令，还可以纠正程序错误。应用程序的源代码文本在同一窗口中显示。但工程结构和工具参数是不能被修改的，所有的编译命令不可用。

如图 3-40 所示，在 Debug 模式下，Reset 按钮①重置 CPU，Run 按钮②全速运行应用程序，Stop 按钮③停止代码执行。

调试手段:Step 按钮④单步执行,每单击一次该按钮,程序将执行一步。如果遇到函数,将会进入函数内部执行。Step Over 按钮⑤逐行调试,每单击一次该按钮,程序将执行一行。如果遇到函数,将跳过函数执行,直接执行下一条指令。Step Out 按钮⑥跳出当前调试的函数体。Run to Cursor Line 按钮⑦运行到当前光标处。

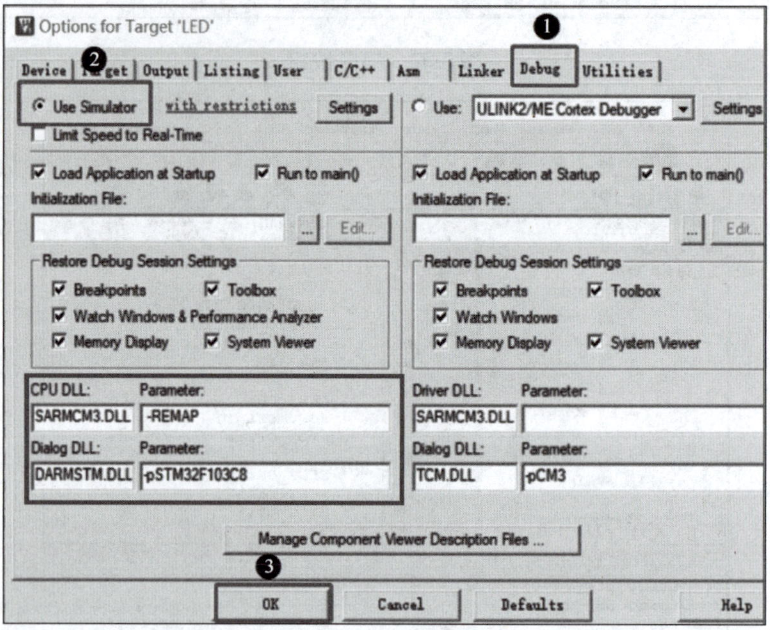

图 3-39 设置仿真模式

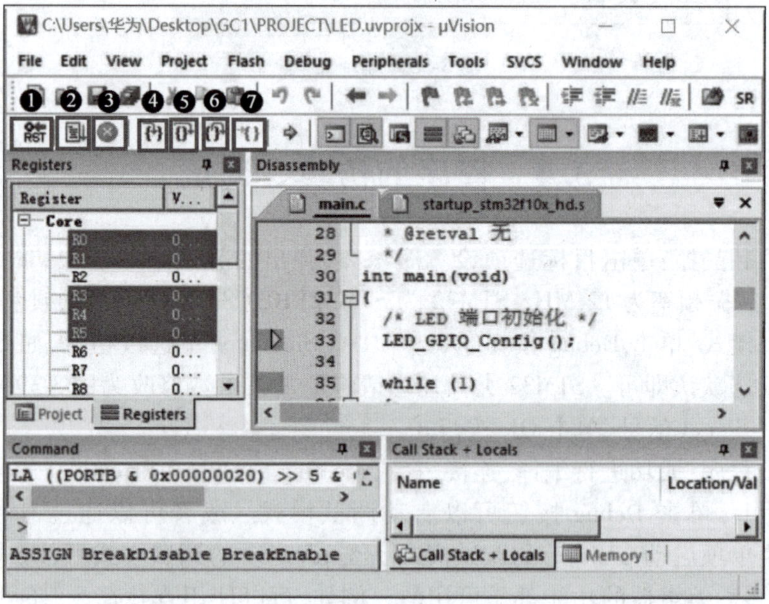

图 3-40 Debug 模式

④观察输出结果:调取需要观察的外围器件,根据上面建立的工程,51 工程需要观察 P1.0 引脚电平变化,选择 Peripherals 命令,找到 P1 口,观察变化。STM32 需要观察 PB0、PB1、PB5

三个引脚的电平变化，所以需要打开 GPIOB 口，选择 Peripherals→General Purpose I/O→GPIOB，如图 3-41 所示。单击 Run 按钮①，观察所选 PB 口的变化，如图 3-42 所示，对勾表示对应引脚输出高电平，空表示对应引脚输出低电平。

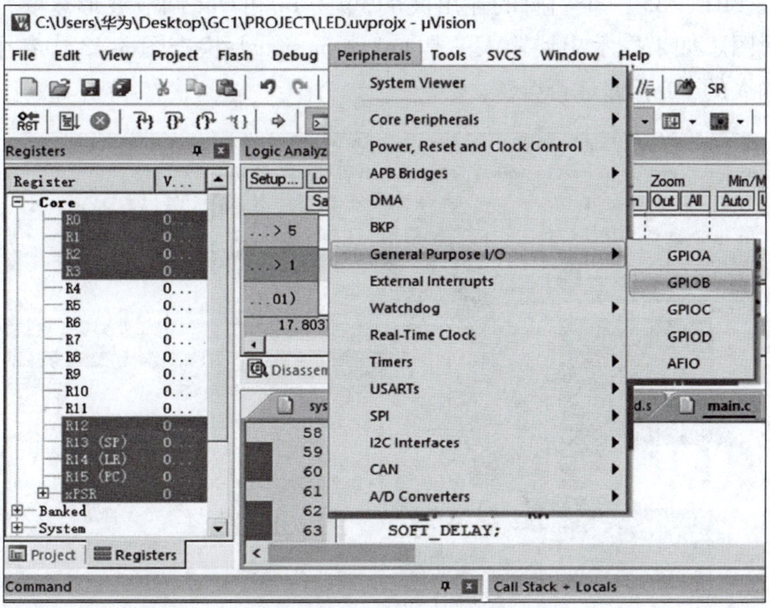

图 3-41　调取外围器件

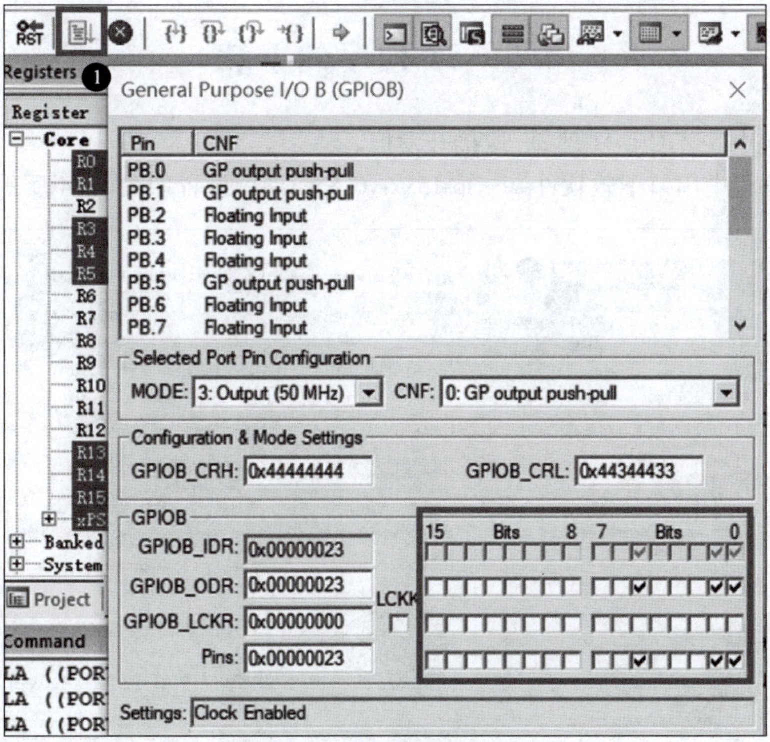

图 3-42　全速运行程序

同时可以通过单击逻辑分析仪①看各引脚电平输出情况，单击 Setup 按钮②，在弹出的窗口中输入 PORT1.0，观察输出波形；STM32 在弹出的窗口中依次输入 PORTB.0、PORTB.1、PORTB.5，注意下方窗口 Display Type 选择 Bit，设置好后关闭当前对话框，如图 3-42 所示。这时就能看到 PB0、PB1、PB5 三个引脚的输出波形，单击 In 和 Out 调节波形宽度，单击 All 按钮可以观看整个波形图。如果提示出错输入的是 unknown signal，检查图 3-43 中各个选项设置是否正确或者检查输入的 IO 引脚是否合法。

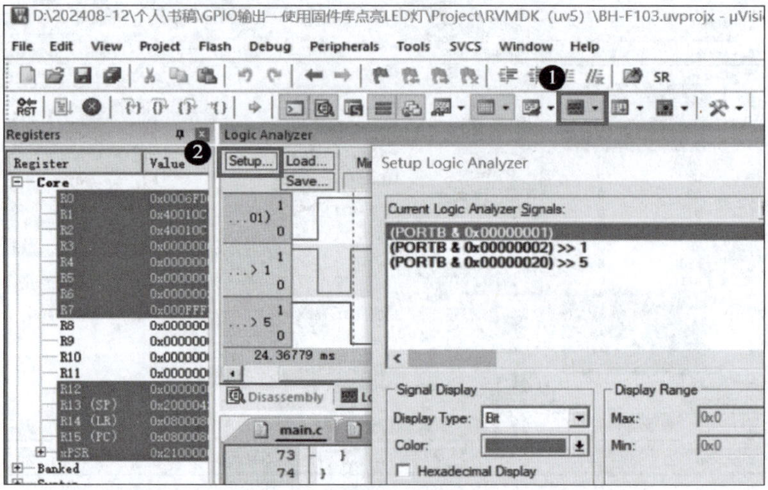

图 3-43　逻辑分析仪查看波形

3.5　51 程序的下载

①从资料包中安装 CH341 驱动，连接开发板。

②打开资料包中串口下载软件 stc-isp-15xx-v6.85.exe。设置如图 3-44 所示。

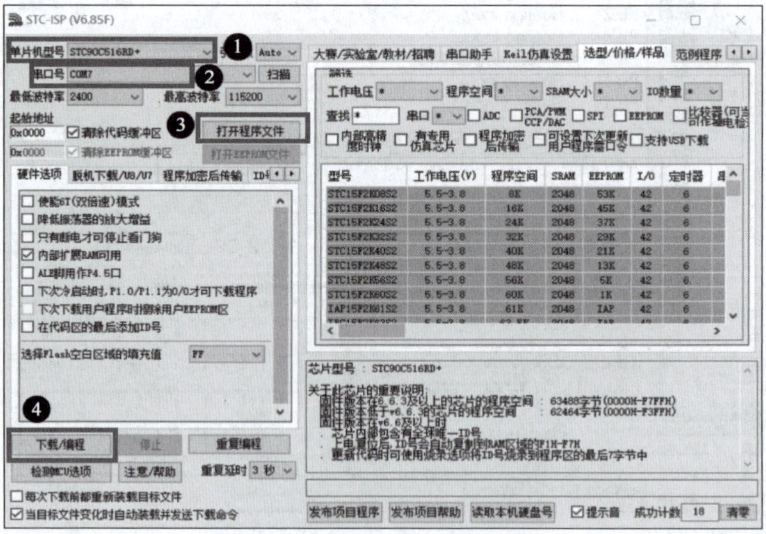

图 3-44　51 程序下载界面

在图 3-44 中，①选择单片机型号，必须与开发板上单片机型号对应（主板上锁紧座上的就是单片机）如果下载软件中没有对应型号，请去 stc 官网下载最新版本。这里以 STC90C516RD + 为例。②选择正确的串口号（到计算机设备管理器里查看）。③打开需要烧写的以 hex 为扩展名的文件，如 Led. hex。④单击“下载/编程”按钮，稍等片刻打开开发板电源，等待下载完成。

3.6　STM32 程序的下载

①从资料包中安装 CH341 驱动，连接开发板。

②打开资料包中 STMISP 下载器文件夹，双击串口下载软件 mcuisp. exe。设置如图 3-45 所示。单击①搜索串口，②选择需要下载的 hex 文件（在文件夹 OBJ 中），③选中“编程前重装文件”复选框，④选中“校验”和“编程后执行”复选框，⑤单击下拉箭头选择第 4 项“DTR 的低电平复位，RTS 高电平进 BootLoader”，⑥单击“开始编程”按钮。下载完显示一切正常说明程序下载成功。

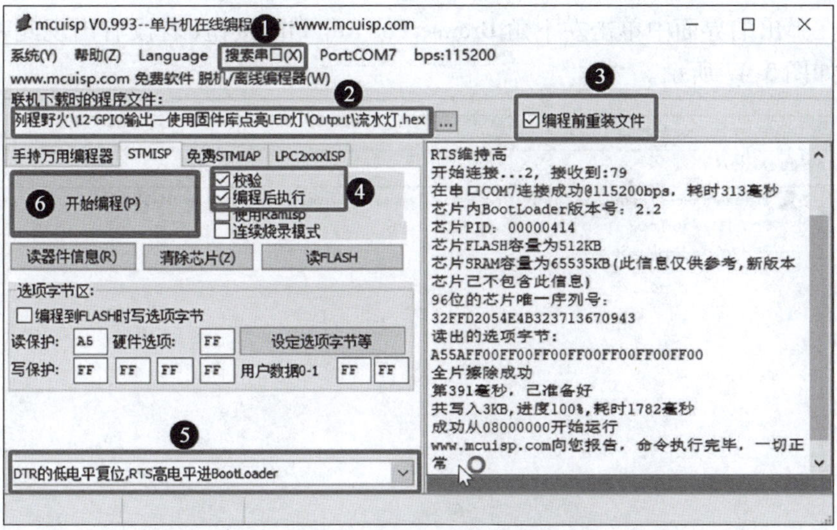

图 3-45　STM32 程序下载界面

3.7　Proteus 软件的安装及功能简介

Proteus 是一款嵌入式系统仿真开发软件，实现了从原理图设计、单片机编程、系统仿真到 PCB 设计，真正实现了从概念到产品的完整设计，能够帮助用户进行模拟电路运行以及电路设计，最大的特色是其电路仿真的交互化和可视化，广泛应用于教学领域以及工业设计方面。

3.7.1　Proteus 软件的安装步骤

①从第三章资料包中复制 Proteus8. 15 软件文件夹或者安装压缩包到计算机上。如果是压缩包需要进行解压。

②打开解压后的文件夹，找到 Setup 应用程序，右击选择“以管理员身份运行”命令。界面如图 3-46 所示。

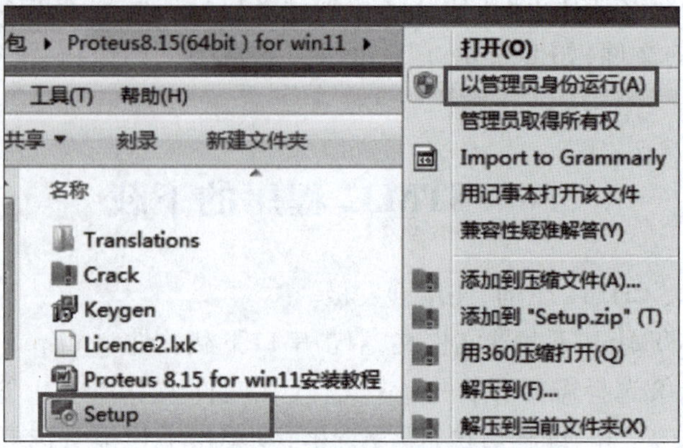

图 3-46　管理员身份运行安装程序

③在弹出的界面单击 Next 按钮，勾选 I accept…；单击 Next 按钮，保持默认选项；连续单击 Next 按钮。在弹出的界面中单击左下角 Browse For Key File 按钮（若没有出现此弹窗，关闭后重新安装），如图 3-47 所示。

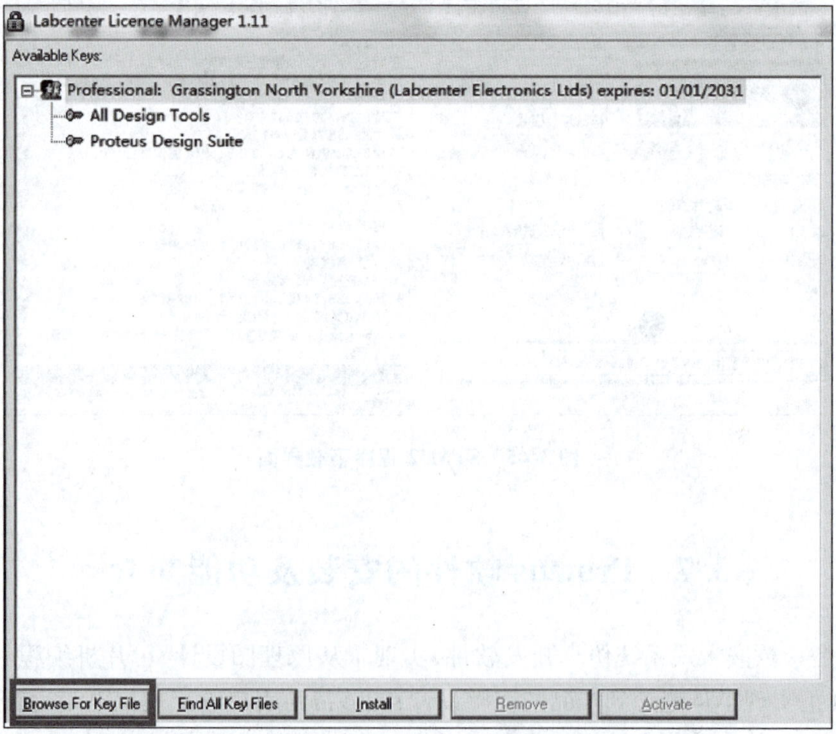

图 3-47　单击 Browse For Key File 按钮

④在弹出的界面选择安装包 Proteus 8.15 文件夹中的 Licence2. xlk，单击“打开”按钮。在弹出的界面单击 Install→Yes→Close→Next→Custom 按钮。在新弹出的界面，可以更改软件的安装位置。建议不要安装在 C 盘，可以选择安装在 D 盘或其他磁盘，安装路径中最好不加中文

字符。接下来的界面都是单击 Next 按钮，最后单击 Install 按钮，稍等片刻，直到安装完成，单击 Close 按钮，如图 3-48 ~ 图 3-51 所示。

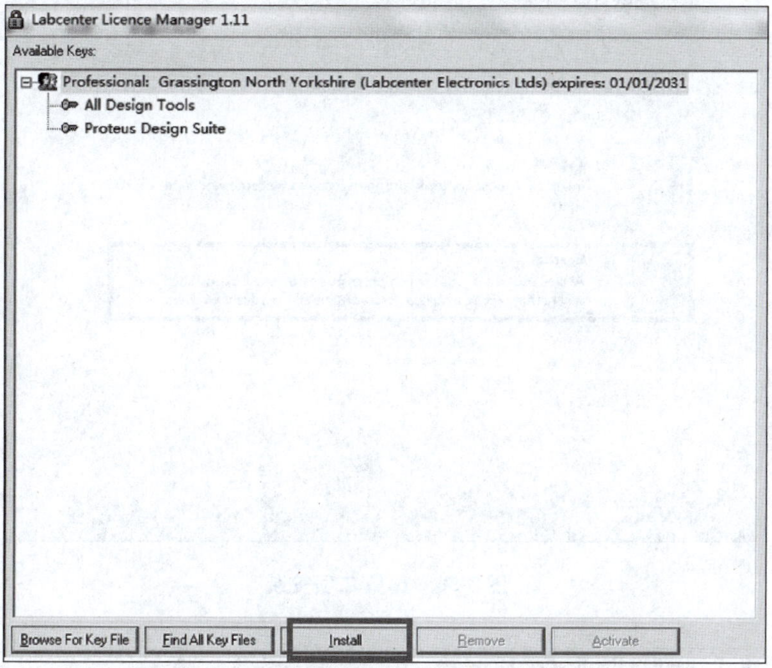

图 3-48　单击 Install 按钮

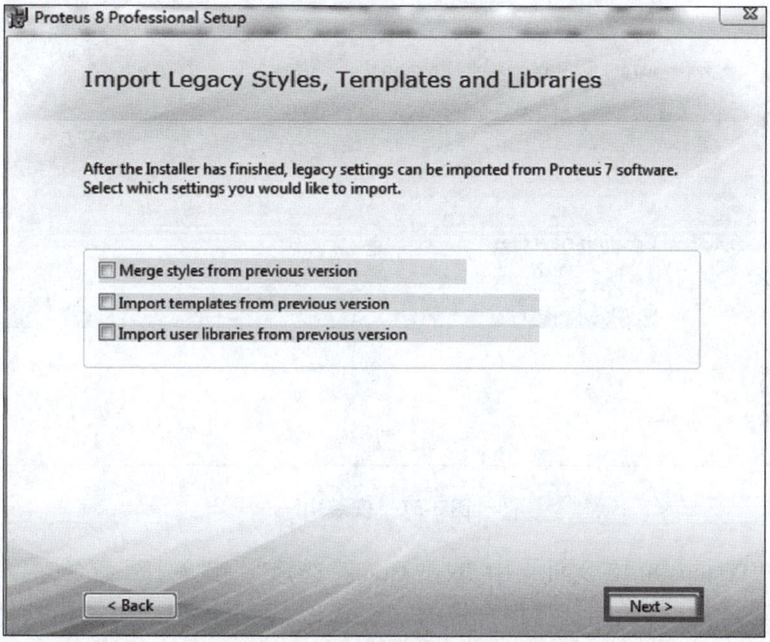

图 3-49　单击 Next 按钮

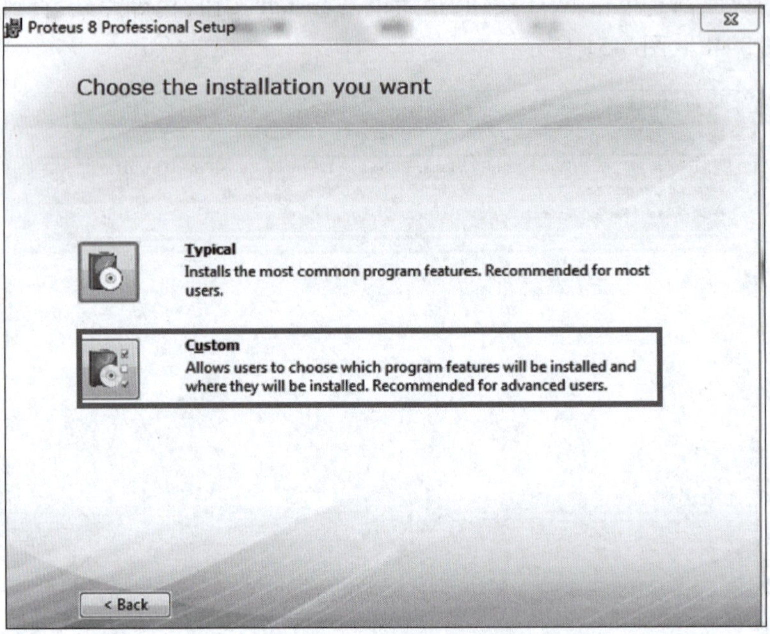

图 3-50　选第二项安装

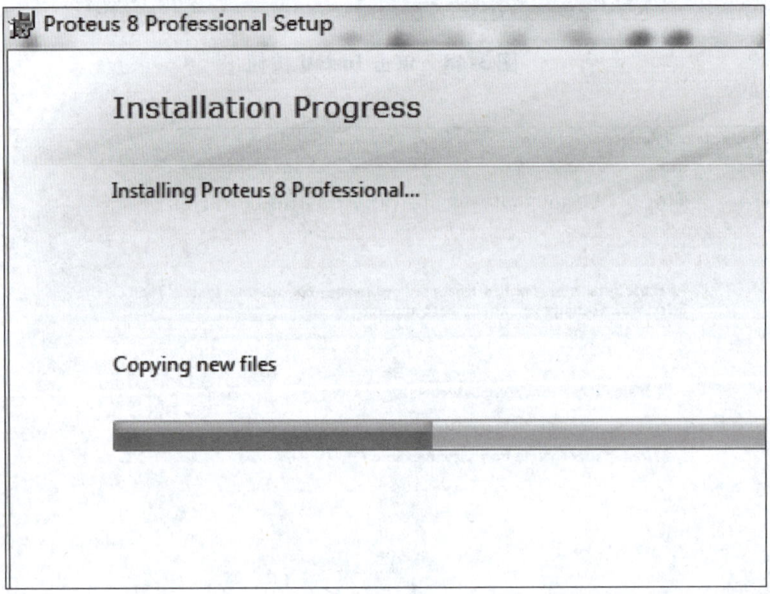

图 3-51　安装中

⑤在安装包 Proteus 8. 15 文件夹中，双击 Crack，选择“一键解压”命令，提示：解压“Crack”前，先关闭所有杀毒软件（包括计算机自带的）、防火墙，否则可能会被杀毒软件误杀而无法运行，如图 3-52 所示。

⑥双击解压后的文件夹 Crack 看到 Keygen，右击 Keygen，选择“以管理员身份运行”命令，在弹出的对话框中单击 OK 按钮，如图 3-53 所示，弹出图 3-54 对话框，单击 Start 按钮。

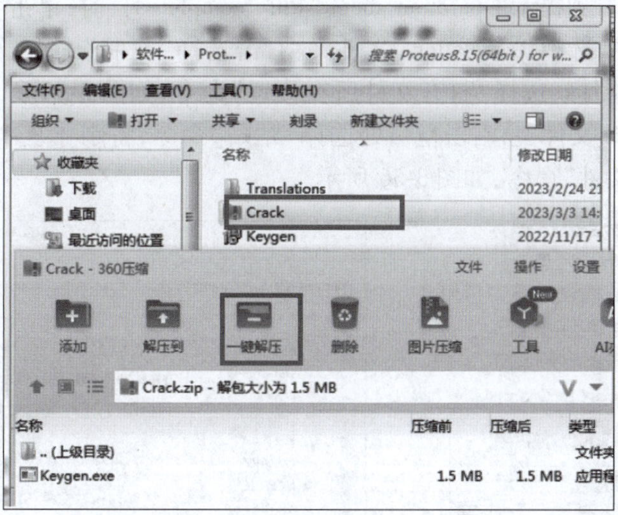

图 3-52　解压 Crack

图 3-53　选择安装语言

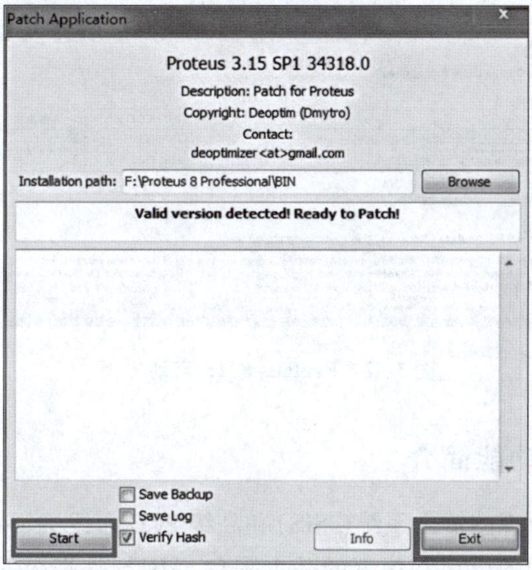

图 3-54　安装 Keygen

⑦等待安装完成看到提示 Operation successfully completed！时，单击 Exit 按钮。在安装包 Proteus 8.15 文件夹中，选中 Translations 文件夹，右击选择“复制”命令。然后回到桌面，右击 Proteus 8 Professional 图标，选择“打开文件所在位置”命令，如图 3-55 所示。回退到路径上的“Proteus 8 Professional”文件夹，右击空白处选择“粘贴”命令，将刚才复制的文件夹粘贴进来，选择“替换目标中的文件”命令，如图 3-56 所示。

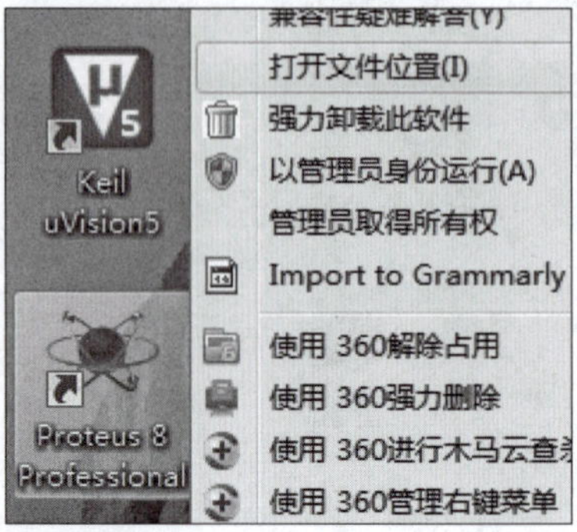

图 3-55 打开文件所在位置

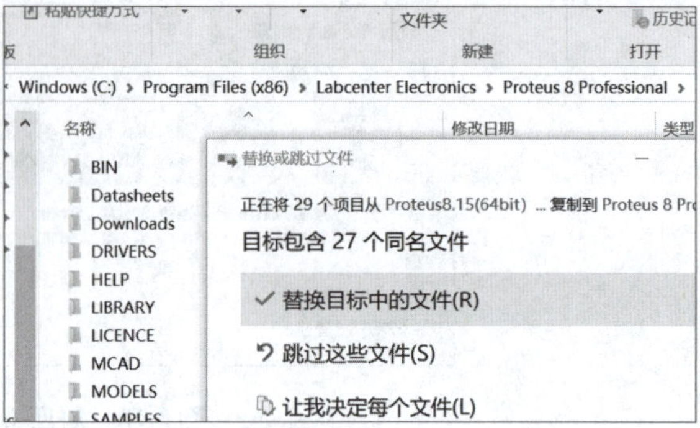

图 3-56 替换 Translations 文件夹

⑧回到桌面，双击桌面上的 Proteus 8 Professional 软件图标，启动软件。软件打开成功后，就可以使用 Proteus 8.15 进行电路设计和仿真了，如图 3-57 所示。

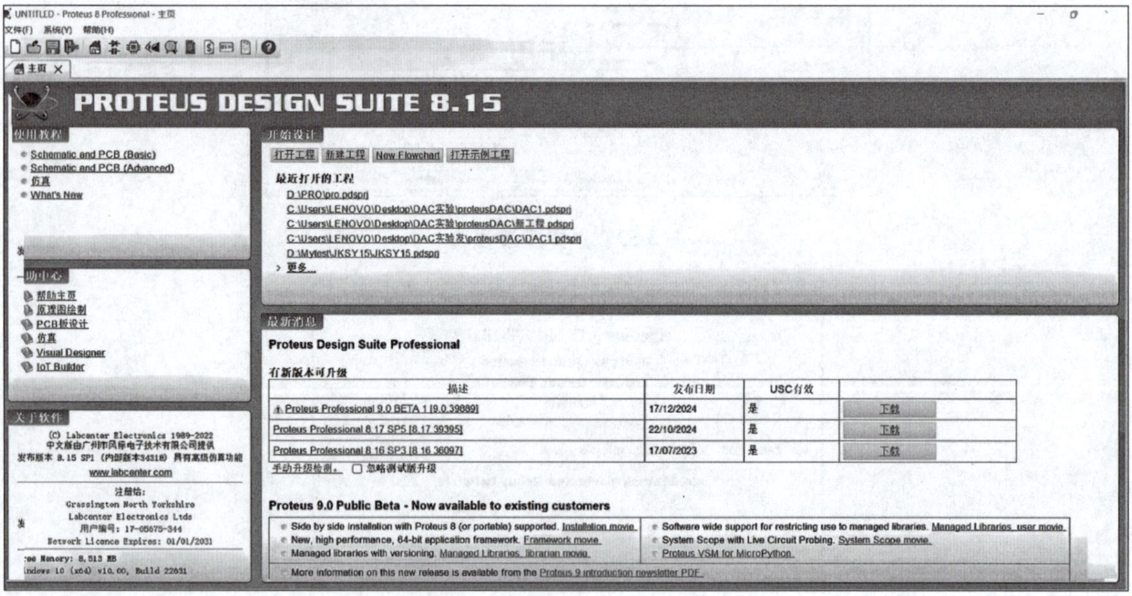

图 3-57 Proteus 8.15 启动界面

3.7.2 Proteus 软件功能简介

Proteus 软件由智能原理图输入系统（ISIS）和高级 PCB 布线编辑系统（ARES）两部分构成，其中 ISIS 是电子系统原理图设计和仿真的基本平台，ARES 是高级的 PCB 布线编辑软件。本书主要应用 ISIS 平台对单片机程序进行仿真。

Proteus ISIS 具有原理图设计和绘制功能,且提供了强大的仿真功能,用户可以对绘制的原理图进行验证。通过仿真,用户可以检查电路的性能、工作状态等。Proteus 支持多种类型的仿真,包括模拟电路仿真、数字电路仿真、单片机与外围电路协同仿真等。Proteus 支持 8051 系列、AVR 系列、PIC 系列、Z80 系列、MSP430 系列以及部分 ARM 系列单片机和嵌入式系统的仿真,同时支持上千种外围器件。

此外,Proteus 还提供了丰富的虚拟仪器,如示波器、逻辑分析仪、虚拟终端等,用户可以在仿真过程中测量外围电路的特性。Proteus 提供了软件调试功能,在硬件仿真系统中具有全速、单步、设置断点等调试功能,同时可以观察各个变量、寄存器等的当前状态;同时支持第三方的软件编译和调试环境,如 Keil μVision5 等软件。

3.7.3　Proteus ISIS 编辑环境简介

1. Proteus ISIS 主界面

Proteus ISIS 主界面包括四个主要部分:原理图编辑窗口①、预览窗口②、元件列表③以及模型选择工具栏④,如图 3-58 所示。

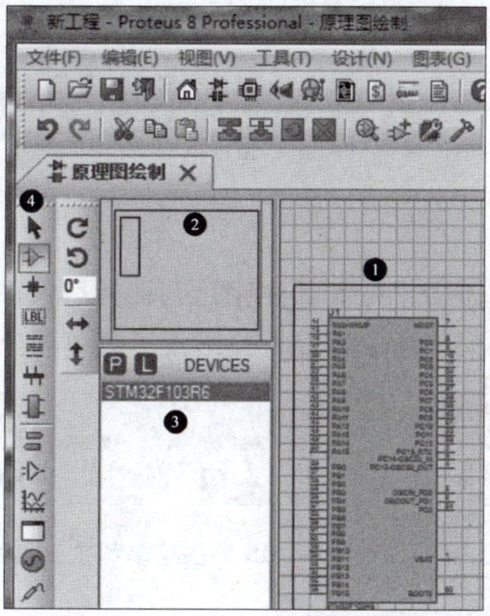

图 3-58　Proteus ISIS 的主界面

原理图编辑窗口是 Proteus ISIS 的核心区域,用户可在此处绘制电路图。将光标放入原理图编辑区,滚动鼠标滚轮可以放大或缩小图纸。

预览窗口通常显示整个电路图的缩略图。预览窗口中,有两个框,蓝框表示当前页的边界,绿框表示当前编辑窗口显示的区域。在看不到绘制的原理图时,可在预览窗口上单击,Proteus ISIS 将会以单击位置为中心刷新编辑窗口。其他情况下,预览窗口显示将要放置的对象。

元件列表允许用户浏览和选择所需的电子元件,确保设计过程中的灵活性和准确性。用户可以通过输入关键词来查找特定的元件,例如输入 STM32 来查找相关的微控制器元件。

模型选择工具栏提供了丰富的功能,如选择元件、连接点、标签、文本绘制,以及用于模拟分析的各种配件工具。如终端接口、信号发生器、电压和电流探针等。这些工具对于电路设计中的模拟和测试至关重要。表 3-1 展示了这些工具的图标及功能。

表 3-1　工具图标及功能

图标	功能	图标	功能	图标	功能
	鼠标选择模式		放置子电路块		各种虚拟仪器（如示波器、逻辑分析仪、定时/计数器等）
	选择元器件		各种终端（输入、输出、电源和地等）		顺时针/逆时针方向旋转按钮
	放置节点		绘制各种引脚（如普通引脚、时钟引脚、反电压引脚和短接引脚等）		水平/垂直镜像旋转按钮
	网络标签（总线或无线连接用）		各种仿真分析所需的图表（如模拟图表、数字图表、混合图表和噪声图表等）		仿真运行（界面左下角）
	放置文本		各种激励源（如正弦激励源、脉冲激励源、指数激励源和 FILE 激励源等）		单步运行
	绘制总线		电压/电流探针（电路进行仿真时可显示各探针处的电压/电流值）		停止运行

2. 主菜单

Proteus ISIS 的主菜单栏包括文件、编辑、视图、工具、设计、图表、调试、库、模板、系统和帮助，如图 3-59 所示。单击任一菜单命令后都将弹出其子菜单项。

图 3-59　Proteus ISIS 的主菜单和主工具栏

文件（File）菜单：包括常用的文件功能，如新建设计、打开设计、保存设计、导入/导出文件，也可打印、显示设计文档，以及退出 Proteus ISIS 系统等。

编辑（Edit）菜单：包括撤销/恢复操作、查找与编辑元器件、剪切、复制、粘贴对象等。

视图（View）菜单：包括是否显示网格、设置格点间距、缩放电路图及显示与隐藏各种工具栏等。在主界面中选择"视图"→"切换网格"命令，设置格点显示与否。选择"视图"→Snap 命令，可调整格点的间距（默认值为 0.1 in，1 in = 2.54 cm）。

工具（Tools）菜单：它包括实时注解、自动布线、查找并标记、属性分配工具、全局注解、导入文本数据、元器件清单、电气规则检查、编译网络标号、编译模型、将网络标号导入 PCB 以及从 PCB 返回原理设计等工具栏。

设计（Design）菜单：它具有编辑设计属性，编辑原理图属性，编辑设计说明，配置电源，新建、删除原理图。在层次原理图中，总图与子图以及各子图之间互相跳转和设计目录管理等功能。

图表(Graph)菜单:它具有编辑仿真图形,添加仿真曲线、仿真图形,查看日志,导出数据,清除数据和一致性分析等功能。

调试(Debug)菜单:包括启动调试、执行仿真、单步运行、断点设置和重新排布弹出窗口等功能。

库(Library)菜单:它具有选择元器件及符号、制作元器件及符号、设置封装工具、分解元件、编译库、自动放置库、校验封装和调用库管理器等功能。

模板(Template)菜单:包括设置图形格式、文本格式、设计颜色以及连接点和图形等。

系统(System)菜单:包括设置系统环境、路径、图纸尺寸、标注字体、热键以及仿真参数和模式等。

帮助(Help)菜单:包括版权信息、Proteus ISIS 学习教程和示例等。

3. 设置动画(Animation)选项

选择"系统"→"配置动画仿真电路"菜单项,即可打开仿真电路设置对话框,如图 3-60 所示。

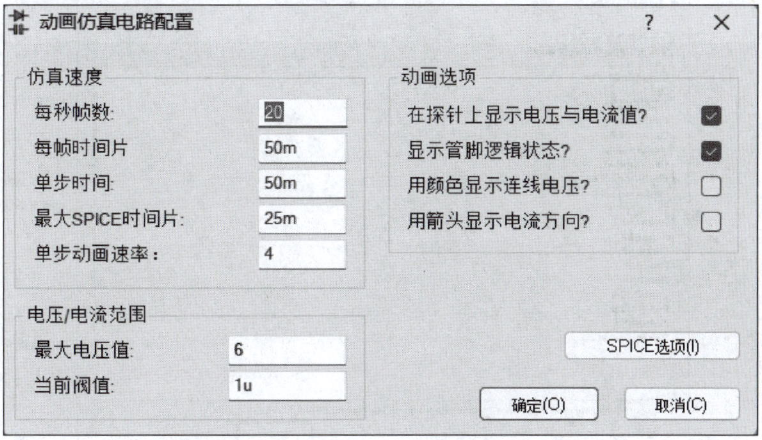

图 3-60　仿真电路设置

3.7.4　电路原理图的设计方法和步骤

1. 创建工程

首先建立一个新的文件夹,如 PRO。然后双击 Proteus 8 图标,进入 Proteus ISIS 编辑环境。单击"新建工程"按钮或者选择"文件"→"新建工程"命令,在弹出的界面中给工程命名为"pro. pdsprj",并选择保存路径为刚才新建的 PRO 文件夹,如图 3-61 所示。单击 Next 按钮,在弹出的对话框中选择 DEFAULT 模板,如图 3-62 所示。单击 Next 按钮,在弹出的界面选择"不创建 PCB 布版设计"单选按钮,如图 3-63 所示。单击 Next 按钮如图 3-64 所示,选择"创建固件项目"单选按钮,如果用的是 MCS-51 系列的芯片,在"系列"栏下拉列表中选 8051 系列,在 Controller 栏下拉列表中选 AT89C51,在"编译器"栏下拉列表中选"Keil for 8051",如图 3-65 所示。如果用的是 STM32 系列的芯片,在"系列"栏下拉列表中选 Cortex-M3 系列,在 Controller 栏下拉列表中选 STM32F103R6,在"编译器"栏下拉列表中选 Keil for ARM,如图 3-64 所示。单击 Next 按钮,单击 Finish 按钮,进入绘制原理图界面如图 3-66、图 3-67 所示。

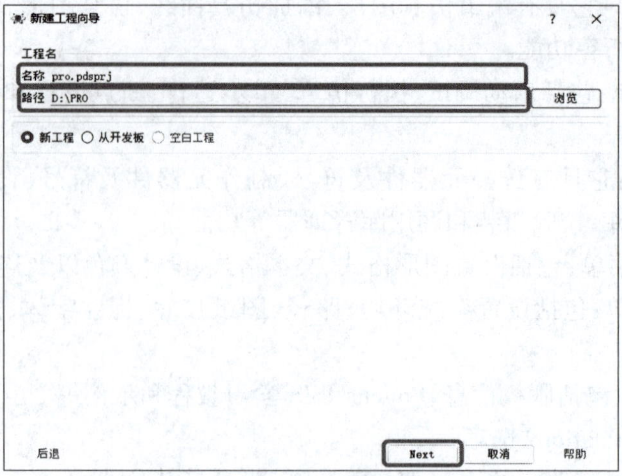

图 3-61　新建工程选择保存位置

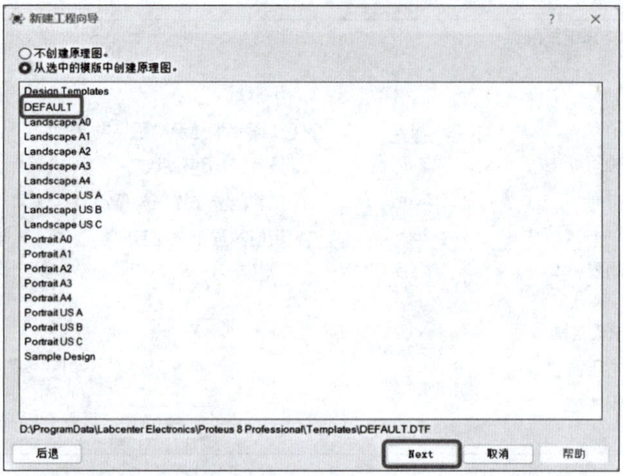

图 3-62　选择 DEFAULT

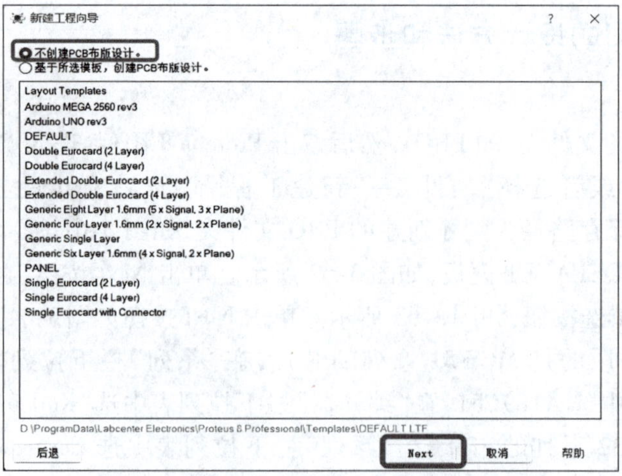

图 3-63　选择不创建 PCB

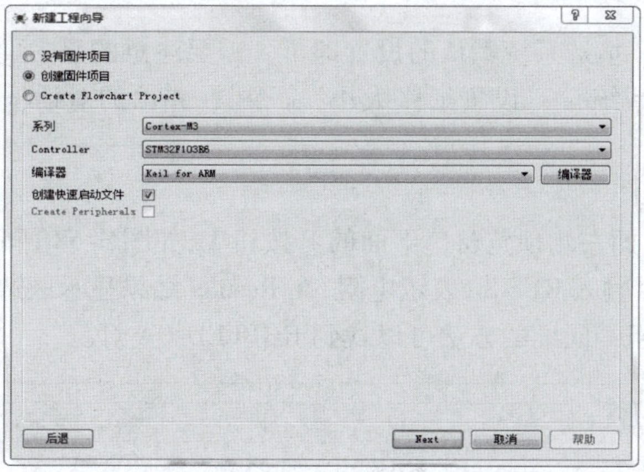

图 3-64　STM32 选择创建固件项目

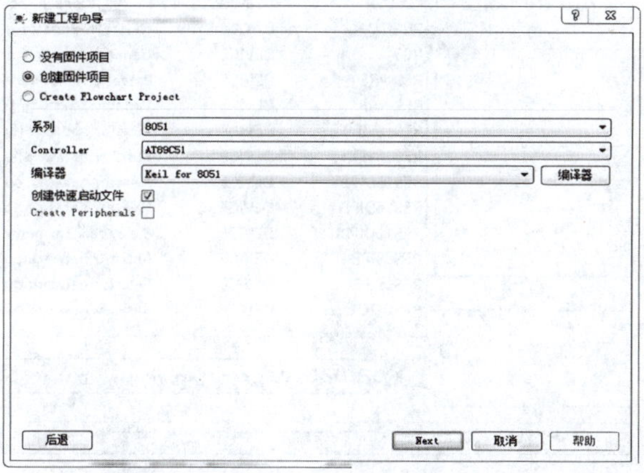

图 3-65　MCS-51 选择创建固件项目

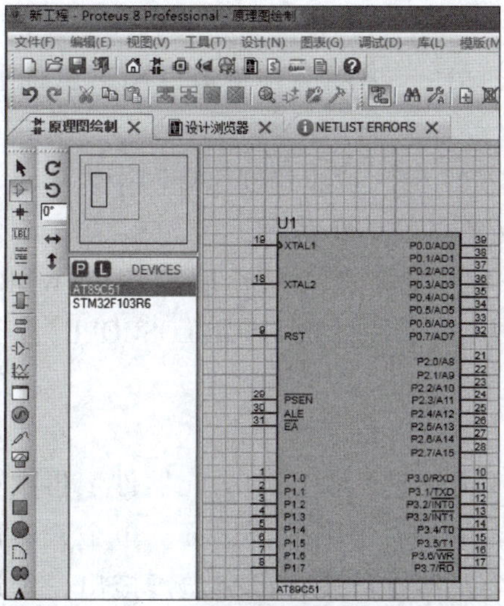

图 3-66　MCS-51 原理图界面

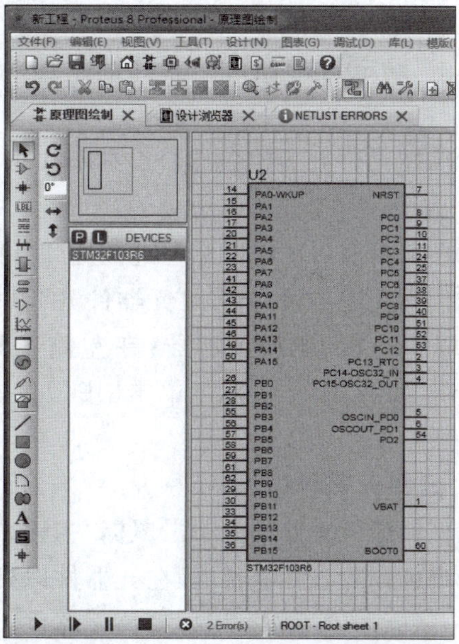

图 3-67　STM32 原理图界面

2. 设置工作环境

一般情况下，工作环境选系统默认的设置即可。需要注意的是，系统默认纸张大小为 A4，可根据实际需要选择“系统”→“设置纸张大小”命令，在弹出的对话框中选择纸张大小，单击“确定”按钮。

3. 选择元器件

用鼠标左键单击界面左侧预览窗口下面的 P 按钮①，如图 3-68 所示，弹出 Pick Devices 对话框②。在 Keywords 栏输入 RES③，表示电阻，在 Results 结果显示区选中 RES，单击“确定”按钮，就找到了通用的电阻。同样的方法可以找到 RGBLED-CA 灯。

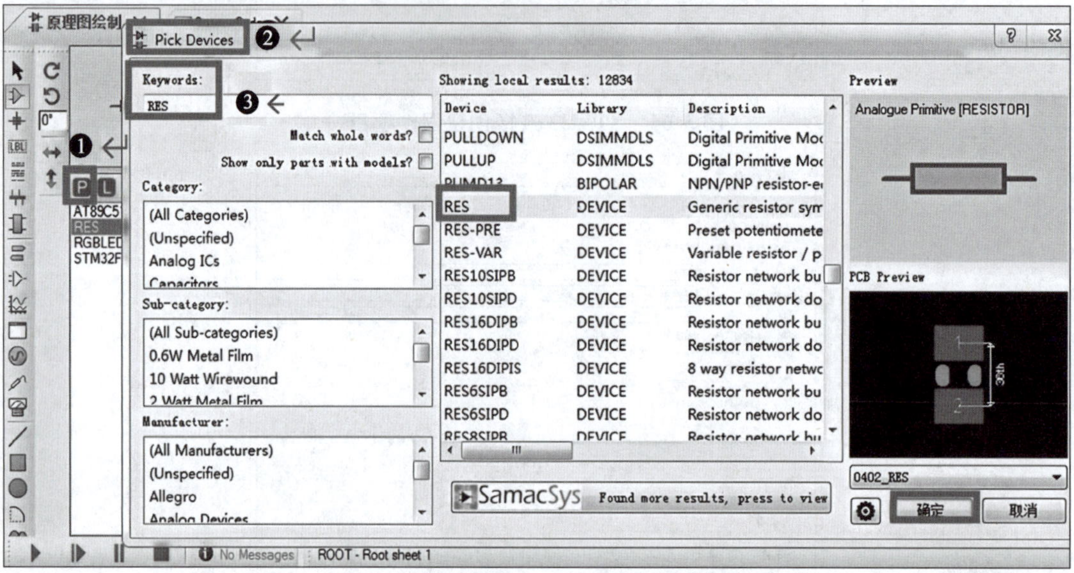

图 3-68　元件拾取对话框

4. 放置元器件

单击“确定”按钮后，元器件被添加到元件列表中，接下来在原理图中放置电阻。步骤如下：

①选择元件列表中的 RES，在 Proteus ISIS 编辑环境主界面的预览窗口中将出现 RES 的图标。

②在编辑窗口单击鼠标左键，定位后再单击，元器件 RES 被放置到原理图中。

③按照上述步骤，将彩灯元器件 RGBLED-CA 放置到原理图中。

④选择电源、地和示波器：在左侧工具栏单击“终端模式”按钮，电源选 POWER，地选 GROUND，如图 3-69 所示。单击“虚拟仪器模式”按钮，示波器选 OSCILLOSCOPE，如图 3-70 所示。

5. 调整元器件位置

在编辑区的元器件上单击鼠标左键选中元器件(为红色)，在选中的元器件上再次单击鼠标右键则可删除该元器件，而在元器件以外的区域内单击右键则取消选择。单个元器件选中后，单击鼠标左键不松可以拖动该元器件。选择多个元器件可使用鼠标左键拖出一个选择区域。使用界面左上方的顺时针、逆时针、X 镜像、Y 镜像四个旋转按钮可改变元器件的方向及对称性。如果是 MSC-51，按图 3-71 所示位置布置好元器件；如果是 STM32，按图 3-72 所示位置布置好元器件。

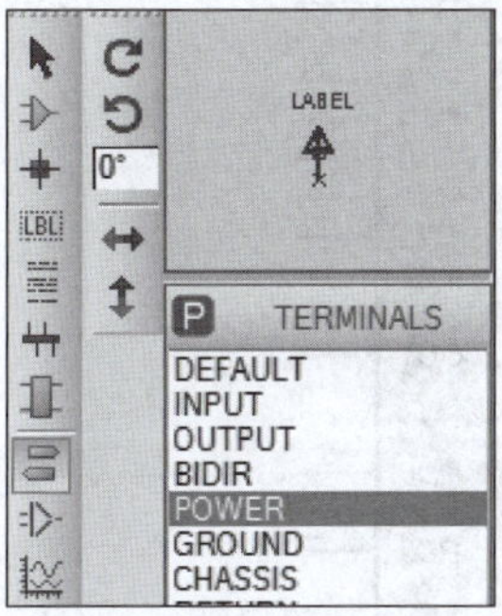

图 3-69　选电源、地

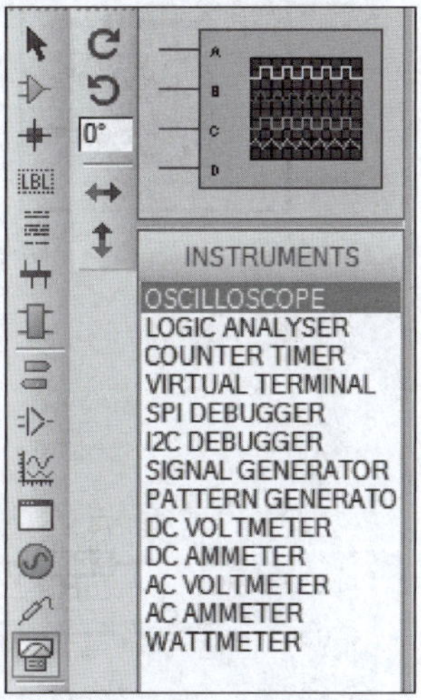

图 3-70　放置示波器元器件

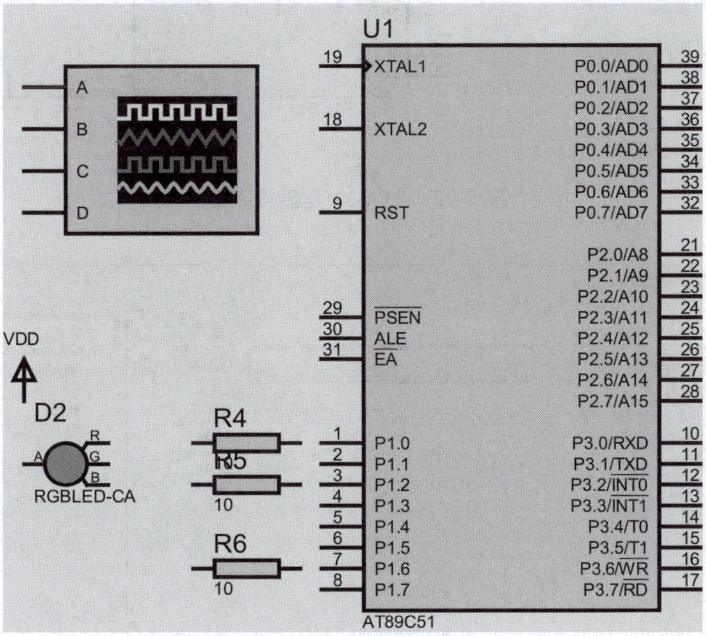

图 3-71　MCS-51 元器件布置

6. 编辑元器件

通过编辑可以给元器件修改编号、名称、值大小等。先保存一下文件。如修改电阻阻值大小，左键双击原理图编辑区中的电阻 R1，弹出“编辑元件”对话框，如图 3-73 所示，把 R1 的 Resistance 由 10 kΩ 改为 10 Ω，同样的方法把 R2、R3 的阻值由 10 kΩ 改为 10 Ω（默认单位为 Ω）。单击“确定”按钮，结束元器件的编辑。

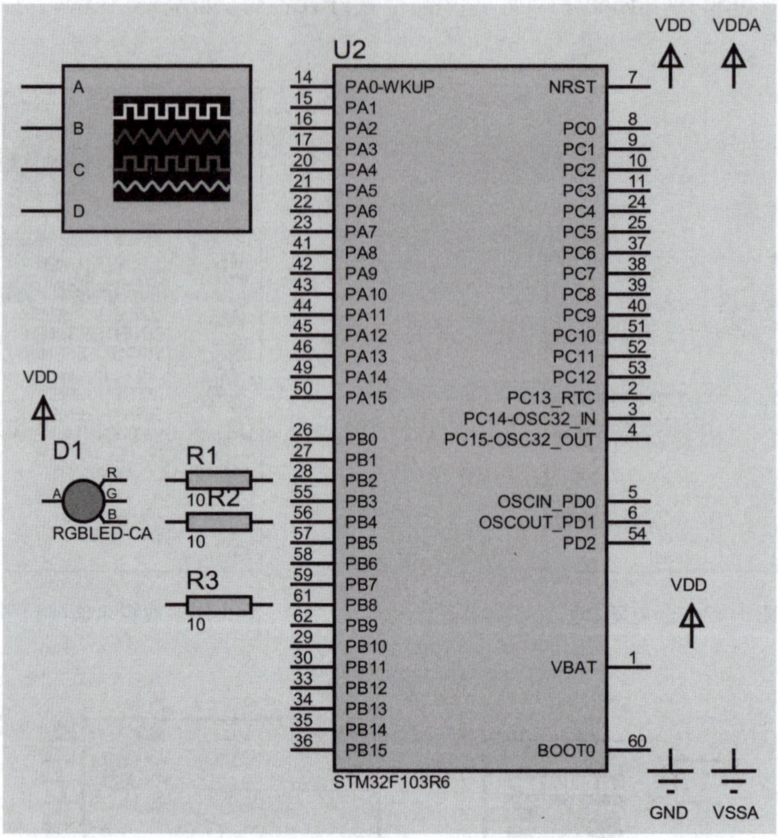

图 3-72　STM32 元器件布置

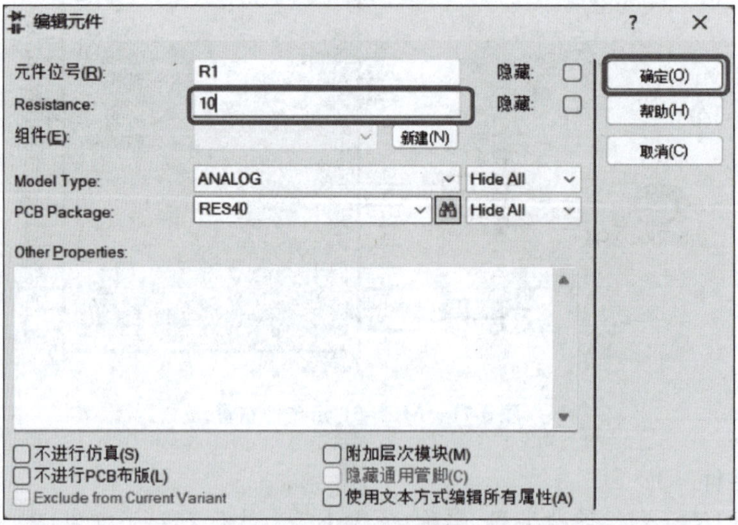

图 3-73　元件属性设置对话框

编辑彩灯元器件 RGBLED-CA。放置好元器件后，双击相应的元器件，即可打开该元器件的编辑对话框，如图 3-74 所示。

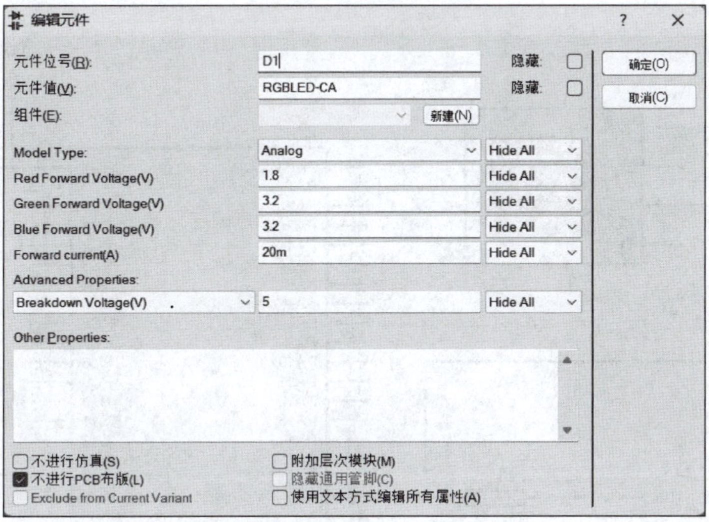

图 3-74 编辑元件

元件位号:元器件在原理图中的编号。

元件值:元器件值/名称。

隐藏:选择元器件编号是否在原理图中隐藏。

Red Forward Voltage(V):红灯正向电压。可以将 Red(红灯)正向电压改为 3.2。

Forward current(A):正向电流值。

7. 电路连线

电路连线采用按格点捕捉和自动连线的形式。Proteus 的连线是非常智能的,只需用鼠标左键单击编辑区元器件的一个端点,看到一支笔,移动这支笔到要连接的另外一个元器件的端点,再次单击鼠标左键,即完成一根连线。如果要删除一根连线,右键双击连线即可,如图 3-75、图 3-76 所示。注意及时保存文件。

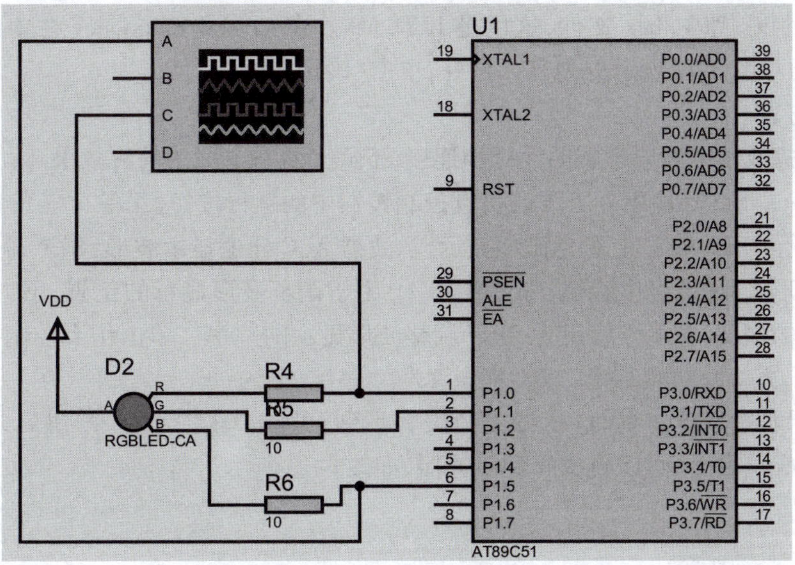

图 3-75 MCS-51 连线图

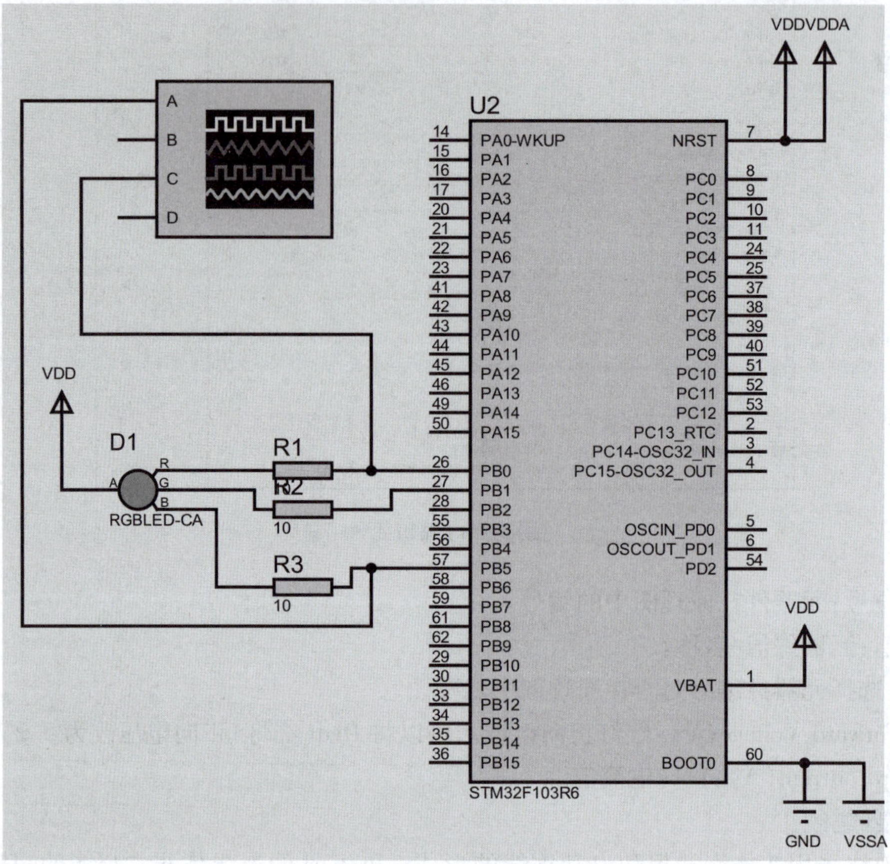

图 3-76 STM32 连线图

8. 加载 hex 文件

双击 AT89C51 或 STM32F103R6，打开其属性编辑框，在 Program File 栏中，单击“打开文件”按钮，选取目标代码 . hex 文件，这里是 LED. hex。在 Crystal Frequency 栏中设置时钟频率为 8 MHz，按照如图 3-77 所示的内容设置好，单击“确定”按钮。

9. 程序仿真

前面已经完成了电路原理图的设计和连接，下面来看看电路的仿真效果。

单击 Proteus ISIS 环境中左下方的仿真控制按钮中的运行按钮（第一个三角▶），开始仿真。仿真开始后，看到 LED 灯以七彩色循环显示，示波器 A、C 通道显示波形，每个通道用一种不同的颜色表示波形线，通道竖位旋钮，如图 3-78①，用于调整波形显示的位置，下方旋钮②，用于调整波形显示的幅度，左下方旋钮③，用于调整波形显示的频率。单击仿真控制按钮中的停止按钮（最后一个方块），仿真结束。

注意：如果再次运行仿真时，示波器消失看不到，可以单击“运行”按钮后，选择 Debug→Digital Oscilloscope 命令，可以再次看到示波器，如图 3-79 所示。

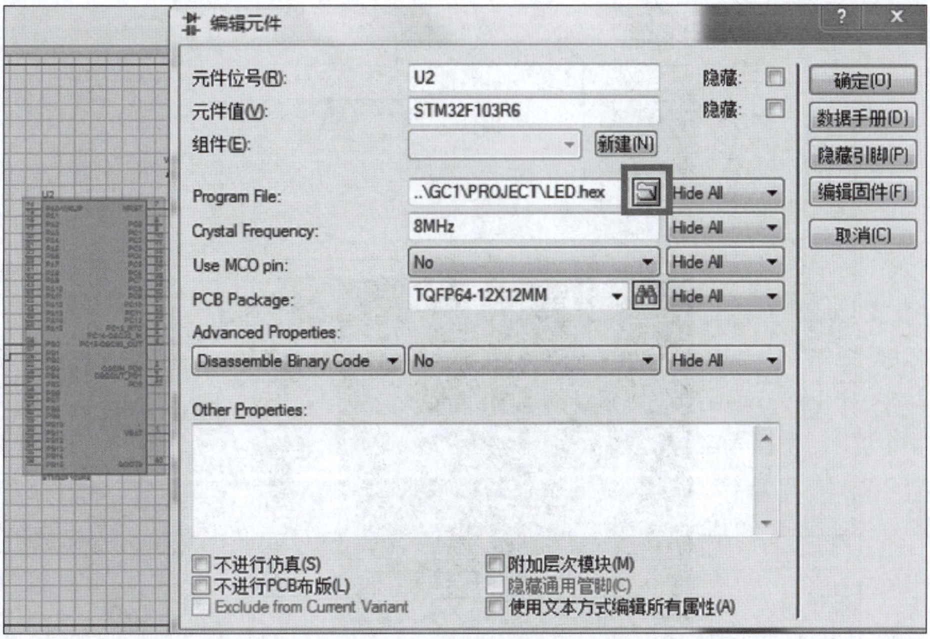

图 3-77　加载 . hex 文件

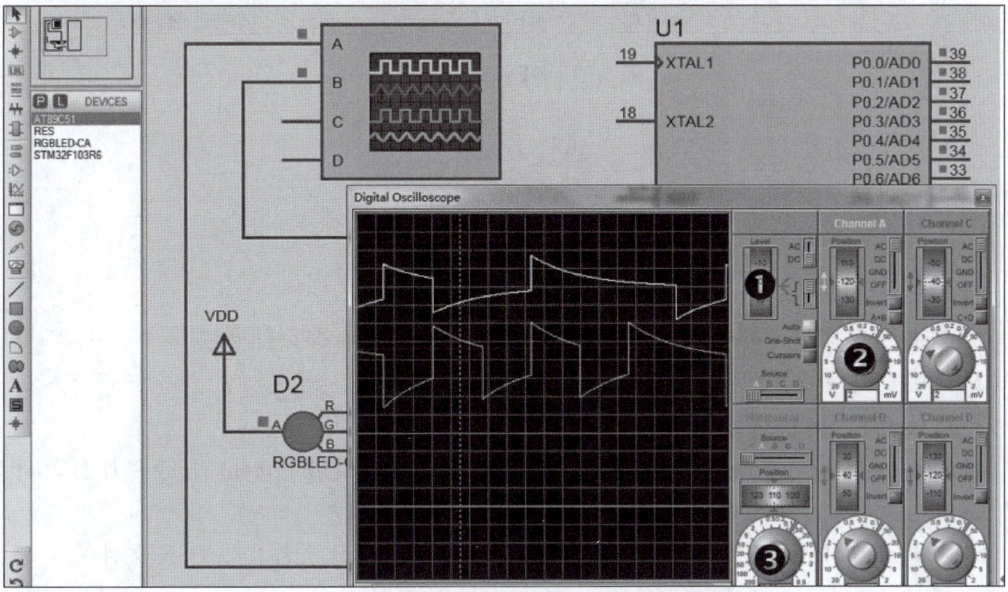

图 3-78　MCS-51 程序仿真

10. 文件保存

在设计过程中要养成随时存盘的好习惯，以免突发事件而造成事倍功半的效果。最好先建立一个存放“ ＊. pdsprj”文件的专用文件夹，如 PRO。会发现在这个文件夹中，除了刚刚设计完成的“pro. pdsprj”文件外，还有很多其他扩展名的文件，可以删除。下次打开时，可直接双击“pro. pdsprj”文件，或先运行 Proteus，再打开“pro. pdsprj”文件。

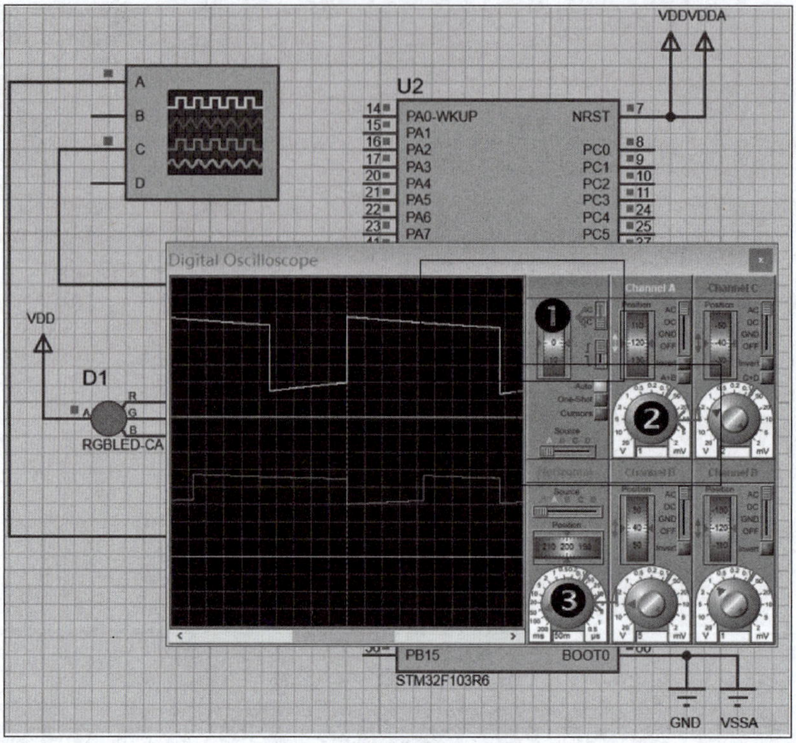

图 3-79　STM32 程序仿真

习　题

简答题

(1)集成开发环境 Keil μVision5 的软件编辑界面由哪些部分组成?

(2)简述创建一个 C51 工程的基本方法。

(3)简述利用 Keil μVision5 进行 STM32 程序调试的方法。

(4)Proteus ISIS 主界面有哪些主要的组成部分?简述利用 Proteus 进行程序仿真开发的过程。

(5)在 Proteus ISIS 下,仿照图 3-79,完成电路原理图设计文件(*. DSN 文件)。

第4章

C51语言程序设计

C语言在国内外被广泛应用,是一种出色的程序设计语言。它功能多样、表达力强、使用灵活便捷、应用范围广、目标程序效率高、可移植性佳,还能直接操控计算机硬件。以往,计算机系统软件和硬件系统的软件多以汇编语言编写。汇编语言在硬件操作方面颇具优势,所编程序代码较短。然而,汇编语言使用不便,可读性与可移植性差,且编写时应用系统设计周期长,调试及排错难度大。为提升计算机应用系统和应用程序的设计效率,优化程序的可读性与可移植性,采用高级语言进行设计是上佳之选。高级语言种类繁多,其他高级语言编程虽便利,却无法直接操作计算机硬件。C语言兼具高级语言的便捷性和汇编语言直接操作硬件的特性,因此在当下计算机硬件系统设计中,尤其在单片机应用系统开发领域,常被用于开发与设计。本章将系统阐述C51语言程序设计的核心知识。从基础的语法结构到面向单片机资源的特殊设计,从数据类型与存储模式到函数与中断处理,将逐步揭示C51如何在高抽象层次与底层硬件之间实现平衡。

学习目标

(1)掌握C51语言的数据类型、运算符及表达式的应用。

(2)掌握C51程序的基本结构及控制语句的使用。

(3)掌握函数的定义与使用、嵌套与递归及中断函数的编写。

4.1 C51程序设计基础

4.1.1 C语言特点及程序结构

1. C语言特点

与其他高级语言相比较,C语言具有以下特点:

①语言简洁紧凑,使用便利灵活。程序书写形式自由,主要采用小写字母。标准C语言共有32个关键字,而C51针对单片机的结构特性扩展了部分关键字,分别见表4-1和表4-2。

表4-1 标准C语言中的常用关键词

类别	关键字	用途简介
定义变量的数据类型	char	定义字符型变量
	double	定义双精度实型变量
	enum	定义枚举型变量

续表

类别	关键字	用 途 简 介
定义变量的数据类型	float	定义单精度实型变量
	int	定义基本整型变量
	long	定义长整型变量
	short	定义短整型变量
	signed	定义有符号变量
	struct	定义结构型变量
	typedef	定义新的数据类型说明符
	union	定义联合型变量
	unsigned	定义无符号变量
	void	定义无类型变量
	volatile	定义在程序执行中可被隐含改变的变量
定义变量的存储类型	auto	定义局部变量,是默认的存储类型
	const	定义符号常量
	extern	定义全局变量
	register	定义寄存器变量
	static	定义静态变量
控制程序流程	break	退出本层循环或结束 switch 语句
	case	switch 语句中的选择项
	continue	结束本次循环,继续下一次循环
	default	switch 语句中的默认选择项
	do	构成 do…while 循环语句
	else	构成 if…else 选择语句
	for	for 循环语句
	goto	转移语句
	if	选择语句
	return	函数返回
	switch	开关语句
	while	while 循环语句
运算符	sizeof	用于测试表达式或数据类型所占用的字节数

表 4-2 C51 语言中新增的常用关键词

关键字	用 途	说 明
bdata	定义数据存储区域	可位寻址的片内数据存储器(20H ~ 2FH)
code		程序存储器
data		可直接寻址的片内数据存储器
idata		可间接寻址的片内数据存储器
pdata		可分页寻址的片外数据存储器
xdata		片外数据存储器

续表

关键字	用 途	说 明
compact	定义数据存储模式	指定使用片外分页寻址的数据存储器
large		指定使用片外数据存储器
small		指定使用片内数据存储器
bit	定义数据类型	定义一个存在 20H ~ 2FH 区的位变量
sbit		定义一个存在 SFR 区的位变量
sfr		定义一个 8 位的 SFR
sfr16		定义一个 16 位的 SFR
interrupt	定义中断函数	声明一个函数为中断服务函数
reentrant	定义再入函数	声明一个函数为再入函数
using	定义当前工作寄存器组	指定当前使用的工作寄存器组
at	地址定位	为变量进行存储器绝对地址空间定位
-task-	任务声明	定义实时多任务函数

②运算符丰富。C 语言总计有 34 种运算符,如图 4-1 所示。表达式多样灵活,能够实现各类运算。

③数据结构丰富,具备现代语言的各类数据结构。C 语言的数据类型包含整型、实型、字符型、数组类型、指针类型等,如图 4-2 所示,可用于实现各种复杂的数据结构。

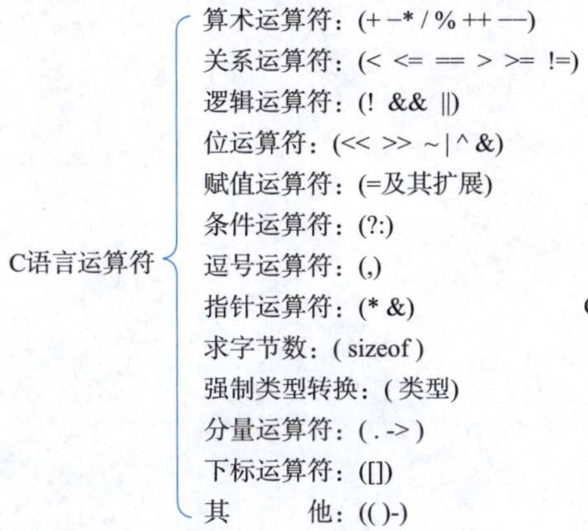

图 4-1 C 语言运算符

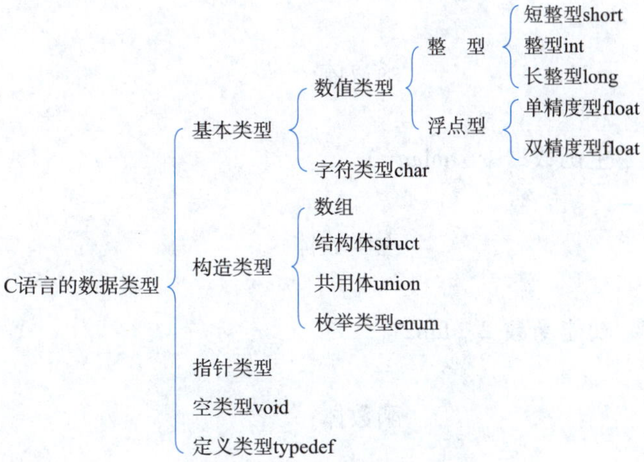

图 4-2 C 语言的数据类型

④能够进行结构化程序设计。C 语言共有 9 种控制语句:if( ) …else… ;break;for ( ) … ;switch;while ( ) …;goto;do…while ( );return;continue。

此外,C 语言程序以函数作为模块单位。一个 C 语言程序由众多函数构成,一个函数相当于一个程序模块,所以 C 语言程序能够轻松地进行结构化程序设计。

⑤语法限制不算严格,程序设计的自由度较大。比如,对数组下标越界不做检查,由程序编写者自行保证程序的正确性。对变量的类型运用较为灵活,例如整型量与字符型数据以及逻辑型数据能够通用。

⑥可以直接对计算机硬件进行操作。C 语言允许直接访问物理地址,能够进行位操作,能实现汇编语言的大部分功能,从而可以直接操控硬件。

⑦用 C 语言编写的程序可移植性良好(相较于汇编语言)。基本无须修改就能应用于各种型号的计算机和各类操作系统。

2. C 语言的程序结构

C 语言程序运用函数结构,每个 C 语言程序皆由一个或多个函数构成。于这些函数当中,至少要包含一个主函数 main(),也能够包含一个 main()函数以及若干其他的功能函数。不管 main()函数置于何处,程序始终从 main()函数开始运行,运行至 main()函数末尾便结束。在 main()函数里能够调用其他函数,其他函数之间也能相互调用,不过 main()函数只能调用其他功能函数,而不能被其他函数调用。功能函数可以是 C 语言编译器提供的库函数,也可以是由用户定义的自定义函数。在编写 C 程序时,程序的起始部分通常是预处理命令、函数说明以及变量定义等。

C 语言程序结构通常如下:

```
预处理命令 include < >
函数说明   long   fun1();
           float  fun2();
定义变量   int    x,y;
           float  z;
功能函数 1   fun1()
             {
                 函数体…
             }
主函数       mian()
             {
                 主函数体…
             }
功能函数 2   fun2()
             {
                 函数体…
             }
```

其中,函数通常由“函数定义”与“函数体”两部分构成。函数定义部分涵盖函数类型、函数名、形式参数说明等,函数名之后必须跟一对圆括号“()”,形式参数在()内予以定义。函数体通过一对花括号“{}”把函数体的内容括起来。倘若各函数内存在多对花括号,那么最外层的一对花括号“{}”即为函数体的内容。函数体内包含若干语句,一般由两部分构成:声明语句和执行语句。声明语句用于对函数中使用的变量进行定义,也可能对函数体中调用的函数进行声明。执行语句由若干语句组成,用于达成一定的功能。有的函数体仅有一对花括号“{}”,其内部既不存在声明语句,也不存在执行语句,此类函数被称为空函数。

C 语言程序在书写时格式极为自由,一条语句能够写成一行,也能够写成多行,还能够在一行内写多条语句,每条语句后面必须以分号“;”作为结束标志。C 语言程序对大小写字母较为敏感。在程序里,对于同一个字母的大小写,系统会进行不同的处理。在程序中能够用“/ *…… */”或者“//”对 C 语言程序中的任何部分进行注释,以增强程序的可读性。

C 语言自身不存在输入/输出语句,输入和输出是借助输入/输出函数 scanf( )和 printf( )来实现的,输入/输出函数是以标准库函数的形式提供给用户的。

4.1.2　MCS-51 系列单片机与 C 语言

汇编语言具备执行效率高、速度快、与硬件结合紧密等特性。特别是在进行 I/O 管理时,运用汇编语言便捷、直观。然而,汇编语言编程相比高级语言编程难度更大,可读性欠佳,不易移植,开发耗时较长。而 C 语言作为一种高级程序设计语言,在进行程序设计时相对较为轻松,支持多种数据类型,可移植性强,并且能够直接对硬件进行访问,能够按照地址方式访问存储器或 I/O 接口。当下,众多 MCS-51 系列单片机系统都采用 C 语言编写程序,用 C 语言编写的应用程序必须通过单片机的 C 语言编译器(简称 C51)转换为单片机能够执行的代码程序。

用 C 语言编写 MCS-51 系列单片机程序与用汇编语言编写有所不同,用汇编语言编写 MCS-51 系列单片机程序必须考虑其存储器结构,尤其要考虑片内数据存储器与特殊功能寄存器的使用,以及按照实际地址处理端口数据。用 C 语言编写的 MCS-51 系列单片机应用程序则无须像汇编语言那样具体地组织、分配存储器资源和处理端口数据。但在 C 语言编程中,对于数据类型与变量的定义,必须和单片机的存储结构相关联,否则编译器无法正确地映射定位。

用 C 语言编写单片机应用程序和标准的 C 语言程序存在一定的差别:在编写单片机应用程序时,需要依据单片机存储结构及内部资源定义相应的数据类型和变量,而标准的 C 语言程序无须考虑这些问题;C51 在数据类型、变量存储模式、输入/输出处理、函数等方面与标准的 C 语言存在一定差异。其他语法规则、程序结构及程序设计方法等与标准的 C 语言程序设计相同。

当下支持 MCS-51 系列单片机的 C 语言编译器众多,如 American Automation、Avocet、BSO/Tasking、Dunfield Shareware 以及 Keil μVision 等。各类编译器的基本情况相似,但在具体处理上存在一定区别,其中 Keil μVision 因其代码紧凑、使用方便等优点优于其他编译器,目前应用极为广泛。本书采用 Keil μVision 编译器来进行 MCS-51 系列单片机 C 语言程序设计。

4.2　C51 的数据类型

4.2.1　C51 的基本数据类型

数据的格式通常被称为数据类型。标准 C 语言的数据类型能够划分为基本数据类型与组合数据类型(也称为构造数据类型),组合数据类型由基本数据类型构建而成。标准 C 语言的基本数据类型包含字符型 char、短整型 short、整型 int、长整型 long、浮点型 float 以及双精度型 double。组合数据类型涵盖数组类型、结构体类型、共同体类型和枚举类型,此外还有指针类型和空类型。C51 的数据类型同样分为基本数据类型和组合数据类型,情形和标准 C 语言里的数据类型基本一致,不过其中 char 型与 short 型相同,float 型与 double 型相同。另外,C51 中还存在专门针对 MCS-51 单片机的特殊功能寄存器型和位类型,见表 4-3。

表 4-3 Keil C51 编译器能够识别的基本数据类型

基本数据类型	长度	取值范围
unsigned char	1 字节	0 ~ +255
signed char	1 字节	-128 ~ +127
unsigned int	2 字节	0 ~ +65 535
signed int	2 字节	-32 768 ~ +32 767
unsigned long	4 字节	0 ~ +4 294 967 295
signed long	4 字节	-2 147 483 648 ~ +2 147 483 647
float	4 字节	-3. 402 823E +38 ~ +3. 402 823E +38
bit	1 位	0 或 1
sbit	1 位	0 或 1
sfr	1 位	0 ~ +255
sfr16	2 字节	0 ~ +65 535

1. 字符型 char

char 分为 signed char 和 unsigned char 两类，默认是 signed char。它们的长度均为 1 字节，用于存储一个单字节数据。对于 signed char，用于定义有符号字节数据，其字节的最高位是符号位，“0”表示正数，“1”表示负数，采用补码表示，所能表示的数值范围是 -128 ~ +127；对于 unsigned char，用于定义无符号字节数据或字符，能够存放 1 字节的无符号数，所能表示的数值范围是 0 ~ +255。unsigned char 既可以用来存放无符号数，也能够存放西文字符，一个西文字符占 1 字节，在计算机内部用 ASCII 码存放。

2. 整型 int

int 有 singed int 和 unsigned int 的区别，默认是 signed int。它们的长度均为 2 字节，用于存放一个双字节数据。对于 signed int，用于存放 2 字节有符号数，采用补码表示，所能表示的数值范围为 -32 768 ~ +32 767。对于 unsigned int，用于存放 2 字节无符号数，所能表示的数值范围为 0 ~65 535 。

3. 长整型 long

long 有 singed long 和 unsigned long 的区别，默认是 signed long。它们的长度均为 4 字节，用于存放一个 4 字节数据。对于 signed long，用于存放 4 字节有符号数，采用补码表示，所能表示的数值范围为 -2 147 483 648 ~ +2 147 483 647。对于 unsigned long，用于存放 4 字节无符号数，所能表示的数值范围为 0 ~ +4 294 967 295。

4. 浮点型 float

float 型数据的长度为 4 字节，格式符合 IEEE 754 标准的单精度浮点型数据，包含指数和尾数两部分，最高位是符号位，“1”表示负数，“0”表示正数，其后的 8 位为阶码，最后的 23 位是尾数的有效数位，因为尾数的整数部分隐含为“1”，所以尾数的精度为 24 位。它在内存中的存储格式如图 4-3 所示。

字节地址	3	2	1	0
浮点数的内容	*SEEEEEEE*	*EMMMMMMM*	*MMMMMMMM*	*MMMMMMMM*

图 4-3 单精度浮点数的格式

其中，S 是符号位，E 是阶码位，共 8 位，用移码表示。阶码 E 的正常取值范围为 1 ~ 254，而对应的指数的实际取值范围为 −126 ~ +127；M 是尾数的小数部分，共 23 位，尾数的整数部分始终为“1”，故一个浮点数的取值范围为 $(-1)^{S} \times 2^{E-127} \times (1.M)$。

例如，浮点数 +124.75 = +1111100.11B = $+1.11110011 \times 2^{+110}$，符号位为“0”，8 位阶码 E 为 +110 + 1111111 = 10000101B，23 位数值位为 11110011000000000000000B，32 位浮点表示形式为 01000010 11111001 10000000 00000000B = 42F98000H，其在内存中的表示形式如图 4-4 所示。

字节地址	3	2	1	0
浮点数的内容	01000010	11111001	10000000	00000000

图 4-4　浮点数 +124.75 在内存中的表示形式

需要指出的是，对于浮点型数据，除正常数值外，还可能出现非正常数值。根据 IEEE 标准，当浮点型数据取以下数值（十六进制数）时即为非正常值：

FFFFFFFFH，非数（NaN）；

7F800000H，正溢出（+1NF）；

FF800000H，负溢出（−1NF）。

另外，MCS-51 系列单片机未涵盖捕获浮点运算错误的中断向量，所以得由用户依据可能出现的错误状况，凭借软件展开适宜的处理。

5. 特殊功能寄存器型

这是 C51 拓展的数据类型，用于对 MCS-51 系列单片机中的特殊功能寄存器数据予以访问。它分为 sfr 和 sfr16 这两种类别，其中 sfr 属于字节型的特殊功能寄存器类型，占据一个内存单元，借助它能够访问 MCS-51 内部的全部特殊功能寄存器；sfr16 是双字节型的特殊功能寄存器类型，占用 2 字节单元，利用其能够访问 MCS-51 内部的所有 2 字节特殊功能寄存器。在 C51 中对特殊功能寄存器的访问，必须先运用 sfr 或者 sfr16 进行声明。

6. 位类型

这同样是 C51 中拓展的数据类型，用于访问 MCS-51 系列单片机里可寻址的位单元。C51 支持两种位类型：bit 型和 sbit 型。它们于内存中均仅占一个二进制位，其值可以是“1”或者“0”。其中通过 bit 定义的位变量，在 C51 编译器进行编译时，在不同的时刻位地址是能够变化的。而通过 sbit 定义的位变量，必须和 MCS-51 系列单片机的一个可寻址位单元或者可位寻址的字节单元中的某一位相关联，在 C51 编译器编译时，其对应的位地址是不会变化的。

在 C51 语言程序里，有可能存在运算中数据类型不一致的情形。C51 准许任何标准数据类型的隐式转换，隐式转换的优先级顺序如下：

bit→char→int→long→float

signed→unsigned

也就是说，在 char 型数据和 int 型数据进行运算时，会首先自动把 char 型数据拓展成 int 型数据，接着再和 int 型数据进行运算，其运算结果是 int 型数据。C51 不但支持隐式类型转换，而且能够借助强制类型转换符“( )”来对数据类型进行人为的强制转换。

C51 编译器不仅支持上述这些基本数据类型，还支持部分复杂的组合型数据类型，例如数组类型、指针类型、结构类型以及联合类型等复杂的数据类型，后续会陆续介绍。

4.2.2 C51 构造数据类型

前文介绍了 C51 语言里字符型、整型、浮点型、位型以及寄存器型等基础数据类型。此外，C51 还提供了指针类型以及由基本数据类型构建而成的组合数据类型。组合数据类型主要涵盖:数组、指针、结构、联合以及枚举等。

1. 数组

数组属于一组有序数据的集合，数组里的每个数据都归属于相同的数据类型。数组中的各个元素能够通过数组名和下标来进行唯一确定。依据下标的数量，数组被划分为一维数组、三维数组以及多维数组。数组在被使用之前必须加以定义。按照数组中存放的数据，数组可分为整型数组、字符数组等。不同的数组在定义和使用方面基本一致，此处仅介绍使用最为频繁的一维数组和字符数组。

(1)一维数组

一维数组仅有一个下标，其定义的形式如下:

数据类型说明符 数组名[常量表达式][={初值 1，初值 2，…}]

各部分说明如下:

①“数据类型说明符”表明了数组中各个元素存储数据的类型。

②“数组名”是整个数组的标识符，它的命名方式和变量的命名方式相同。

③“常量表达式”要求取值为整型常量，必须用方括号“[ ]”括起来，用于表明该数组的长度，也就是该数组元素的个数。

④“初值”用于给数组元素赋予初始值，这部分在数组定义时属于可选择的部分。为数组元素赋值，可以在定义时进行赋值，也可以在定义之后赋值。在定义时赋值，后面需要带有等号，初值需要用花括号括起来，括号内的初值两两之间用逗号分隔，可以对数组的全部元素赋值，也可以仅对部分元素赋值。初值为 0 的元素能够只用逗号占位而不写初值 0。

例如:下面是定义数组的两个实例。

```
unsigned char x[5];
unsigned int y[3] = (1,2,3);
```

第一句设定了一个无符号字符数组，数组被命名为 x，数组里的元素数量是 5。

第二句设定了一个无符号整型数组，数组被命名为 y，数组里的元素数量为 3，在定义的同时给数组里的 3 个元素赋予初始值，分别是 1、2、3。

需要留意的是，在 C51 语言中数组的下标是以 0 起始的，所以上面第一句所定义的 5 个元素分别是 x[0]、x[1]、x[2]、x[3]、x[4]。第二句所定义的 3 个元素分别是 y[0]、y[1]、y[2]，赋值状况为 y[0] =1、y[1] =2、y[2] =3。

C51 规定在引用数组时，只能够逐个对数组中的各个元素进行引用，而不能一次性引用整个数组。不过要是字符数组，就能够一次性引用整个数组。

【例 4-1】 利用数组来计算并输出斐波那契(Fibonacci)数列的前 20 项。

斐波那契数列在数学和计算机算法里非常有用。斐波那契数列是这样的一组数字:第一个数字是 0，第二个数字是 1，其后每个数字都是前两个数字的总和。在设计时通过数组来存放 Fibonacci 数列，从第 3 项开始能够通过累加的方式计算得出。

程序如下：

```
#include < reg51. h >                    //包含特殊功能寄存器库
#include  < stdio. h >                   //包含 I/O 函数库
void serial_initial(void)                //printf()函数串口参数设置
{
    SCON = 0x52;
    TMOD - 0x20;
    TH1 = 0XF3;
    TR1 = 1;
}
main()
{
    int fib[20],i;
    fib[0] =0;
    fib[1] =1;
    serial_ initial();
    for (i =2;1 <20;1 ++)   fib[i] = fib[i -2] + fib[i -1];
    for (i =0;i <20;i ++)
    {
        if (i% 5 ==0)    printf ("\n");
        printf ("% 6d",fib[i]);
    }
    while(1);
}
```

程序执行结果：

```
0  1  1  2  3
5  8  13  21  34
55  89  144  233  377
610  987  1597  2584  4148
```

注意：在 C51 的常规 I/O 函数库中所定义的 I/O 函数均是通过串行接口达成的，在运用 I/O 函数之前，应当先针对 MCS-51 系列单片机的串行接口予以初始化。可以将串口初始化流程定义为一个函数，随后在程序里加以调用即可。倘若该函数处于另外的程序文件当中，那么在调用之前需要对其进行声明，并且声明时前面添加 extern，表明其为一个外部函数。输入/输出针对串口的初始化通常采用这种方式，在主程序里直接调用串口初始化函数来对串口进行初始化。

(2)字符数组

用于存放字符数据的数组被称为字符数组，它属于 C 语言里常用的一类数组。字符数组中的每个元素均用于存放一个字符，也能够利用字符数组来存放字符串。字符数组的定义和一般数组相同，只是在定义时把数据类型设定为 char 型。

例如：

```
char string1[10];
char string2[20];
```

上述定义了两个字符数组，分别设定了 10 个元素和 20 个元素。在 C 语言里，字符数组用于存储一组字符或者字符串。存储字符时，一个字符占据一个数组元素；而存储字符串时，由于 C 语言规定字符以"\0"作为结束符，符号"\0"是一个 ASCII 码为 0 的字符，这是一个不可显示的字符，字符串存放在字符数组中时，结束符会自动存放在字符串的后面，也要占据一个元素的位置，所以定义数组长度时应当比字符串长度大 1。

对于仅存放普通字符的字符数组的赋值和使用与一般的数组完全相同，只能逐个元素进行访问。对于存放字符串的字符数组，既能够对字符数组的元素逐个进行访问，又能够对整个数组进行处理。对整个数组进行访问时是按照字符串的方式处理的，赋值时能够直接用字符串给字符数组赋值，也能够以字符输入的形式为字符数组赋值。输出时能够按照字符串形式输出。按照字符串形式输入/输出时，格式字符采用% s，字符数组使用数组名。

【例 4-2】 对字符数组进行输入和输出。

```
#include <reg51.h>                  //包含特殊功能寄存器库
#include <stdio.h>                  //包含 I/O 函数库
extern serial initial();            //printf()函数串口参数设置
main()
{
    char string[20];
    serial_initial();
    printf("please type any character:");
    scanf("% s",string);
    printf("% s\n",string);
    while(1);
}
```

程序里采用"% s"格式控制来输入/输出字符串，是针对整个字符数组进行的。数据项使用数组名 string。程序执行时，从键盘输入 HOW ARE YOU 并按回车，系统会自动在输入的字符串后面添加一个结束符"\0"，存放到字符数组 string 中，然后输出 HOW ARE YOU。

2. 指针

指针是 C 语言里的一个重要概念。指针类型的数据在 C 语言程序中运用得极为普遍，正确地运用指针类型数据，能够有效地表示复杂的数据结构，能够动态地分配存储器、直接处理内存地址。

(1)指针的概念

要了解指针的基本概念，首先要了解数据在内存中的存储和读取方式。

数据通常存放在内存单元中，而内存单元是依据字节来组织和管理的。每个字节都有一个编号，即内存单元的地址，内存单元存放的是数据。

在汇编语言里，对内存单元数据的访问是通过指明内存单元的地址来实现的。访问存在两种方式：直接寻址方式和间接寻址方式。直接寻址指的是通过在指令中直接给出数据所在单元的地址从而访问该单元的数据，例如，MOV A,20H。在指令中直接给出所访问的内存单元地址 20H，访问的是地址为 20H 单元的数据，该指令把地址为 20H 的片内 RAM 单元的内容传递给累加器 A。间接寻址指的是所操作的数据所在的内存单元地址并非通过指令直接提供，该地址存放在寄存器中或者其他内存单元中，指令中指明存放地址的寄存器或内存单元从而访问相应的数据。

在 C 语言中,可以通过地址方式来访问内存单元的数据,但 C 语言作为一种高级程序设计语言,数据通常是以变量的形式进行存放和访问的。对于一个变量,在一个程序中定义了该变量,编译器在编译时就会在内存中为这个变量分配一定的字节单元用于存储。比如对整型变量(int)分配 2 字节单元,对浮点型变量(float)分配 4 字节单元,对字符型变量分配 1 字节单元等。变量在使用时要区分两个概念:变量名和变量的值。前者是数据的标识,后者是数据的内容。变量名相当于内存单元的地址,变量的值相当于内存单元的内容。对于内存单元的数据存在两种访问方式,对于变量也有两种访问方式:直接访问方式和间接访问方式。

直接访问方式。在对变量的访问中,多数情况下是直接给出变量名的。例如,print("% d",a),直接给出变量 a 的变量名来输出变量 a 的内容。在执行时,依据变量名获取内存单元的地址,接着从内存单元中取出数据并按照指定的格式进行输出,这便是直接访问方式。

间接访问方式。例如,当要存取变量 a 中的值时,可以先将变量 a 的地址存于另一个变量 b 中。进行访问时先找到变量 b,从变量 b 中取出变量 a 的地址,然后依照这个地址从内存单元中取出变量 a 的值,这就是间接访问。在此处,从变量 b 中取出的并非所访问的数据,而是访问数据(变量 a 的值)的地址,这即为指针,变量 b 被称为指针变量。

关于指针,要留意两个基本概念:变量的指针和指向变量的指针变量。变量的指针就是变量的地址。对于变量 a,如果其对应的内存单元地址为 2000H,它的指针便是 2000H。指针变量指的是专门用于存放另一个变量地址的变量,它的值是指针。上面变量 b 中存放的是变量 a 的地址,变量 b 中的值是变量 a 的指针,变量 b 就是一个指向变量 a 的指针变量。

如上所述,指针实际上就是各类数据在内存单元的地址,在 C51 语言里,不但有指向一般类型变量的指针,还有指向各种组合类型变量的指针。在本书当中仅探讨指向一般变量的指针的定义与引用,对于指向组合类型变量的指针,可以参考其他相关书籍来学习其使用方法。

(2)指针变量的定义

在 C51 语言中,在运用指针变量之前必须对其进行定义,指针变量的定义和一般变量的定义相似,定义的通常形式为

```
数据类型说明符 [存储器类型]  * 指针变量名;
```

数据类型说明符表明了该指针变量所指向的变量的类型。一个指向字符型变量的指针变量不能用于指向整型变量;反之,一个指向整型变量的指针变量也不能用于指向字符型变量。存储器类型属于可选项,这是 C51 编译器的一种扩展。如果带有此选项,那么指针被定义为基于存储器的指针;没有此选项时,被定义为一般指针。这两种指针的差别在于它们所占的存储字节不同。一般指针在内存中占用 3 字节,第 1 字节存放该指针存储器类型的编码(由编译时编译模式的默认值确定),第 2 字节和第 3 字节分别存放该指针的高位和低位地址偏移量。存储器类型的编码值如图 4-5 所示。

存储器类型	idata	xdata	pdata	data	code
编码值	1	2	3	4	5

图 4-5　存储器类型的编码值

例如,存储器类型为 data、地址值为 0x1234 的指针变量在内存中的表示如图 4-6 所示。

字节地址	+0	+1	+2
内容	0x4	0x12	0x34

图 4-6 0x1234 的指针变量在内存中的表示

倘若指针变量被界定为基于存储器的指针,那么该指针的长度可以是 1 字节(当存储器类型选项为 idata、data、pdata 的片内数据存储单元)或者 2 字节(当存储器类型选项为 code、xdata 的程序存储器单元或者片外数据存储单元)。

下面是几个指针变量定义的例子。

```
int  * p1;         /* 定义一个指向整型变量的指针变量 p1* /
char  * p2;        /* 定义一个指向字符型变量的指针变量 p2* /
char  data* p3;    /* 定义一个指向字符型变量的指针变量 p3,该指针访问的数据在片内数据存
储器中,该指针在内存中占 1 字节* /
float  xdata* p4;/* 定义一个指向字符型变量的指针变量 p4,该指针访问的数据在片外数据存
储器中,该指针在内存中占 2 字节* /
```

(3)指针变量的引用

指针变量属于存放另一变量地址的特殊变量,且指针变量仅能存放地址。在运用指针变量时需留意两个运算符:& 和 *。其中,“&”属于取地址运算符,“ * ”为指针运算符。凭借“&”取地址运算符能够将一个变量的地址赋予指针变量,让指针变量指向此变量;借助“ * ”指针运算符能够达成通过指针变量来访问其指向变量的值。

指针变量在完成定义后,能够如同其他基本类型的变量那样被引用,例如

```
int  x,* px,* py;     /* 变量及指针变量定义* /
px = &x;              /* 将变量 x 的地址赋给指针变量 px,使 px 指向变量 x* /
* px =5;              /* 等价于 x =5* /
py = px;              /* 将指针变量 px 中的地址赋给指针变量 py,使指针变量 py 也指向 x* /
```

【例 4-3】 输入两个整数 x 与 y,经比较后按从大到小的顺序输出。

程序如下:

```
#include  < reg51. h >        //包含特殊功能寄存器库
#include  < stdio. h >        //包含 I/O 函数库
extern serial_initial();
main()
{
    int  x,y;
    int  * p,* p1,* p2;
    serial_initial();
    printf("input x and y: \n");
    scanf("% d% d",&x,&y) ;
    p1 = &x;  p2 = &y;
    if(x < y)  {p = p1;p1 = p2;p2 = p;}
    printf("max = % d,min = % d\n",* p1,* p2);
    while(1);
}
```

程序执行结果：

```
input  x  and  y;
4   8
max=8,  min=4
```

在该程序里设定了 3 个指针变量：* p、* p1 以及 * p2，它们均指向整型变量。完成赋值操作后，p1 指向 x，p2 指向 y。接着对变量 x 和 y 的大小予以比较，倘若 x < y，那么就将 p1 和 p2 进行交换，令 p1 指向 y，p2 指向 x；要是 x > = y，就不进行交换。最终的情形是：指针 p1 指向较大的数，指针 p2 指向较小的数，依序输出 * pl 和 * p2 的值，便能获取正确的结果。需要留意的是，在程序的运行进程中，变量 x 和 y 的值并未发生交换。

3. 结构

此前介绍的数组把相同数据类型的数据整合成一个整体加以运用。在实际运用当中，往往还需要将不同数据类型的数据共同使用。在 C51 语言里，把不同数据类型的数据合成一个整体来运用是通过结构这种数据类型得以实现的。结构属于一种组合数据类型，它是把若干不同类型的变量整合在一起从而形成的一种数据的集合体。构成该集合体的各个变量被称作结构元素或者成员。整个集合体运用一个单独的结构变量名。通常而言，结构当中的各个变量之间存在一定的关联，例如，时间数据里的时、分、秒，日期数据里的年、月、日等。结构有利于对一些繁杂且相互之间存在联系的一组数据进行管理。

(1)结构与结构变量的定义

结构和结构变量属于两个相异的概念，结构为一种组合的数据类型，而结构变量是取值为这种组合数据类型的变量，这类似于整型数据类型和整型变量之间的关系，针对结构与结构变量的定义存在两种方式。

①先定义结构类型再定义结构变量。

结构的定义形式如下：

```
struct 结构名
{结构元素表};
```

结构变量的定义如下：

```
struct 结构名 结构变量名 1,结构变量名 2,…
```

其中，“结构元素表”为结构中的各成员，它可以由不同的数据类型组成。在定义时需指明各成员的数据类型。例如，定义一个日期结构类型 date，它由 3 个结构元素 year、month、day 组成，定义结构变量 d1 和 d2 如下：

```
struct date
{
    int year;
    char month, day;
}
struct date d1, d2;
```

②在定义结构类型的同时定义结构变量名。

这种方法是将两个步骤合在一起,格式如下:

```
struct 结构名
{结构元素表} 结构变量名1,结构变量名2,…
```

例如,对于上面的日期结构变量 d1 和 d2,可以按以下格式定义:

```
struct date
{
    int year;
    char month, day;
} d1, d2;
```

针对第二种格式,倘若后续不再运用 date 结构类型去定义变量,那么在定义时 date 结构名能够省略。

有关结构的定义说明如下:

a. 结构里的成员既能够是基本的数据类型,也能够是指针或者数组,甚至能够是另一结构类型的变量,从而构成结构的嵌套,且这种嵌套可以是多层级的,不过不能包含自身。

b. 所定义的一个结构是一个相对独立的集合体,结构里的元素仅在该结构中发挥作用,所以一个结构中结构元素的名称能够和程序里其他变量的名称相同,二者代表不同的对象,在使用时不会相互干扰。

c. 结构变量在进行定义时,也能够如同其他变量定义时那样,添加各类修饰符对其予以说明。

d. 在 C51 中准许把具有相同结构类型的一组结构变量定义成结构数组,定义时和一般数组的定义相同,结构数组和一般变量数组的差别在于结构数组的每个元素均是具有相同结构的结构变量。

(2)结构变量的引用

在定义了某个结构变量以后,能够对其加以引用,也就是能够进行赋值、存取以及运算。通常来说,结构变量的引用是借助对其结构元素的引用得以实现的,结构元素引用的一般格式如下:

```
结构变量名.结构元素名
```

或

```
结构变量名|→结构元素名
```

其中,“.”属于结构的成员运算符。举例来说,d1.year 意味着结构变量 d1 里的元素 year,d2.day 表示结构变量 d2 里的元素 day 等等。倘若一个结构变量里的结构元素属于另一个结构变量,也就是结构的嵌套,那么就需要运用若干成员运算符,一层一层找到处于最低层级的结构元素,并且只能够对这个最低层级的结构元素进行引用,呈现为 d1.time.hour 这样的形式。

【例 4-4】 输入 3 个学生的语文、数学、英语的成绩，分别统计他们的总成绩并输出。

程序如下：

```
#include  <reg51.h>          //包含特殊功能寄存器库
#include  <stdio.h>          //包含 I/O 函数库
extern serial_initial();
struct student
{
    unsigned char name[10];
    unsigned int chinese;
    unsigned int math;
    unsigned int english;
    unsigned int total;
} p1[3] ;
main()
{
    unsigned char i;
    serial_initial();
    printf ("input 3 student name and result: \n");
    for (i=0;i<3;i++)
    {
        printf ("input name: \n");
        scanf ("% s", p1[i]. name);
        printf ("input result: \n");
        scanf ("% d, % d, % d", & p1[i]. chinese, & p1[i]. math, &p1[i]. english);
    }
    for (i=0;i<3;i++)
    {
        p1[i]. total=p1[i]. chinese+p1[i]. math+p1[i]. english;
    }
    for (i=0;i<3;i++)
    {
        printf("% s total is % d", p1[i]. name, p1[i]. total);
        printf ("\n");
    }
    while(1);
}
```

程序执行结果：

```
input 3 student name and result :
input name:
wang
input result:
76, 87, 69
input name:
yang
input result:
75, 77, 89
```

```
Input name:
zhang
input result:
72, 81, 79
wang total is 232
yang total is 241
zhang total is 232
```

程序里定义了一个结构 student,其涵盖 5 个成员,其中首个是数组 name,其余为 int 型数据,分别用于存储每个学生的姓名、语文成绩、数学成绩、英语成绩以及总成绩。在定义结构的同时,还定义了结构数组 p1,它的元素数量是 3,用于存放 3 个学生的相关信息。在程序中引用了结构元素,对结构元素进行了赋值、运算以及输出。由此可见,运用结构来处理一组存在相互关系的数据极为便捷。

4. 联合

此前介绍的结构能够将不同类型的数据加以组合来使用,此外,在 C51 语言中,还提供了一种组合类型——联合,同样能够把不同类型的数据组合在一起运用。不过它和结构有所不同,结构中所定义的各个变量在内存中占据不同的内存单元,在位置上是相互分离的,而联合中定义的各个变量在内存中从同一个地址开始存放,也就是采用了所谓的"覆盖技术"。这种技术能够让不同的变量分时使用同一内存空间,提升内存的利用效率。

(1)联合的定义

联合的定义和结构的定义相仿,可以先定义联合类型再定义联合变量,也能够在定义联合类型的同时定义联合变量。

①先定义联合类型再定义联合变量。

定义联合类型,格式如下:

```
union 联合类型名
{成员列表};
```

定义联合变量,格式如下:

```
union 联合类型名变量列表;
```

例如:

```
union data1
{
    float i;
    int j;
    char k;
}
union data1 a, b, c;
```

②在定义联合类型的同时定义联合变量,格式如下:

```
union 联合类型名
{成员列表}变量列表;
```

例如:

```
union data1;
{
    float i;
    int j;
    char k;
}data1 a, b, c;
```

不难发现,定义结构和联合的差异仅在于将关键字从 struct 变为 union,然而在内存分配方面二者截然不同。结构变量所占用的内存长度是其内部各元素占用内存长度的总和,联合变量占用的内存长度则是其中各元素长度的最大值。结构变量里的各元素能够同时被访问,联合变量中的各元素在某一时刻仅能对其中一个进行访问。在上述示例中,float 型数据占据 4 个内存单元,int 型数据占据 2 个内存单元,char 型数据占据 1 个内存单元,若用它们定义结构变量,那么此结构变量在内存中占据 7 个内存单元。而在例子中所定义的联合变量 a、b、c 都仅仅占据 4 个内存单元,也就是 float 型数据所占的内存单元数。当定义为结构变量时,结构中的 i、j、k 这 3 个元素能够在程序里同时运用,而定义成联合变量时,联合中的 i、j、k 这 3 个元素无法在程序中同时使用,原因是它们占用相同的一段内存,在不同的时候只能保存一个变量。

(2)联合变量的引用

和结构变量相同,在定义了一个联合变量以后,就能够对其进行引用,能够为其赋值、存取和进行运算。同样,联合变量的引用是通过对其元素的引用来达成的,联合变量中元素的引用和结构变量中元素的引用格式相同,具体形式如下:

```
联合变量名.联合元素
```

或

```
联合变量名→联合元素
```

例如,对于前面定义的联合变量 a、b、c 中的元素,可以通过下面形式引用:

```
a.i;
b.j;
c.k;
```

对联合变量 a 里的 float 型元素 i、联合变量 b 中的 int 型元素 j、联合变量 c 中的 char 型元素 k 分别进行引用,可以采用此类引用形式为联合变量元素赋值、存取以及运算。在运用过程中需要留意,尽管联合变量中的各个元素在内存里的起始地址相同,不过它们的数据类型存在差异,使用时必须依照相应的数据类型来操作。

【例 4-5】 利用联合类型把某一地址开始的两个单元分别按字方式和 2 字节方式使用。

```
# include < reg51. h >         //包含特殊功能寄存器库
union
{
    unsigned int word;
    struct{unsigned char high;  unsigned char low;} bytes;
} count_times;
```

如此定义后，针对 count_times 联合变量对应的 2 字节，如果采用 count_times. word，会以字的方式进行访问，要是用 count_times. bytes. high 以及 count_times. bytes. low，则是按照高字节和低字节的方式访问，如此提升了访问的灵活性。

5. 枚举

在 C51 语言里，用作标志的变量通常仅仅能够被赋予如下两个值当中的一个：True(1)或者 False(0)。然而在编程过程中，常常会给作为标志使用的变量赋予除 True(1)或者 False(0)之外的值。另外，标志变量通常被界定为 int 数据类型，在程序运用中其作用常常会不够清晰明确。为规避此种情况，在 C51 语言中提供了枚举类型。

枚举类型属于一个具有名称的某些整型常量的集合。这些整型常量是该类型变量能够选取的所有合法值，在枚举定义时应当罗列该类型变量的全部可取值。

枚举定义的格式和结构以及联合基本上相同，也存在两种方式。先定义枚举类型，然后再定义枚举变量，其格式如下：

```
enum 枚举名 {枚举值列表};
enum 枚举名枚举变量列表
```

或在定义枚举类型的同时定义枚举变量，格式如下：

```
enum 枚举名 {枚举值列表} 枚举变量列表;
```

例如，定义一个取值为星期几的枚举变量 d1

```
enum week {Sun, Mon, Tue, wed, Thu, Fri, Sat};
enum week d1;
```

或

```
enum week {Sun, Mon, Tue, Wed, Thu, Fri, Sat} d1;
```

以后就可以把枚举值列表中的各值赋给枚举变量 d1 进行使用了。

4.3 C51 的运算量

4.3.1 常量

常量指的是在程序运行过程中其数值无法改变的量。C51 支持整型常量、浮点型常量、字符型常量以及字符串型常量。

1. 整型常量

整型常量即整型常数，依据其数值范围的差异，在计算机中会分配不同的字节数来进行存储。在 C51 中，它能够呈现为以下几种形式：

(1) 十进制整数，比如 234、-56、0 等。

(2) 十六进制整数，以 0x 作为开头来表示，例如 0x12 表示的是十六进制数 12H。

(3) 长整数，在 C51 里当一个整数的数值达到长整型的范畴时，该数会按照长整型来存储，在存储器中占据 4 字节。另外，如果一个整数的后面加上一个字母 L，这个数在存储器中也会按照长整型来存放，例如 123L 在存储器中占据 4 字节。

2. 浮点型常量

浮点型常量也就是实型常数，存在十进制表示形式与指数表示形式。

十进制表示形式又称定点表示形式，由数字以及小数点构成，例如 0.123、33.645 等均是十进制数表示形式的浮点型常量。

指数表示形式为[±]数字 [. 数字] e [±]数字。例如，123.456e3、-3.123e-2 等都是指数形式的浮点型常量。

3. 字符型常量

字符型常量是用单引号括起来的字符，例如'a'、'1'、'F'等，可以是能够显示的 ASCII 字符，也可以是不可显示的控制字符。对于不可显示的控制字符，需要在前面添加反斜杠"\"构成转义字符。凭借它能够实现一些特殊的功能以及输出时的格式控制。常用的转义字符见表 4-4。

表 4-4　常用的转义字符

转义字符	含　义	ASCII 码
\0	空字符(null)	00H
\n	换行符(LF)	0AH
\r	回车符(CR)	0DH
\t	水平制表符(HT)	09H
\b	退格符(BS)	08H
\f	换页符(FF)	0CH
\'	单引号	27H
\"	双引号	22H
\\	反斜杠	5CH

4. 字符串型常量

字符串型常量是由双引号" "括起来的字符所构成的，如"D"、"1234"、"ABCD"等。要注意，字符串常量与字符常量是有区别的，一个字符常量在计算机内仅占 1 字节，而一个字符串常量在内存中存放时，不但双引号内的字符占 1 字节，并且系统还会自动在其后添加一个转义字符"\0"作为字符串的结束符，所以切勿将字符常量和字符串常量混淆，比如字符常量'A'和字符串常量"A"是不同的。

4.3.2 变量

变量是在程序运行期间其值能够发生变化的量。一个变量由两个部分构成:变量名以及变量值。每个变量都具备变量名,在存储器中占据一定的存储单元,变量的数据类型不同,所占用的存储单元数量也不同。在存储单元中存放的内容即为变量值。

在 C51 里,在使用变量之前必须对变量予以定义,指明变量的数据类型和存储模式,以便编译系统为其分配相应的存储单元。定义的格式如下:

```
[存储种类] 数据类型说明符 [存储器类型] 变量名1[=初值],变量名2[=初值],…;
```

1. 存储种类

存储种类指的是变量在程序执行流程中的作用范畴。C51 变量的存储种类存在四种,分别是自动(auto)、外部(extern)、静态(static)以及寄存器(register)。

(1) auto:通过 auto 定义的变量称为自动变量,其作用范围处于定义它的函数体或者复合语句内部。当定义它的函数体或者复合语句执行时,C51 才会为该变量分配内存空间,结束时所占用的内存空间会被释放。自动变量通常分配在内存的堆栈空间当中。在定义变量时,如果省略存储种类,那么该变量默认是自动(auto)变量。

(2) extern:利用 extern 定义的变量称为外部变量。在一个函数体内,如果要使用一个已经在该函数体外或者其他程序中定义过的外部变量,那么这个变量在该函数体内需要用 extern 进行说明。外部变量被定义后会分配固定的内存空间,在程序的整个执行时段内都有效,直至程序结束才会释放。

(3) static:使用 static 定义的变量称为静态变量,它分为内部静态变量和外部静态变量。在函数体内部定义的静态变量属于内部静态变量,它在对应的函数体内有效,一直存在,但在函数体外不可见。这样不但使变量在定义它的函数体外得到保护,还能够实现当离开函数时其值不发生改变。外部静态变量是在函数外部定义的静态变量,它在程序中始终存在,但在定义的范围之外是不可见的。比如在多文件或者多模块处理中,外部静态变量仅在文件内部或者模块内部有效。

(4) register:运用 register 定义的变量称为寄存器变量。它所定义的变量存放在 CPU 内部的寄存器中,处理速度快,不过数量较少。C51 编译器在编译时能够自动识别程序中使用频率最高的变量,并自动将其当作寄存器变量,用户无须专门声明。

2. 数据类型说明符

在定义变量时,必须借助数据类型说明符指明变量的数据类型,表明变量在存储器中占用的字节数量。可以是基本数据类型说明符,也可以是组合数据类型说明符,还可以是通过 typedef 或者#define 定义的类型别名。

(1)特殊功能寄存器变量

MCS-51 系列单片机片内存在众多特殊功能寄存器,通过这些特殊功能寄存器能够控制 MCS-51 系列单片机的定时器、计数器、串口、I/O 接口以及其他功能部件,每个特殊功能寄存器在片内 RAM 中都对应 1 字节单元或者 2 字节单元。在 C51 中,允许用户对这些特殊功能寄存器进行访问,访问时需要通过 sfr 或者 sfrl6 类型说明符进行定义,定义时需要指明它们所对应的片内 RAM 单元的地址。格式如下

```
sfr 特殊功能寄存器名 = 地址
```

或

```
sfr16 特殊功能寄存器名 = 地址
```

sfr 用于对 MCS-51 系列单片机中单字节的特殊功能寄存器进行定义,sfr16 用于对双字节的特殊功能寄存器进行定义。特殊功能寄存器名一般用大写字母表示,地址一般用直接地址形式。

【例 4-6】 特殊功能寄存器的定义。

```
sfr PSW = 0xd0;
sfr SCON = 0x98;
sfr TMOD = 0x89;
sfr P1 = 0x90;
sfr16 DPTR = 0x82;
sfr16 T0 = 0x8A;
```

(2)位变量

在 C51 中,准许用户凭借位类型符去定义位变量。位类型符存在两个:bit 和 sbit,能够定义两类位变量。

bit 位类型符被用于定义一般性的可进行位处理的位变量,其格式如下:

```
bit 位变量名;
```

在该格式中能够添加各类修饰,不过需要留意,存储器类型只可以是 bdata、data、idata。由于只能是片内 RAM 的可位寻址区域,所以严格来讲只能是 bdata。

【例 4-7】 bit 型位变量的定义。

```
bit data a1;    /* 正确 * /
bit bdata a2;   /* 正确 * /
bit pdata a3;   /* 错误 * /
bit xdata a4;   /* 错误 * /
```

sbit 位类型符用于定义处于可位寻址字节或者特殊功能寄存器中的位,进行定义时需要指明其位地址。可以是位直接地址,可以是可位寻址变量附带位号,也可以是特殊功能寄存器名附带位号,格式如下:

```
sbit 位变量名 = 位地址;
```

若位地址是位直接地址,那么其取值范围是 0x00 ~ 0xff;倘若位地址是可位寻址变量带位号或者特殊功能寄存器名带位号,那么在其前面需要对可位寻址变量或者特殊功能寄存器进行定义。字节地址与位号之间、特殊功能寄存器与位号之间通常以“ ∧ ”来隔开。

【例 4-8】 sbit 型位变量的定义。

```
sbit OV = 0xd2;
sbit CY = 0xd7;
unsigned char bdata flag;
sbit flag0 = flag^0;
sfr P1 = 0x90;
sbit P1_0 = P1^0;
sbit P1_1 = P1^1;
sbit P1_2 = P1^2;
sbit P1_3 = P1^3;
sbit P1_4 = P1^4;
sbit P1_5 = P1^5;
sbit P1_6 = P1^6;
sbit P1_7 = P1^7;
```

在 C51 中,为了给用户处理提供便利,C51 编译器将 MCS-51 系列单片机常用的特殊功能寄存器和特殊位予以定义,并放置在一个"reg51. h"的头文件里。当用户需要使用时,只要在使用之前运用一条预处理命令"#include <reg51. h>"把该头文件包含进程序中,就能够使用特殊功能寄存器名和特殊位名称。

(3)其他

在 C51 中,为提升程序的可读性,准许用户针对系统固有的数据类型说明符通过 typedef 或者#define 设定别名,格式如下:

```
typedef C51 固有的数据类型说明符别名;
```

或

```
#define 别名 C51 固有的数据类型说明符;
```

定义别名之后,就能够用别名替代数据类型说明符来对变量进行定义。别名既可以用大写,也可以用小写,为了加以区分,一般采用大写字母表示。

【例 4-9】 typedef 的使用。

```
typedef unsigned int WORD;
#define BYTE unsigned char;
BYTE a1 = 0x12;
WORD a2 = 0x1234;
```

3. 存储器类型

存储器类型用于表明变量在单片机中所处的存储器区域状况。存储器类型和存储种类截然不同。C51 编译器能够识别的存储器类型见表 4-5。

表 4-5　C51 编译器能够识别的存储器类型

存储器类型	描　　述
data	直接寻址的片内 RAM 低 128 B，访问速度快
bdata	片内 RAM 的可位寻址区(20H～2FH)，允许字节和位混合访问
idata	间接寻址访问的片内高 128 B RAM(适用于 52 子系列)
pdata	用 Ri 间接访问的片外 RAM 的低 256 B
xdata	用 DPTR 间接访问的片外 RAM，允许访问全部 64 KB 片外 RAM
code	程序存储器 ROM 64 KB 空间

在定义变量时，也能够省略“存储器类型”。默认情况下，C51 编译器会依据编译模式确定默认的存储器类型，具体的编译模式情况将在后文介绍。

【例 4-10】　变量定义存储种类和存储器类型的相关情形。

```
char data var1;/* 在片内 RAM 低 128B 定义用直接寻址方式访问的字符型变量 var1* /
auto unsigned long data var2;/* 在片内 RAM 128B 定义用直接寻址方式访问的自动无符号长整
型变量 var2* /
extern float xdata var3;/* 在片外 RAM 64 KB 定义用间接寻址方式访问的外部实型变量 var3* /
int code var4;/* 在 ROM 空间定义整型变量 var4* /
unsigned char bdata var5;/* 在片内 RAM 位寻址区 20H～2FH 单元定义可字节处理和位处理的无
符号字符型变量 var5* /
```

C51 编译器支持三种存储模式：SMALL 模式、COMPACT 模式以及 LARGE 模式。不同的存储模式对变量默认的存储器类型各异。

①SMALL 模式。SMALL 模式被称为小编译模式，在 SMALL 模式下，进行编译时，函数参数和变量被默认设定在片内 RAM 中，大小为 256 B，存储器类型为 data。

②COMPACT 模式。COMPACT 模式被称为紧凑编译模式，在 COMPACT 模式下，编译时函数参数和变量被默认置于片外 RAM 的低 256 B 空间，存储器类型为 pdata。

③LARGE 模式。LARGE 模式被称为大编译模式，在 LARGE 模式下，编译时函数参数和变量被默认放在片外 RAM 的 64 KB 空间，存储器类型为 xdata。

在程序中，变量的存储模式的指定通过 #pragma 预处理命令来达成。函数的存储模式能够通过在函数定义时后面附带存储模式来加以说明。倘若未进行指定，则系统均默认是 SMALL 模式。

【例 4-11】　变量的存储模式。

```
①#pragma small        /* 变量的存储模式为 SMALL* /
  char k1;             /* k1 变量存储器类型为 data* /
  int xdata m1;        /* m1 变量存储器类型为 xdata* /
②#pragma compact      /* 变量的存储模式为 compact* /
  char k2;             /* k2 变量存储器类型为 pdata* /
  int xdata m2;        /* m2 变量存储器类型为 xdata* /
③int func1(int x1,int y1)large     /* 函数的存储模式为 LARGE* /
  {                    /* 函数 func1 的形参 x1 和 y1 的存储器类型为 xdata* /
```

```
        return(x1 + y1);
    }
④int func2(int x2,int y2)          /* 函数的存储模式隐含为 SMALL* /
    {                               /* 函数 func2 的形参 x2 和 y2 的存储器类型为 data* /
        return(x2 - y2);
    }
```

4. 变量名

变量名是C51为区分各类不同变量而为其设定的名称。在C51中规定,变量名能够由字母、数字以及下划线这三种字符构成,并且首个字母必须是字母或者下划线。变量名存在两种:普通变量名以及指针变量名,它们的差异在于指针变量名的前方要带有"*"号。

4.3.3 绝对地址的访问

在C51里,可以通过变量的形式对MCS-51系列单片机的存储器进行访问,也能够通过绝对地址来访问存储器。针对绝对地址,其访问形式有三种。

1. 使用C51运行库中预定义宏

C51编译器提供了一组宏定义,用于对51系列单片机的code、data、pdata以及xdata空间实施绝对寻址。规定只能通过无符号数的方式进行访问,并定义了8个宏定义,其函数原型如下:

```
#define CBYTE  ((unsigned char volatile* ) 0x50000L)
#define DBYTE  ((unsigned char volatile* ) 0x40000L)
#define PBYTE  ((unsigned char volatile* ) 0x30000L)
#define CWORD  ((unsigned int volatile* ) 0x50000L)
#define DWORD  ((unsigned int volatile* ) 0x40000L)
#define PWORD  ((unsigned int volatile* ) 0x30000L)
#define XBYTE  ((unsigned char volatile* ) 0x20000L)
#define XWORD  ((unsigned int volatile* ) 0x20000L)
```

这些函数原型置于absacc. h文件中,使用时需要通过预处理命令将该头文件包含至文件中,形式为#include <absacc. h>。

其中,CBYTE以字节形式对code区进行寻址,DBYTE以字节形式对data区进行寻址,PBYTE以字节形式对pdata区进行寻址,XBYTE以字节形式对xdata区进行寻址,CWORD以字形式对code区进行寻址,DWORD以字形式对data区进行寻址,PWORD以字形式对pdata区进行寻址,XWORD以字形式对xdata区进行寻址。访问形式如下:

```
宏名 [地址]
```

宏名为CBYTE、DBYTE、PBYTE、XBYTE、CWORD、DWORD、PWORD或者XWORD;地址为存储单元的绝对地址,通常以十六进制数的形式来表示。

【例4-12】 绝对地址对存储单元的访问。

```
#include <absacc.h>          /* 将绝对地址头文件包含到文件中* /
#include <reg51.h>           /* 将寄存器头文件包含到文件中* /
```

```
#define uchar unsigned char        /* 定义符号 uchar 为数据类型符 unsigned char* /
#define uint unsigned int          /* 定义符号 uint 为数据类型符 unsigned int* /
void main(void)
{
    uchar var1;
    uint var2;
    var1 = XBYTE[0x0005];          /* XBYTE[0x0005]访问片外 RAM 的 0005 字节单元* /
    var2 = XWORD[0x0002];          /* XWORD[0x0002]访问片外 RAM 的 0002 字单元* /
    …
    while(1);
}
```

在上面的程序中,XBYTE[0x0005]就是以绝对地址方式访问的片外 RAM 0005 字节单元,XWORD[0x0002]就是以绝对地址方式访问的片外 RAM 0002 字单元。

2. 通过指针访问

采用指针的方法,可以实现在 C51 程序中对任意指定的存储器单元进行访问。

【例 4-13】 通过指针实现绝对地址的访问。

```
#define uchar unsigned char        /* 定义符号 uchar 为数据类型符 unsigned char* /
#define uint unsigned int          /* 定义符号 uint 为数据类型符 unsigned int* /
void func(void)
{
    uchar data var1;
    uchar pdata * dp1;             /* 定义一个指向 pdata 区的指针 dp1* /
    uint xdata * dp2;              /* 定义一个指向 xdata 区的指针 dp2* /
    uchar data * dp3;              /* 定义一个指向 data 区的指针 dp3* /
    dp1 = 0x30;                    /* dp1 指针赋值,指向 pdata 区的 30H 单元* /
    dp2 = 0x1000;                  /* dp2 指针赋值,指向 xdata 区的 1000H 单元* /
    * dp1 = 0xff;                  /* 将数据 0xff 送到片外 RAM 30H 单元* /
    * dp2 = 0x1234;                /* 将数据 0x1234 送到片外 RAM 1000H 单元* /
    dp3 = &var1;                   /* dp3 指针指向 data 区的 var1 变量* /
    * dp3 = 0x20;                  /* 给变量 var1 赋值 0x20* /
}
```

3. 使用 C51 扩展关键字_at_

通过_at_对指定的存储器空间的绝对地址予以访问,一般的格式如下:

```
[存储器类型] 数据类型说明符变量名_at_地址常数;
```

其中,存储器类型是 data、bdata、idata、pdata 等 C51 能够识别的数据类型,如果省略,就按照存储模式规定的默认存储器类型来确定变量的存储器区域;数据类型是 C51 所支持的数据类型;地址常数用于指定变量的绝对地址,必须处在有效的存储器空间之中;使用_at_定义的变量必须是全局变量。

【例 4-14】 通过_at_实现绝对地址的访问。

```
#define uchar unsigned char        /* 定义符号 uchar 为数据类型符 unsigned char* /
#define uint unsigned int          /* 定义符号 uint 为数据类型符 unsigned int* /
data uchar x1_at_0x40;             /* 在 data 区中定义字节变量 x1,它的地址为 40H* /
```

```
xdata uint x2_at_0x2000;          /* 在 xdata 区中定义字变量 x2,它的地址为 2000H* /
void main(void)
{
    x1 =0xff;
    x2 =0x1234;
    …
    while(1);
}
```

4.4 C51 的运算符及表达式

C 语言总计有 34 种运算符。表 4-6 给出了运算符的优先级、运算符功能、运算类型、结合方向。在这里,运算类型中的“目”指的是运算对象。当仅有一个运算对象时,被称为单目运算符;当运算对象为两个时,被称为双目运算符;当运算对象为三个时,被称为三目运算符。

将参与运算的数据(常量、变量、库函数与自定义函数的返回值)通过运算符予以连接所形成的具有意义的算式被称为表达式。例如:

```
a+b* c
a+cos(x)/y
a! =b
a<<2
```

凡是表达式皆存在一个值,也就是运算的结果。

当不同的运算符出现在同一表达式当中时,运算的先后顺序取决于运算符优先级的高低以及运算符的结合特性。

①优先级:运算符依据优先级被划分为 15 级,具体见表 4-6。当运算符的优先级存在差异时,优先级高的运算符率先进行运算;当运算符的优先级相同的时候,运算次序由结合性来决定。

②结合性:运算符的结合性可分为从左至右、从右至左两类。例如:

```
a* b/c        //从左至右
a+=a-=a* a //从右至左
```

表 4-6 运算符的优先级、运算符功能、运算类型、结合方向

优先级	运算符	运算符功能	运算类型	结合方向
1	( ) [ ]	小括号、函数参数表 数组元素下标	括号运算符	从左至右
2	! ~ ++、-- + - * & (类型名) sizeof	逻辑非 按位取反 自增 1、自减 1 求正 求负 间接运算符 求地址运算符 强制类型转换 求所占字节数	单目运算符	从右至左

续表

优先级	运算符	运算符功能	运算类型	结合方向
3	*、/、%	乘、除、整数求余	双目算术运算符	从左至右
4	+ −	加、减		
5	<< >>	向左移位、向右移位	双目移位运算符	
6	< 、<= 、> 、>=	小于、小于或等于、大于、大于或等于	双目关系运算符	
7	== 、!=	恒等于、不等于		
8	&	按位与	双目位运算符	
9	^	按位异或		
10	|	按位或		
11	&&	逻辑与	双目逻辑运算符	
12	||	逻辑或		
13	?:	条件运算	三目条件运算符	从右至左
14	=、 += 、-= 、*= 、/=、 % = 、&= 、|= 等	赋值 复合赋值(计算并赋值)	双目赋值运算符	
15	,	顺序求值	逗号运算符	从左至右

4.4.1 算术运算符和算术表达式

1. 基本的算术运算符

+:加法运算符,或正值运算符,如 3 +5、+3。

-:减法运算符,或负值运算符,如 5 -2、-3。

*:乘法运算符,如 3 *5。

/: 除法运算符,如 5/3。

%: 模运算符,或求余运算符,如 7% 4。

说明:

①基本算术运算符的优先级原则为优先进行乘除运算,而后进行加减运算,先处理括号内的内容,再处理括号外的内容。从左至右进行结合。

②乘法运算符“ * ”不能省略,也不能写成“ ×”或“ · ”。

③两个整数相除所得结果为整数,像 5/3 的结果是 1,会舍去小数部分。然而,如果除数或者被除数当中有一个为负值,那么舍入的方向是不固定的。例如: -5/3 在某些机器上的结果是 -1,在另一些机器上则给出结果是 -2。多数机器采用向零取整的方法。倘若参与运算的两个数当中有一个数是实数,那么结果是 double 型,因为所有实数均按照 double 型来进行运算。例如:2/5 的结果为 0,2. 0/5 的结果为 0. 400000。

④% 要求两边均为整型数据。求余运算的结果符号与被除数相同,其数值等于两数相除之后的余数。例如:1% 2 的结果是 1,1% (-2)的结果是 1,(-1)% 2 的结果是 -1。

【例 4-15】 基本算术运算符举例。

```
5% 2 =1
 -5% 2 = -1
```

```
1% 10 =1
5% 1 =0
5.5% 2(错)
5/2 =2
 -5/2.0 = -2.5
```

2. 自增、自减运算符(++ 、--)

作用:使变量值加 1 或减 1。

前置: ++i, --i(先执行 i+1 或 i-1,再使用 i 值)。

后置:i++ ,i--(先使用 i 值,再执行 i+1 或 i-1)。

【例 4-16】 自增、自减运算符举例。

```
j =3;k = ++j;                 //k =4,j =4
j =3;k =j ++;                 //k =3,j =4
j =3; printf("% d", ++j);     //4
j =3; printf(% d",j ++);      //3
a =3; b =5;c = (++a)* b;      //c =20,a =4
a =3; b =5;c = (a++)* b;      //c =15,a =4
```

说明:

①自增运算符 ++ 、自减运算符 -- 仅能应用于变量,无法用于常量和表达式,像是 5 ++ 、(a+b) ++ 均是不合规的。原因在于 5 属于常量,常量的值无法变更。(a+b) ++ 也无法达成,假设 a+b 的值是 5,那么自增后获取的 6 无处存放。因为没有变量能够用来存储。

② ++ 和 -- 的结合方向是"从右至左"。然而基本算术运算符的结合方向是"从左至右"。倘若存在 -i++ ,i 的左侧是负号运算符,右侧是自加运算符。要是 i 的初始值等于 3,若依据左结合性,相当于(-i) ++ ,但(-i) ++ 是不合法的,针对表达式无法实施自加自减运算。负号运算符和 ++ 运算符处于相同优先级,且结合方向是"从右至左",也就是相当于 -(i++)。j+++k 等同于(j++)+k。

3. 算术表达式

通过算术运算符将参与运算的数据(常量、变量、库函数和自定义函数的返回值)连接而成的具有意义的算式被称为算术表达式。例如:

```
10/5* 3
(x + r)* 8 - (a +b)/7
sin(x) +sin(y)
```

在 C 语言里,算术表达式的运算规则与要求如下:

①在表达式中,能够运用多层、成对的小括号。进行运算时从内部的小括号开始,由内向外依次计算表达式的值。

②在表达式中,依照运算符的优先级顺序来求值。若运算符的优先级相同,那么按照规定的结合方向进行运算。

4.4.2 赋值运算符和赋值表达式

1. 简单的赋值运算符

在 C 语言里,符号“ = ”被称为赋值运算符。由赋值运算符构成的表达式称为赋值表达式。其格式为

```
变量标识符=表达式
```

作用是:把一个数据(常量或者表达式)赋予一个变量。先计算出“ = ”右边表达式的数值,接着将此数值赋予“ = ”左边的变量,确切来讲,是把数据置入以该变量作为标识的存储单元之中。

【例 4-17】 简单的赋值运算符举例。

```
a=3;
d=func();
c=d+2;
```

说明:

①“ = ”跟数学里的“等于号”并不相同,其含义并非等同的关系,而是进行“赋予”的操作。例如:

```
i=i+1
```

这是合法的赋值语言表达式。

②“ = ”的左侧只能够是变量,不可以是常量或者表达式。例如:

```
a+b=c;
10=a+3;
```

这是不合法的赋值表达式。

③“ = ”右边的表达式也可以是一个合法的赋值表达式。例如:

```
a=b=7+2;
```

④赋值表达式的数值是其最左边变量所获取的新值。赋值表达式能够嵌套,自右向左进行结合。例如:

```
a=b=c=5             //表达式值为 5,a、b、c 值为 5
a=(b=5)             //b=5
a=5+(c=6)           //表达式值为 11,c=6,a=11
a=(b=4)+(c=6)       //表达式值为 10,a=10,b=4,c=6
a=(b=10)/(c=2)      //表达式值为 5,a=5,b=10,c=2
```

如果赋值运算符两边的类型不一致,不过都是数值型或者字符型时,会自动转换为其左边变量的类型。

a. 把实型数据(涵盖单、双精度)赋予整型变量时,舍弃实数的小数部分。例如:

```
int i;
i=3.356;  //结果 i 的值为 3
```

b. 把整型数据赋予单、双精度变量时,数值不变,但以浮点数的形式存储到变量中。例如:

```
float f;
double d;
f=23;     //结果 f=23.00000
d=23;     //结果 d=23.00000000000000
```

c. 当字符型数据被赋予整型变量时,鉴于字符仅占据1字节,而整型变量为2字节,所以会将字符数据(8位)放置在整型变量的低8位中,对于高8位,有些系统会补0,有些系统则会补1。

d. 把带符号的整型数据(int 型)赋予 long int 型变量时,需要进行符号扩展。若 int 型数据是正值(符号位是0),则 long int 型变量的高16位补0;若 int 型数据是负值(符号位是1),则 long int 型变量的高16位补1,把整型数的16位传送到 long int 型的低16位中,以维持数值不变。

反之,如果将一个 long int 型数据赋予一个 int 型变量,仅仅将 long int 型数据中的低16位原封不动地传送到整型变量。

e. 将 unsigned int 型数据赋予 long int 型变量时,不存在符号扩展的问题,只需要将高位补0即可。将一个 unsigned 型数据赋予一个占用字节数相同的 signed 型数据,或者将一个 signed 型数据赋予一个占用字节数相同的 unsigned 型数据,是把原有的符号位照样赋值。例如:

```
main ()
{
    unsigned a;
    int b= -1;
    a=b;
    Printb("% u",a);
}
```

运行结果为65535。

2. 复合赋值运算符与复合赋值表达式

在赋值运算符"="之前添加其他运算符(注意:两个符号之间不能有空格)能够构成复合赋值运算符。由复合运算符组成的表达式称为复合赋值表达式。例如:

```
a+=3     //等价于 a=a+3;先使 a 加 3,再赋给 a
x* =y+8  //等价于 x=x* (y+8);先使 x 乘(y+8),再赋给 x
x% =3    //等价于 x=x% 3;先求 x% 3,结果再赋给 x
```

凡是二元(二目)运算符,都可以与赋值运算符一起组合成复合赋值运算符。C51 语言可以使用10种复合赋值运算符,即 +=　-=　*=　/=　%=　<<=　>>=　&=　^=　|=。

【例 4-18】 复合赋值运算符举例。

```
a=12;
a+=a-=a* a;  //先进行"a-=a* a"的运算,它相当于 a=a-a* a=12-144=-132
//再进行"a+=-132"的运算,相当于 a=a+(-132)=-132-132=-264
```

【例 4-19】 分析下列程序的功能。

```
void YanShi(void)
{
    int x=3, y=3, z=3;
    x += y* = z;
    printf("(1) %d,%d,%d\n", x, y, z);
    x++;
    y++;
    --z;
    printf("(2) %d,%d,%d\n", x, y, z);
    x=5;
    y=x++;
    x=5;
    z= ++x;
    printf("(3) %d,%d,%d\n", x, y, z);
    --y;
    z= ++x* 7;
    printf("(4) %d,%d, %d\n", x, y, z);
    z=x++* 8;
    printf("(5) %d,%d,%d\n", x, y, z);
    x=8;
    printf("(6) %d,%d,%d\n", x, x++, ++x);
}
```

输出结果：

```
(1) 12,9,3
(2) 13,10,2
(3) 6,5,6
(4) 7,4,49
(5) 8,4,56
(6) 10,9,9
```

①复合赋值(如 +=、*=)从右向左结合，计算(1)中 y*=z 先计算，再参与 x+=y。

②自增/自减运算：x++(12→13)、y++(9→10)为后缀运算，先取值后自增；--z(3→2)为前缀运算，先自减后取值。

③前缀 ++x 立即生效，即 x 先自加 1 再返回新值；而后缀 x++ 延迟生效，即 x 先返回原值，再自加 1；计算(3)中 y=x++ 与 z= ++x 的就是在对比这一点。

④计算(4)和(5)中，z= ++x*7 与 z=x++ *8 分别演示了自增操作在表达式中的即时和延迟影响，“z= ++x*7”中 x 先自加 1 再乘以 7，“z=x++ *8”中 x 用原值先乘以 8，x 再自加 1。

⑤计算(6) printf()函数中的参数求值“x,x++, ++x”从右向左进行。

4.4.3 关系运算符和关系表达式

所谓“关系运算”，本质上就是“比较运算”，也就是将两个数据进行对比，判断两个数据是否符合给定的关系。例如，a>3 是一个关系表达式，大于号(>)是一个关系运算符，如果 a 的值是 5,那么满足给定的"a >3"条件,所以关系表达式的值是"真"(即"条件满足");要是 a 的值是 2,不满足"a >3"条件,就称关系表达式的值为"假"。关系运算的结果只有"真"和"假"这两种,由于 C 语言没有逻辑型数据,所以用整数"1"表示"逻辑真",用整数"0"表示"逻辑假"。

C 语言提供 6 种关系运算符:

<(小于),<=(小于或等于),>(大于),>=(大于或等于),=(等于),! =(不等于)

说明:

①在 C 语言中,"等于"关系运算符是双等号" == ",并非单等号" = "(赋值运算符),由两个字符构成的关系运算符之间不可以有空格。

②优先级:

a. 在关系运算符当中,前 4 个的优先级相同,后 2 个也相同,并且前 4 个高于后 2 个。

b. 与其他各类运算符的优先级关系:关系运算符的优先级低于算术运算符,但高于赋值运算符。

【例 4-20】 关系运算符举例。

```
c>a+b      //等效于 c>(a+b)
a>b!=c     //等效于(a>b)!=c
a==b<c     //等效于 a==(b<c)
a=b>c      //等效于 a=(b>c)
```

使用关系运算符把两个表达式(可以是算术表达式、关系表达式、逻辑表达式、赋值表达式、字符表达式)连接起来的式子,被称为关系表达式。例如,下面这些关系表达式都是合法的:a >b,a +b >c -d,(a =3) < =(b =5),'a' > ='b',(a >b) ==(b >c)

关系表达式的值是逻辑值(不是"真"就是"假")。

4.4.4 逻辑运算符和逻辑表达式

关系表达式仅能描绘单一条件,比如"x > =0"。倘若要描绘"x > =0",并且同时"x < 10",就得借助于逻辑表达式了。

1. 逻辑运算符

C51 语言提供三种逻辑运算符:

&&:逻辑与(相当于"同时")。

||:逻辑或(相当于"或者")。

!:逻辑非(相当于"否定")。

运算规则:

①&&:当且仅当两个运算量的值都为"真"时,运算结果为"真",否则为"假"。

②||:当且仅当两个运算量的值都为"假"时,运算结果为"假",否则为"真"。

③!:当运算量的值为"真"时,运算结果为"假";当运算量的值为"假"时,运算结果为"真"。

例如,假定 x =5,则(x > =0)&&(x <10)的值为"真",(x < -1) ‖ (x >5) 的值为"假"。

逻辑运算符的运算优先级:

①逻辑非的优先级最高,逻辑与次之,逻辑或最低,即!(非)→&&(与)→ ‖(或)。

②与其他种类运算符的优先关系：! → 算术运算 → 关系运算 → && → ‖ → 赋值运算。

2. 逻辑表达式

逻辑表达式的值应该是一个逻辑量“真”或“假”。C 语言编译系统在给出逻辑运算结果时，所谓逻辑表达式指的是运用逻辑运算符将一个或多个表达式连接起来进行逻辑运算的式子。

在 C 语言中，可借助逻辑表达式来表示多个条件的组合。例如，(year% 4 ==0)&&(year% 100! =0) ‖ (year% 400 ==0)就是一个用于判断一个年份是否为闰年的逻辑表达式。

逻辑表达式的值应当是一个逻辑量“真”或者“假”。C 语言编译系统在给出逻辑运算结果时，用数值 1 表示真，用数值 0 表示假，但在判断一个量是否为“真”时，用 0 表示“假”，用非 0 表示“真”。也就是把一个非零的数值视作“真”。例如：

①若 a =4，则！ a 的值是 0。因为 a 的值为非 0，被视作“真”，对其进行“非”运算，得到“假”，“假”用 0 表示。

②若 a =4，b =5，则 a&&b 的值为 1。因为 a 和 b 均为非 0，被认为是“真”，所以 a&&b 的值也为“真”，值为 1。a ‖ b 的值为 1，！ a ‖ b 的值为 1。

③4&&0 ‖ 2 的值为 1。

从这几个例子能够看出，由系统给出的逻辑运算结果不是 0 就是 1，不可能是其他数值。而在逻辑表达式中作为参与逻辑运算的运算对象（操作数）可以是 0（“假”）或者任何非 0 的数值（按照“真”对待）。倘若在一个表达式中不同位置出现数值，应当区分哪些是作为数值运算或者关系运算的对象，哪些是作为逻辑运算的对象。例如：

```
5 >3&&2 || 8 <4 -! 0
```

表达式从左至右进行扫描求解。首先处理“5 >3”，在关系运算符两边的 5 和 3 作为数值参与关系运算，“5 >3”的值是 1。接着进行“1&&2”的运算，此时 1 和 2 都是逻辑运算对象，都当作“真”处理，因而结果是 1。再进行“1 ‖ 8 <4 -！ 0”的运算。依据优先次序，先进行“！ 0”运算得到 1，所以，要运算的表达式变成：“1 ‖ 8 <4 -1”，即“1 ‖ 8 <3”，关系运算符“ < ”两边的 8 和 3 作为数值进行比较，“8 <3”的值是 0（“假”）。最后得到“1 ‖ 0”的结果 1。

实际上，逻辑运算符两边的运算对象不但能够是 0 和 1，或者是 0 和非 0 的整数，还能够是任何类型的数据，比如可以是字符型、实型或者指针型等。系统最终以 0 和非 0 来判定它们属于“真”或者“假”。例如：'c'&&'d'的值为真。

在逻辑表达式的求解过程中，并非所有的逻辑运算符都会被执行，只有在必须执行下一个逻辑运算符才能够求出表达式的解时，才会执行该运算符。例如：

①a&&b&&c 只有 a 为真（非 0）时，才需要判断 b 的值，只有 a 和 b 都为真的情况下才需要判断 c 的值。只要 a 为假，就不必判断 b 和 c（此时整个表达式已确定为假）。如果 a 为真，b 为假，不判断 c。

②a ‖ b ‖ c 只要 a 为真（非 0），就不必判断 b 和 c；只有 a 为假，才判断 b；a 和 b 都为假才判断 c。

③(m = a > b)&&(n = c > d) 当 a =1，b =2，c =3，d =4，m 和 n 的原值为 1 时，由于“a > b”的值为 0，m =0，而“n = c > d”不会被执行，所以 n 的值不是 0，而是仍然保持原值 1。

4.4.5 位运算符、逗号运算符、条件运算符、指针与地址运算符

1. 位运算符

C51 语言能够对运算对象进行按位操作,其使用便利性与汇编语言相同。位运算以位为单位对变量加以运算,不会使参与运算的变量值发生改变。若要按位更改变量的值,就得借助相应的赋值运算。C51 中的位运算符仅能针对整数操作,无法用于浮点数。C51 中的位运算符包括:

&:按位与。

|:按位或。

^:按位异或。

~:按位取反。

<<:左移。

>>:右移。

【例 4-21】 a = 0x54 = 01010100B, b = 0x3b = 00111011B, 则 a&b、a|b、a^b、~a、a<<2、b>>2 分别为多少?

```
a&b = 00010000B = 0x10
a|b = 01111111B = 0x7f
a^b = 01101111B = 0x6f
~a = 10101011B = 0xab
a<<2 = 01010000B = 0x50
b>>2 = 00001110B = 0x0e
```

2. 逗号运算符

在 C51 语言里,逗号“,”属于特殊的运算符,能够用它把两个及两个以上的表达式连接起来,此被称为逗号表达式。逗号表达式的一般形式为

```
表达式 1,表达式 2,…,表达式 n
```

程序执行过程中对逗号表达式的处理方式为:按照从左至右的顺序依次计算各表达式的值,而整个逗号表达式的值是最右侧的表达式(表达式 n)的值。例如:x = (a = 3,6 * a),x 的值是 18。**注意:**“,”是英文状态下的符号。

3. 条件运算符

条件运算符“?:”是 C51 语言中独有的三目运算符,它需要三个运算对象,借助它能够将三个表达式连接构成一个条件表达式。条件表达式的一般格式为

```
逻辑表达式? 表达式 1:表达式 2
```

其作用是先计算逻辑表达式的值,当逻辑表达式的值为真(非 0)时,把计算出的表达式 1 的值作为整个条件表达式的值;当逻辑表达式的值为假(0)时,将计算出的表达式 2 的值作为整个条件表达式的值。例如:条件表达式 max = (a > b)? a:b 的执行结果是把 a 和 b 中较大的数赋给变量 max。

4. 指针与地址运算符

指针在 C51 语言里是一个极为关键的概念。在 C51 的数据类型当中专门存在一种指针类型。指针给变量的访问提供了另外一种途径，变量的指针即为该变量的地址，还能够定义一个专门指向某个变量地址的指针变量。为展现指针变量和它所指向的变量地址之间的关联，C51 给出了两个特定的运算符：

*：指针运算符。

&：取地址运算符。

指针运算符"*"置于指针变量之前，凭借它能够实现对以指针变量的内容作为地址所指向的存储单元的访问。比如：若指针变量 p 中的地址是 2000H，那么 *p 所访问的就是地址为 2000H 的存储单元。x = *p 实现把地址为 2000H 的存储单元的内容传递给变量 x。取地址运算符"&"放在变量之前，通过它获取变量的地址，变量的地址通常会传递给指针变量。例如，假定变量 x 的内容是 12H，地址是 2000H，那么 &x 的值就是 2000H。倘若存在一个指针变量 p，那么通常使用 p = &x，实现将 x 变量的地址传递给指针变量 p，指针变量 p 指向变量 x，往后能够通过 *p 来访问变量 x。

4.5　表达式语句及复合语句

4.5.1　表达式语句

C51 语言属于一种结构化的程序设计语言，它提供了极为丰富的程序控制语句。表达式语句属于最基础的一种语句。于表达式的后面添加一个分号";"便构成了表达式语句。下面这些语句均是合法的表达式语句：

```
a = ++b* 9;
x =8;y =7;
++k;
```

在编写程序时，能够一行放置一个表达式从而形成表达式语句，也能够一行放置多个表达式从而形成表达式语句，此时每个表达式的后面都必须带有";"号。此外，还能够仅由一个分号";"占据一行从而形成一个表达式语句，这类语句被称为空语句。空语句属于表达式语句的一个特殊例子，空语句在语法上属于一个语句，但在语义上它并不进行具体的操作。

空语句在程序设计中通常用于以下两种情况。

①在程序里为相关语句提供标号，用于标记程序执行的位置。例如，通过下面的语句能够构成一个循环。

```
repeat: ;
;
goto repeat;
```

②在使用 while 语句构成的循环语句后面添加一个分号，形成一个不执行其他操作的空循环体。这种结构通常用于对某位进行判断，当不满足条件时就等待，满足条件时则执行。

【例 4-22】 下面这段子程序用于读取 8051 单片机串行接口的数据，若没有接收到，则等待；接收数据后返回，返回值为接收的数据。

```
#include <reg51.h>
{
    char c;
    while(! RI);//当接收中断标志位 RI 为 0 时，则等待；当接收中断标志位为 1 时，则结束等待
    c = SBUF;
    RI = 0;
    return(c);
}
```

4.5.2 复合语句

复合语句是由若干语句组合而成的一种语句。在 C51 中，使用一个花括号"{}"将若干语句括起来就形成了一个复合语句。复合语句的最后不需要以分号";"结束，但内部的各条语句仍需要以分号";"结束。复合语句的一般形式为

```
{
    局部变量定义;
    语句 1;
    语句 2;
}
```

复合语句在运行时，其中的各条单语句会按序逐一执行，整个复合语句在语法层面等同于一条单语句，所以在 C51 中能够把复合语句视作一条单语句。通常，复合语句现身于函数之中，实际上，函数的执行部分（即函数体）就是一个复合语句，复合语句中的单语句往往是可执行语句，另外还能够是变量的定义语句（阐明变量的数据类型）。在复合语句内部语句中所定义的变量，被称为该复合语句中的局部变量，其仅在当下这个复合语句内有效。借助复合语句把多条单语句整合到一起，以及在复合语句中进行局部变量的定义，是 C51 语言的一项关键特性。

4.6 C51 的输入和输出

在计算机里，所谓的输入和输出是相对于计算机主机来说的。把计算机主机内的信息传递给外围设备称为输出，从外围设备向计算机主机传送信息称为输入。在汇编语言中，输入和输出是依靠输入输出指令达成的；在其他高级语言里，输入和输出是通过相应语句来实现的。然而在 C51 语言中，其本身并不提供输入和输出语句，输入和输出操作是通过函数来达成的。C51 的标准函数库提供了一个叫"stdio.h"的一般 I/O 函数库，其中界定了 C51 中的输入和输出函数。当运用输入和输出函数时，需要先用预处理命令"#include <stdio.h>"把该函数库纳入文件中。

在 C51 的一般 I/O 函数库中定义了 C51 中的 I/O 函数，它们以 getkey() 和 putchar() 函数为基础，涵盖字符输入函数 getchar() 和字符输出函数 putchar()；字符串输入函数 gets() 和字符串输出函数 puts()；格式输出函数 printf() 和格式输入函数 scanf() 等。在 C51 中，输入和输

出函数的使用较少,后续会对使用较多的格式输入函数和格式输出函数予以介绍。

在 C51 的一般 I/O 函数库中定义的 I/O 函数都是通过串行接口来实现的。在运用 I/O 函数之前,应当先对 MCS-51 系列单片机的串行接口进行初始化。选择串口工作于方式 1,波特率由定时/计数器 1 的溢出率决定。例如,设系统时钟频率为 12 MHz,波特率为 2 400 bit/s,则初始化程序如下:

```
SCON=0x52;
TMOD=0x20;
TL1 =TH1 =0xf3;
TR1 =1;
```

如果希望支持其他 I/O 接口,则可以通过改动 getkey( ) 和 putchar( ) 函数来实现。

4.6.1　格式输入函数 scanf( )

scanf( ) 函数能通过串行接口实现数据输入,其使用方式和 printf( ) 类似,scanf( ) 的格式如下:

```
scanf(格式控制,地址列表)
```

格式控制和 printf( ) 函数类似,也是被双引号括起的一些字符,能够包含以下三种信息:空白字符、普通字符和格式说明。

①空白字符包括空格、制表符和换行符等,在输出时会被忽略。

②普通字符指除了以百分号“%”开头的格式说明符之外的所有非空白字符,在输入时要求原样输入。

③格式说明由百分号“%”和格式字符组成,用于指明输入数据的格式,其基本情况和 printf( ) 相同,具体情况见表 4-7。

表 4-7　C51 中 scanf( ) 函数的格式字符及功能

格式字符	数据类型	输出格式
d	int 指针	有符号十进制数
u	int 指针	无符号十进制数
o	int 指针	无符号八进制数
x	int 指针	无符号十六进制数
f,e,E	float 指针	浮点数
c	char 指针	字符
s	string 指针	字符串

地址列表由若干地址组成,可以是指针变量、取地址运算符“&”加变量(变量的地址)或者字符串名(表示字符串的首地址)。

【例 4-23】　格式输入输出函数举例。

```
#include <reg51.h>                                //包含特殊功能寄存器库
#include <stdio.h>                                //包含 I/O 函数库
void main(void)                                   //主函数
{
```

```
    int x,y;                                //定义整型变量 x 和 y
    SCON = 0x52;                            //串口初始化
    TMOD = 0x20;
    TH1 = 0xF3;
    TR1 = 1;
    printf("input x,y: \n");                //输出提示信息
    scanf("% d % d",&x,&y);                 //输入 x 和 y 的值
    printf("\n");                           //输出换行
    printf("% d + % d = % d",x,y,x + y);    //按十进制数的形式输出
    printf("\n");                           //输出换行
    printf("% xH + % xH = % xH",x,y,x + y); //按十六进制数的形式输出
    while(1);                               //结束
}
```

4.6.2 格式输出函数 printf( )

printf( )函数用于通过串行接口输出若干任意类型的数据,其格式如下:

```
printf(格式控制,输出参数表)
```

格式控制是被双引号括起的字符串,又称转换控制字符串,涵盖三种信息:格式说明符、普通字符和转义字符。

①格式说明符由“% ”和格式字符构成,能指明输出数据的格式,例如% d、% f 等,具体见表 4-8。

②普通字符会按原样输出,用于输出某些提示信息。

③转义字符用于输出特定的控制符(见表 4-4),比如输出转义字符\n 会使输出换行。

输出参数表为需要输出的一组数据,可以是表达式。

表 4-8　C51 中的 printf( )函数的格式字符及输出格式

格式字符	数据类型	输出格式
d	int	有符号十进制数
u	int	无符号十进制数
o	int	无符号八进制数
x	int	无符号十六进制数,用“a ~ f”表示
X	int	无符号十六进制数,用“A ~ F”表示
f	float	有符号十进制数浮点数,形式为[-]dddd. dddd
e,E	float	有符号十进制数浮点数,形式为[-]d. ddddE ± dd
g,G	float	自动选择 e 或 f 格式中更紧凑的一种输出格式
c	char	单个字符
s	指针	指向一个带结束符的字符串
p	指针	带存储器指示符和偏移量的指针,形式为 M:aaaa。其中,M 可分别为 C(code)、D(data)、I(idata)、P(pdata),如 M 为 a,则表示的是指针偏移量

4.7　C51 程序基本结构与相关语句

4.7.1　C51 程序基本结构

C51 语言属于一种结构程序设计语言,程序由多个模块构成,每个模块涵盖若干基本结构,每个基本结构内可有若干语句。C51 语言具有三种基本结构:顺序结构、选择结构以及循环结构。

1. 顺序结构

顺序结构是最为基础、最为简单的结构,在此结构中,程序由低地址朝高地址依序执行,图 4-7 给出了顺序结构流程图,程序先进行 A 操作,再进行 B 操作。

2. 选择结构

选择结构能够让程序依据不同状况,选取执行不同的分支。在选择结构里,程序先对某个条件予以判断。当条件成立,即条件语句为“真”时,执行一个分支;当条件不成立,即条件语句为“假”时,执行另一个分支。如图 4-8 所示,当条件 P 成立时,执行语句 A;当条件 P 不成立时,执行语句 B。

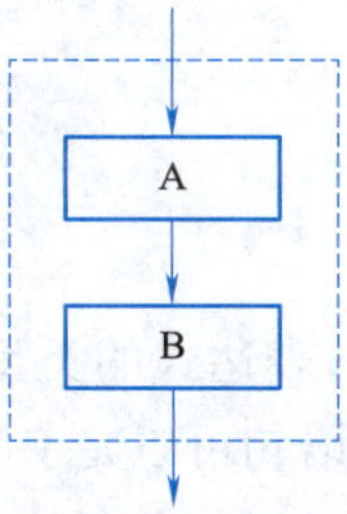

图 4-7　顺序结构流程图

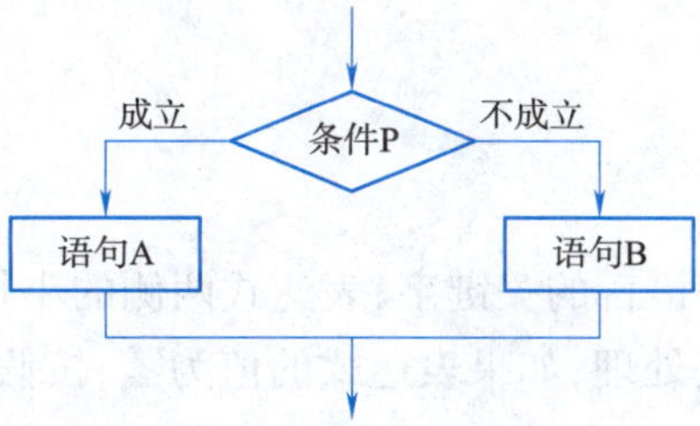

图 4-8　选择结构流程图

在 C51 中,实现选择结构的语句为 if…else、if…else if 语句。此外,C51 还支持多分支结构,多分支结构既能够通过 if 和 else if 语句嵌套实现,也能够用 switch…case 语句实现。

3. 循环结构

在程序处理进程中,有时需要某一段程序多次重复执行,此时就需要循环结构来实现,循环结构即为能够使程序段重复执行的结构。循环结构又分为两类:当(while)型循环结构和直到(do…while)型循环结构。

(1)当型循环结构

当型循环结构如图 4-9 所示,当条件 P 成立(为“真”)时,重复执行语句 A;当条件 P 不成立(为“假”)时,停止重复,执行后续程序。

(2)直到型循环结构

直到型循环结构如图 4-10 所示,先执行语句 A,再判断条件 P。当条件 P 成立(为“真”)时,再次重复执行语句 A,直至条件 P 不成立(为“假”)时停止重复,执行后续语句。

构成循环结构的语句主要包含:while、do…while、for 和 goto 等。

上述描述过程中,对于各种结构的语句,既可用单语句,也可用复合语句。

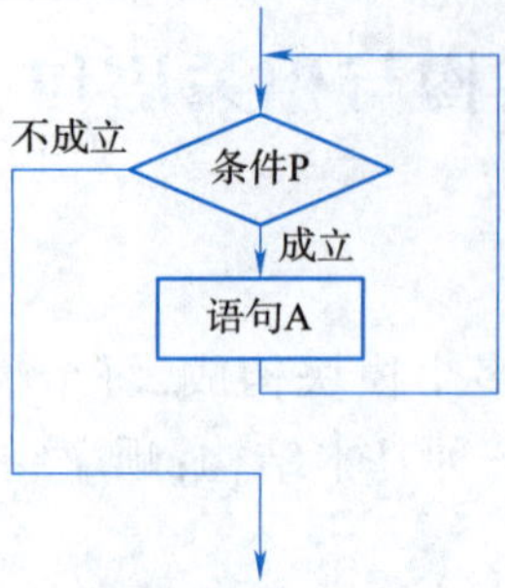

图 4-9　当型循环结构

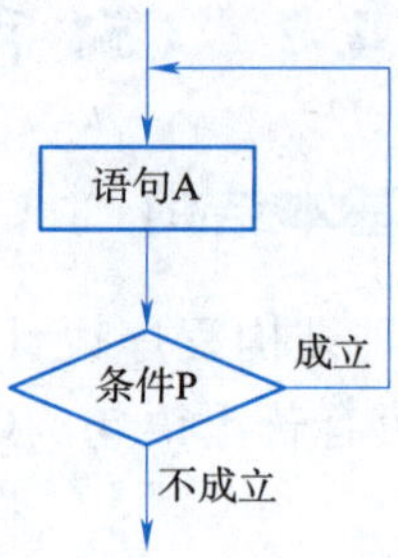

图 4-10　直到型循环结构

4.7.2　if 语句

if 语句用于判定给定的条件是否满足,依据判定的结果(真或假)决定执行给出的两种操作中的一种。

1. if 语句的三种形式

(1)if 语句形式一

if(表达式)语句;

例如:

```
if(x > y)max = x;
```

其中,if 是 C 语言的关键字;表达式两侧的小括号必不可少,表达式的类型不限,如果表达式的值非零,按真处理;如果表达式的值为零,按假处理;最后的语句可以是 C 语言任意合法的语句。

这种 if 语句的执行过程如图 4-11 所示。先计算表达式,如果表达式的值为真(非零),则执行其后的语句;否则,依序执行 if 语句后的下一条语句。

(2)if 语句形式二

if(表达式)　语句 1;

else　　　　语句 2;

表达式类型任意,语句 1 和语句 2 可以是任意合法的语句。

例如:

```
if(x > y)max = x;
else  max = y;
```

这种 if 语句的执行过程如图 4-12 所示。先计算表达式,如果表达式的值为真(非零),则执行语句 1;否则,执行语句 2。

注意:①在 else 前面存在一分号,这是因为分号在 C 语句中是不可或缺的组成部分,此分号是 if 语句中的内嵌语句所必需的,若没有这个分号,就会出现语法错误。不过需要注意,切勿认为上述情况是两个语句,它们实则都归属于同一 if 语句。else 子句无法单独作为语句运用,它必须是 if 语句的一部分,与 if 配对使用。

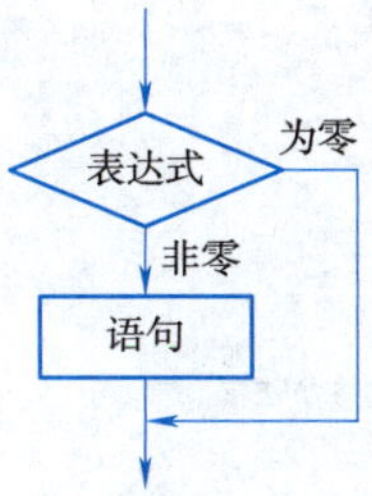

图 4-11　形式一 if 语句执行过程

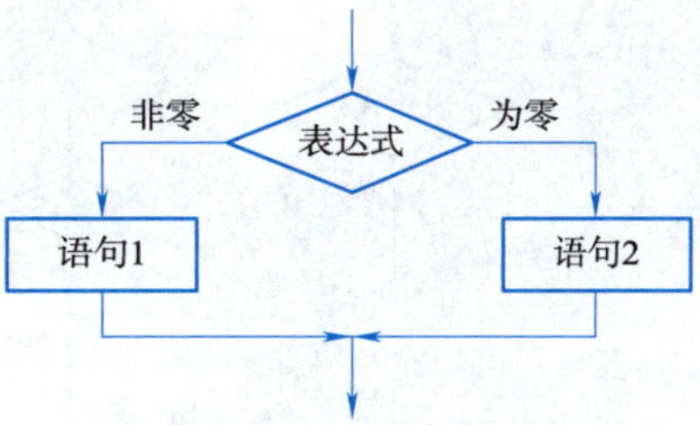

图 4-12　形式二 if 语句执行过程

②在 if 和 else 后面既可以仅包含一个内嵌的操作语句，也能够有多个操作语句，此时利用花括号“{}”把几个语句括起来形成一个复合语句。

例如：思考下面程序的输出结果：

```
#include <stdio.h>
main()
{    int x,y,z;
    if(x>y)
        {z=x;x=y; y=z;}
    else
        {x++; y++;}
}
```

注意：在“{}”外面不需要再加分号，因为“{}”内是一个完整的复合语句，不需要另附加分号。

(3)if 语句形式三

if(表达式 1)　　　语句 1;
else if(表达式 2)　语句 2;
else if(表达式 3)　语句 3;
…
else　　　　　　　语句 n;

例如：

```
if(salary>1000)          index=0.4;
else if (salary>800)     index=0.3;
else if (salary>600)     index=0.2;
else if (salary>400)     index=0.1;
else                     index=0;
```

这种 if 语句的执行过程如图 4-13 所示。

2. 语句的嵌套

在 if 语句中又包含一个或多个 if 语句，称为 if 语句的嵌套。它有如下四种形式：

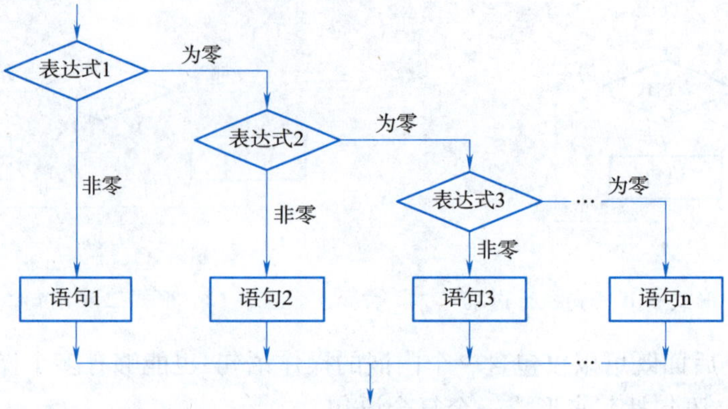

图 4-13 形式三 if 语句执行过程

形式一：

```
if(表达式 1)            ⎫
    if(表达式 2)        ⎪
        语句 1;         ⎬内嵌 if 语句
    else                ⎪
        语句 2;         ⎭
```

形式二：

```
if(表达式 1)              ⎫
    { if(表达式 2)        ⎪
        语句 1}           ⎬内嵌 if 语句
    else                  ⎪
        语句 2            ⎭
```

形式三：

```
if(表达式 1)            ⎫
    语句 1              ⎪
else                    ⎪
    if(表达式 2)        ⎬内嵌 if 语句
        语句 2          ⎪
    else                ⎪
        语句 3          ⎭
```

形式四：

```
if(表达式 1)
    if(表达式 2)    语句 1 ⎫
    else            语句 2 ⎭内嵌 if 语句
else
    if(表达式 3)    语句 3 ⎫
    else            语句 4 ⎭内嵌 if 语句
```

应当注意 if 与 else 的配对关系。从最内层开始,else 总是与它上面最近的且未曾配对的 if 配对。假如写成:

```
if(expr1)
    if(expr2)     语句 1     内嵌 if 语句
else
    if(expr3)     语句 3 }
    else          语句 4 }  内嵌 if 语句
```

编程者将 else 写在与第一个 if(外层 if)同一列,期望 else 与第一个 if 对应,然而实际上 else 是和第二个 if 配对,原因是它们距离最近。所以,最好让内嵌的 if 语句也涵盖 else 部分,例如内嵌形式四,如此一来,if 的数量和 else 的数量相同,从内层到外层逐一对应,避免出错。倘若 if 与 else 的数量不一致,为达成程序设计者的意图,可以增添大括号来明确配对关系。比如内嵌形式二。此时"{}"限定了内嵌 if 语句的范围,因而 else 与第一个 if 配对。

4.7.3　switch…case 语句

switch 语句的一般形式如下:

```
switch(表达式)
{   case  常量表达式 1:语句序列 1
    case  常量表达式 2:语句序列 2
    …
    case  常量表达式 n:语句序列 n
    default:语句序列 n+1
}
```

例如:

```
switch (grade)
{
    case 'A':printf("85~100"\n);
    case 'B':printf("70~84"\n);
    case 'C':printf(* 60~69"\n);
    case 'D':printf(*  <60"\n);
    default : printf("error"\n);
}
```

说明:

①switch 属于关键字,其后面花括号里包含的部分被称为 switch 语句体。务必要特别留意必须书写这一对花括号。

②switch 后面(表达式)的运算结果可以是整型、字符型或者枚举型表达式等。(表达式)两边的括号不可省略。

③case 同样是关键字,和其后面的"常量表达式"共同组成 case 语句标号。<常量表达式>的值在运行前必须确定,不能更改,所以不能是包含变量的表达式,并且数据类型必须和 switch 后面(表达式)的类型一致。例如:

```
int x=3,y=7,z;
switch(z)
{   case 1+2:     /* 是正确的* /
    case x+y:     /* 是错误的* /
}
```

④case 和常量之间要有空格,case 后面的常量之后有“:”。每个 case 的常量表达式的值必须彼此不同,否则就会出现相互矛盾的情况(对于表达式的同一个值,存在两种或多种执行方案)。

⑤default 同样是关键字,起着标号的作用。代表所有 case 标号之外的那些标号。default 能够出现在语句体中的任何标号位置。在 switch 语句体中也可以没有 default 标号。

⑥case 后面包含的执行语句可以是一条语句,也可以是若干语句。如果在 case 后面包含若干执行语句,不一定非得用花括号括起来,会自动依次执行本 case 后面所有的执行语句,当然加上花括号也行。

⑦各个 case 的出现顺序不影响执行结果,比如,可以先出现“case'D':…”,接着是“case'A':…”。必要时,case 语句标号后的语句可以不写。

⑧switch 语句的执行流程:switch 语句的执行过程如图 4-14 所示。首先计算 switch 后面表达式的值,当表达式的值与某一个 case 后面的常量表达式的值相等时,就执行此 case 后面的语句;如果所有的 case 中的常量表达式的值都与表达式的值不匹配,就执行 default 后面的语句。执行完一个 case 后面的语句后,流程控制转移到下一个 case 继续执行。“case 常量表达式”只是起到语句标号的作用,并非在该处进行条件判断。在执行 switch 语句时,根据 switch 后面表达式的值找到匹配的入口标号,就从此标号开始执行,不再进行判断。例如上述例子中,若 grade 的值等于'A',则会连续输出:

```
85~100              <60
70~84              error
60~69
```

因此,应当在执行一个 case 分支后,让流程跳出 switch 结构,即终止 switch 语句的执行。可以用一个 break 语句来实现这个目的,如图 4-15 所示。将上面的 switch 语句结构改写成如下:

```
switch (grade)
{
    case 'A':printf("85~100"\n); break;
    case 'B':printf ("70~84"\n); break;
    case 'C':printf ("60~69"\n); break;
    case 'D':printf("<60"\n); break:
    default : printf ("error"\n);
}
```

最后一个分支(default)可以不加 break 语句。如果 grade 的值为'B',则只输出“70~84”。

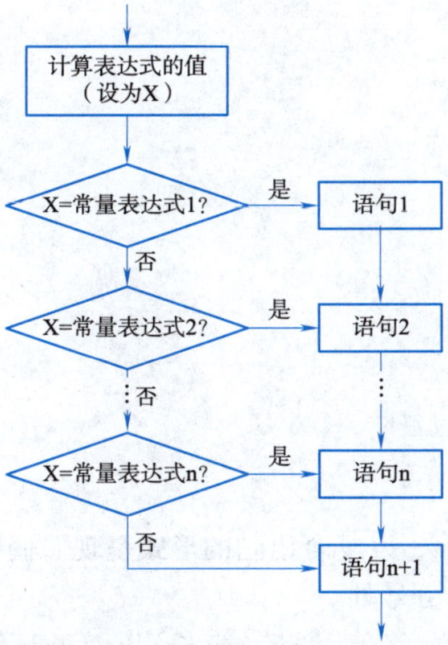

图 4-14　switch 语句的执行过程

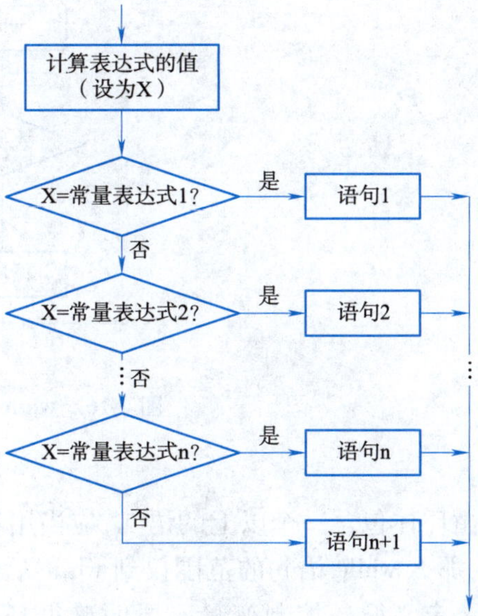

图 4-15　使用 break 语句后 switch 语句的执行过程

⑨多个 case 可以共用一组执行语句。例如：

```
switch (grade)
{
    case 'A':
    case 'B':
    case 'C':printf ("60～69"\n); break;
    case 'D':printf("<60"\n); break:
    default : printf ("error"\n);
}
```

grade 的值为'A'、'B'和'C'时都执行同一组语句。

4.7.4　while 语句与 do…while 语句

1. while 语句

while 语句用于实现“当型”循环结构。其通常形式如下：

```
while(表达式)
    循环体语句;
```

其中，“表达式”可以是 C 语言中任意合法的表达式，其功能是掌控循环体是否执行；“循环体”是循环语句中需要重复进行的部分，可以是一条简单的可执行语句，也可以是用花括号括起来的复合语句。

while 语句的执行过程如图 4-16 所示。

①首先计算表达式的值；

②若表达式的值为非零，则执行循环体，然后回到步骤①；若表达式的值为零，则退出 while 循环。

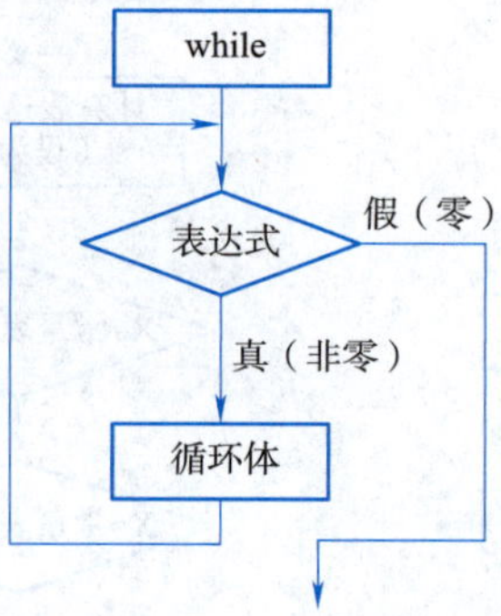

图 4-16　while 语句的执行过程

说明：

①若循环体包含一个以上的语句，应当用花括号括起来，以复合语句的形式呈现。倘若不加花括号，那么 while 语句的范围仅到 while 后面的第一个分号处。

②需要定义循环控制变量。要明确循环变量的初值、终值、增量（步长）以及循环结束条件。

③要确保每执行一次循环体，循环控制变量的值按照增量朝着终值靠近一些，以此避免死循环。

④无限循环：

```
while(1)
    循环体;
```

【例 4-24】 用 while 循环求 1 ~ 100 的和。

```
/*  ch5_2.c* /
# include  <stdio.h>
main()
{    int i, sum=0;
     i=1;                    //给循环变量 i 赋初值
     while(i< =100)          //i 为循环变量,i< =100 为循环条件,100 为循环终值
     {   sum=sum+i;
         i++;               //循环变量增值        } 循环体
     }
     printf("% d",sum);
}
```

2. do…while 语句

do…while 语句用于实现“直到型”循环结构。其一般形式是：

```
do 循环体语句;
while(表达式);
```

其中，“表达式”可以是 C 语言中任意合法的表达式，其用于控制循环体是否执行；“循环体”可以是 C 语言中任意合法的可执行语句；最后的“;”不能缺失，意味着 do…while 语句结束。

do…while 语句的执行过程如图 4-17 所示。

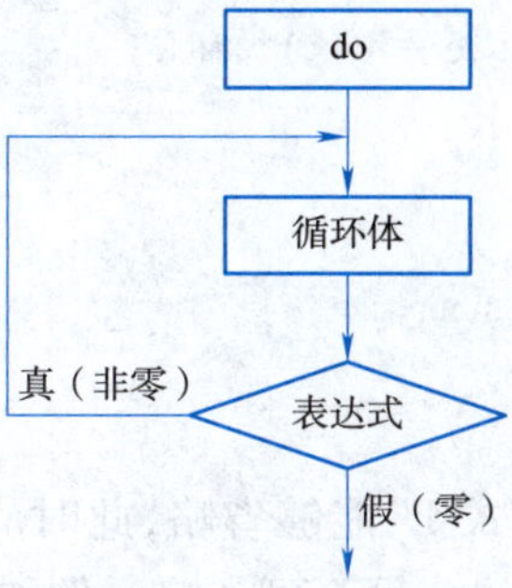

图 4-17　do…while 语句的执行过程

①首先执行循环体中的语句。

②计算表达式的值。若表达式的值为真(非零),则转向步骤①;若表达式的值为假(零),则退出 while 循环。

【例 4-25】　用 do…while 语句构成循环求 1～100 的和。

```
#include <stdio.h>
main()
{
    int i, sum=0;
    i=1;
    do{
        sum=sum+i;
        i++;
      }
    while(i<=100);
}
```

4.7.5　for 语句

for 语句的一般形式如下:

```
for(表达式 1;表达式 2;表达式 3)循环体
```

其中,for 是关键字,后面的小括号不可省略。"表达式 1""表达式 2""表达式 3"可以是 C51 语言中任意合法的表达式,这三个表达式之间以";"分隔,其作用在于控制循环体是否执行;循环体可以是 C 语言中任意合法的可执行语句。for 语句的执行过程如图 4-18 所示,具体步骤如下:

①首先求解表达式 1。

②求解表达式 2,若其值为真(非零),则执行循环体,循环体执行完毕后,再进行下面第③步。若表达式 2 的值为假,则结束循环,转至第⑤步。

③若表达式 2 的值为真,执行完循环体后,求解表达式 3。

④转回第②步继续执行。

⑤执行 for 语句之后的语句。

for 语句的典型应用形式：

```
for(循环变量初值;循环条件;循环变量增值)循环体
```

例如：

```
for(i =1;i <=100;i ++)sum = sum +1;
```

说明：

①for 语句一般形式中的"表达式 1"能够省略，此时应在 for 语句之前为循环变量赋予初值。需注意，省略表达式 1 时，其后的分号不可省略。例如：

```
for(;i <=100;i ++)sum = sum + i;
```

执行时，跳过"求解表达式 1"这一环节，其他保持不变。

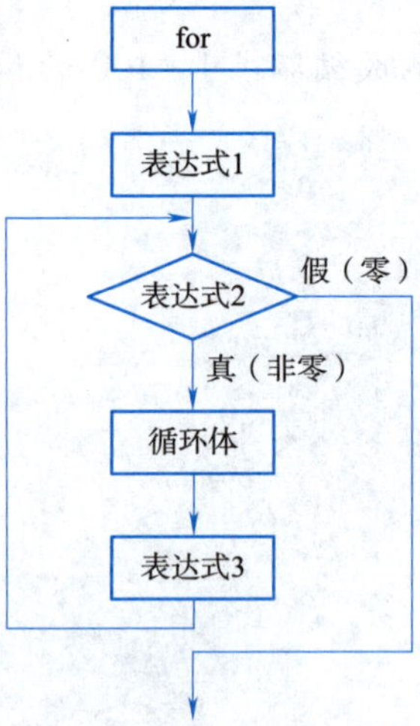

图 4-18　for 语句的执行过程

②倘若表达式 2 省略，但其后面的分号不能省略，即不判断循环条件，循环会无终止地进行。也就是认为表达式 2 始终为真。例如：

```
for(i =1;;i ++)sum = sum + i;
```

③表达式 3 也可省略，但此时程序设计者应当另外设法保证循环能够正常结束。例如：

```
for(sum =0,i =1;i < =100;)
{
    sum = sum + i;
    i ++;
}
```

本例中，把 i ++ 的操作未放置在 for 语句的表达式 3 的位置，而是作为循环体的一部分，效果相同，都能使循环正常结束。若循环体不止一条语句，则循环体语句要用花括号括起来，构成复合语句,如本例,如果不用花括号括起来,则循环体仅到“sum = sum + i;”。

④可以省略表达式 1 和表达式 3,仅保留表达式 2,也就是只给出循环条件。例如:

```
for( ; i< =100;)
{
    sum=sum+i;
    i++;
}
```

⑤三个表达式都可省略。例如:

```
for( ;;)语句
```

即不设定初值,不判断条件(认定表达式 2 为真),循环变量不增值,无休止地执行循环体。相当于“while(1)语句”。

⑥表达式 1 可以是为循环变量设置初值的赋值表达式,也可以是与循环变量无关的其他表达式。例如:

```
for(sum=0;i< =100;i++)sum=sum+i;
```

表达式 3 亦是如此。

表达式 1 和表达式 3 可以是一个简单的表达式,也可以是逗号表达式,即涵盖一个以上的简单表达式,中间以逗号隔开。例如:

```
for(i=0,j=100;i< =j;i++,j--)k=i+j;
```

表达式 1 和表达式 3 均为逗号表达式,各自包含两个赋值表达式,也就是同时设置两个初值,让两个变量增值。

4.7.6 循环的嵌套

在一个循环的循环体中允许包含一个完整的循环结构,这种结构称为循环的嵌套。外面的循环称为外循环,里面的循环称为内循环,如果在内循环的循环体内又包含循环结构,就构成了多重循环。在 C51 中,允许三种循环结构相互嵌套。

【例 4-26】 用嵌套结构构造一个延时程序。

```
void delay (unsigned int x)
{
    unsigned char j;
    while (x--)
    {for (j=0; j<125; j++);}
}
```

在此,通过内循环构建一个基准的延时,调用时借助参数设定外循环的次数,如此便能够形成各类延时关系。

4.7.7 break、continue 和 return 语句

break 和 continue 语句常应用于循环结构，用于跳出循环。但二者存在差异，下面分别介绍。

1. break 语句

此前已介绍过，利用 break 语句能跳出 switch 结构，让程序接着执行 switch 结构后的语句。使用 break 语句还能从循环体中跳出，提前结束循环并执行循环结构之后的语句。它不可用于除循环语句和 switch 语句外的其他语句。

【例 4-27】 下面一段程序用于计算圆的面积，当计算得到的面积大于 100 时，由 break 语句跳出循环。

```
for (r=1; r<=10; r++)
{
    area=pi* r* r;
    if (area>100) break;
}
    printf ("% d", area);
```

2. continue 语句

continue 语句在循环结构中，用于结束当前循环，跳过循环体中 continue 之后未执行的语句，直接进行下一次循环的判断。

continue 语句和 break 语句的不同在于：continue 语句仅结束当前循环并非终止整个循环；break 语句则是结束循环，不再进行条件判断。

【例 4-28】 输出 100~200 范围内不能被 3 整除的数。

```
for (i=100;i<=200; i++)
{
    if (i% 3==0)  continue;
    printf ("% d",i)
}
```

在程序中，当 i 能被 3 整除时，执行 continue 语句，结束当前循环，跳过 printf( ) 函数。只有 i 不能被 3 整除时，才执行 printf( ) 函数。

3. return 语句

return 语句通常置于函数的末尾，用于终止函数执行，并控制程序返回调用该函数时的位置。返回时还能通过 return 语句带回返回值。return 语句有两种格式：

①return;

②return(表达式)；

若 return 语句后带有表达式，会计算表达式的值，并将其作为函数的返回值。若不带表达式，函数返回时会返回一个不确定的值。通常用 return 语句将调用函数获取的值返回给主调用函数。

4.7.8　goto 语句以及用 goto 语句构成循环

goto 语句是无条件转向语句，一般形式为

```
goto  语句标号;
   …
标号:语句;
```

说明：

①语句标号由标识符表示，命名规则与变量名相同，由字母、数字和下划线组成，首字符必须是字母或下划线。不能用整数作标号。

②标号仅能出现在 goto 所在的函数内，且具有唯一性。

③标号只能添加在可执行语句之前。

④结构化程序设计方法提倡限制使用 goto 语句，因为过多使用会导致程序流程混乱、可读性降低。

【例 4-29】　用 if 和 goto 语句构成循环，求 1 ~ 100 的和。

```
#include <stdio.h>
main ()
{    int i,sum=0;
   i=1;                   //给循环变量 i 赋初值
loop:if(i<=100)           //i 为循环变量,i<=100 为循环条件,100 为循环终值
      {  sum+=i;                                  ┐
         i++;             //循环变量增值          │ 循环体
        goto loop;                                │
      }                                           ┘
      printf("%d", sum);
}
```

4.8　函　　数

在程序设计期间，针对较大的程序通常采用模块化架构。一般会将其划分成若干个子程序模块，每个子程序模块均实现一种特定功能。在 C51 中，子程序模块通过函数来实现。之前我们阐述了 C51 的程序结构，C51 的程序由一个主函数以及若干子函数构成，每个子函数都承担一定的功能。在一个程序里只能存在一个主函数，主函数无法被调用。程序运行时，从主函数起始，至主函数的最后一条语句结束。子函数能够被主函数调用，也能够被其他子函数或者自身调用，形成子程序嵌套。在 C51 中，系统提供了丰富的功能函数，它们被置于标准函数库内，以供用户调用。倘若用户所需的函数未包含在函数库中，用户还可以根据需求自行定义函数以便使用。

4.8.1　函数的定义

用户在运用 C51 进行程序设计的过程中，既能够使用系统提供的标准库函数，也能够运用

自己定义的函数。对于系统提供的标准库函数,用户在使用前需通过预处理命令 include 在程序开头将对应的标准函数库纳入。而对于用户自定义的函数,在使用之前必须对其进行定义,定义完成后才可调用。函数定义的一般格式如下

```
函数类型函数名(形式参数)[reent rant][interrupt m][using n]
形式参数说明
{
    局部变量定义
    函数体
}
```

前面被称为函数的首部,后面被称为函数的尾部,格式说明如下。

1. 函数类型

函数类型表明了函数返回值的类型。它可以是前面介绍的各类数据类型,用于说明函数最后的 return 语句送回给被调用处的返回值的类型。倘若一个函数没有返回值,函数类型可以不写,实际处理时,通常将其类型定义为 void 。

2. 函数名

函数名是用户为自定义函数所取的名称,以便在调用函数时使用。它的取名规则与变量的命名规则相同。

3. 形式参数表

形式参数表用于罗列在主调函数与被调函数之间进行数据传递的形式参数。在函数定义时,形式参数的类型必须说明,可以在形式参数表的位置说明,也可以在函数名后面、函数体前面进行说明。如果函数不存在参数传递,在定义时,形式参数可以没有或者用 void ,但括号不能省略。

【例 4-30】 定义一个返回两个整数中的最大值的函数 max( )。

```
int max (int x,int y)
{
    int z;
    z=x>y? x:y;
    return(z);
}
```

也可以写成这样:

```
int max (x, y)
int x,y;
{
    int z;
    z=x>y? x:y;
    return(z);
}
```

4. interrupt m 修饰符

interrupt m 是 C51 函数中极为关键的一个修饰符,原因在于中断函数必须依靠它来修饰。

在 C51 程序规划里，常常会运用中断函数去达成系统的实时性，提升程序的处理效能。

在 C51 程序设计中，倘若函数定义时采用了 interrupt m 修饰符，那么系统在编译时会将对应的函数转变为中断函数，自动添加程序的头段和尾段，并依照 MCS-51 系统中断的处理方式，自动将其安排在程序存储器的相应位置。在此修饰符中，m 的取值范围是 0 ~ 31，对应的中断状况如下：

0 表示外部中断 0；

1 表示定时/计数器 0 中断；

2 表示外部中断 1；

3 表示定时/计数器 1 中断；

4 表示串行接口中断；

其他值予以保留。

在编写 MCS-51 中断函数时，需要留意以下几方面：

①中断函数无法进行参数传递，要是中断函数包含任何参数声明，都会致使编译出现错误。

②中断函数不存在返回值，倘若试图定义一个返回值，将无法获取正确的结果。建议在定义中断函数时将其设定为 void 类型，以此清晰表明没有返回值。

③不管在何种情况下，都不能直接调用中断函数，不然会引发编译错误。因为中断函数的返回是由 8051 单片机的 RETI 指令来完成的，RETI 指令会影响 8051 单片机的硬件中断系统。倘若在没有实际中断的状况下直接调用中断函数，RETI 指令的操作结果会产生一个极其严重的错误。

④要是在中断函数中调用了其他函数，那么被调用函数所使用的寄存器必须与中断函数相同，不然会产生不正确的结果。

⑤C51 编译器在对中断函数进行编译时，会自动在程序的起始和结尾处添加相应的内容。具体情况如下：在程序开始处将 ACC、B、DPH、DPL 和 PSW 入栈，结束时出栈。中断函数未添加 using n 修饰符的，开始时还需将 R0 至 R1 入栈，结束时出栈。如果中断函数添加了 using n 修饰符，那么在开始将 PSW 入栈后还需修改 PSW 中的工作寄存器组选择位。

⑥C51 编译器从绝对地址 8m +3 处生成一个中断向量，其中 m 为中断号，也就是 interrupt 后面的数字，该向量包含一个到中断函数入口地址的绝对跳转。

⑦中断函数最好编写在文件的末尾部分，并且禁止使用 extern 存储类型说明，以防其他程序调用。

【例 4-31】 编写一个用于统计外部中断 0 的中断次数的中断服务程序。

```
extern int x;
void int0 () interrupt 0 using 1
{
    x ++;
}
```

5. using n 修饰符

MCS-51 系列单片机有 4 组工作寄存器：0 组、1 组、2 组和 3 组。每组有 8 个寄存器，分别用 R0 ~ R7 表示。修饰符 using n 用于明确本函数内部所使用的工作寄存器组,其中 n 的取值为 0 ~ 3,代表工作寄存器组号。

对于 using n 修饰符的运用,注意以下几点。

①加入 using n 后,C51 在编译时会自动在函数的起始处和结束处添加以下指令。

```
{
    PUSH PSW;         //标志寄存器入栈
    MOV PSW,#与寄存器组号 n 相关的常量;
    …
    POP PSW;          //标志寄存器出栈
}
```

②using n 修饰符不可用于具有返回值的函数,这是由于 C51 函数的返回值存放在寄存器中,一旦寄存器组发生改变,返回值便会出现错误。

4.8.2 函数的调用与声明

1. 函数的调用

函数的调用通常具有如下形式:

```
函数名 (实参列表);
```

对于包含参数的函数调用,如果实参列表包含多个实参,那么各个实参之间需用逗号分隔。主调函数的实参和形参在数量上应当相等,类型需逐一对应。实参与形参的位置应当保持一致。调用时,实参会依照顺序依次将值传递给形参。在 C51 编译系统中,实参表的求值顺序是从左至右。倘若调用的是无参数函数,那么实参无须存在,但括号不能省略。依照函数调用在主调函数中出现的位置,函数调用方式存在以下三种。

(1)函数语句。将被调函数当作主调函数的一个语句。

(2)函数表达式。函数被置于一个表达式里,以一个运算对象的形式呈现。此时的被调函数要求具备返回语句,以返回一个明确的数值参与表达式的运算。

(3)函数参数。被调函数作为另一个函数的参数。

在 C51 中,于一个函数里调用另一个函数,要求被调函数必须是已然存在的函数,既可以是库函数,也可以是用户自定义的函数。如果是库函数,那么需要在程序的起始处运用#include 预处理命令将被调函数的函数库纳入文件中;如果是用户自定义的函数,在使用时,应当依据定义的情况进行相应处理。

2. 自定义函数的声明

在 C51 程序设计里,倘若一个自定义函数的调用处于函数定义之后,在使用该函数时可以不对函数进行说明;倘若一个函数的调用在定义之前,或者调用的函数不在本文件内部,而是在另一个文件中,那么在调用之前需要对函数进行声明,指明所调用的函数在程序中有定义或者在另一个文件中,并将函数的相关信息告知编译系统。函数的声明是通过函数的原型来明确的。

在 C51 中,函数原型的一般形式如下

```
[extern]函数类型 函数名 (形式参数表);
```

函数声明的格式和函数定义时函数的首部基本相同,但函数的声明和函数的定义存在差异。函数的定义是对函数功能的确定,涵盖指定函数名、函数值类型、形参、类型和函数体等,它是一个完整的函数单元。而函数的声明则是把函数名、函数类型及形参的类型、数量和顺序通知编译系统,以便在调用函数时系统进行对照检查。函数的声明后面要添加分号。

如果声明的函数在文件内部,声明时无须 extern;如果声明的函数不在文件内部,而是在另一个文件中,声明时需要带有 extern,指明使用的函数在另一个文件中。

【例 4-32】 函数的使用。

```
#include <reg51.h>              //包含特殊功能寄存器库
#include <stdio.h>              //包含 I/O 函数库
int max (int x,int y);          //对 max 函数进行声明
void main(void)                 //主函数
{
    int a,b;
    SCON=0x52;
    TMOD=0x20;
    TH1=0xF3;
    TR1=1;
    scanf("please input a,b:% d",&a,&b);
    printf("\n");
    printf("max is:% d\n",max(a,b));
    while(1);
}
int max(int x, int y)
{
    int z;
    z=(x>=y? x:y);
    return(z);
}
```

【例 4-33】 外部函数的使用。

```
程序 serial_initial.c
#include <reg51.h>                  //包含特殊功能寄存器库
#include <stdio.h>                  //包含 I/O 函数库
void serial_initial(void)
{
    SCON=0x52;                      //串口初始化
    TMOD=0x20;
    TH1=0xF3;
    TR1=1;
}
程序 exam3-29.c
#include <reg51.h>                  //包含特殊功能寄存器库
#include <stdio.h>                  //包含 I/O 函数库
```

```
extern serial_initial();
void main(void)                  //主函数
{
    int a,b;
    serial_initial();
    scanf("please input a,b:% d,% d",&a,&b);
    printf("\n");
    printf("max is:% d\n",a > =b? a:b);
    while(1);
}
```

在上述两个例子里，例4.32中的主函数运用了一个后续定义的函数max( )，在使用前通过函数原型"int max(int x; int y);"予以声明。例4.33中的程序exam3 - 29. c调用了一个在另一个程序serial_initial. c中定义的函数serial_initial( )，所以在调用前对其进行了声明，并且声明时前面添加了extern，表明该函数处于另外一个程序文件中，属于一个外部函数。

4.8.3 函数的嵌套与递归

1. 函数的嵌套

在C51语言里，函数的定义彼此平行、相互独立。在进行函数定义时，一个函数体内部不能涵盖另一个函数，即不允许函数嵌套定义。不过在一个函数的调用流程中能够调用另一个函数，也就是允许嵌套调用函数。C51编译器通常依靠堆栈来实现参数传递，由于C51的堆栈设置在片内RAM中，而片内RAM的空间有限，所以嵌套的深度相对有限，一般在几层以内。倘若层数过多，就会致使堆栈空间不足从而产生错误。

【例4-34】 函数的嵌套调用。

```
#include <reg51.h>                //包含特殊功能寄存器库
#include <stdio.h>                //包含I/O函数库
extern serial_initial();
int max(int a,int b)
{
    int z;
    z=a > =b? a:b;
    return(z);
}
int add(int c,int d,int e,int f)
{
    int result;
    result=max(c,d) +max(e,f);    //调用函数max
    return(result);
}
main()
{
    int final;
    serial_ initial();
    final=add (7,5,2,8);
```

```
    printf ("% d", final);
    while(1);
}
```

在主函数中调用了函数add(),而在函数add()中又调用了函数max(),构成了两层嵌套调用。

2. 函数的递归

递归调用属于嵌套调用的一种特殊情形。如果在调用一个函数的过程中又出现了直接或者间接调用该函数自身的情况,则称为函数的递归调用。

在函数的递归调用中要防止出现无终止的自身调用,应当通过条件控制来结束递归调用,令递归的次数有限。

【例4-35】 利用递归调用求阶乘n!。

在数学运算中,一个数n的阶乘等于该数自身乘以数n-1的阶乘,即n!=n×(n-1)!,用n-1的阶乘来表示n的阶乘属于一种递归表示方式。在程序设计中通过递归调用来实现。

程序如下:

```
#include <reg51.h>             //包含特殊功能寄存器库
#include <stdio.h>             //包含I/O函数库
extern serial_initiali();
int fac(int n) reentrant
{
    int result;
    if(n==0)
    result=1;
    else
    result=n* fac(n-1);
    return(result);
}
main()
{
    int fac_result;
    serial_initial();
    fac_result=fac(11);
    printf ("% d\n",fac_result);
}
```

使用fac(n)求数n的阶乘时,当n不等于0时调用函数fac(n-1),而求n-1的阶乘时,当n-1不等于0时调用函数fac(n-2),依此类推,直至n等于0为止。在函数定义时运用了reentrant修饰符。

习　　题

1. 单选题

(1)利用下列(　　)关键字可以改变工作寄存器组。

A. interrupt　　B. sfr　　C. while　　D. using

(2) C51 中一般指针变量占用(　　)字节存储。

A. 1　　B. 2　　C. 3　　D. 4

(3) 设有 int i;则表达式 i = 1, ++i, ++i ‖ ++i, i 的值为(　　)。

A. 1　　B. 2　　C. 3　　D. 4

(4) 设有 int a[] = {10,11,12}, * p = &a[0];则执行完 * p ++ ; * p + = 1;后 a[0], a[1], a[2]的值依次是(　　)。

A. 10,11,12　　B. 11,12,12　　C. 10,12,12　　D. 11,11,12

2. 判断题

(1) 若一个函数的返回类型为 void,则表示其没有返回值。(　　)

(2) 特殊功能寄存器的名字,在 C51 程序中,全部大写。(　　)

(3) "sfr"后面的地址可以用带有运算的表达式来表示。(　　)

(4) #include 与#incude "reg51. h"是等价的。(　　)

(5) sbit 不可以用于定义内部 RAM 的可位寻址区,只能用在可位寻址的 sfr 上。(　　)

(6) 一个函数利用 return 不可能同时返回多个值。(　　)

3. 简答题

(1) 哪些变量类型是 51 单片机直接支持的?

(2) 简述 C51 的数据存储类型。

(3) 简述 C51 对 51 单片机特殊功能寄存器的定义方法?

(4) C51 中的 data、bdata、idata 有什么区别?

(5) C51 中的中断函数和一般的函数有什么不同?

(6) 编程实现定义变量 a、b、c,其中 a 为内部 RAM 的可位寻址区的字符变量,b 为外部数据存储区浮点型变量,c 为指向 int 型 xdata 区的指针。

(7) 8051 的片内数据存储器 25H 单元中存放着一个 0 ~ 255 范围内的整数,编程求其平方根,将平方根放到以 30H 单元为首址的内存中。

第5章

MCS-51系列单片机内部资源、常用接口及应用

本章介绍 MCS-51 系列单片机的内部资源、常用接口及应用,通过流水灯、电子时钟、简易信号发生器、串口电压采集系统等四个综合项目的设计、仿真与调试,培养理论与实践结合能力,提升软硬件系统开发思维,为后续嵌入式系统设计奠定坚实基础。

学习目标

(1)掌握二极管(LED)、按键控制、精确延时等。

(2)掌握数码管和液晶显示器(LCD)显示、定时器功能等。

(3)掌握数/模转换和模/数转换等。

5.1 流水灯设计

流水灯是一种常见的 LED 动态显示效果,广泛应用于广告牌、指示灯及电子装饰。本章基于 MCS-51 系列单片机设计一个 LED 流水灯,实现 8 个 LED 依次点亮的流水灯效果,具体任务要求及设计目标如下:

①8 个 LED 灯按顺序逐个点亮,形成流水效果。

②可实现单向流水(从左到右或从右到左)。

③流水灯需具备循环显示功能,所有 LED 灯点亮完成后,从头开始。

④流水灯的速度可控(100 ms ~ 1 s 可调),通过按键支持快慢调整。

5.1.1 LED 介绍

1. LED 工作原理

LED 是一种能够将电能直接转换为光能的半导体器件,具有极性:阳极接正极,阴极接负极。工作时需超过正向导通电压 U_{f}(通常为 1.8 ~3.3 V,不同颜色不同),PN 结中的电子和空穴开始复合。正向电流 I_{f}通常为 10 ~20 mA。大电流 LED 可达到数百毫安。**注意:** I_{f}过大容易烧毁 LED,因此必须接限流电阻。限流电阻计算公式如下:

$$R = \frac{U_{供电} - U_{\mathrm{f}}}{I_{\mathrm{f}}}$$

例如:供电电压为 5 V,红色 LED 正向电压 U_{f}为 2 V,I_{f}为 20 mA,则限流电阻为 150 Ω。

此外,LED 的反向耐压较低,一般为 5 V 以下,反向接入容易损坏,可加二极管保护。

2. LED 与 I/O 端口的连接

MCS-51 系列单片机 I/O 端口高电平驱动能力较弱,通常采用低电平驱动。图 5-1 所示电路中,8 个 LED 的负极接到单片机并行 I/O 端口引脚(如 P1.0 ~ P1.7),正极通过限流电阻接到5 V 电源。

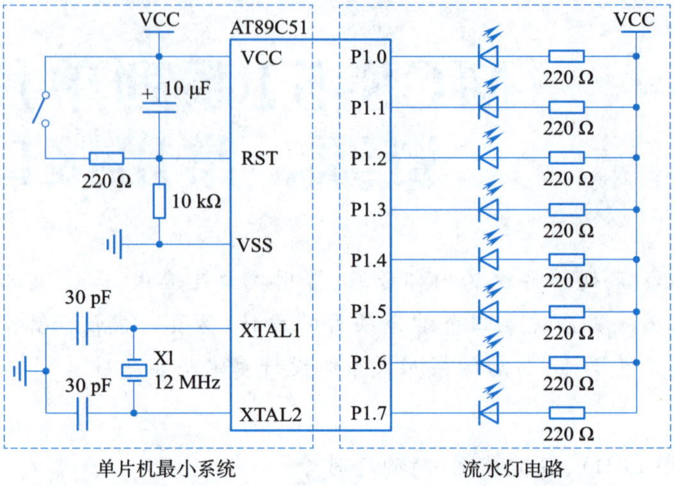

图 5-1 MCS-51 系列单片机与流水灯连接示意图

单片机通过向 P1 寄存器写入二进制值控制 I/O 口的电平:写 0 拉低点亮 LED,写 1 为高熄灭 LED。也可用位或字节地址操作(Keil 提供 51 头文件定义)。例如:向 P1.0 写入 1 或向 P0 写入 0xFE,点亮第 1 个 LED。向 P1.1 写入 1 或向 P0 写入 0xFD,点亮第 2 个 LED。

3. 流水灯的实现

流水灯效果通过循环改变 I/O 端口数据实现。以字节操作为例:初始值 ~0x01,点亮第 1 个 LED,而其他的都灭,延时后左移 1 位 ~(0x01 <<1),点亮下一个 LED,而其他的都灭,依次类推,当数据超出范围(如 0xFF),重新开始。数据写入的顺序调整流水灯的方向,依次写入的数据时间间隔调节流水灯的快慢,最终实现了单向循环流水灯。

5.1.2 KEY 按键接口

机械按键由触点和弹性材料组成,未按下时触点断开,电路状态为开路;按下时触点闭合,电路状态接通。按键状态改变其输出的电平状态(高/低电平),因而通过合理电路与单片机 I/O 口连接实现电平检测。按键接口电路分为独立式和矩阵式。矩阵式按键通过行列连接到单片机 I/O 口,如图 5-2 所示,当按下某个按键时,单片机通过扫描行列检测按键的位置。一般按键个数较多的时候采用矩阵式按键,以节约单片机 I/O 资源。

本章按键个数较少,仅 2 个(控制流水灯速度加和减),采用独立式按键连接到单片机 I/O 口(如 P3.0、P3.1),并通过电阻上拉到电源,另一端接地。由此,当没有按下按键时,与单片机连接的引脚由于有电压与电阻会被上拉至高电平。当任何一个按键被按下时,与单片机连接的引脚由于接地而被直接拉至地。因此,在编程的时候,只需要判断该引脚电平状态是否为低电平,就可以判断哪个键被按下。

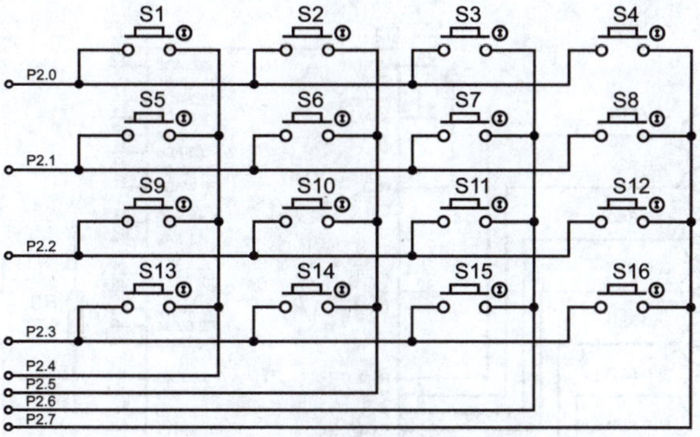

图 5-2　矩阵式按键 4×4

对于 MCS-51 系列单片机,可通过读取 I/O 口电平或外部中断检测低电平。前者,将 I/O 口的值设置为高电平(逻辑 1),以进入输入模式,读取外部电平信号,判断该电平是不是低电平。此外,机械按键存在抖动现象,需要根据实际情况进行硬件或软件消抖。按键信号电平需与单片机电平兼容,必要时需添加上下拉电阻。

5.1.3　延时操作

延时分为软件延时和硬件延时。软件延时通过循环程序来占用 CPU 时间实现延时,适合用于精度要求不高的操作;硬件延时通过单片机内部的定时器、外部硬件实现,适合于准确度高(可精确到微秒或毫秒)、多任务操作。

本章任务延时精度要求不高,采用软件延时即可。延时时间的计算与单片机时钟频率有关。MCS-51 系列单片机的机器周期 = 晶振频率 ×12,如果一个指令周期 = 机器周期,则一条指令消耗时间 $T=12/f_{osc}$,其中 f_{osc} 为晶振频率(单位为 MHz),根据指令执行的次数 N 和单指令周期 T,总延时时间为 $N\times T$。更为精确的方法可以通过中断函数实现非阻塞延时。

5.1.4　流水灯系统硬件电路设计与仿真实现

8 位 LED 流水灯仿真原理图如图 5-3 所示。在 Proteus ISIS 工作环境中绘制好仿真原理图,其中 P3.2 和 P3.3 连接两个开关按钮 KEY0、KEY1,8 个 LED 的负极连接 P1 口,8 个 LED 的正极分别通过 8 个电阻连接到电源 VCC。用鼠标左键双击 89C51,将编译好的“liushuideng.hex”载入 89C51 中,运行仿真,可以看到 P1 口的 8 位 LED 依次点亮。

5.1.5　流水灯系统程序设计思路

1. 延时函数处理

通过嵌套循环来实现的延时函数,调整循环变量值达到目标延时。使用断点或计时器测试延时精度。其实现程序如下:

```
void delay_ms(unsigned int tt) {   //每次执行耗时约 1 ms
    unsigned int i, j;
    for (i = tt; i > 0; i --) {
        for (j = 125; j > 0; j --);
    }
}
```

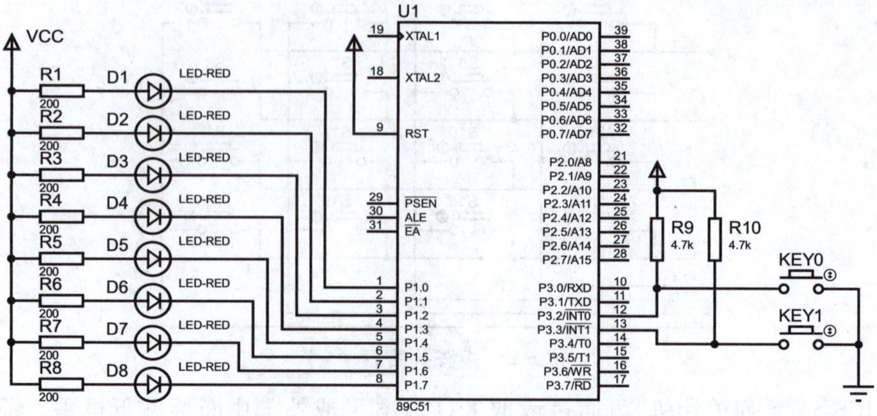

图 5-3　8 位 LED 流水灯仿真原理图[①]

假设晶振频率为 12 HMz,for 循环体的指令总数为 8 条(根据汇编指令分析)。循环次数为 $i \times j = 123 \times tt$(ms),总延时为:$T_{total} = 125 \times 8 \times tt$(ms) $= 1000 \times tt$(ms)。使用 Keil MDK 5.27 版本进行仿真测试,tt 变量值为 1000,通过断点方式测试仿真结果为 1.013 026 s。实际情况要根据编译器优化进行仿真测试。

2. 8 路 LED 循环操作

①点亮 P1.0 引脚 LED,利用延迟程序延迟一段时间,其实现程序如下:

```
P1 = ~0x01;      //P1 =0xfe,P1.0 置为低电平
delay_ms(1000); //延时约 1 s 时间
```

②点亮 P1.1 引脚 LED,利用延迟程序延迟一段时间,其实现程序如下:

```
P1 = ~(0x01<<1);      //P1 =0xfd,P1.1 置为低电平
delay_ms(1000);
```

③点亮 P1.2 引脚 LED,利用延迟程序延迟一段时间,其实现程序如下:

```
P1 = ~(0x01<<2);      //P1 =0xfd,P1.2 置为低电平
delay_ms(1000);
```

3. 按键中断处理

①按下 KEY 键,P3.2 引脚拉低,触发 INT0 外部中断函数,延时时间增加 100 ms,执行如下中断函数:

```
void INT0_ISR(void) interrupt 0 {  //外部中断 0
    tt+=100;
}
```

②按下 KEY 键,P3.3 引脚拉低,触发 INT1 外部中断函数,延时时间减少 100 ms 执行如下

① 仿真原理图的某些图形符号与国家标准符号不符,二者对照关系参见附录 A。

中断函数：

```
void INT1_ISR(void) interrupt 2{  //外部中断1
    tt -=100;
}
```

4. 参考程序(流水灯)

```
#include <reg51.h>         //包含单片机寄存器的头文件
bit KEY0 = 0;              //定义一个位,存储按键0动作
bit KEY1 = 0;              //定义一个位,存储按键1动作
unsigned int tt = 1;       //延时时间变量
/* 函数功能:延迟一段时间 */
void delay_ms(unsigned int ms){
    unsigned int i,j;
    for(i=ms;i>0;i--)
    for(j=125;j>0;j--);
}
/* 函数功能:主函数 */
void main(void){
    EA = 1;EX0 = 1;EX1 = 1;      //总中断开启,外部中断0开启,外部中断1开启
    IT0 = 1;IT1 = 1;             //外部中断0下降沿触发,外部中断1下降沿触发
    while(1){
        P1 = ~(0x01<<0);         //P1 = 0xfe点亮第1个LED灯
        delay_ms(tt);            //延时tt ms
        P1 = ~(0x01<<1);         //P1 = 0xfd,点亮第2个LED灯
        delay_ms(tt);            //延时tt ms
        P1 = ~(0x01<<2);         //P1 = 0xfb,点亮第3个LED灯
        delay_ms(tt);            //延时tt ms
        P1 = ~(0x01<<3);         //P1 = 0xf7,点亮第4个LED灯
        delay_ms(tt);            //延时tt ms
        P1 = ~(0x01<<4);         //P1 = 0xef,点亮第5个LED灯
        delay_ms(tt);            //延时tt ms
        P1 = ~(0x01<<5);         //P1 = 0xdf,点亮第6个LED灯
        delay_ms(tt);            //延时tt ms
        P1 = ~(0x01<<6);         //P1 = 0xbf,点亮第7个LED灯
        delay_ms(tt);            //延时tt ms
        P1 = ~(0x01<<7);         //P1 = 0x7f,点亮第8个LED灯
        delay_ms(tt);            //延时tt ms
    }
}
/* 函数功能:外部中断0服务函数 */
void INT0_ISR(void) interrupt 0{
    tt +=100;                    //每中断1次增加100 ms
    if(tt>1000) {                //最大延时1 000 ms
        tt = 1000;
    }
}
```

```
/* 函数功能:外部中断1服务函数* /
void INT1_ISR(void) interrupt 2      //外部中断1服务函数
{
    tt - =100;                       //每中断1次减少100 ms
    if(tt <100)    {                 //最小延时100 ms
        tt = 100;
    }
}
```

编程分析:

P1 端口有一个 8 位的寄存器,在 C51 程序中此寄存器的名字就是 P1,通过对这个寄存器操作就可以实现对 P1 端口的操作。8 位寄存器对应这个 P1 端口的 8 位,如给 P1 寄存器赋值二进制$(11111110)_2$,就表示一次性给 P1 端口的第一位引脚置低电平,其他 7 位置高电平,实现第一只 LED 灯亮,其他都灭。根据这个道理结合流水灯的硬件电路可知,要实现流水灯,只需要顺序每隔一段时间给 P1 寄存器赋二进制值就可以了。

而每间隔的时间决定流水灯的速度快慢。首先通过按键触发中断,然后在中断服务程序中实现速度变量的增加和减少,从而实现流水灯快慢的控制。结合硬件电路图可知,按键 0 和按键 1 按下对应触发外部中断 0 和外部中断 1,然后进入外部中断服务程序 0 和 1。在外部中断服务程序 0 中,每中断 1 次增加 100 ms,最大值为 1 000 ms。在外部中断服务程序 1 中,每中断 1 次减少 100 ms,最小值为 100 ms。

经过优化的程序(流水灯二):

```
while(1){
    unsigned char i;
    for(i =0;i <8;i ++) {
        P1  =  ~(0x01 <<i);
        delay_ms(tt);
    }
}
```

经过优化后,程序很短小,再仔细看 while 中 P1 = ~(0x01 <<0);P1 = ~(0x01 <<1);…;P1 = ~(0x01 <<6);P1 = ~(0x01 <<7);它们是有关联的,只有 0、1、2、3、4、5、6、7 发生变化,且是差值递增,对应第 1 ~8 只灯。因此,只要确定初始值,后面可以通过循环语句来实现。

5.2 电子时钟设计

电子时钟通过电子电路和数字技术实现,具有比机械时钟更高的准确性、稳定性和调节便利性,广泛用于日常生活和工业控制。本章基于 MCS-51 系列单片机设计一个电子时钟,实现精确计时与时间显示,并支持用户调整时间及报警功能。具体任务要求及设计目标如下:

①准确计时:实现时、分、秒的精确计时。

②显示功能:通过 LED 数码管、LCD 或 OLED 显示时间。

③时间设置:提供按键调整时间(时、分、秒)。

④报警功能(可选):设置并触发报警。

5.2.1　定时/计数器的初始化编程及应用

MCS-51 系列单片机有两个主要的定时/计数器:定时器 0(T0)和定时器 1(T1)。部分型号还包含定时器 2(T2)。初始化操作的寄存器包括:计数寄存器(THx、TLx),模式控制寄存器(TMOD),控制寄存器(TCON),中断允许寄存器(IE)和中断优先寄存器(IP)。主要过程如下:

①选择定时器或计数器模式,确定定时/计数最大值。

②配置 TMOD 寄存器,设置定时/计数功能模式及工作模式。

③装载初值,根据定时或计数需求计算初值,装载到 THx 和 TLx 中。

④开启中断(可选),配置 IE 寄存器,启动定时器中断,设置优先级别,确定响应的中断服务程序入口地址(中断类型号),编写中断服务函数。

⑤启动定时/计数器,设置 TCON 寄存器的 TR0 或 TR1,启动 T0 和 T1。

例:使用 MCS-51 系列单片机 T0 产生 1 ms 延时。晶振频率为 12 MHz。

由题可知,使用 T0 的定时模式。定时器时钟频率为晶振的 1/12,也就是 1 μs 计数一次。如果使用 16 位计数器,最大定时范围为 65.536 ms;使用 13 位计数器,最大定时范围为 8.192 ms;使用 8 位计数器,最大定时范围为 0.256 ms。以方式 0 为例,目标时间 $n = 1$ ms,初值计算如下:初值 $X = 8\ 192 - (n \times f_{osc}/12) = 8\ 192 - 1\ 000 = 7\ 192 = $ 0x1C18。

定时器 0 初始化程序如下:

```
void Timer0_Init() {
    TMOD = 0x00;     //T0 工作方式 1
    TH0 = 0x1C;      //装载高位初值
    TL0 = 0x18;      //装载低位初值
    TR0 = 1;         //启动定时器 0
}
```

5.2.2　数码管原理及显示

如图 5-4 所示,数码管由若干个发光二极管(LED)组成,每个 LED 称为一个段(segment)。它通常由以下几部分组成:

1. 段位

数码管由 7 个基本段组成(a、b、c、d、e、f、g),用于显示数字 0 ~ 9。有些数码管还包含一个小数点(decimal point,DP)。

2. 公共极

共阳极(common anode):各段正极连接在一起。点亮某段需要将其负极接地。

共阴极(common cathode):各段负极连接在一起。点亮某段需要将其正极接高电平。

数码管显示的基本原理是通过控制每个段的点亮与熄灭,组合出不同的字符或数字。如果显示"0",共阳极段位 abcdef dp(dp 为对应最高位,a 为对应最低位),编码为 1100 0000(0xC0),共阴极正好相反 00111111(0x3f),见表 5-1。

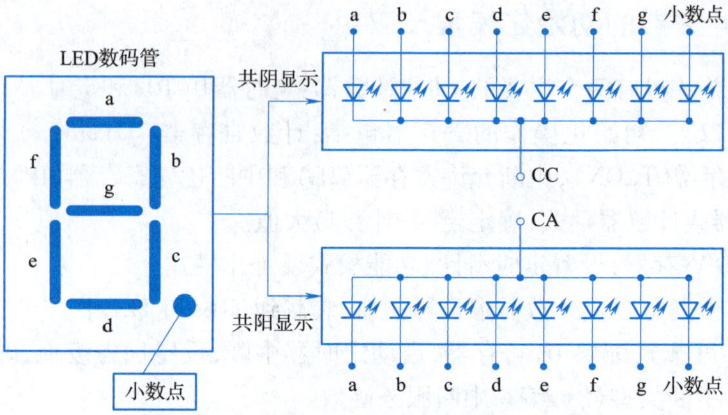

图 5-4　数码管内部示意图

表 5-1　共阳极字形码

数字	0	1	2	3	4	5	6	7	8	9
编码	0xc0	0xf9	0xa4	0xb0	0x99	0x92	0x82	0xf8	0x80	0x90

数码管的显示可以通过单片机控制端口输出信号实现。有如下两种显示方式：

1. 静态显示

每个数码管单独提供驱动信号，使它们持续点亮，简单直观，但需要占用多个 I/O 口，驱动资源消耗大。

2. 动态显示

利用人眼视觉暂留的特性，将每个数码管依次点亮，快速切换。从而实现“看起来同时点亮”的效果。节省 I/O 口资源。但需要更高的程序控制频率。

5.2.3　电子时钟系统硬件电路设计与仿真实现

电子时钟系统硬件电路如图 5-5 所示，在 Proteus ISIS 工作环境中绘制好仿真原理图，在元件库中搜索 7SEG-MPX6-CZ（共阳极 6 位红色数码管）。其中 P0 口引脚 0 ~ 7 连接数码管的段位 a ~ g 和 DP，P2 口引脚 0 ~ 7 连接数码管的公共端 1 ~ 8。P3.1 和 P3.2 连接两个开关按钮 KEY0、KEY1，用于设置初始时间和闹铃时间。4 × 3 矩阵键盘连接 P1 口。用鼠标左键双击 89C51，将编译好的“clock.hex”载入 89C51 中，运行仿真，可以看到数码管显示的数值。

5.2.4　电子时钟系统程序设计思路

1. 1 s 时钟基准产生

这里采用 T0 的定时模式。定时器时钟频率为晶振的 1/12，也就是 1 μs 计数一次。如果使用 16 位计数器的最大定时范围为 65.536 ms，使用 13 位计数器的最大定时范围 8.192 ms，使用 8 位计数器的最大定时范围为 0.256 ms。很显然都不能达到 1 s（1 000 ms）的定时。这里需要通过软件方法，自定义变量，在定时器中断服务程序中扩展计数范围。为了减少中断次数，选择 16 位计数器模式。

首先，选择目标时间 $n = 50$ ms，初值计算如下：

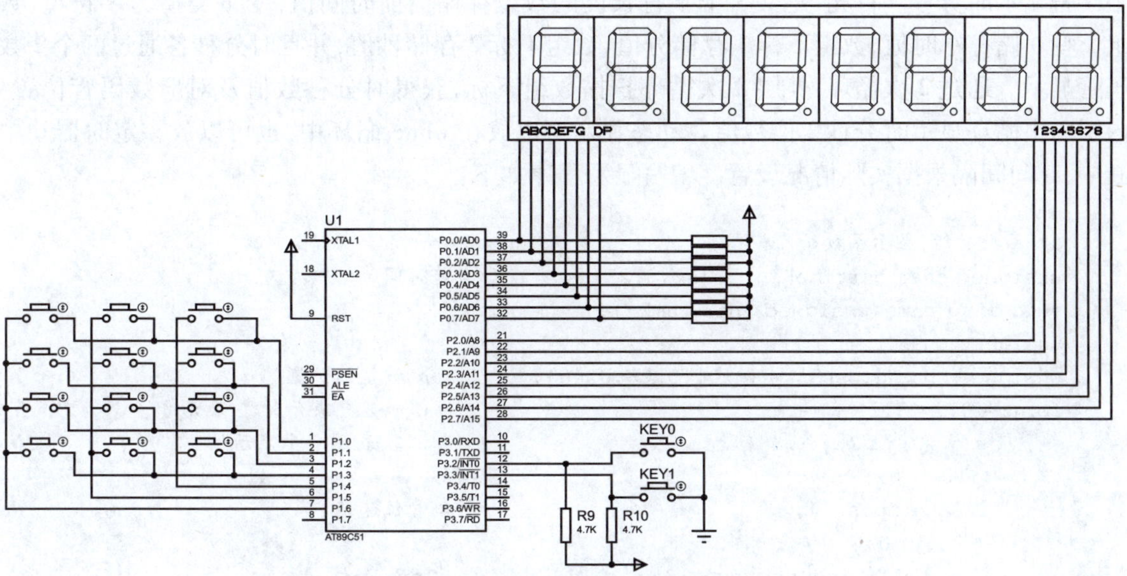

图 5-5　电子时钟系统硬件电路

初值 $X = 65\ 536 - (n \times f_{osc}/12) = 65\ 536 - 50\ 000 = 15\ 536 (f_{osc} = 12\ \text{MHz})$

初值高 8 位(TH0) = 15 536/256 = 0x3C

初值低 8 位(TL0) = 15 536% 256 = 0xB0

其次,开启中断,使能 T0 中断 ET0 = 1;开启总中断 IE = 1。中断服务函数中再赋初值。

定时器 0 初始化程序如下:

```
void Timer0_Init() {
    TMOD = 0x01;      // T0 工作方式 1
    TH0 = 0x3C;       //装载高位初值
    TL0 = 0xB0;       //装载低位初值
    ET0 = 1;          //使能 T0 中断
    EA = 1;           //开启总中断
    TR0 = 1;          //启动定时器 0
}
```

中断服务程序如下:

```
void Timer0_ISR( ) interrupt 1 {
    static unsigned char count = 0;
    TH0 = 0x3C;            //重装初值 TL0 = 0xB0;
    count ++;
    if (count > = 20){  //每 20 次中断为 1 s
        count = 0;
    }
}
```

2. 数码管显示

这里显示的时钟格式为“时-分-秒”。需要显示单个字符位 0 ~ 9,采用共阳极字形码位,2

个字符显示时分秒。首先,定义3个字符长度的数组存储当前时间值,变量类型为字符型,数组下标0储存小时值,数组下标1存储分值,数组下标2存储秒值,并且时分秒各通过两个2数码管显示。通过2次循环,外层3次循环扫描数组下标,获得时分秒数值及对应数码管位置,内层2次循环显示时分秒2位数值。动态显示可以放在while循环中,也可以放在定时器0中断中,时间间隔根据实际情况设置。编写显示程序如下:

```
/* 函数功能:显示函数* /
unsigned char curtime[3] = {12,9,25};          //当前时间时、分、秒
void disp_time(unsigned char num[]){
unsigned char i,j;
unsigned char npos[3] ={0x01,0x08,0x40};       //时、分、秒起始位置
for(i=0;i<3;i++){                              //i为0、1、2,0表示时,1表示分,2表示秒
    for(j=0;j<2;j++){                          //j为0、1,表示个十显示位
        P0 = 0xFF;                             //消影
        P2 = npos[i];                          //数码管位选值
        if(j>0)
            P0 = led[num[i]% 10];              //显示num个位
        else
            P0 = led[num[i]/10];               //显示num十位
            npos[i]=npos[i]<<1;                //左移1位
            delay_ms(5);                       //延时5 ms
        }
    }
}
```

第3个和第6个数码管显示分隔符“-”,编写程序如下:

```
void disp_char(void){
        P0 = 0xFF;              //消影
        P2 = 0x24;              //数码管第3个和第6个0010 0100
        P0 = ~0x40;             //显示字符“-”,1011 1111
        delay_ms(5);            //延时5 ms
}
```

为了节约单片机资源采用动态显示方法,依次显示秒、分、时和分隔符。程序如下:

```
while(1){
        disp_time(sec,0x40);        //第7、8数码管显示秒
        disp_time(min,0x08);        //第4、5数码管显示分
        disp_time(hour,0x01);       //第1、2数码管显示时
        disp_char();                //第3、6数码管显示分隔符“-”
}
```

3. 时间调整函数

定时器0的延时为50 ms,在中断服务函数内,先判断中断是否20次,如果是,则秒值计数器加1,同时50 ms计数器清空;如果秒值到了60,则分累加值加1,同时秒清零;如果分值到了60,小时加1,则分累加值清零;如果小时到了24,则小时累加值清零,以上任何一个条件都不

满足，则退出该函数。编写代码如下：

```
/* 函数功能:定时器 0 中断服务函数* /
#define  SEC  2
#define  MIN  1
#define  HOUR 0
void Timer0_ISR( ) interrupt 1{
static unsigned char count = 0;
TH0 = 0x3C;                               //重装初值 TL0 = 0xB0
count ++;
if (count > = 20) {                       //每 20 次中断为 1 s
    count = 0;                            //count 清零
    curtime[SEC] ++;                      //秒加 1
    if(curtime[SEC] ==60)  {              //秒值等于 60 时
        curtime[SEC] =0;                  //秒值清零
        curtime[MIN] ++;                  //分值加 1
        if(curtime[MIN] ==60) {           //分值等于 60 时
            curtime[MIN] =0;              //分值清零
            curtime[HOUR] ++;             //小时加 1
            if(curtime[HOUR] ==24)        //小时等于 24 时
                curtime[HOUR] =0;         //小时清零
            }
        }
    }
}
```

4. 矩阵按键

如图 5-5 所示，单片机的 P1 口连接 3 × 4 矩阵按键，P1.0 ~ P1.3 连接四位行线，P1.4 ~ P1.6 连接三位列线。分别扫描列线和行线得到列值和行值。如果 P1 口给 0xf0，即列线输出高电平，行线输出低电平，然后防抖动延时获取列线的引脚值（如 1 号按键按下，0xb0）。如果 P1 口给 0x0f，即行线输出高电平，列线输出低电平，然后防抖动延时获取行线的引脚值（如果 1 号按键按下，0x0e），最后 1 号按键键值为 0xb0|0x0e = 0xbe。同理，可获得其他数字按键的键值，具体程序代码如下：

```
/* 函数功能:按键扫描函数* /
unsigned char key_scan(void){
unsigned char keycode =0,keydata =0;      //按键编码,按键数值
unsigned char code_h =0,code_l =0;        //行编码、列编码
P1 = 0xf0;                                //列扫描
if((P1&0xf0)! =0xf0){
    delay_ms(15);
    if((P1&0xf0)! =0xf0){
        code_l = P1;
    }
}
delay_ms(5);
P1 = 0x0f;                                //行扫描
```

```
    if((P1&0x0f)!=0x0f){
        delay_ms(5);
        if((P1&0x0f)!=0x0f){
            code_h = P1;
        }
    }
    //键值编码与解码
    keycode = code_l | code_h;
    if(keycode==0xbe) keydata =0x31;    //字符1
    if(keycode==0xde) keydata =0x32;    //字符2
    if(keycode==0xee) keydata =0x33;    //字符3
    if(keycode==0xbd) keydata =0x34;    //字符4
    if(keycode==0xdd) keydata =0x35;    //字符5
    if(keycode==0xed) keydata =0x36;    //字符6
    if(keycode==0xbb) keydata =0x37;    //字符7
    if(keycode==0xdb) keydata =0x38;    //字符8
    if(keycode==0xeb) keydata =0x39;    //字符9
    if(keycode==0xb7) keydata =0x30;    //字符0
    if(keycode==0xd7) keydata =0x23;    //#
    if(keycode==0xe7) keydata =0x2A;    //*
    return keydata;
}
```

5. 设置初始时间

这里按下 KEY0 进入时间设置模式，按下 KEY1 进入正常运行模式。当按下 KEY0 时触发外部中断 0 并进入服务函数中，通过修改 timemode 值，当 timemode = 1 时在定时器 0 中断服务中调用 set_time()函数。该函数实现实时显示修改后的时间。具体而言，扫描获得键值，转化为数字时、分、秒值显示，当设置完毕后赋值给当前显示变量，切换到正常运行模式。具体程序代码如下：

```
/* 函数功能:时间设置函数* /
unsigned char n=0;
unsigned char keybuf[6]={0,0,0,0,0,0};
void set_time(void){
    keyvalue = key_scan();                          //按键扫描
    if(keyvalue!=0){
        keybuf[n++] = keyvalue-0x30;                //转化为数字
        settime[SEC] = keybuf[0]+10* keybuf[1];
        settime[MIN] = keybuf[2]+10* keybuf[3];
        settime[HOUR] = keybuf[4]+10* keybuf[5];
    if(n==6){
            curtime[SEC]=settime[SEC];
            curtime[MIN]=settime[MIN];
            curtime[HOUR]=settime[HOUR];
            timemode = 0;
            n = 0;
        }
    }
}
```

5.3　简易信号发生器设计

信号发生器广泛应用于电子测试与测量领域，可用于信号处理、传感器测试及通信系统调试。这里基于 MCS-51 系列单片机设计一个简易信号发生器，实现多种波形信号的生成，并支持用户调节频率和幅值，同时在 LCD 上显示当前波形信息。具体任务要求及设计目标如下：

①实现正弦波、方波和三角波等三种以上波形。

②支持频率、幅值可调和波形选择功能。

③在 LCD 上显示波形名称及参数。

5.3.1　DAC 转换器概述

1. DAC 转换原理

DAC（digital-to-analog converter）转换器（数/模转换器）是一种将数字信号转换成连续模拟信号的器件。工作原理是 DAC 接收数字输入信号（通常为二进制数值），通过数字解码网络（如加权电阻法、逐次逼近法、电流型 DAC 等）将数字信号转化为对应的模拟电压或电流输出。加权电阻法 DAC 转换器主要通过反相求和放大器电路来实现。如图 5-6 所示电路中，输出电压和四个输入电压的和成正比，推导如下：

$$I_F = I_1 + I_2 + I_3 + I_4 = \frac{V_{IN1}}{R_1} + \frac{V_{IN2}}{R_2} + \frac{V_{IN3}}{R_3} + \frac{V_{IN4}}{R_4}$$

$$V_{OUT} = \frac{R_F}{R_{IN}} \times V_{IN} = -\left(\frac{R_F}{R_1} \times V_{IN1} + \frac{R_F}{R_2} \times V_{IN2} + \frac{R_F}{R_3} \times V_{IN3} + \frac{R_F}{R_4} \times V_{IN4}\right)$$

假定 $R_F = R_1 = R_2 = R_3 = R_4$，则每个输入通道闭环增益为 1，输出电压为

$$V_{OUT} = -\frac{R_F}{R_{IN}}(V_{IN1} + V_{IN2} + V_{IN3} + V_{IN4})$$

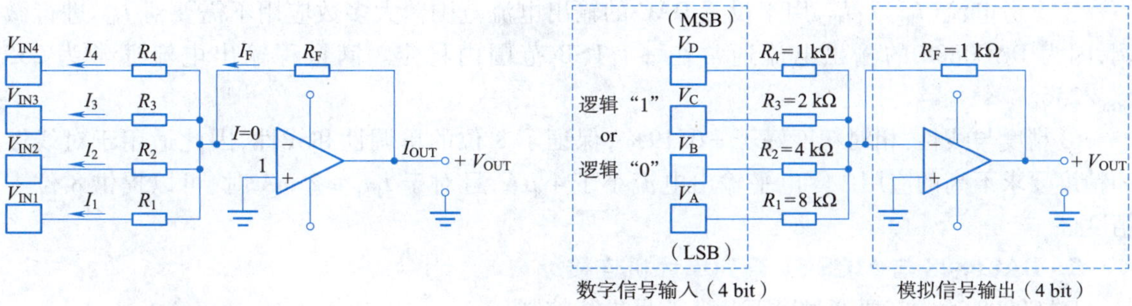

（a）　　　　（b）

图 5-6　四位 DAC 转换原理图

2. DCA 主要技术指标

①分辨率（resolution）：分辨率是 DAC 能够输出的不同模拟电平的数量，通常由 DAC 的位数（bit）表示，如 8 位、12 位、16 位等。8 位 DAC 可以输出 256 个电平，12 位 DAC 可以输出 4 096 个电平。位数越高，DAC 的分辨率越高，能够生成的模拟信号越精细。

②转换速率（conversion rate）：转换速率是 DAC 每秒进行多少次数字到模拟信号的转换，

通常以采样率(samples per second, SPS)或转换速率(单位为 Hz)表示。较高的转换速率适用于需要快速信号响应的应用,如音频、视频、雷达和通信系统。

③参考电压(reference voltage):参考电压是 DAC 输出信号范围的上限。它决定了 DAC 能输出的最大模拟电压或电流。此外,参考电压的稳定性对 DAC 性能至关重要。一般参考电压为 5 V、3.3 V、2.5 V 等。

④D/A 转换建立时间(DAC setting time)是指从输入数字信号发生变化到 DAC 的模拟输出信号稳定并达到最终值所需要的时间。这个时间通常指的是从数字输入信号变化开始,到模拟输出信号进入并保持在一个小范围误差(通常是输出的 1% 或更小)内的时间。一般在几十纳秒到几百微秒的范围内。

5.3.2 DAC0808 与 MCS-51 系列单片机的接口

1. DAC0808 简介

DAC0808 是德州仪器(Texas Instruments)生产的一款 8 位数/模转换器(DAC),采用并行数据输入方式,并通过电流分配和加权电阻网络将输入的数字信号转换为对应的模拟电流信号。DAC0808 的主要参数如下:

①分辨率:DAC0808 提供 8 位的分辨率,即有 256 个不同的输出电平,从而使得输出信号具有足够的精度,适用于低精度应用。

②电流输出:DAC0808 输出的是电流信号,不是电压信号。该方式适用于需要高精度电流源的应用。

③更新速率:可高达 1 MHz(取决于时钟频率)。

④输出范围:0 ~ V_{REF}(参考电压)。

⑤稳定时间:满量程输出电流的稳定时间为 150 ns,具有非常快的响应速度,适用于高速数据转换的应用。

⑥功耗:功耗仅为 33 mW,这是一个相对较低的功耗,适用于低功耗系统。

⑦参考电流(I_{REF}):I_{REF}用于设置 DAC 的输出电流范围。大多数应用不需要对 I_{REF} 进行微调,因为 DAC0808 的输出电流通常在 ±1 LSB 范围内稳定。满量程输出电流通常为 255 I_{REF}/256。

⑧精度与线性:相对精度好于 ±0.19%,保证了 8 位的单调性和线性,因此适用于对线性和精度要求不高的应用。零电平输出电流小于 4 μA,且对于 I_{REF} ≥2 mA 时,可以提供 8 位零精度。

2. DAC0808 与 MCS-51 系列单片机连接

DAC0808 通常需要通过以下几个信号进行控制:

①数据总线(D0 ~ D7):DAC0808 采用并行数据接口,将单片机的 P2 端口连接到 DAC0808 的数据输入端口 D。通过 8 位数据总线传输数字数据,决定输出的模拟电压。

②VREF(参考电压):通常由外部电源提供,将正参考电压(VREF +)通过电阻 R(一般为 5 kΩ 或 10 kΩ)连接到稳定的电压源,例如 +5 V 或 +10 V。负参考电压(VREF −)连接到地(GND)或 −15 V。DAC0808 的模拟输出电压会根据参考电压的变化而变化。

③电压输出:DAC0808 输出的是电流信号(I_{OUT}),需要外接运算放大器(如 AD8638、LF351)将电流信号转换为电压信号(V_{OUT}),转换公式如下:

$$I_{OUT}=K\times\left(\frac{D_0}{2}+\frac{D_1}{4}+\frac{D_2}{8}+\frac{D_3}{16}+\frac{D_4}{32}+\frac{D_5}{64}+\frac{D_6}{128}+\frac{D_7}{256}\right)=\frac{K}{256}D$$

式中,$K\approx\frac{V_{REF}}{R}$,$V_{REF}=V_{REF+}-V_{REF-}$;当 D_n(n 为 0～7)为高电平,D_n 值为 1;当 D_n(n 为 0～7)为低电平,D_k 为 0。

5.3.3　DAC 转换正弦波、三角波、方波程序设计

使用定时器中断生成不同频率的波形数字信号,然后通过外部 DAC(如 DAC0808)将这些数字信号转换为模拟波形。对于不同波形生成原理如下:

1. 正弦波生成

正弦波通常具有平滑、连续的变化形式,因此可以使用查找表法读取正弦波的离散化值。通过定时器中断,每次触发时,从查找表中读取一个数字值,并通过数字信号输出到 DAC,然后由 DAC 转换为模拟信号。由于正弦波的周期性特点,可以将一个完整周期的正弦波离散化为多个值,并在定时器中断中按顺序输出。对于 8 位 DAC,数字值的范围是 0～255,因此需要将正弦波的幅度按比例映射到这个范围内。正弦波的范围是 －1 ～ ＋1,为了将其映射到 8 位 DAC 的范围(0～255),需要先加 1,然后乘以 127.5(即半个 255)。假设使用 256 个离散点对正弦波进行采样,可以通过以下公式生成查找表的值:

$$V_{DAC}[i]=\frac{1}{2}\times 255\times\left(1+\sin\frac{2\pi i}{256}\right)$$

式中,i 为点索引值,范围从 0 到 255。

这个公式将正弦波的幅度调整到 0～255 的范围内(见表 5-2)。

表 5-2　正弦波查找表

点索引 i	正弦值 $\sin(2\pi i/256)$	映射后的 DAC 输出值(四舍五入)
0	0.000	128
1	0.0245	131
2	0.0491	134
⋮	⋮	⋮
254	－0.0491	121
255	－0.0245	124

注:表格的每一行表示正弦波在某一离散点的值,并将其转换为 0～255 之间的整数,这些整数作为 DAC0808 的输入。

2. 三角波生成

三角波具有线性上升和下降的特性,通常可以通过简单的计数器增减机制来生成。三角波的生成方式是通过一个计数器,在到达最大值时反转增减方向,从而产生波形的线性上升和下降。

3. 方波生成

方波具有两种电平交替出现的特点,因此生成方波的方式较为简单。只需在两个电平(高和低)之间切换即可。通常通过定时器控制输出电平的周期性变化来生成方波。

5.3.4　简易信号发生器硬件电路设计与仿真实现

简易信号发生器硬件电路如图 5-7(a)所示,在 Proteus ISIS 工作环境中绘制好仿真原理

图，在元件库中搜索 DAC0808，并口输入 A8～A1 连接单片机 P2.0～P2.7，I_{OUT}连接运算放大器 UA741，实现 *I-U* 转换，详细可参考 DAC0808 芯片手册。可通过 P3.1 和 P3.2 连接两个开关按钮 KEY0、KEY1，用于选择和确认生成波形类型。如图 5-7(b)所示，原理图绘制界面左侧图标，选择电压表(DC VOLTMETER)和示波器(OSCILLOSCOPE)。用鼠标左键双击 89C51，将编译好的"signal.hex"载入 89C51 中，运行仿真，可以看到示波器显示的数值。

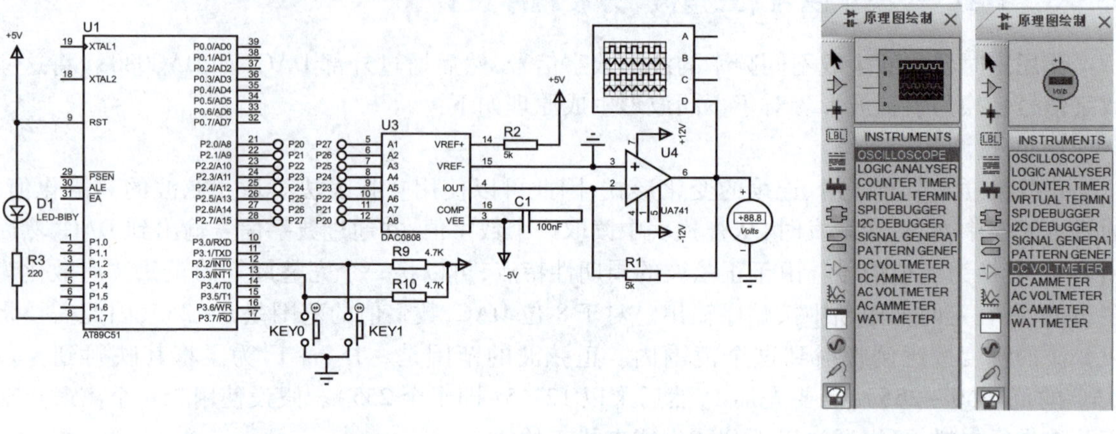

(a)　　　　(b)

图 5-7　简易信号发生器硬件电路及电压表和示波器选择界面

5.3.5　简易信号发生器系统程序设计思路

1. 定时器初始化

通过改变定时器 0 进入中断的时间来改变三种波形的频率。在中断服务程序中，更新输出波形的模拟信号值。假设单片机晶振频率为 12 MHz，以中断时间周期 $T=1$ ms 为例，根据公式计算在方式 1 下的初值为 0xFF9C。具体实现代码如下：

```
/* 函数功能:定时器 0 初始化* /
void Timer0_Init(void) {
    TMOD = 0x01;                //设置定时器 0 为方式 1 (16 位定时器)
    TH0 = 0xFF;                 //重新装载高字节
    TL0 = 0x9C;                 //重新装载低字节,控制定时周期
    ET0 = 1;                    //启用定时器 0 中断
    EA = 1;                     //开启总中断
    TR0 = 1;                    //启动定时器 0
}
```

2. 正弦波生成

通过上述正弦波离散化公式建立一个查找表(数组 sine_table[ ])，存储了一个周期内的正弦波的采样值。定时器中断每次调用时，更新 DAC_DATA 输出，模拟正弦波信号。改变定时器的初值(TH0 和 TL0)，可以调整定时周期，从而改变正弦波的频率。对应正弦波频率为 $f=1/(256\times T)=1/(256\times 1\ \text{ms})=3.91$ Hz。代码实现如下：

```
/* 函数功能:正弦波产生函数* /
unsigned char index = 0;                    //查找表索引
void sine_wave(void){
   TH0 = 0xFF;                              //重新装载高字节
   TL0 = 0x9C;                              //重新装载低字节,控制定时周期
   DAC_PORT = sine_table[index];            //输出正弦波值到 DAC0808(DAC_PORT = P2)
   index ++;                                //更新查找表索引
   if (index > = 256) {                     //如果索引超出范围,回到起点
      index = 0;
   }
}
```

3. 三角波生成

通过 triangle_wave_value 的递增和递减实现波形的线性变化(控制三角波的幅值)。当 triangle_wave_value 达到最大值(255)或最小值(0)时,切换方向标志位 direction。对应三角波频率 $f = 1 / (256 \times 2 \times T) = 1 / (256 \times 2 \times 1\ \text{ms}) = 1.95\ \text{Hz}$。

```
/* 函数功能:正弦波产生函数* /
void triangular_wave(void){
  static idata unsigned chartriangle_wave_value = 0;// 当前 DAC 输出值
  static bit direction = 1;                         //方向标志位,1 表示上升,0 表示下降
     DAC_PORT = triangle_wave_value;                //输出当前值到 DAC
    if(direction){
     triangle_wave_value ++;                        //上升阶段
     if (triangle_wave_value  > = 255){
        direction = 0;                              //达到最大值,切换到下降阶段
     }
   }
else{
     triangle_wave_value --;                        //下降阶段
      if (triangle_wave_value  < = 0) {
        direction = 1;                              //达到最小值,切换到上升阶段
      }
   }
}
```

4. 方波生成

定时器0中断时,P2口根据标志变量 toggle 输出最大值(255)或最小值(0)。通过 toggle 取反操作实现方波周期性地切换电平(高/低)。

```
/* 函数功能:方波产生函数* /
void square_wave(void){
  static idata unsigned char squ_value = 0;
                                        //当前 DAC 输出值(0 表示低电平,255 表示高电平)
  static bit toggle = 0;                //切换标志位
  DAC_PORT = squ_value;                 //输出当前值到 DAC
   if(toggle){
```

```
        squ_value=255;             //高电平
    }
    else{
        squ_value=0;               //低电平
    }
    toggle=~toggle;                //切换状态
}
```

5.4 串口电压采集系统设计

串口电压采集系统广泛应用于传感器数据采集、环境监测及自动化控制等领域。这里基于MCS-51系列单片机设计一个电压采集系统,能够通过ADC模块采集电压信号,并通过串口通信进行数据传输,同时在LCD上实时显示电压数据。具体任务要求及设计目标如下:

①电压采集:通过电压采集模块采集电压信号,并通过模/数转换器(ADC)将模拟信号转换为数字信号。

②串口通信:通过MCS-51系列单片机的串口模块(如UART)实现数据传输。要求支持常见的串口通信协议(如RS-232、TTL等)。

③显示与调试:通过LCD实时显示采集到的电压数据。

5.4.1 A/D转换器概述

A/D转换器(analog-to-digital converter,ADC)根据不同的工作原理,分为逐次逼近型(successive approximation register ADC,SAR ADC)、符号频率转换型(sigma-delta ADC, $\sum$-Δ ADC)、并行型(parallel ADC)、闪烁型(Flash ADC)、双积分型(dual slope ADC)等。ADC的基本原理是将连续变化的模拟信号(如电压)转化为离散的数字数据。这个过程主要包括以下几个步骤:

①采样(sampling):将连续的模拟信号按一定时间间隔(采样周期)离散化,得到一个个的样本值。

②量化(quantization):将每个采样点的模拟信号转换成一个有限精度的数字值。量化的过程会产生一定的误差,称为量化误差。

③编码(encoding):将量化后的信号表示为二进制形式,输出数字信号。

ADC的关键性能参数:

①分辨率(resolution):指ADC可以表示的数字输出位数,通常以“位”(bit)为单位。例如,一个8位的ADC能够表示$2^8=256$个不同的离散值,而一个10位的ADC可以表示$2^{10}=1\ 024$个值。分辨率越高,ADC的输出数据精度越高。

②采样率(sampling rate):指每秒钟采集样本的数量,通常以“样本/秒”(S/s)或“赫兹”(Hz)为单位。例如,1 kS/s表示每秒采集1000个样本。采样率越高,能够更精确地捕捉到信号的变化,尤其是对于高频信号的处理。

③输入范围(input range):是ADC可以有效转换的模拟信号电压范围。例如,某个ADC

的输入范围是 0 ~ 5 V,那么它只能转换在 0 ~ 5 V 之间的模拟信号。

④转换时间(conversion time):是 ADC 从开始转换到完成转换所需的时间,通常以微秒(μs)或纳秒(ns)为单位。

5.4.2　ADC0832 与 MCS-51 系列单片机的接口

ADC0832 是美国国家半导体公司生产的一款 8 引脚双通道 A/D 转换器,支持单端和差分输入方式。它能分别对两路模拟信号进行 8 位模/数转换,分辨率为 256 级。该芯片采用串行通信方式,通过 DI 端口进行通道选择、数据采集和传输。工作电压为 0 ~ 5 V,转换时间为 32 μs,工作频率为250 kHz,功耗仅为 15 mW。具有双数据输出,用于校验数据,减少误差,并支持多器件挂接。ADC0832 引脚如图 5-8 所示,其接口如下:

$\overline{CS}$:片选使能,低电平芯片使能。

CH0:模拟输入通道 0,或作为 IN +/- 使用。

CH1:模拟输入通道 1,或作为 IN +/- 使用。

GND:芯片参考零电位(地)。

DI:数据信号输入,选择通道控制。

DO:数据信号输出,转换数据输出。

CLK:芯片时钟输入。

VCC/VREF:电源输入及参考电压输入(复用)。

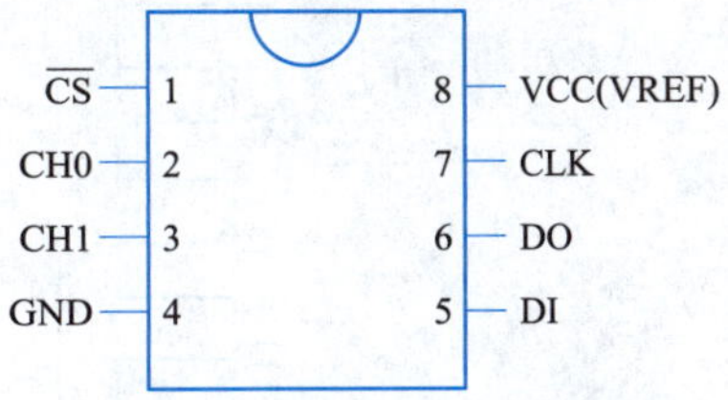

图 5-8　ADC0832 引脚图

ADC0832 的工作时序图如图 5-9 所示。

ADC0832 与单片机连接通常使用 4 条数据线:CS(片选)、CLK(时钟)、DO(数据输出)、DI(数据输入)。由于 DO/DI 并未同时使用,在 I/O 资源紧张时,可将 DO 和 DI 端并联,通过单片机的一个 I/O 口共同使用。

ADC0832 的工作过程如下:

①未工作状态:当 CS 为高电平时,CLK 和 DO/DI 电平可任意。

②开始转换:将 CS 置低电平并保持,单片机向 CLK 端输入时钟脉冲,DI 端输入通道选择信号。在第 1 个时钟脉冲前,DI 为高电平,表示开始信号。在第 2、第 3 个时钟脉冲前,DI 输入 2 位通道选择数据:“10”选择 CH0 单通道;“11”选择 CH1 单通道;“00”选择 CH0 为正输入,CH1 为负输入;“01”选择 CH0 为负输入,CH1 为正输入。

③数据输出:从第 4 个时钟脉冲开始,DO 端按顺序输出转换后的数据,从 D7 到 D0,共 11 个时钟脉冲输出一个字节数据,接着输出另一个字节数据。第 19 个脉冲时,数据输出完成,标志着转换结束。

④校验:输出的 2 字节数据可通过校验判断数据是否正确。

⑤结束转换:将 CS 置高电平禁用芯片。

5.4.3　LCD1602 液晶显示

LCD1602 是一种字符点阵型显示模块,具有 5 × 8 点阵的字符显示,其中 16 表示每行显示 16 个字符,02 表示显示两行。表 5-3 和表 5-4 分别为 LCD1602 引脚和指令集介绍。

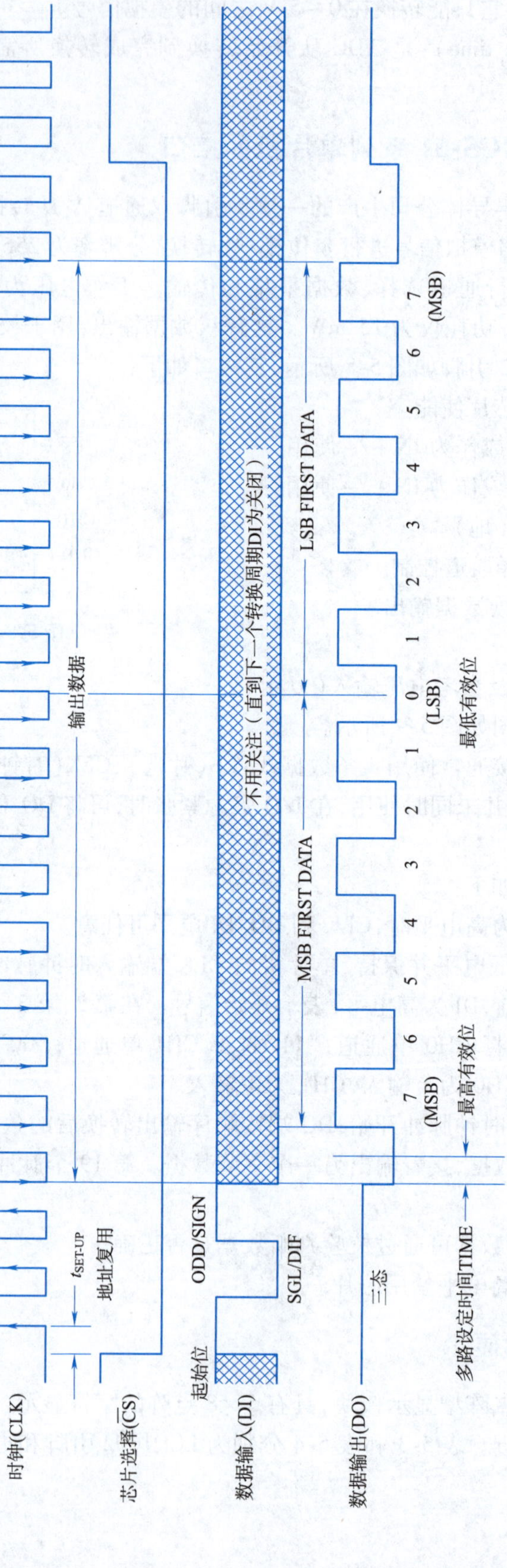

图 5-9 ADC0832 的工作时序图

表 5-3 LCD1602 引脚介绍

编号	符号	引脚说明	编号	符号	引脚说明
1	VSS	电源地	9	D2	数据
2	VDD	电源正极	10	D3	数据
3	VL	液晶显示偏压	11	D4	数据
4	RS	数据/命令选择	12	D5	数据
5	R/W	读/写选择	13	D6	数据
6	E	使能信号	14	D7	数据
7	D0	数据	15	BLA	背光源正极
8	D1	数据	16	BLK	背光源负极

表 5-4 LCD 指令集(11 条指令)介绍

序号	指 令	RS	R/W	D7	D6	D5	D4	D3	D2	D1	D0
1	清屏	0	0	0	0	0	0	0	0	0	1
2	光标复位	0	0	0	0	0	0	0	0	0	X
3	输入方式设置	0	0	0	0	0	0	0	1	I/D	S
4	显示开关控制	0	0	0	0	0	0	1	D	C	B
5	光标或字符移位控制	0	0	0	0	0	1	S/C	R/L	X	X
6	功能设置	0	0	0	0	1	DL	N	F	X	X
7	字符发生存储器地址设置	0	0	0	1	字符发生存储器地址					
8	数据存储器地址设置	0	0	1	显示数据存储器地址						
9	读忙标志或地址	0	1	BF	计数器地址						
10	写入数据至 CGRAM 或 DDRAM	1	0	写入的数据内容							
11	从 CGRAM 或 DDRAM 读取数据	1	1	读取的数据内容							

LCD1602 指令集说明如下：

①清屏指令(0x01)：清除显示内容，并将光标位置移动到屏幕的左上角(地址 0x00)。执行此指令时，LCD 需要 1 ~2 ms 来完成清屏操作。

②光标归位(0x02)：将光标位置移到屏幕的起始位置(地址 0x00)，并显示当前内容。与清屏不同的是，光标归位时不清除显示的内容。

③显示开/关控制：0x08 显示关闭，但不清除显示；0x0C 显示开启，显示当前内容。

④光标开/关控制：0x0A 光标开启；0x08 光标关闭。

⑤光标闪烁开/关控制：0x0E 光标闪烁开启；0x0C 光标闪烁关闭。

⑥移动光标/屏幕：0x10 光标左移；0x14 光标右移；0x18 屏幕左移，光标位置不变；0x1C 屏幕右移，光标位置不变。

⑦设置接口数据宽度：0x20 设置为 4 位数据传输模式；0x28 设置为 8 位数据传输模式。

⑧设置显示模式：0x04 开启光标、关闭光标闪烁；0x06 开启光标闪烁。

⑨设置输入方式：0x06 设置为光标右移，显示内容左移；0x04 设置为光标左移，显示内容右移。

⑩设置显示偏移(0x40 ~0x7F)：设置自定义字符的起始地址，用于从 CGRAM(字符生成

RAM)加载自定义图形或字符。

⑪设置 DDRAM 地址(0x80 ~ 0x9F):设置显示内容的起始地址、控制光标的位置以及显示内容的起始位置。

5.4.4　串口电压采集系统硬件电路设计与仿真实现

串口电压采集系统硬件电路如图 5-10 所示,在 Proteus ISIS 工作环境中绘制好仿真原理图,使用滑动变阻器来改变电压值。选择两片相同型号单片机 U1 和 U2,串行接口 P3.0 和 P3.1 分别交叉连接。在元件库中搜索 ADC0832,数据接口 DI/DO 连接单片机 U2 的 P1.1,CLK 信号由单片机 U2 的 P1.0 提供,CS 连接单片机 U2 的 P1.7。搜索 LM016 L,即 LCD1602 液晶屏,其数据口 D0 ~ D7 与单片机 U1 的 P0.0 ~ P0.7 连接,其控制信号 RS、RW、E 分别连接单片机 U1 的 P2.0、P2.1、P2.2。原理图绘制界面左侧图标,选择虚拟终端(VIRTUAL TERMINAL)。用鼠标左键双击 U2,将编译好的"get_vol. hex"载入;双击 U1,将编译好的"disp_vol. hex"载入,设置晶振频率都为 11.059 2 MHz。运行仿真,可以看到虚拟终端显示的数值(注意选择 Hex Disp Mode)。

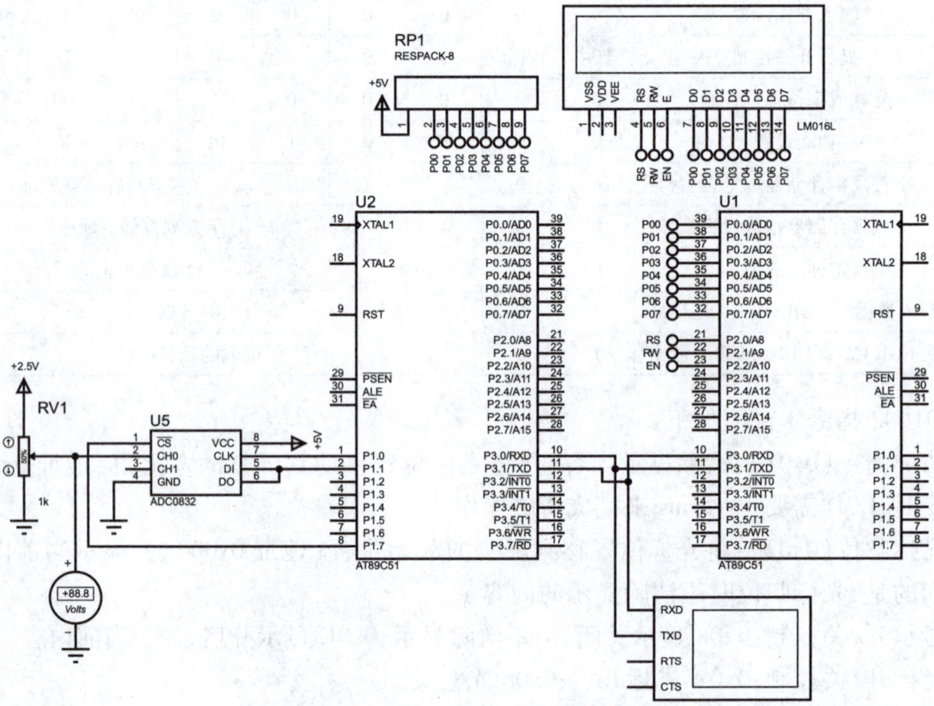

图 5-10　串口电压采集系统硬件电路

5.4.5　串口电压采集系统程序设计思路

1. ADC0832 电压采集

ADC0832 的工作过程包括以下步骤:

①初始化设置:初始化必要的控制引脚,配置 CS、CLK、OE、DO 为输出模式。设置 CS 为高,OE 为高,确保 ADC 处于待机状态。

②启动 ADC 转换:选择输入通道(CH0 或 CH1),拉低 CS 引脚来启动 ADC 转换。

③时钟脉冲生成:向 CLK 引脚提供时钟脉冲。每次时钟脉冲会将输入模拟信号转换为 8 位数字数据。

④数据读取:当转换完成后,通过读取 DO 引脚获取 8 位数字数据。

⑤校验(可选)。

⑥结束转换:转换完成后,设置 CS 为高,结束当前转换过程。

具体代码如下:

```
/* 函数功能:ADC0832 读取数据* /
unsigned char adc0832_read_dat(bit channel){
    unsigned char i =0,dat0 =0,dat1 =0;
    CS =0;                          //使能
    DI =1;                          //开始信号为高电平
    CLK =0;                         //时钟置低电平
    delay_us(2);
    CLK =1;                         //产生第一个正脉冲,在时钟上升沿,输入开始信号(DI =1)
    delay_us(2);
    //从模拟通道的选择及单端输入和差分输入的选择
    DI =1;                          //输入数据 1
    CLK =0;
    delay_us(2);
    CLK =1;                         //产生第二个正脉冲,在时钟上升沿,输入数据 DI =1
    delay_us(2);
    DI = channel;                   //输入数据 channel
    CLK =0;
    delay_us(2);                    //产生第三个正脉冲,在时钟上升沿,输入数据 DI = channel
    CLK =1;
    delay_us(2);
                                    //数据输出 DO 进行转换数据的读取
    CLK =0;
    delay_us(2);
    DI =1;                          //输入数据高电平
    CLK =1;
    delay_us(2);
    dat0 =0;                        //初始化
    //读数据 D7 ~ D0
    for(i =0;i <8;i ++){
        if(DI == 1){
            dat0 |= 1;
            }
        CLK =1;
        CLK =0;
        dat0 = dat0 <<1;
        }
    CS =1;
    return dat0;
}
```

2. 串口发送与接收

初始化：串口设置为工作方式3、波特率为9 600、数据位为8位、停止位为1位。涉及的串口控制寄存器包括SBUF、SCON和TMOD等。波特率=(晶振频率/12)/[32 ×(TH1 +TL1)]，使用定时器1方式2来产生所需的波特率。假设波特率为9 600，晶振频率为11.059 2 MHz，则定时器1初值TH1 = TL1为0xFD。主机和从机初始化程序如下：

```
/* 函数功能:串口发送初始化* /
void usart_init(void) {
    SCON=0xc0;                    //设置串口为方式3
    TMOD=0x20;                    //设置定时器1为方式2
    PCON=0x00;                    //SMOD=0
    TH1 =0xFD;                    //给定时器1赋初值,波特率设置为9 600
    TL1 =0xFD;                    //晶振频率为11.059 2 MHz,用12 MHz晶振有误差
    ET1 =0;                       //禁止定时器1中断
    TR1 =1;                       //启动定时器1
}
/* 函数功能:串口接收初始化* /
void usart_init(){
    TMOD=0x20;                    //设置定时器1为方式2
    SCON=0xd0;                    //设置串口为方式3,允许接收REN=1
    PCON=0x00;                    //SMOD=0
    TH1 =0xfd;                    //给定时器1赋初值,波特率为9 600
    TL1 =0xfd;
    ET1 =0;
    TR1 =1;                       //接通定时器1
    REN=1;                        //允许接收
    ES=1;
    EA=1;
}
```

MCS-51系列单片机串口通信可以通过查询方式或中断方式实现。这里采用查询方式发送，中断方式接收，具体实现流程如下：

发送数据：通过查询TI标志位来判断数据是否已发送完成。只有当TI为1时，才可以继续发送下一个字节。发送完数据后，必须清除TI标志位。

```
/* 函数功能:串口发送函数* /
void uasrt_send(unsigned char dat){          //发送1字节数据的函数
    TB8 = PSW^0;
    SBUF=dat;
    while(TI==0);                            //检测发送标志位TI,TI=0,未发送完
    TI=0;                                    //1字节发送完,TI清0
}
```

接收数据：通过RI标志位来判断是否有数据接收到。当RI为1时，表示数据接收完成，可以从SBUF中读取接收到的数据。

```
/* 函数功能:串口中断服务函数* /
void usart_ISR() interrupt 4{
    if(RI ==1){
        rx_Voltage = SBUF;
        RI =0;
    }
}
```

3. LCD1602 编程设计步骤

首先定义硬件连接,LCD1602 的连接如下:RS 连接 P2.0,RW 连接 P2.1,E 连接 P2.2,D0 ~ D7 连接 P0.0 ~ P0.7。

其次定义 LCD1602 相关函数:

①初始化 LCD:设置显示模式、清除显示等;

②写命令:用于设置 LCD 工作模式、清屏、光标控制等。

③写数据:用于显示字符或字符串。

④延时函数:用于保证 LCD 响应命令。

具体代码如下:

```
//屏幕相关引脚接口定义
#define DP P0
sbit EN = P2^2;
sbit RW = P2^1;
sbit RS = P2^0;
/* 函数功能:LCD1602 检测* /
void lcd_busy_check(void){
unsigned char temp;
    DP =0xff;                        //十六进制:1111 1111
    RS =0;                           //0 指令
    RW =1;                           //读
    do{
        EN =1;                       //拉高
        temp = DP;                   //将 LCD 状态保存在 temp 中,用于判忙
        EN =0;                       //负跳变使能
    }while(temp & 0x80);             //结果为 1,LCD 忙,继续循环;结果为 0,LCD 不忙
}
/* 函数功能:LCD1602 写命令* /
void LcdWriteCmd(unsigned char cmd){
    lcd_busy_check();
    RS =0;                           //0 指令
    EN =0;
    RW =0;
    DP = cmd;                        //写
    delay_us(5);                     //注意延时足够长
    EN =1;                           //使能端为高电平允许数据交换
    delay_us(5);
    EN =0;                           //使能端数据交换后要拉低
```

```
}
/* 函数功能:LCD1602 写数据* /
void LcdWriteData(unsigned char dat){
lcd_busy_check();
    RS =1;                    //数据
    EN =0;
    RW =0;
    DP = dat;
    delay_us(5);
    EN =1;
    delay_us(5);
    EN =0;
}
/* 函数功能:LCD1602 初始化* /
void LcdInit(){
    LcdWriteCmd(0x38);        //开显示
    LcdWriteCmd(0x0c);        //0x0C 光标不闪,0x0D 光标闪烁
    LcdWriteCmd(0x06);        //写入新数据光标右移
    LcdWriteCmd(0x01);        //清屏
    LcdWriteCmd(0x80);        //设置数据指针起点在第一个地址
    delay_ms(10);
}
/* 函数功能:LCD1602 设置光标位置,第一行 0x00 ~ 0xF 第二行 0x40 ~ 0x4f* /
void setAddr(unsigned char line, unsigned char addr){
    if(line ==1) LcdWriteCmd(0x80 + addr);
    if(line == 2) LcdWriteCmd(0x80 +0x40 + addr);
    }
    /* 函数功能:LCD1602 设置光标闪烁* /
    void setBuling(unsigned char YorN){
    if(YorN)
    LcdWriteCmd(0x0d);        //0x0D 光标闪烁
    else{
        LcdWriteCmd(0x0c);    //0x0C 光标不闪
    }
}
/* 函数功能:LCD1602 指定位置显示字符,第一行 x,第二行 y* /
void show_pos_char(unsigned char x, unsigned char y, unsigned char a){
    unsigned char i;
    if(x ==1){
        LcdWriteCmd(0x80 + y);
    }
    else if(x ==2){
        LcdWriteCmd(0x80 +0X40 + y);
    }
    else{
        LcdWriteCmd(0x80 +0X40 + y);
        a = "OUT";
    }
    LcdWriteData(a);
```

```
}
/* 函数功能:LCD1602指定位置显示字符串,第一行x,第二行y,a[]存放字符串,如"abc"* /
void show_pos_string(unsigned char x, unsigned char y, unsigned char a[]){
    unsigned char i;
    if(x==1){
        LcdWriteCmd(0x80+y);
    }
    else if(x==2) {
        LcdWriteCmd(0x80+0X40+y);
    }
    else{
        LcdWriteCmd(0x80+0X40+y);
        a="OUT";
}
for(i=0;a[i]! ='\0';i++) {
    LcdWriteData(a[i]);
}
}
/* 函数功能:LCD1602指定位置显示数字,第一行x,第二行y,a存放数字* /
void show_pos_dec(unsigned char x, unsigned char y, unsigned int a){
char s[10];
sprintf(s,"% d",a);
show_pos_string(x,y,(unsigned char * )s);/* 格式转换* /
}
```

习　题

设计题

(1)多模式流水灯与用户输入控制系统设计。主要任务要求和设计目标如下:

①按下第一个按键,切换为正常的单向流水灯模式;

②按下第二个按键,切换为“彩虹流水灯”模式,即每个LED灯依次点亮时逐渐变换颜色(使用RGB LED);

③同时按下两键,系统进入自动模式,LED灯随时间周期性变换效果。

(2)设计一个电子时钟,具备闹钟和睡眠模式。主要任务要求和设计目标如下:

①用户可以设置一个闹钟时间,闹钟在设定时间响起;

②在闹钟响起时,用户可以通过按键延迟(如5 min后再次响铃)或关闭闹钟;

③闹钟响起时,进入睡眠模式,即在响铃后自动进入低功耗状态,减少电池消耗。

(3)设计一个信号发生器系统,能够自动切换输出不同波形,并且支持波形的频率、幅值和相位调节。主要任务要求和设计目标如下:

①用户通过按键选择不同波形类型(如正弦波、方波、三角波、锯齿波等),系统自动切换并调整到初始设置;

②每种波形的频率范围应支持 1 Hz～100 kHz，幅值范围支持 1～5 V，且能够在调整后动态更新输出；

③波形的相位调节范围为 0～360°。

(4)设计一个无线电压采集系统，并能够在采集数据的同时，根据电压值控制外围设备。

主要任务要求和设计目标如下：

①通过 ADC 采集电压数据并传输到 MCS-51 系列单片机，通过串口无线传输模块（如蓝牙、Wi-Fi 等）发送到 PC 端；

②根据电压的实时变化，控制继电器的开关或 LED 灯的亮灭，例如，当电压超过特定值时，开启继电器。

第6章

ARM嵌入式微处理器及应用（基于STM32微处理器）

本章系统阐述了ARM嵌入式微处理器的架构、特性及应用。从ARM体系架构的发展历程和技术演进入手，深入解析Cortex-M系列尤其是Cortex-M3内核架构，提供STM32系列处理器选型指南并详解STM32F103ZET6芯片特性；详细介绍STM32微处理器的开发基础：最小系统电路设计、开发环境搭建、GPIO外设驱动模型、时钟系统与电源管理及中断控制器配置，进一步探讨了串口通信、模拟及数字信号采集转换处理、I2C和SPI通信总线等关键技术，旨在为读者构建完整的知识体系，为嵌入式系统设计和开发奠定坚实基础。

学习目标

(1)掌握ARM架构与STM32开发基础，包括ARM体系架构及Cortex-M内核技术特性；STM32微处理器硬件架构设计原理与开发环境搭建流程；配置Keil/Proteus工程，实现基础外设驱动。

(2)熟悉STM32微处理器的通信总线与系统配置，包括时钟/电源/中断系统的工程化配置；总线通信的寄存器配置与C语言驱动编程；UART/I2C/SPI总线协议及硬件连接。

(3)具备STM32微处理器的应用开发实战能力，包括器件选型与硬件原理图设计；嵌入式C语言应用开发及传感器数据交互；交叉编译工具链使用及固件烧录调试。

6.1 ARM体系架构与STM32微处理器

在计算机的组成结构中，运算器和控制器通常被整合为中央处理器CPU(central processor unit)或微处理器MPU(micro processor unit)，被誉为微型计算机的"核心"。自20世纪70年代起，随着大规模集成电路(LSI)和超大规模集成电路(VLSI)技术的进步，微处理器的集成度显著提升，其应用范围已广泛扩展至工业、文化、教育以及日常生活的方方面面。本章首先概述通用微处理器的主要性能指标，随后深入解析ARM技术及STM32微处理器的内部结构、寄存器组织、存储器布局、I/O结构及总线操作，最后总结以Cortex-M3为内核的ARM系列微处理器芯片的显著特性。

6.1.1 ARM架构发展历程与技术演进

ARM(advanced RISC machine)架构作为现代嵌入式系统的心脏，其发展历程与技术演进不仅体现了计算机技术的进步,也推动了整个电子行业的变革,发展历程如图 6-1 所示。自 1985 年,ARM 雏形诞生以来,这一架构经历了多个关键阶段,不断融入新技术,满足日益增长的计算需求。在 20 世纪 80 年代中期,英国 Acorn 公司面临为自家计算机寻找合适处理器的挑战。当时的主流处理器要么过于复杂,要么性能不足。于是,Acorn 决定自主研发一种基于 RISC(精简指令集计算机)理念的处理器。1985 年,这一努力结出了果实——ARM1 处理器诞生。ARM1 采用了 32 位指令集,注重指令的简洁与执行效率,这为后来的 ARM 架构奠定了基础。

进入 20 世纪 90 年代,ARM 架构迎来了快速发展。1990 年,ARM 公司正式成立,由三家公司合资建立,分别是苹果公司、Acorn 公司以及 VLSI 技术公司,这标志着 ARM 架构开始走向商业化。随后,ARM6 处理器问世,它不仅继承了 ARM1 的精髓,还引入了更多创新技术。1995 年,ARM 架构迎来了重大变革——Thumb 指令集的引入。这一指令集大幅减少了代码尺寸,使得 ARM 处理器在存储空间有限的应用场景中更具优势。

21 世纪以来,ARM 架构继续演进,以满足更广泛的应用需求。2000 年,ARM9E 系列处理器推出,它采用了更先进的流水线技术,提升了处理性能。2004 年,Cortex 处理器系列问世,这是 ARM 架构的一次重大飞跃。Cortex 系列不仅提供了更高的性能,还引入了 TrustZone 安全技术和 NEON SIMD 技术,进一步拓宽了 ARM 架构的应用领域。

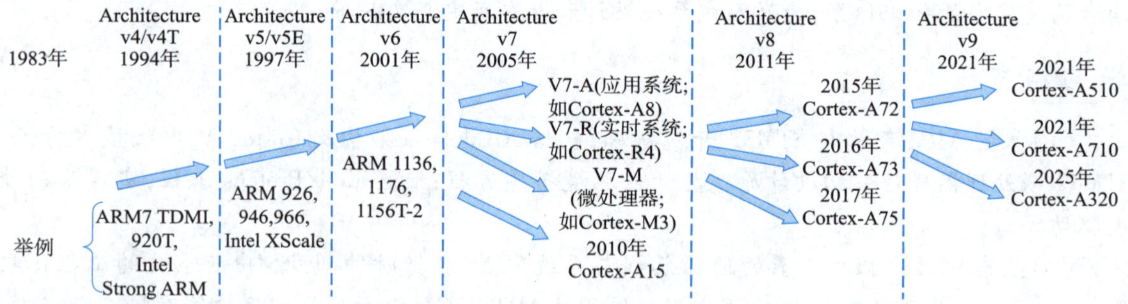

图 6-1 ARM 处理器发展历程

在移动设备日益普及的背景下,ARM 架构也不断创新以适应市场需求。2011 年,ARMv8 架构推出,这是 ARM 首次支持 64 位计算。同时,Big. LITTLE 技术也应运而生,它通过结合高性能的大核与高能效的小核,实现了性能与功耗的完美平衡。

ARM 架构的发展不仅体现在技术层面,还体现在其生态系统的建设上。ARM 与众多合作伙伴紧密合作,共同打造了完善的软件开发工具、操作系统支持和硬件平台,使得 ARM 架构能够在各个领域得到广泛应用。以智能手机为例,ARM 架构的成功不言而喻。从早期的功能手机到现代的智能手机,ARM 处理器始终扮演着关键角色。苹果公司的 A 系列处理器、高通的骁龙系列处理器等,都基于 ARM 架构,为智能手机提供了强大的计算能力。在物联网领域,ARM 架构的 Cortex-M 系列处理器也大放异彩。STM32 系列微处理器基于 Cortex-M 内核,凭借其丰富的外设和低功耗特点,成为物联网设备的理想选择。

现在,ARM 芯片出货量持续攀升。与其他半导体公司不同,ARM 并不直接制造和销售处理器芯片,而是将设计授权给众多行业领先的合作伙伴。这些公司凭借自身先进技术,基于 ARM 高效且成本效益高的设计方案,打造出各式各样的处理器、微处理器及片上系统(SoC)。

这种独特的商业模式被称为“知识产权(IP)授权”。总的来说,ARM 架构的发展历程与技术演进是一部充满创新与变革的历史。从早期的 RISC 项目到现代的 64 位架构和生态系统建设,ARM 始终站在技术前沿,引领着嵌入式系统的发展潮流。未来,随着技术的不断进步和应用的不断拓展,ARM 架构将继续演进,为我们的生活带来更多便利。

6.1.2 Cortex-M 系列内核介绍

Cortex-M 系列内核是 ARM 公司推出的一系列 32 位微处理器内核,广泛应用于嵌入式系统领域。该系列内核以其高效能、低功耗和易于使用的特点,成为许多嵌入式应用的首选。Cortex-M 系列内核包括多个版本,这些版本具有不同的性能和特性,以满足不同应用场景的需求:

①Cortex-M0/M0+:最低功耗和最小面积的处理器,适用于简单的控制和传感器应用。

②Cortex-M3:提供较高的性能和控制确定性,适用于工业控制和汽车电子。

③Cortex-M4:在 M3 的基础上增加了浮点运算和数字信号处理(DSP)指令,适用于需要复杂算法的应用。

④Cortex-M7:高性能处理器,适用于需要高性能计算和多媒体处理的应用。

⑤Cortex-M23/M33:针对物联网(IoT)设计的处理器,具有低功耗和安全性特点。

⑥Cortex-M35P:在 M33 的基础上增加了物理安全性,适用于需要高安全性的应用。

Cortex-M 系列内核基于 ARMv6-M 和 ARMv7-M 架构,采用 Thumb-2 指令集(见图 6-2),该指令集结合了 16 位和 32 位指令,既保证了代码密度,又提供了较高的性能。Thumb-2 指令集架构代表了指令集技术的重大突破。它不仅功能强大、易于使用,而且执行迅速、效率极高。作为 16 位 Thumb 指令集的扩展,Thumb-2 指令集同时支持 16 位和 32 位指令,这种混合指令模式极大地增强了其处理能力。在 Thumb 状态下,该指令集已经能够执行众多复杂任务,并且相较于以往,完成相同工作所需的指令周期数显著减少,从而提升了整体性能。

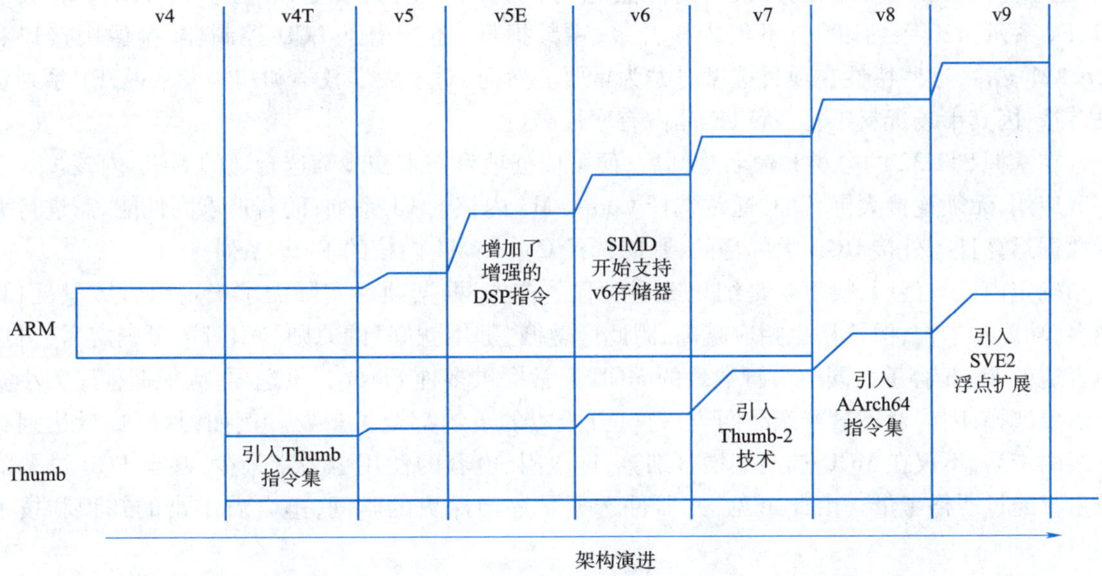

图 6-2 ARM 指令集发展

Thumb-2 并非单纯的 Thumb 指令集升级版,而是巧妙地融合了传统 Thumb 指令集与 ARM 指令集的精髓,取二者之长,形成了独特的指令集架构。它具备完全替代 Thumb 指令集和原 ARM 指令集的能力,为处理器提供了更高效、更灵活的指令执行方式。关于 Thumb-2 指令集与 Thumb 指令集的详细关系,可参考图 6-3 中的直观展示。

此外,Cortex-M 系列架构还具备以下特点:

①哈佛架构:Cortex-M 系列采用哈佛架构,将指令存储器和数据存储器分开,允许同时访问指令和数据,提高了数据吞吐量。

②NVIC(嵌套向量中断控制器)架构:提供了灵活的中断管理,支持中断嵌套和优先级分组,提高了中断处理的响应速度和效率。

③低功耗设计:Cortex-M 系列采用了多种低功耗技术,如睡眠模式、时钟门控等,以降低系统的功耗。

④控制确定性:Cortex-M3 及以上的处理器提供了 Deterministic 特性,保证了中断的响应时间和任务的执行时间,适用于实时控制系统。

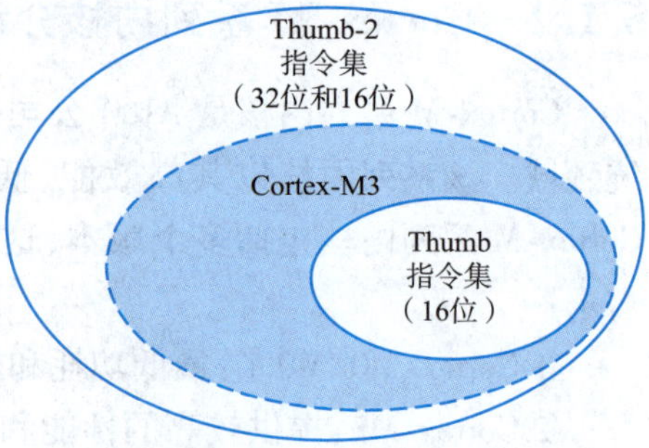

图 6-3　Thumb-2 指令集与 Thumb 指令集的详细关系

⑤安全特性:Cortex-M33 及 M35P 提供了 TrustZone 安全技术和物理安全性,以保护系统的数据和代码不被非法访问。

6.1.3　STM32 系列微处理器选型指南

STM32 微处理器系列丰富多样,旨在满足市场各类需求。其内核类型涵盖 Cortex-M0、M3、M4 和 M7,每个内核又细分为主流、高性能和低功耗等类别,命名规则如图 6-4 所示。

从学习角度而言,STM32 F1 和 F4 系列较为合适。F1 系列作为基础型,基于 Cortex-M3 内核,主频为 72 MHz;F4 系列则代表高性能,基于 Cortex-M4 内核,主频高达 180 MHz。相较于 F1,F4 系列(429 系列以上)不仅内核升级、主频提升,还新增了 LCD 控制器、摄像头接口和 SDRAM 支持,这些特性在项目选型时尤为重要。然而,对于大学教学和初学者来说,F1 系列仍是首选,因其市场资料丰富,所以产品占有率最高。

在掌握 STM32 的分类和命名规则后,便可依据项目需求初步筛选合适的 MCU 内核。对于一般应用,无须连接大屏幕的,通常选择 Cortex-M3 内核的 F1 系列;而若追求高性能、需进行大量数据运算且需外接 RGB 大屏幕的,则应选择 Cortex-M4 内核的 F429 系列。

确定内核类型后,接下来是细化选型过程。首先,根据项目实际需求确定引脚数量,引脚越多,功能越丰富,但价格也相应越高,因此应遵循“够用就好”的原则。引脚数量确定后,再选择合适的 Flash 容量。同一引脚数量的 MCU 通常提供多种 Flash 容量选项,应根据程序大小实际需要选择,因为对于量产产品而言,每一分成本的节约都至关重要。例如,月出货量达到百万级的产品,不仅在 MCU 选型上精打细算,连电阻、电容的使用也力求最少,甚至 PCB 过孔的数量都经过严格考量。由此可见,元器件选型是一门深奥的学问,蕴含着丰富的知识和技术细节。

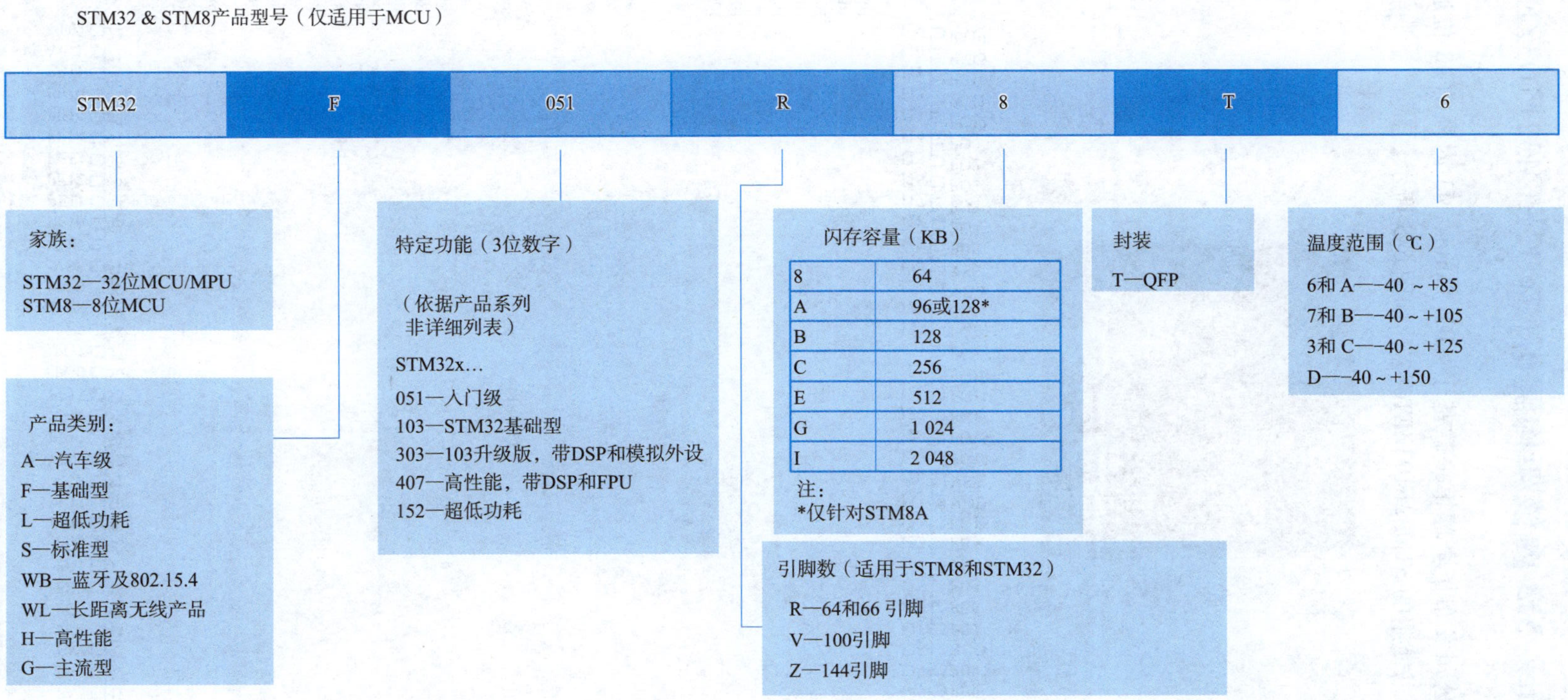

图 6-4　STM32 MCU 命名规则（摘自 STM32 产品选型手册）

6.2 Cortex-M3 内核架构解析(基于 STM32F103ZET6)

2007 年 6 月,ST 公司发布了全球第一款基于 ARM Cortex-M3 内核的 32 位通用微处理器芯片:STM32F103。本书使用的 STM32F103ZET6 芯片如图 6-5 所示。

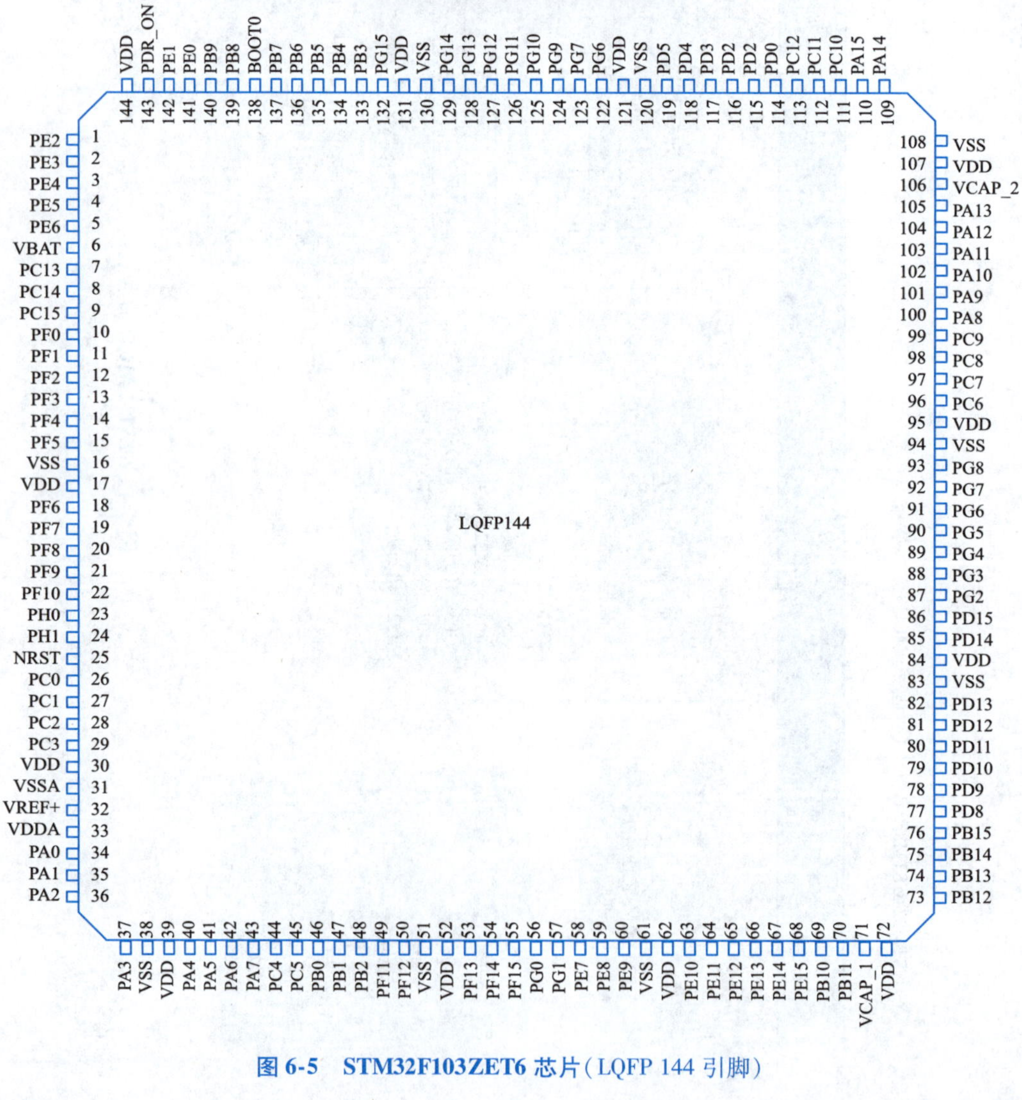

图 6-5 STM32F103ZET6 芯片(LQFP 144 引脚)

STM32F103ZET6 内部系统结构如图 6-6 所示。

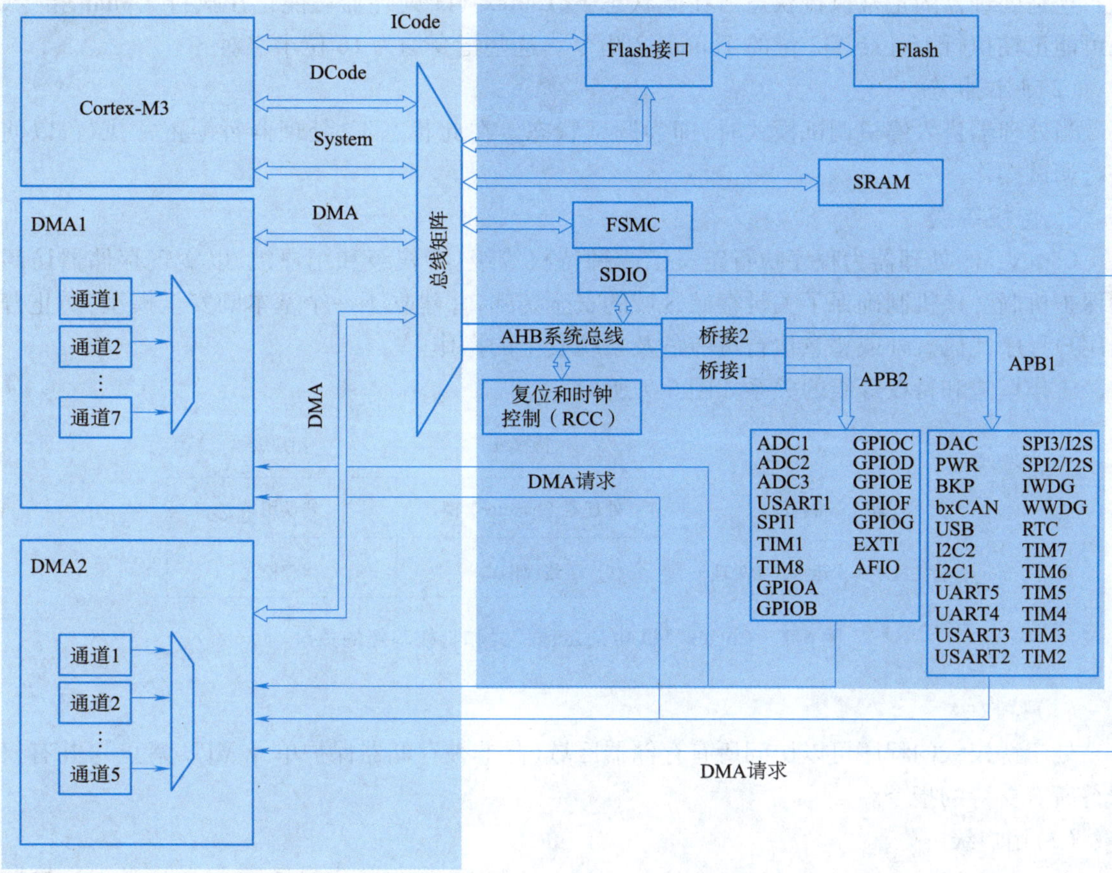

图 6-6　STM32F103ZET6 内部系统结构

6.2.1　处理器工作模式、工作状态及特权等级

1. 工作模式

Cortex-M3 处理器具备两种工作模式：线程模式和处理器模式，用于区分普通应用程序代码与异常处理程序代码(包括异常处理代码和中断服务程序代码)。

(1)线程模式(thread)

系统成功复位后或异常处理返回后，处理器进入线程模式。在此模式下，特权和用户代码均可运行。

(2)处理器模式(handler)

当系统出现异常时，处理器进入处理器模式。在该模式下，所有代码均以特权级访问运行。

Cortex-M3 处理器的工作模式指示其当前是运行普通应用程序还是异常处理程序。异常处理涵盖中断处理和系统异常处理两个方面。

2. 工作状态

Cortex-M3 处理器具备两种工作状态：Thumb 状态和调试状态。

(1)Thumb 状态

这是处理器的正常执行状态。在此状态下,Cortex-M3 处理器可能正在执行 Thumb 指令,也可能正在执行 16 位或 32 位的 Thumb-2 指令。这些指令均为 16 位半字对齐。

(2)调试状态

当处理器进入停机调试模式时,即为调试状态。在此状态下,处理器暂停正常执行,以便进行调试操作。

3. 特权等级

Cortex-M3 处理器为程序执行定义了两种特权等级:特权级和用户级,以实现存储器访问的保护机制。该机制确保了关键存储区域的安全访问,并建立了一个基本的安全模型,防止普通用户程序代码意外或恶意执行可能危及系统安全的操作。

工作模式和特权等级的关系如图 6-7 所示。

	特权级	用户级
运行异常程序	处理器（handler）模式	错误用法
运行主程序（未运行异常处理）	线程模式	线程模式

图 6-7　Cortex-M3 中的工作模式和特权等级的关系

(1)特权级

处于特权级的程序可以访问所有存储器区域(除非被存储器保护单元 MPU 禁止),并有权执行所有支持的指令。

(2)用户级

处于用户级的程序无法访问系统控制空间(SCS 用于配置寄存器和调试部件的存储器区域)或特殊寄存器。

在 Cortex-M3 处理器中,主程序(线程模式)可以运行在特权级或用户级。然而,异常程序必须始终在特权级下执行。处理器复位后,默认进入线程模式,并拥有特权访问权限。特权级程序相比用户级程序能够执行更多任务。

6.2.2　寄存器组织与异常处理机制

寄存器又称缓存,是由多个受同一时钟信号控制的触发器组成的集合,通常集成在 CPU 内部。其读/写速度与 CPU 的运行速度基本一致,但由于其高性能,造价相对较高,因此数量远小于内存储器。寄存器的使用可以缩短指令长度,节省存储空间,并提高指令的执行速度。不同类型的寄存器具有不同的功能,通常根据其功能或字母进行命名。

外存储器,如硬盘、U 盘等,位于主板外部,能够在断电后保存数据,容量较大,但其读/写速度较慢,因为数据存取需要通过 CPU 外部的总线进行。为了解决外存储器读/写速度慢的问题,内存和寄存器构成了多级存储机制,它们本质上都是用于存储信息的容器。

在 CPU 处理数据时,会首先将所需数据从硬盘读取到内存,然后再将即将使用的数据加载到寄存器。理想情况下,CPU 所需的所有数据都能直接从寄存器中读取,从而实现最快的读写速度。如果寄存器中不包含所需数据,就必须从内存或硬盘读取,这将导致读写数据所占用的时间超过 CPU 运算时间。

对于 Cortex-M3 处理器而言,寄存器在编程中至关重要,尤其是在进行操作系统移植需要编写汇编代码时,直接操作这些寄存器是必不可少的。因此,首先需要了解这些寄存器的基本概念和功能。

1. Cortex-M3 的寄存器

Cortex-M3 的寄存器框图如图 6-8 所示。

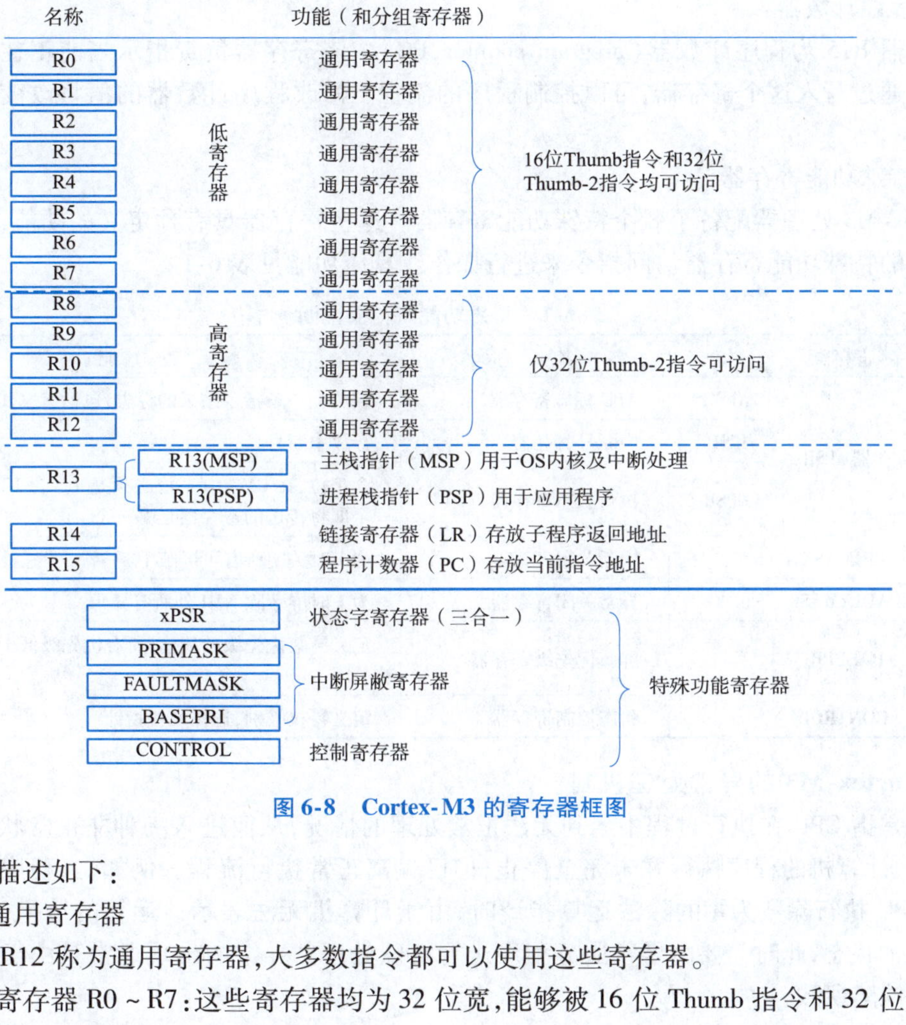

图 6-8　Cortex-M3 的寄存器框图

具体描述如下:

(1)通用寄存器

R0 ~ R12 称为通用寄存器,大多数指令都可以使用这些寄存器。

①低寄存器 R0 ~ R7:这些寄存器均为 32 位宽,能够被 16 位 Thumb 指令和 32 位 Thumb-2 指令访问。

②高寄存器 R8 ~ R12:这些寄存器也是 32 位宽,但只能被 32 位 Thumb-2 指令访问,16 位 Thumb 指令无法访问它们。

(2)堆栈指针

寄存器 R13 用作堆栈指针。Cortex-M3 处理器设有两个独立的堆栈指针 SP,但在任何时刻,程序员只能看到其中一个。这种设计允许程序员设置两个独立的栈指针。

①主栈指针(main stack pointer,MSP):这是系统的默认 SP,在 ARM 微处理器中也称为 SP_main。它用于操作系统内核、异常处理以及所有需要特权访问的应用程序代码。

②进程栈指针(process stack pointer,PSP):在 ARM 微处理器中称为 SP_process,用于基本

的应用程序代码(未运行异常处理)。

当程序中使用寄存器 R13 时,只能访问当前的 SP。若要访问另一个 SP,必须通过 MSR 指令(从通用寄存器到特殊寄存器)和 MRS 指令(从特殊寄存器到通用寄存器)来实现。

(3)链接寄存器

寄存器 R14 为链接寄存器(link register,LR)。它的主要功能是在子程序或函数调用时保存返回地址。当调用子例程时,返回地址会被存储在链接寄存器 R14 中。

(4)程序计数器

寄存器 R15 为程序计数器(program counter,PC)。该寄存器负责指示当前正在执行的指令地址。通过写入这个寄存器,可以控制程序的流程。修改程序计数器的值将改变程序的执行路径。

(5)特殊功能寄存器

Cortex-M3 处理器配备了 8 个特殊功能寄存器。这些寄存器具有预定义的功能,并且只能通过特定的特殊功能寄存器访问指令来进行操作。具体功能见表 6-1。

表 6-1 特殊功能寄存器说明

寄存器		名 称	功 能
程序状态寄存器 xPSR	APSR	ALU 标志寄存器	存放上一条指令结果的标志,包括 N、Z、C、V、Q 位
	IPSR	中断号寄存器	存放中断号
	EPSR	执行状态寄存器	含 T 位,在 CM3 中 T 位必须是 1。含 ICI 位,记录下一个即将传送的寄存器是哪一个
PRIMASK		中断关闭寄存器	为 1 时关闭所有可屏蔽中断
FAULTMASK		异常关闭寄存器	为 1 时屏蔽除 NMI 外所有异常
BASEPRI		屏蔽优先级寄存器	定义屏蔽优先级的阈值,所有优先级低于该值的中断被关闭
CONTROL		状态控制寄存器	定义特权级别,选择堆栈指针

2. Cortex-M3 的异常处理机制

异常是指 CPU 在执行过程中遇到无法正常处理的情况,从而进入一种非正常状态。在这种情况下,计算机的程序执行并未完全停止,但已偏离正常执行流程。例如,当程序中包含一条要求 CPU 执行除数为零的除法运算指令时,由于计算机无法表示该运算的结果,CPU 会被迫进入异常状态,此时需要由异常服务程序进行特殊处理。异常的出现通常是由于程序设计存在逻辑缺陷所致。

多种错误都可能触发异常,从硬盘因外力冲击而突然损坏这类严重的硬件错误,到尝试访问越界数组元素这类简单的程序错误。若这些错误在函数执行过程中发生,函数将创建一个异常对象并将其传递给运行时系统(runtime system)。异常对象包含了诸如异常类型、异常发生时程序状态等信息,运行时系统则负责寻找并执行相应的代码来处理这些错误。

异常处理器的适用性取决于其能否处理传入的异常类型。因此,系统会沿着调用堆栈向后搜索,直到找到能够处理该异常的合适异常处理器,并调用相应的函数来处理异常。

Cortex-M3 处理器支持多种系统异常和 IRQ 外部中断,其异常类型见表 6-2。其中,异常编号 1 ~ 15 为系统异常,编号 16 及以上为外部中断。异常与中断的优先级部分是固定的,部分则可以通过编程进行设定。

表 6-2　Cortex-M3 的异常类型

异常编号	异常类型	优先级	功　能
1	复位	-3	复位
2	NMI	-2	不可屏蔽中断(来自外部 NMI 输入引脚)
3	硬件错误	-1	所有错误条件
4	存储管理错误	可编程	MPU 访问出错等引起的异常
5	总线错误	可编程	总线访问引发的异常
6	使用错误	可编程	程序错误导致的异常
7~10	保留	NA	保留
11	SVCall	可编程	系统调用异常
12	调试监控	可编程	调试监控(断点、监视点或外部调试请求)
13	保留	NA	保留
14	PendSV	可编程	系统服务的可挂起请求
15	SYSTICK	可编程	系统节拍定时器
16	IRQ#0	可编程	外部中断#0
17~255	IRQ#1~#239	可编程	外部中断#1~#239

3. Cortex-M3 存储器地址映射

STM32 是一款 32 位单片机,能够便捷地访问高达 4 GB 的存储空间(2^{32}个地址 =4 GB 存储容量)。因此,Cortex-M3 内核将其内部所有结构(Flash、SRAM、外设以及相关寄存器等)统一组织在同一个 4 GB 的线性地址空间内。程序员可以通过 C 语言编程来访问这些地址空间,从而实现对相关外设的读/写操作。在存储器中,数据以小端格式(小端模式)存储,即数据的高字节位于内存的高地址,而数据的低字节位于内存的低地址。

存储器本身并不包含地址信息,对存储器进行地址分配的过程称为存储器地址映射。通常,这一分配工作由芯片厂商完成。ST 公司将所有的存储器及外设资源映射在一个 4 GB 的地址空间上(分为 8 个块,每个块 512 MB),这样就可以通过访问特定的地址来访问具体的外设,如图 6-9 所示。

由于一般的芯片制造厂家是不可能把 4 GB 空间用完的,为了方便后续型号升级,厂家会预设保留区域(Reserved)。8 个存储块的功能见表 6-3。其中 Block 0(Code,代码区)用于存放程序代码,支持 CPU 直接执行指令;Block 1(SRAM,静态随机存储器)扩展高速静态随机存储器,用于存储运行时数据(如全局变量、堆栈等);Block 2(Peripherals,外设)映射芯片外设寄存器(如 GPIO、UART、ADC 等),通过读写寄存器实现硬件模块的控制与状态监测;Block 3(灵活静态存储控制器,FSMC Bank 1 & Bank 2) 连接 FSMC 的 Bank 1(支持 NOR Flash、PSRAM、SRAM 等静态存储器)和 Bank 2(支持 NAND Flash),用于扩展外部存储容量;Block 4(灵活静态存储控制器,FSMC Bank 3 & Bank 4)预留为 FSMC 的 Bank 3 和 Bank 4 接口,可连接 PC Card 或其他特殊存储设备;Block 5(灵活静态存储控制器的寄存器)用于配置 FSMC 模块的寄存器(如时序、片选信号、ECC 等),实现存储器接口的灵活控制;Block 6(未使用) 当前未分配功能,可作为保留区域或未来扩展使用。各存储块通过地址空间隔离,确保不同功能模块的独立性与高效访问。

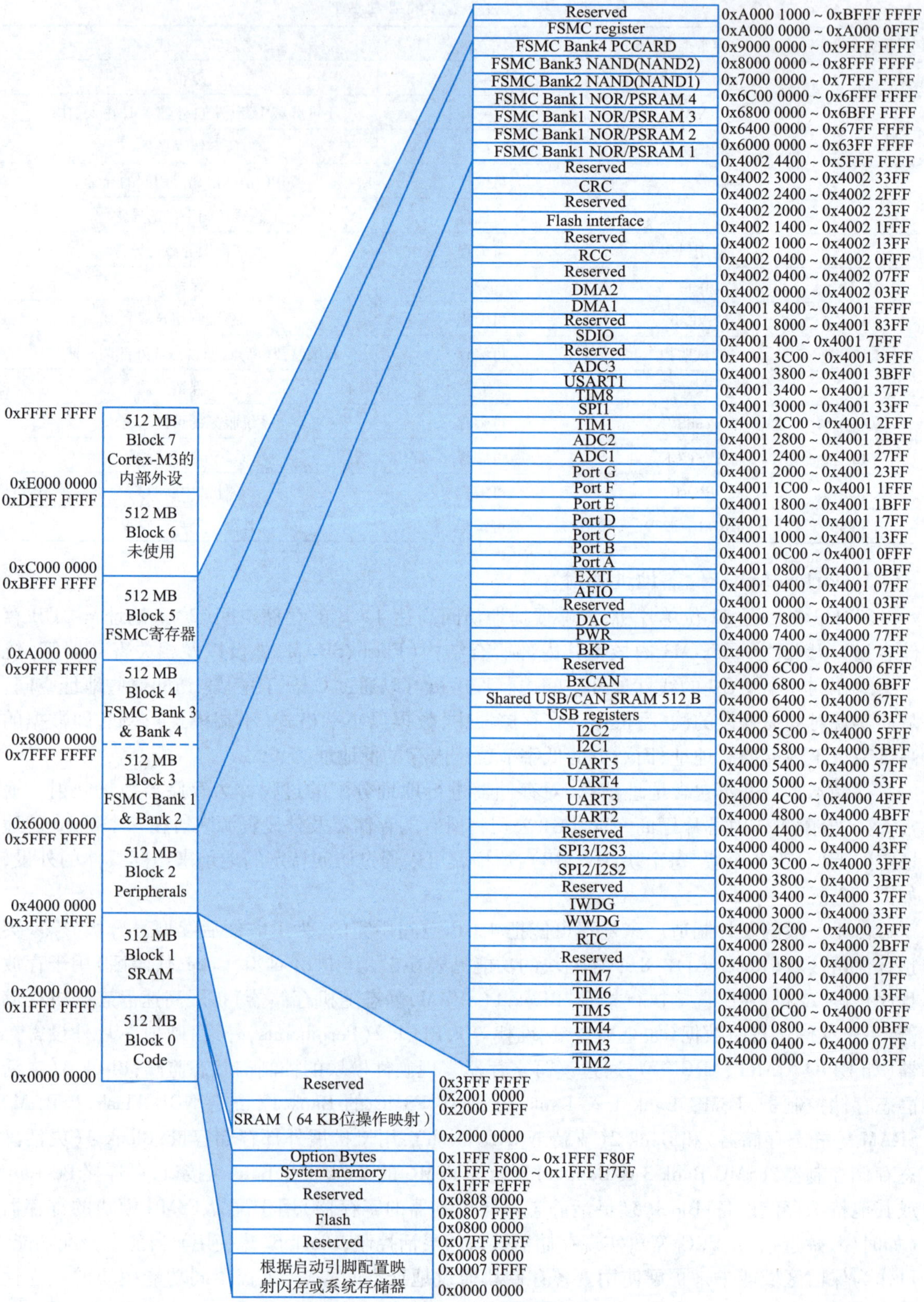

图 6-9　STM32F103 存储器映射

表 6-3　STM32 存储块功能及地址范围

存储块	功　能	地址范围
Block 0	Code	0X0000 0000 ~ 0X1FFF FFFF (512 MB)
Block 1	SRAM	0X2000 0000 ~ 0X3FFF FFFF (512 MB)
Block 2	外设	0X4000 0000 ~ 0X5FFF FFFF (512 MB)
Block 3	FSMC Bank 1&Bank 2	0X6000 0000 ~ 0X7FFF FFFF (512 MB)
Block 4	FSMC Bank 3&Bank 4	0X8000 0000 ~ 0X9FFF FFFF (512 MB)
Block 5	FSMC 寄存器	0XA000 0000 ~ 0XBFFF FFFF (512 MB)
Block 6	未使用	0XC000 0000 ~ 0XDFFF FFFF (512 MB)

6. 2. 3　Cortex-M3 寄存器地址映射

存储器地址映射是指为存储器分配地址的过程。寄存器作为一类特殊的存储器,其每个位都具备特定功能,用于控制外设或实现特定功能。为寄存器地址命名的过程被称为寄存器地址映射。以日常生活中的例子来解释:家中的纸张可以类比为通用存储器,它们用于记录数据,但不会引发具体动作,仅限于记录功能。而家中的电灯开关则类似于寄存器。假设现在有 8 个灯对应 8 个开关(相当于一个 8 位寄存器),这些开关不仅能记录状态(开或关),还能控制电灯的点亮或关闭,从而产生具体动作。为了便于区分和使用,为每个开关命名,如厨房开关、大厅开关、卧室开关等。这个命名过程就相当于寄存器地址映射。STM32 内部的寄存器非常多,其复杂程度远超上述实例,但是原理一致,每个寄存器的每个位都有特定的作用。具体可以参考《STM32F10XXX 参考手册(中文版)》中对寄存器的详细描述。

为方便读者查阅参考手册,下面以 GPIO 的 ODR 寄存器为例,帮助读者了解参考手册的描述,如图 6-10 所示。

端口输出数据寄存器（GPIOx_ODR）（x=A,⋯,E）

地址偏移：0Ch

复位值：0x0000 0000

31	30	29	28	27	26	25	24	23	22	21	20	19	18	17	16
保留															

15	14	13	12	11	10	9	8	7	6	5	4	3	2	1	0
ODR15	ODR14	ODR13	ODR12	ODR11	ODR10	ODR9	ODR8	ODR7	ODR6	ODR5	ODR4	ODR3	ODR2	ODR1	ODR0
rw	rw	rw	rw	rw	rw	rw	rw	rw	rw	rw	rw	rw	rw	rw	rw

位31:16	保留，始终读为0
位15:0	ODRy[15:0]：端口输出数据（y = 0,⋯,15） 这些位可读可写并只能以字（16位）的形式操作。 注：对GPIOx_BSRR（x = A,⋯,E），可以分别地对各个ODR位进行独立的设置/清除

图 6-10　端口输出数据寄存器描述

图 6-10 一共包含四块内容,分别是:

(1)寄存器命名

每个寄存器都拥有一个特定的名称,旨在简洁地反映其功能并便于记忆。以 GPIOx_ODR

为例,这里的"x"代表寄存器的英文名称后缀,可取值为 A ~ E,表明存在五个此类寄存器(每个端口各有一个)。需要注意的是,对于最新型的 STM32F103 系列,可能还包含 F、G 等更多端口,从而拥有更丰富的 I/O 资源。

(2)寄存器地址偏移与复位值

地址偏移量指的是寄存器相对于其所属外设基地址的偏移量。例如,对于 GPIOB 端口,根据图 6-10 可知,其外设基地址为 0x4001 0C00,因此 GPIOB_ODR 寄存器的实际地址为 0x4001 0C0C。通过了解外设基地址和地址偏移量,可以轻松计算出任意寄存器的具体地址。复位值则表示寄存器在系统复位后的初始值,有助于理解外设在默认状态下的行为。图 6-10 中,所有寄存器的复位值均为 0。

(3)寄存器位定义

寄存器位定义详细描述了寄存器中每个位(共 32 位)的具体作用。例如,ODR 寄存器的第 15 位被命名为 ODR15,且标记为"rw",表示该位既可读也可写("r"代表可读,"w"代表可写)。

(4)位功能说明

位功能说明进一步阐述了寄存器中每个位的具体功能。图 6-10 中,位 0 至位 15 分别对应 ODR0 至 ODR15,每个位负责控制一个 I/O 口的输出状态。

其他寄存器的描述,均可参照上述方法进行解读和分析。

寄存器映射实例:

GPIOB_ODR 寄存器的地址被设定为 0x4001 0C0C。若希望控制 GPIOB 的 16 个 I/O 口全部输出高电平(即输出 1),可以编写如下代码:

```
* (unsigned int * )(0x40010C0C) = 0XFFFF;
```

在这段代码中先将地址 0x4001 0C0C 强制转换为 unsigned int 类型的指针,然后通过解引用操作符 * 来设置该指针所指向的值,从而实现对 GPIOB_ODR 寄存器的写入操作。这种直接操作内存地址的代码方式虽然功能上没有问题,但其可读性和可维护性非常差,使用起来也极为不便。为了改善这一点,可以将代码改写为

```
#defineGPIOB_ODR * (unsigned int * )(0x40010C0C)
GPIOB_ODR = 0XFFFF;
```

通过定义一个名为 GPIOB_ODR 的宏,用更直观的符号替代了直接的数值操作。这样,GPIOB_ODR 的可读性和可维护性得到了显著提升,使用起来也更加方便。这种通过宏定义来关联寄存器地址和符号名称的过程,就是寄存器映射。

需要注意的是,这里仅举了一个简单的例子来说明寄存器映射的概念。在实际应用中,对于大量寄存器的映射,使用结构体是一种更为方便和高效的方式。

6.3 STM32F103ZET6 开发基础

本节介绍 STM32F103ZET6 微处理器的基础开发知识,包括其核心特性、外设资源以及开发所需的基本工具和环境。通过本节内容,读者应能对 STM32F103ZET6 的开发流程有一个初

步的了解,为后续的深入学习打下坚实的基础,进一步探索如何利用这款微处理器进行更复杂的嵌入式系统设计。

6.3.1　STM32F103ZET6 最小系统电路设计

STM32 的最小系统是以处理器芯片为核心,能够实现基本运行的最简硬件配置。如图 6-11 所示,该最小系统主要包括电源电路、时钟电路、复位电路、启动电路以及程序下载电路,这五个部分相互协作,共同构成一个完整的系统。

在计算机操作中,最基本的任务就是执行指令,这涉及在每个指令周期中从存储器获取指令、进行译码并执行。这一过程需要持续的能量供应,而时钟电路则负责协调处理器与存储器之间的信号交换,确保指令执行的同步性。

随着 Flash 存储器技术的进步,大多数芯片现在支持在板或在线系统(on-system)程序写入功能。这意味着可以将空白芯片直接焊接到电路板上,随后通过写入器将程序下载到程序存储器中,从而实现程序的便捷更新。

启动电路在系统中扮演着重要角色,它负责通知微处理器程序存储的具体位置。而复位电路则提供了在不停电的情况下重新启动处理器的手段,同时负责初始化内部数据存储器和寄存器,确保系统在启动时处于一个已知的状态。

6.3.2　时钟系统与电源管理

本节将介绍 STM32F103ZET6 的时钟系统与电源管理。学习如何通过内部和外部时钟源配置系统时钟,了解时钟树的概念。读者通过本节的学习,应能够有效地管理和优化 STM32F103ZET6 的时钟和电源,为创建高效且节能的嵌入式系统提供支持。

1. STM32 微处理器的时钟系统

STM32 微处理器具备两种内部时钟:高速时钟和低速时钟,同时支持外接高速(HSE)和低速(LSE)两组外部时钟。其内部集成了高速内部(HSI)RC 振荡器和低速内部(LSI)RC 振荡器,分别产生两组时钟信号。HSI 振荡器的输出频率典型值为 8 MHz,精度典型值为 1%,最差精度为 2.5%。对于需要高精度的应用,通常不推荐使用 HSI,而应选择外部时钟源。LSI 的输出频率典型值为 40 kHz,范围为 30 ~ 60 kHz。STM32 微处理器的四种主要时钟频率如下:

①HSE 振荡器时钟:外部时钟,频率范围为 4 ~ 16 MHz,常用值为 8 MHz。

②HSI 振荡器时钟:内部 8 MHz 时钟,可直接作为系统时钟或经 2 分频后作为 PLL 输入。

③LSE 时钟:外部 32.768 kHz 时钟。

④LSI 时钟:内部 40 kHz 时钟。

这些时钟源为 STM32 微处理器提供了灵活的时钟配置选项,以满足不同应用场景的需求。

2. STM32 微处理器的电源管理

STM32 微处理器对电源电压和功率有特定要求。STM32 通常采用 2.0 ~ 3.6 V 的电源电压,其中标准电压为 3.3 V。在设计电源时,除了满足电压要求外,还必须考虑系统的最大功率需求。例如,如果系统电流达到 300 mA,那么应选择能够提供 3.3 V/300 mA 的电源。图 6-12 所示为 STM32 微处理器供电方案,该方案旨在确保微处理器在不同工作条件下都能获得稳定可靠的电源供应,具体分类如下:

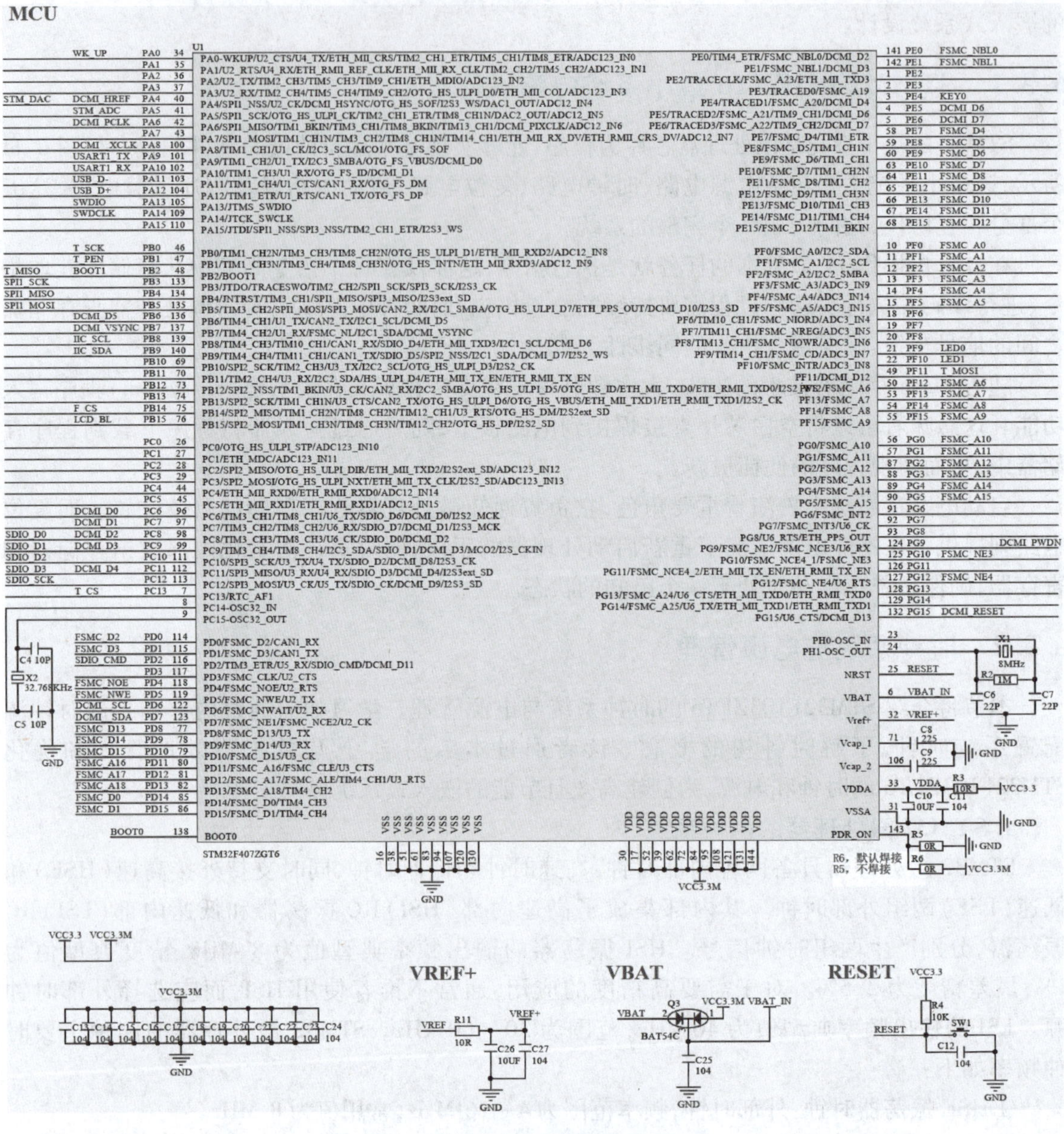

图 6-11　端口输出数据寄存器描述

(1)数字电源部分

VDD:连接 2.0 ~ 3.6 V 的直流电源,为 I/O 引脚和内部调压器供电。内置电压调节器提供核心所需的 1.8 V 电源,而 I/O 端口电压为 3.3 V。VDD 引脚必须连接到带有外部稳定电容的 VDD 电源。

(2)模拟电源部分

为了提高 ADC 转换精度,ADC 使用独立的电源供电,以过滤和屏蔽来自 PCB 的毛刺干扰。VSSA 为独立电源地,VDDA 连接 2.0 ~ 3.6 V 电源,为 ADC、复位模块、RC 振荡器和 PLL 的模拟部分供电。当 VDD≥2.4 V 时,ADC 工作;当 VDD≥2.7 V 时,USB 工作。

VREF + 电压范围在 2.4 V 和 VDDA 之间,可以连接到 VDDA 外部电源。如果使用单独的外部参考电压,必须在 VREF + 引脚上连接一个 10 nF 和一个 1 μF 的电容。

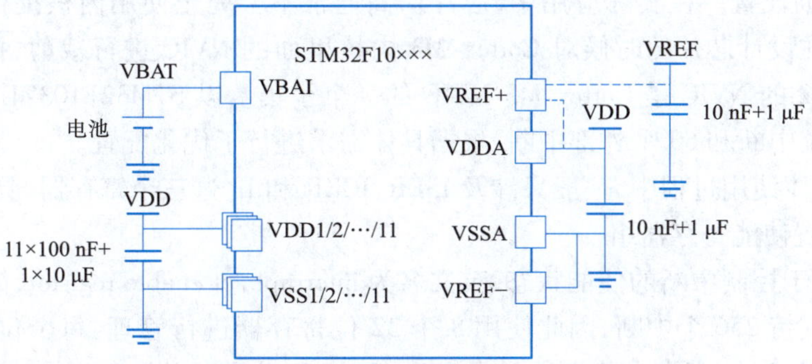

图 6-12　STM32 微处理器供电方案

(3)备份电源部分

VBAT 为 1.8 ~3.6 V,当主电源 VDD 关闭时,为 RTC、外部 32 kHz 振荡器和后备寄存器供电。如果没有外部电池,这个引脚必须与 100 nF 的陶瓷电容一起连接到 VDD 电源上。当使用 VDD 时,VBAT 上无电流损失。

需要注意的是,VDD 和 VDDA 必须连接到同一个电源。2.4 V≤VREF + ≤VDDA。VSS、VSSA、VREF - 必须连接到地线。

在电源管理上,STM32 具备包括上电复位、掉电复位以及可编程电压监测器(PVD)等电源管理,以实现灵活的电源控制和管理。

STM32 复位后,电压调节器始终处于使能状态,并根据应用需求以三种不同模式运行:

①运行模式:调节器以正常功耗模式提供 1.8 V 电源,供应内核、内存和外设。

②停止模式:调节器切换至低功耗模式,继续提供 1.8 V 电源,以保留寄存器和 SRAM 的内容。

③待机模式:调节器停止供电,除备用电路和备份区域外,寄存器和 SRAM 的内容将全部丢失。

在复位电路激活时,待机模式下的最低功耗仅为 2 μA ×1.8 V,非常适合电池供电的应用设备。此外,STM32 还具备其他省电功能,包括一个集成的实时时钟、一个专用的 32 kHz 振荡器以及四种功率模式,其中实时时钟配备了一个备用电池专用引脚,进一步优化了电源管理。

6.3.3　嵌套向量中断控制器(NVIC)及外部中断和事件控制器(EXTI)

在本节中,将进一步了解嵌套向量中断控制器(NVIC)、外部中断和事件控制器(EXTI)的工作原理。NVIC 是 STM32F103ZET6 中管理中断的核心组件,负责中断的优先级配置和中断向量表的维护。通过 NVIC 设置中断的优先级和分组可以实现处理中断服务例程。EXTI 模块的介绍让读者掌握如何配置外部事件和中断,包括触发源的选择、触发方式的设置以及中断的使能。读者通过本节的学习,应能够熟练地使用 NVIC 和 EXTI 来处理外部事件和中断,从而提高嵌入式系统的响应速度和灵活性。

1. 嵌套向量中断控制器(NVIC)

嵌套向量中断控制器(nested vectored interrupt controller,NVIC)是 Cortex- M3 内核的重要

组成部分。关于NVIC的详细描述,可以参考与内核相关的资料,如《Cortex-M3权威指南》。Cortex-M3内核支持多达256个中断,其中包括16个系统中断和240个外部中断,并提供了256级可编程中断设置。在实际应用中,芯片厂商通常不会完全使用内核提供的所有中断资源,芯片厂商会在设计芯片的时候对Cortex-M3内核里面的NVIC进行裁剪,把不需要的部分去掉,所以STM32的NVIC是Cortex-M3 NVIC的一个子集。以STM32F103ZET6为例,该芯片实现了10个系统中断和60个外部中断,根据具体需求进行了优化配置。

在中断的具体使用过程中,一般只涉及ISER、ICER和IP这三个寄存器,具体介绍如下:

(1)中断设置使能寄存器组

该寄存器用于控制中断的使能状态,英文名为interrupt set enable register,简称ISER。由于Cortex-M3内核支持256个中断,因此使用8个32位寄存器进行管理,每个位对应一个中断。然而,在STM32F103中,可屏蔽中断数量最多为60个,因此需要关注ISER[0]和ISER[1]两个寄存器,它们总共可以表示64个中断。具体来说,ISER[0]的bit0~bit31分别对应中断0~31,而ISER[1]的bit0~bit27对应中断32~59,共计60个中断。要使能某个中断,需要将相应的ISER位设置为1(注意,这仅是使能中断,完整的设置还需要包括中断分组、屏蔽、I/O口映射等)。

(2)中断清除使能寄存器组

该寄存器用于清除中断的使能状态,英文名为interrupt clear enable register,简称ICER。功能与ISER相反,其位功能与ISER相对应。需要注意的是,由于NVIC的寄存器是写1有效的,因此清除中断使能时需要专门使用ICER寄存器,而不是向ISER写0。

(3)中断优先级寄存器组

该寄存器用于控制中断的优先级,英文名为interrupt priority register,简称IP。这个寄存器组在STM32F103的中断管理中至关重要。IP寄存器组由240个8位的寄存器组成,每个可屏蔽中断占用8位,总共可以表示240个可屏蔽中断。在STM32F103中,实际使用了60个中断,对应IP[59]~IP[0]。每个中断占用的8位中,仅使用了高4位,这4位又分为抢占优先级和子优先级。抢占优先级在前,子优先级在后。这两个优先级各占几位,取决于系统控制块(SCB)下级应用中断与复位控制寄存器(AIRCR寄存器)中的中断分组设置。

2. 外部中断和事件控制器(EXTI)

外部中断和事件控制器(external interrupt/event controller,EXTI),对于互联型产品,外部中断和事件控制器由20个产生中断/事件请求的边沿检测器组成;对于其他产品,则有19个能产生中断/事件请求的边沿检测器。每个输入线可以独立地配置输入类型(脉冲或挂起)和对应的触发事件(上升沿或下降沿或双边沿都触发),EXTI都可以独立地被屏蔽。挂起寄存器保持着状态线的中断请求。其框图如图6-13所示。具备以下特性:

①每个中断/事件都有独立的触发和屏蔽。

②每个中断线都有专用的状态位。

③支持多达20个软件的中断/事件请求。

④检测外部信号的脉冲宽度是否低于APB2时钟宽度,有效防止误判。

为了触发中断,首先需要配置并启用相应的中断线。根据所需的边沿检测类型,设置两个触发寄存器,并在中断屏蔽寄存器的相应位写入1以允许中断请求。当外部中断线上检测到预期的边沿时,将生成一个中断请求,同时对应的挂起位将被置1。要清除该中断请求,需在挂起寄存器的相应位写入 1。

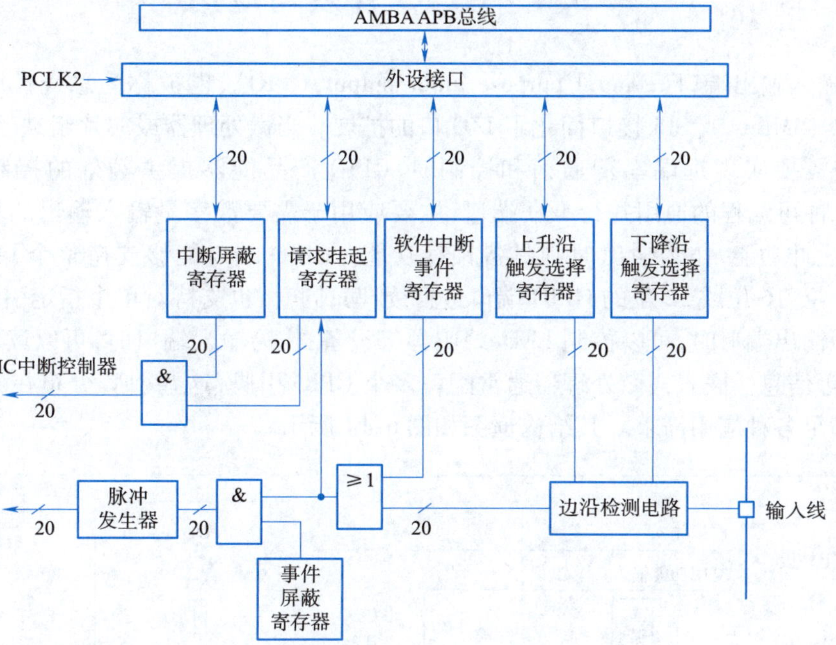

图 6-13　外部中断/事件控制器框图

若要生成事件,同样需要先配置并启用事件线。通过设置两个触发寄存器来指定边沿检测类型,并在事件屏蔽寄存器的相应位写入 1 以允许事件请求。当事件线上出现所需的边沿时,将产生一个事件请求脉冲,但对应的挂起位不会被置 1。此外,通过在软件中断/事件寄存器写入 1,也可以软件的方式产生中断或事件请求。

(1)硬件中断配置

要配置 20 个线路作为中断源,请遵循以下步骤:

①设置 20 个中断线的屏蔽位(EXTI_IMR);

②配置所选中断线的触发选择位(EXTI_RTSR 和 EXTI_FTSR);

③配置 NVIC 中与 EXTI 相关联的中断通道的使能和屏蔽位,以确保 20 个中断线的请求能够被正确响应。

(2)硬件事件配置

要配置 20 个线路作为事件源,请遵循以下步骤:

①设置 20 个事件线的屏蔽位(EXTI_EMR);

②配置事件线的触发选择位(EXTI_RTSR 和 EXTI_FTSR)。

(3)软件中断/事件配置

20 个线路配置为软件中断/事件线,请遵循以下步骤:

①配置 20 个中断/事件线的屏蔽位(EXTI_IMR 和 EXTI_EMR);

②设置软件中断寄存器的请求位(EXTI_SWIER)。

通过这些配置步骤,可以灵活地管理中断和事件,以满足不同的应用需求。

6.4 GPIO 开发与应用

通用输入输出端口(general purpose input/output,GPIO),也被称为总线扩展器,通过工业标准的 I2C、SMBus 或 SPI 接口简化了 I/O 口的扩展。当微处理器或芯片组缺乏足够的 I/O 端口,或系统需要实现远端串行通信和控制时,GPIO 产品能够提供额外的控制和监视功能。GPIO 是一种可编程的通用并行 I/O 端口,主要应用于需要数字量输入输出的场景,在作为输入时具备缓冲功能,作为输出时则具备锁存功能。GPIO 端口能够支持整个并行端口进行操作,如对 8 位、16 位或 32 位的 GPIO 端口进行读/写;同时,也支持对单个指定引脚进行位操作。例如,作为输出端口时,可以控制 LED、蜂鸣器等设备;作为输入端口时,可以读取传感器状态、高低电平等信息。嵌入式微处理器通常配备多个 GPIO 引脚,这些引脚分布在不同的 GPIO 端口上,以满足各种应用需求。其结构框图如图 6-14 所示。

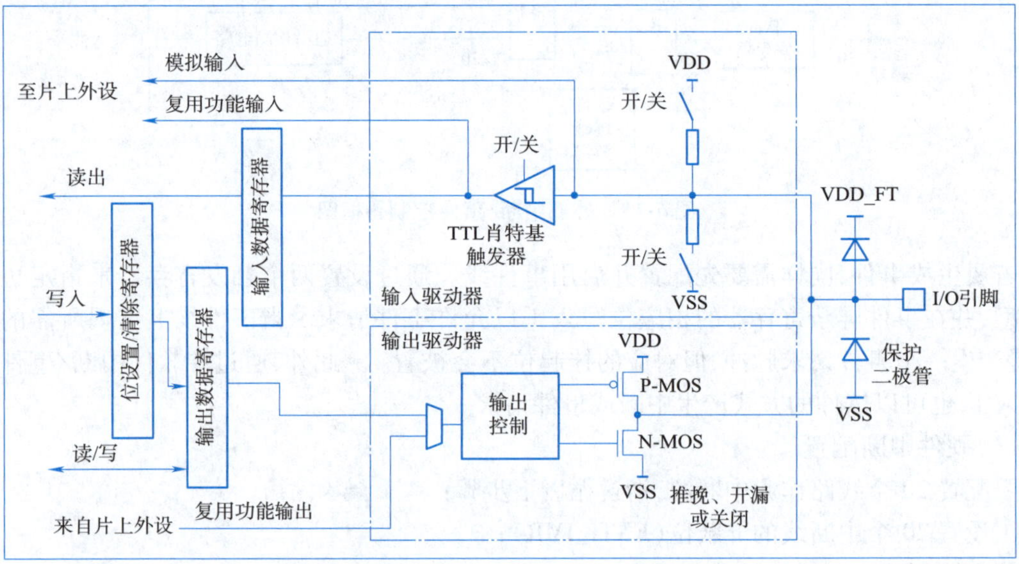

图 6-14 GPIO 的基本结构框图

6.4.1 GPIO 工作原理

STM32F103ZET6 芯片是 144 引脚的芯片,具有 GPIOA、GPIOB、GPIOC、GPIOD、GPIOE、GPIOF 和 GPIOG 七组 GPIO 端口,共有 112 个 I/O 口可供编程使用。每个 GPIO 引脚均可通过软件独立配置为多种工作模式。GPIO 端口一共支持八种工作模式,根据输入输出复用可以分为

①输入浮空、输入上拉、输入下拉、模拟输入功能;

②开漏输出、推挽输出;

③开漏式复用功能、推挽式复用功能。

为了实现不同功能的配置,在 STM32F10x 系列微处理器中,每组 GPIO 口配备了七个寄存器:

①两个 32 位端口配置寄存器(GPIOx_CRL 和 GPIOx_CRH),用于设置引脚的模式和类型;

②两个 32 位端口数据寄存器(GPIOx_IDR 和 GPIOx_ODR),用于读取和写入引脚状态;

③一个 32 位置位/复位寄存器(GPIOx_BSRR),用于快速设置或重置引脚状态;

④一个 16 位复位寄存器(GPIOx_BRR),专门用于重置引脚状态;

⑤一个 32 位锁定寄存器(GPIOx_LCKR),用于锁定引脚配置,防止意外修改。

这些寄存器为 GPIO 端口提供了灵活且强大的控制能力,以满足各种应用需求。

(1)端口配置寄存器(GPIOx_CRL 和 GPIO_x_CRH)

这两个寄存器是 GPIO 端口配置寄存器,寄存器 CRL 控制端口的低 8 位,寄存器 CRH 控制端口的高 8 位。寄存器的作用是控制 GPIO 端口的工作模式和工作速度,GPIO_x_CRH 寄存器的描述如图 6-15 所示。受篇幅所限,后续相关寄存器描述请参考《STM32F10XXX 参考手册(中文版)》。

端口配置高寄存器(GPIOx_CRH)(x=A,…,E)

偏移地址:0x04

复位值:0x4444 4444

31	30	29	28	27	26	25	24	23	22	21	20	19	18	17	16
CNF15[1:0]		MODE15[1:0]		CNF14[1:0]		MODE14[1:0]		CNF13[1:0]		MODE13[1:0]		CNF12[1:0]		MODE12[1:0]	
rw	rw	rw	rw	rw	rw	rw	rw	rw	rw	rw	rw	rw	rw	rw	rw

15	14	13	12	11	10	9	8	7	6	5	4	3	2	1	0
CNF11[1:0]		MODE11[1:0]		CNF10[1:0]		MODE10[1:0]		CNF9[1:0]		MODE9[1:0]		CNF8[1:0]		MODE8[1:0]	
rw	rw	rw	rw	rw	rw	rw	rw	rw	rw	rw	rw	rw	rw	rw	rw

位31:30 27:26 23:22 19:18 15:14 11:10 7:6 3:2	CNFy[1:0]:端口x配置位(y = 8,…,15) 软件通过这些位配置相应的I/O端口。 在输入模式(MODE[1:0]=00): 00:模拟输入模式 01:浮空输入模式(复位后的状态) 10:上拉/下拉输入模式 11:保留 在输出模式(MODE[1:0]>00): 00:通用推挽输出模式 01:通用开漏输出模式 10:复用功能推挽输出模式 11:复用功能开漏输出模式
位 9:28 25:24 21:20 17:16 13:12 9:8, 5:4 1:0	MODEy[1:0]:端口x的模式位(y = 8,…,15) 软件通过这些位配置相应的I/O端口。 00:输入模式(复位后的状态) 01:输出模式,最大速度10 MHz 10:输出模式,最大速度2 MHz 11:输出模式,最大速度50 MHz

图 6-15　GPIO_x_CRH 寄存器的描述

(2)端口输入数据寄存器(IDR)

该寄存器负责存储 GPIOx 端口的输入状态,与施密特触发器直接相连。I/O 端口外部的电平信号首先经过施密特触发器处理,将模拟信号转换为数字信号(0 或 1),随后这些数字信号被存储在该寄存器中。该寄存器的低 16 位有效,每位对应一组 GPIO 的 16 个引脚中的一个。当 CPU 读取该寄存器时,若某位值为 0(IDRy = 0),则表明相应 I/O 口检测到低电平;若值为 1(IDRy = 1),则表示检测到高电平,其中 y 的取值范围为 0 ~ 15。

(3)端口输出数据寄存器(ODR)

该寄存器负责控制 GPIOx 端口的输出电平,无论是高电平还是低电平。寄存器的低 16 位有效,每位对应一组 GPIO 的 16 个引脚中的一个。当 CPU 向该寄存器写入数据时,若某位被写入 0(ODRy = 0),则相应的 I/O 端口将被设置为输出低电平;若被写入 1(ODRy = 1),则 I/O 端口将输出高电平,其中 y 的取值范围为 0 ~ 15。除了 ODR 寄存器,BSRR 寄存器也可用于控制 GPIO 输出。

(4)端口置位/复位寄存器(BSRR)

在 ODR 寄存器中为何增加 BSRR 寄存器?这需要先了解 BSRR 寄存器的特性。BSRR 寄存器是只写权限的,而 ODR 寄存器则是可读可写。BSRR 寄存器共有 32 位,其中低 16 位(0 ~ 15)用于设置高电平:向这些位写入 1(BSy = 1)会使对应 I/O 端口输出高电平,写入 0(BSy = 0)则无影响。高 16 位(16 ~ 31)则相反,用于设置低电平:写入 1(BRy = 1)会使对应 I/O 端口输出低电平,写入 0(BRy = 0)同样无影响,其中 y 的取值范围为 0 ~ 15。向 BSRR 寄存器写入 0 不会改变 I/O 端口的电平状态。要设置某个 I/O 端口的电平,只需将相关位设置为 1 即可。相比之下,使用 ODR 寄存器设置 I/O 端口电平时,需要先读取 ODR 的当前值,然后重新写入整个寄存器来改变一个或多个 I/O 端口的状态。而 BSRR 寄存器允许直接设置,这在多任务实时操作系统中尤为重要。此外,BSRR 寄存器在改变引脚状态时不会被中断打断,而 ODR 寄存器则存在被中断打断的风险。

(5)端口锁定寄存器(GPIOx_LCKR)

当执行正确的写序列设置了位 16(LCKK)时,该寄存器用来锁定端口位的配置。位[15:0]用于锁定 GPIO 端口的配置。在规定的写入操作期间,不能改变 LCKP[15:0]。当对相应的端口位执行了 LOCK 序列后,在下次系统复位之前将不能再更改端口位的配置。每个锁定位锁定控制寄存器(CRL、CRH)中相应的 4 个位。

6.4.2 GPIO 输入模式介绍

当 GPIO 端口配置为输入模式时,输出缓冲器被禁用,施密特触发输入被激活。根据输入配置(上拉、下拉或浮空),弱上拉和下拉电阻可以连接或断开,配置框图如图 6-16 所示。GPIO 引脚上的数据在每个 APB2 时钟周期被采样到输入数据寄存器,通过读取输入数据寄存器可获得 GPIO 的状态。

(1)输入浮空模式

GPIO 的输入模式具有输入缓冲功能,由内部三态门控制。在高阻输入模式下,仅当读取 GPIO 端口时,三态门打开,引脚状态经缓冲器传输至内部总线。读操作结束后,三态门关闭,隔离外部引脚状态变化,保护内部总线。

(2)输入上拉和下拉

上拉是指引脚通过约 100 kΩ 电阻连接至正电源 VDD,下拉则是引脚通过约 100 kΩ 电阻连接至负电源 VSS。GPIO 引脚可内部配置为上拉或下拉,也可外接相应电阻。适当的上拉电阻可提高抗干扰能力,但需考虑 GPIO 的电流承受能力。在开漏模式下,必须使用上拉电阻以输出正常逻辑状态。

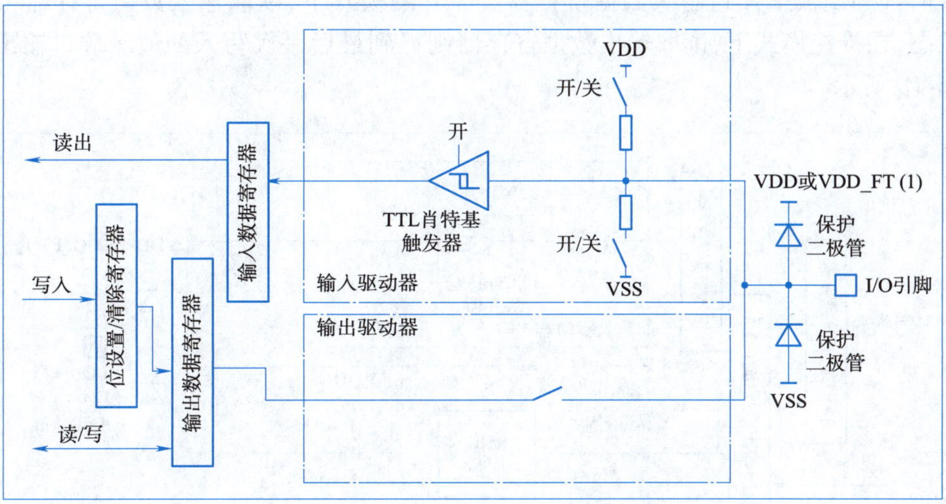

图 6-16　输入浮空/上拉/下拉配置框图

(3)模拟输入模式

当 GPIO 端口配置为模拟输入时,输出缓冲器被禁用,施密特触发输入也被禁止,实现零消耗。施密特触发输出值被强制为 0,弱上拉和下拉电阻被禁用,读取输入数据寄存器时返回值为 0。模拟输入配置框图如图 6-17 所示。

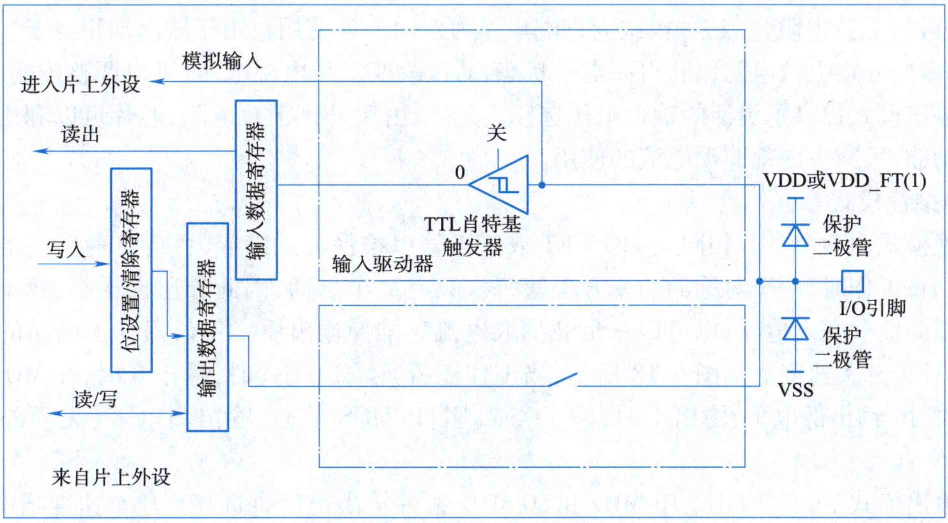

图 6-17　模拟输入配置框图

6.4.3　GPIO 输出模式介绍

当 GPIO 端口被配置为输出模式时,输出缓冲器被激活,输出驱动器可以工作在推挽模式或开漏模式。在开漏模式下,输出寄存器中的“0”激活 N-MOS,而“1”则将端口置于高阻状态(P-MOS 不被激活)。在推挽模式下,输出寄存器中的“0”激活 N-MOS,而“1”则激活 P-MOS。此外,施密特触发输入被激活,引脚内部的弱上拉和下拉电阻被禁用。I/O 引脚上的数据在每个 APB2 时钟周期被采样到输入数据寄存器。在开漏模式下,读取输入数据寄存器可以得到 I/O 的状态;在推挽模式下,读取输出数据寄存器则得到最后一次写入的值。端口输出配置框图如图 6-18 所示。

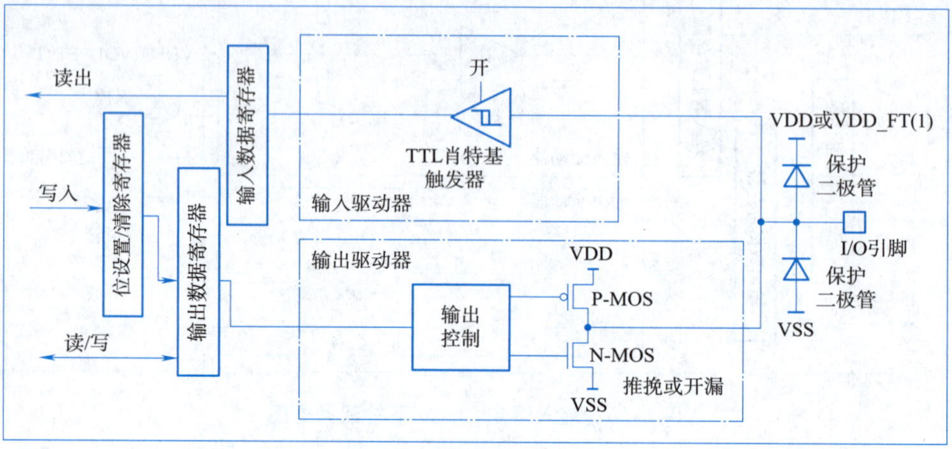

图 6-18　输出配置框图

(1)开漏模式

开漏模式是指使用 MOSFET 的漏极作为输出。在此模式下,当输出为 0 时,N-MOS 导通,P-MOS 不激活,输出低电平;当输出为 1 时,N-MOS 处于高阻状态,P-MOS 同样不激活,输出高电平(需外接上拉电阻)。这种模式允许端口作为双向 I/O 使用。由于输出端相当于三极管的集电极,需要外接上拉电阻以获得高电平状态,通过改变上拉电源电压,可以调整传输电平,因此开漏输出模式提供了灵活的输出电压选择。此外,由于外接上拉电阻,芯片可以利用外部电路的驱动能力,减少内部驱动电流的使用。

(2)推挽模式

推挽模式由两个参数相同的 MOSFET 或三极管以推挽方式组成,各自负责正负半周的波形放大。在工作时,两个对称的功率开关管每次只有一个导通,因此导通损耗小、效率高。输出既可以向负载灌入电流,也可以从负载抽取电流。推挽输出模式不仅提高了电路的负载能力,还提升了开关速度。如图 6-18 所示,当工作于推挽输出模式时,输出 0 时,N-MOS 导通,P-MOS 高阻,输出低电平;输出 1 时,N-MOS 高阻,P-MOS 导通,输出高电平(无须外接上拉电阻)。

在输出模式下,有 2 MHz、10 MHz 和 50 MHz 三种输出速度供选择。这个速度指的是 I/O 端口驱动电路的响应速度,而非输出信号的速度(输出信号速度与程序相关)。通过选择不同速度的驱动电路,可以优化噪声控制并降低功耗。高频驱动电路噪声较高,选用低频驱动电路可以降低噪声,有利于提高系统的抗电磁干扰性能。

6.4.4　GPIO 复用功能介绍

当 I/O 端口被配置为复用功能时,在开漏或推挽配置中,输出缓冲器将开启,内置外设的信号将驱动输出缓冲器(复用功能输出)。施密特触发输入被激活,弱上拉和下拉电阻被禁用。在每个 APB2 时钟周期,I/O 引脚上的数据被采样到输入数据寄存器。在开漏模式下,读取输入数据寄存器可获取 I/O 端口状态;在推挽模式下,读取输出数据寄存器可得到最后一次写入的值。复用功能配置框图如图 6-19 所示。

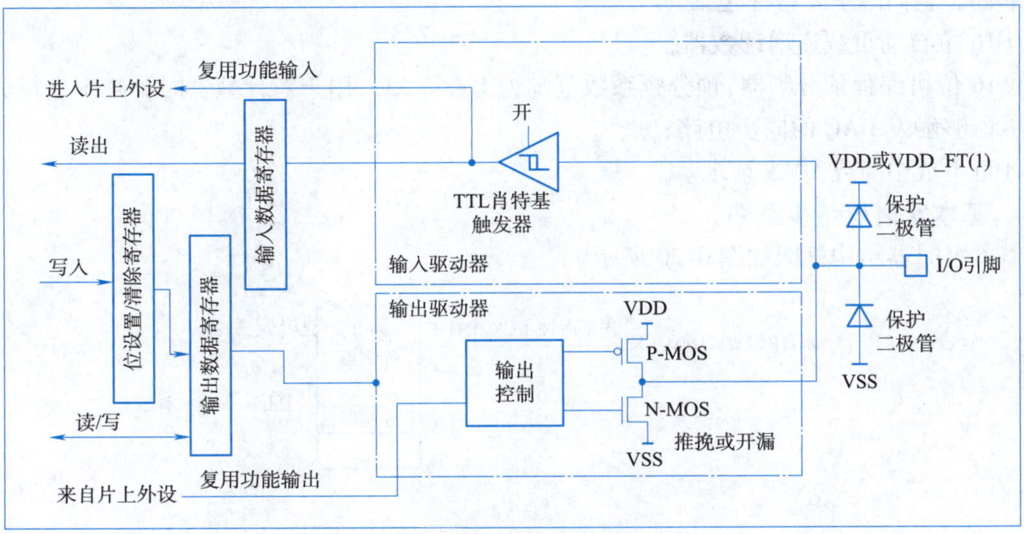

图 6-19 复用功能配置框图

在使用默认复用功能前,必须对端口位配置寄存器进行编程:

①对于复用输入功能,端口必须配置为输入模式(浮空、上拉或下拉),且输入引脚必须由外部驱动。

②对于复用输出功能,端口必须配置为复用功能输出模式(推挽或开漏)。

③对于双向复用功能,端口位必须配置为复用功能输出模式(推挽或开漏),此时输入驱动器被配置为浮空输入模式。

④如果端口被配置为复用输出功能,引脚将与输出寄存器断开,并与片上外设的输出信号连接。

⑤如果软件将一个 GPIO 引脚配置为复用输出功能,但外设未被激活,其输出状态将不确定。

⑥在配置复用功能时,确保外设已被正确激活以避免不确定的输出状态。

6.5 定时器开发与应用

STM32F103 有众多的定时器,其中包括 2 个基本定时器(TIM6 和 TIM7)、4 个通用定时器(TIM2 ~ TIM5)、2 个高级控制定时器(TIM1 和 TIM8),这些定时器彼此完全独立,不共享任何资源。

6.5.1 基本定时器功能简介

STM32F103 中的基本定时器 TIM6 和 TIM7 各自集成了一个 16 位自动重载计数器,由各自独立的可编程预分频器驱动。它们不仅可作为通用定时器为各种应用提供时间基准,还特别适用于为数/模转换器(DAC)提供时钟信号。事实上,这两个定时器在芯片内部直接与 DAC

相连,能够通过触发输出直接驱动 DAC,实现高效的时钟同步。TIM6 和 TIM7 是完全独立的定时器,它们之间不共享任何资源,可以并行运行而互不干扰,为系统设计提供了极大的灵活性和可靠性。它们的主要特性包括:

①16 位自动重载递增计数器;

②16 位可编程预分频器,预分频系数范围为 1 ~ 65 536,用于对计数器时钟频率进行分频;

③能够触发 DAC 的同步电路;

④可生成中断或 DMA 请求。

1. 基本定时器结构框图

基本定时器结构框图如图 6-20 所示。

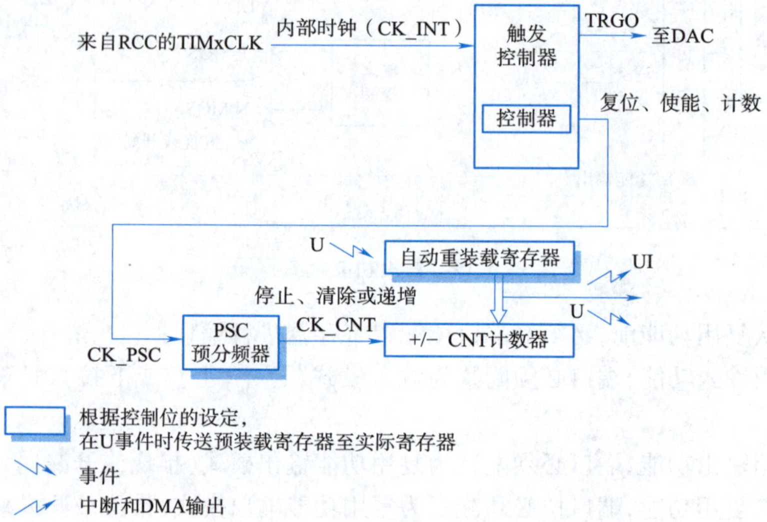

图 6-20 基本定时器结构框图

(1)时钟源

定时器的核心是其计数器,为了实现计数功能,必须为其提供时钟源。基本定时器的时钟信号挂载在 APB1 总线,但其时钟并非直接由 APB1 总线提供,而是经过一个倍频器处理。当 APB1 的预分频器系数为 1 时,倍频器系数也为 1,此时定时器的时钟频率与 APB1 总线时钟频率相同;当 APB1 的预分频器系数大于或等于 2 时,倍频器系数变为 2,定时器的时钟频率则为 APB1 总线时钟频率的 2 倍。在系统时钟设置函数 sys_stm32_clock_init 中,已经将 APB1 总线时钟频率设置为 36 MHz,且 APB1 总线的预分频器分频系数为 2,因此挂载在 APB1 总线上的定时器时钟频率为 72 MHz。

(2)控制器

控制器不仅负责定时器的复位、使能和计数等基本功能,还能用于触发 DAC 转换,为定时器提供了更多的应用灵活性。

(3)时基单元

时基单元包括计数器寄存器(TIMx_CNT)、预分频器寄存器(TIMx_PSC)和自动重载寄存器(TIMx_ARR)。这三个寄存器在基本定时器中均为 16 位,可设置的值范围是 0 ~ 65 535。时基单元中的预分频器 PSC 有一个输入和一个输出。输入 CK_PSC 来自控制器部分,实际上就是内部时钟(CK_INT),即 2 倍的 APB1 总线时钟频率(72 MHz)。输出 CK_CNT 是经过分频后的时钟,作为计数器实际的计数时钟。通过设置预分频器寄存器(TIMx_PSC)的值,可以得到不同频率的 CK_CNT,计算公式如下:

$$fCK\_CNT = fCK\_PSC / (PSC[15:0] + 1)$$

式中,PSC[15:0]是写入预分频器寄存器(TIMx_PSC)的值。

通过这种方式,可以灵活地调整计数器的计数频率,以满足不同的应用需求。

2. 基本定时器寄存器

基本定时器的配置涉及几个重要寄存器,具体的功能配置可以参考《STM32F10XXX 参考手册(中文版)》,这些寄存器分别是:

(1)控制寄存器 1(TIMx_CR1)

在操作该寄存器时,位 0(CEN)控制计数器的使能状态。当该位设置为 1 时,计数器开始工作;当该位设置为 0 时,计数器停止工作。位 7(ARPE)控制自动重载寄存器(ARR)的缓冲功能。若 ARPE 位设置为 1,则 ARR 具有缓冲作用,其值仅在更新事件发生时才会写入影子寄存器,从而生效;若 ARPE 位设置为 0,则修改 ARR 的值后,该值会立即写入影子寄存器并生效,无须等待更新事件。

(2)DMA/中断使能寄存器(TIMx_DIER)

该寄存器位 0(UIE)用于使能或者禁止更新中断,当用到中断时该位需要置 1。位 8(UDE)用于使能或者禁止更新 DMA 请求,不使用置 0 即可。

(3)状态寄存器(TIMx_SR)

该寄存器位 0(UIF)是中断更新的标志位,当发生中断时由硬件置 1,然后执行中断服务函数。需要注意的是,中断服务函数中需要通过软件方法里把该位清零,不然系统会一直进入中断服务函数,导致异常。

(4)计数器寄存器(TIMx_CNT)

该寄存器位[15:0]就是计数器的实时计数值。

(5)预分频寄存器(TIMx_PSC)

该寄存器是 TIM6 和 TIM7 的预分频寄存器,需要 7 200 分频,就往该寄存器写入 7 199。这是 16 位的寄存器,写入的数值范围是 0 ~ 65 535,分频系数范围是 1 ~ 65 536。

(6)自动重载寄存器(TIMx_ARR)

该寄存器可以由 APRE 位设置是否进行缓冲。计数器的值会和 ARR 寄存器影子寄存器进行比较,当两者相等,定时器就会溢出,从而发生更新事件;如果打开更新中断,还会发生更新中断。

6.5.2　通用定时器功能简介

STM32F103 有 4 个通用定时器(TIM2 ~ TIM5)。这些定时器彼此完全独立,不共享任何资源。通用定时器可以实现中断、PWM 输出、输入捕获和脉冲计数等功能。它们的主要特性包括:

①16 位向上、向下、向上/向下自动装载计数器。

②16 位可编程(可以实时修改)预分频器。计数器时钟频率的分频系数为 1 ~ 65 536 之间的任意数值。

③4 个独立通道：输入捕获、输出比较、PWM 生成（边缘或中间对齐模式）、单脉冲模式输出。

④使用外部信号控制定时器和定时器互连的同步电路。

⑤如下事件发生时产生中断/DMA：更新（计数器向上溢出/向下溢出，计数器初始化）；触发事件（计数器启动、停止、初始化或者由内部/外部触发计数）；输入捕获；输出比较。

⑥支持针对定位的增量（正交）编码器和霍尔传感器电路。

⑦触发输入作为外部时钟或者按周期的电流管理（如驱动 LED、控制电机等）。

1. 通用定时器结构框图

如图 6-21 所示，通用定时器结构框图比基本定时器结构框图复杂许多，主要包含六个部分：

（1）通用定时器时钟源

通用定时器可从以下四类时钟源中选择其一作为其时钟输入：

①内部时钟（CK_INT）：使用微处理器内部的时钟信号。

②外部时钟模式 1：通过外部输入引脚（TIx）提供时钟，其中 x 可为 1 或 2，即时钟信号只能来自通道 1 或通道 2。

③外部时钟模式 2：通过外部触发输入（ETR）提供时钟。

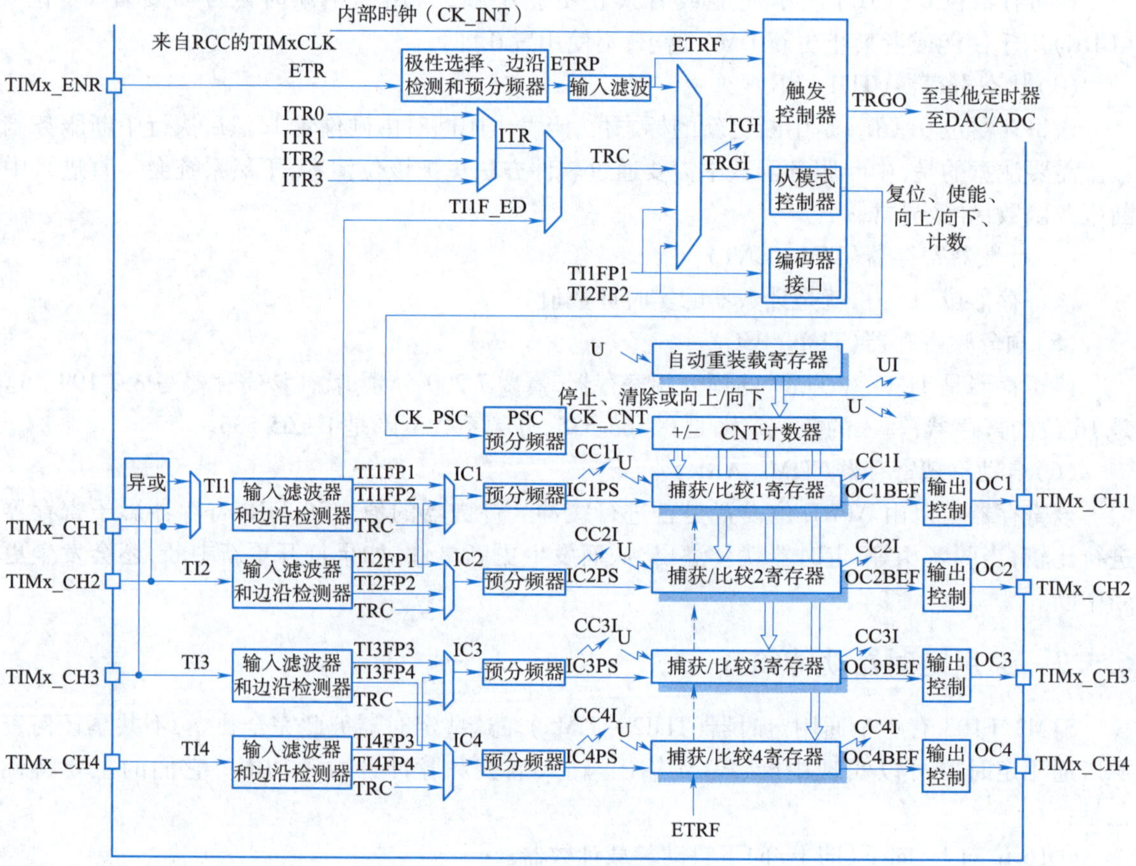

图 6-21 通用定时器结构框图

④内部触发输入(ITRx):利用另一个定时器的输出作为当前定时器的预分频器,实现内部时钟信号的触发。

通用定时器时钟源的设置方法见表 6-4。

表 6-4　通用定时器时钟源的设置方法

定时器时钟类型	设置方法
内部时钟(CK_INT)	设置 TIMx_SMCR 的 SMS = 0000
外部时钟模式 1:外部输入引脚(TIx)	设置 TIMx_SMCR 的 SMS = 1111
外部时钟模式 2:外部触发输入(ETR)	设置 TIMx_SMCR 的 ECE = 1
内部触发输入(ITRx)	设置可参考《STM32F10XXX 参考手册(中文版)》14.3.15 小节

(2)控制器

控制器由以下几个主要部分组成:

①从模式控制器:负责管理计数器的复位、启动、递增/递减以及计数等操作,确保计数器按照设定的模式运行。

②编码器接口:专门用于处理编码器信号的计数,实现精确的位置或速度测量。

③触发控制器(TRGO):用于生成触发信号,以驱动其他外设。例如,它可以向其他定时器提供时钟信号,或为 DAC/ADC 转换提供触发信号,实现同步操作。

这些控制器组件协同工作,为定时器提供了强大的控制能力和灵活性,以满足各种应用场景的需求。

(3)时基单元

时基单元由以下寄存器组成:计数器寄存器(TIMx_CNT)、预分频器寄存器(TIMx_PSC)和自动重载寄存器(TIMx_ARR)。这部分内容与基本定时器相似,不同之处在于,TIM2 和 TIM5 的计数器为 32 位通用定时器,支持三种计数模式:

①递增计数模式已在基本定时器部分详细讲解。

②递减计数模式时,每来一个计数脉冲,计数器减 1,直至计数器寄存器的值降至 0,此时发生定时器下溢,并伴随更新事件。随后,计数器从自动重载寄存器影子寄存器的值开始继续递减计数,如此循环。

③中心对齐计数模式时,计数器从 0 开始递增计数,直至达到自动重载寄存器影子寄存器的值减 1,此时发生定时器上溢并生成更新事件。随后,计数器从自动重载寄存器影子寄存器的值开始递减计数,直至计数值降至 1,此时发生定时器下溢并生成更新事件。之后,计数器再次从 0 开始递增计数,如此循环。每次定时器上溢或下溢都会生成更新事件。

计数模式的设置通过 TIMx_CR1 寄存器的 CMS 位和 DIR 位进行配置。

(4)输入捕获

输入捕获功能通常与捕获比较器协同工作,定时器具备四个独立工作的通道:TIMx_CH1 至 TIMx_CH4。这些通道通过 I/O 端口的复用功能与外部信号相连。在配置好 I/O 端口的复用功能后,将待测信号输入到相应的 I/O 端口,输入捕获单元能够对信号的上升沿、下降沿或双边沿进行检测和捕获。常见的应用包括测量输入信号的脉冲宽度、PWM 输入信号的频率和占空比等。通过这种方式,输入捕获功能为精确的信号测量和分析提供了强有力的支持。

(5)输入捕获和输出比较公用部分

这部分由捕获比较器组成,主要配合输入捕获和输出比较部分完成相应功能。

(6)输出比较

输出比较功能和捕获比较器一起完成定时器输出功能。TIMx_CH1 至 TIMx_CH4 表示定时器的 4 个通道,这 4 个通道都是可以独立工作的。I/O 端口通过复用功能与这些通道相连。

2. 通用定时器寄存器

(1)控制寄存器 1(TIMx_CR1)

与基本定时器功能一致。

(2)从模式控制寄存器(TIMx_SMCR)

该寄存器的 SMS[2:0]位用于选择从模式,确定计数器输入时钟的来源。在通用定时器中断时,将 SMS[2:0]设置为 000,以禁用从模式。在这种情况下,PSC 预分频器的时钟直接来源于内部时钟(CK_INT)。通过这种方式,可以灵活地控制定时器的时钟来源,以满足不同的应用需求。

(3)DMA/中断使能寄存器(TIMx_DIER)

与基本定时器功能一致。

(4)状态寄存器(TIMx_SR)

与基本定时器功能一致。

(5)计数器寄存器(TIMx_CNT)

计数器寄存器都是 16 位有效的,计数模式可以是递增计数模式、递减计数模式和中心对齐计数模式,计数值范围为 0 ~ 65 535。可以直接写该寄存器设置计数的初始值,也可以读取该寄存器获取计数器值。

(6)预分频器寄存器(TIMx_PSC)

与基本定时器功能一致。

(7)自动重载寄存器(TIMx_ARR)

与基本定时器功能一致。

(8)捕获/比较模式寄存器 1/2(TIMx_CCMR1/2)

以配置 TIM3 的 CH2 输出 PWM 波为例。该寄存器的模式设置位 OC2M[2:0]专门用于设置 CH2 的工作模式,由 3 位组成,共可配置八种模式。在此例中选用 PWM 模式时这三位应设置为 110 或 111,分别对应 PWM 模式 1 和 PWM 模式 2。这两种 PWM 模式的主要区别在于输出有效电平的极性相反。位 OC2PE 用于控制输出比较 CH2 的预装载使能,实际上就是决定 CCR2 寄存器是否启用缓冲功能。CCR2 寄存器拥有一个影子寄存器,真正的输出控制由影子寄存器执行。CC2S[1:0]位用于设置 CH2 的方向,默认值为 0,即设置该通道为输出模式。通过这些配置,可以有效地控制 TIM3 的 CH2 输出所需的 PWM 波形。

(9)捕获/比较使能寄存器(TIMx_CCER)

该寄存器控制着各个输入输出通道的开关和极性。比如配置 TIM3 的 CH2 输出 PWM 波,这里要使能 CC2E 位设置为 1。CC2P 位是设置 CH2 的输出极性,默认设置 0。

(10)捕获/比较寄存器 1/2/3/4(TIMx_CCR1/2/3/4)

捕获/比较寄存器(TIMx_CCR1/2/3/4),该寄存器总共有 4 个,对应 4 个通道 CH1 ~ CH4。在输出模式下,捕获/比较寄存器影子寄存器的值与 CNT 的值比较,根据比较结果产生相应动作,利用这点通过修改这个寄存器的值可以控制 PWM 的占空比。

6.6　串口通信开发

串口通信是设备间广泛采用的一种串行数据传输方式,数据按位(bit)逐次发送和接收,形成字节(byte)。尽管相比并行通信,串行通信在数据传输速率上可能较慢,但其优势在于能够通过两根线实现全双工通信,即一根线用于发送数据,另一根线用于接收数据。

6.6.1　串口通信协议简介

串口通信协议定义了数据包的结构,包括起始位、数据位、校验位和停止位,确保通信双方按照约定的格式正确地发送和接收数据。常见的串口通信协议有 RS-232、RS-422 和 RS-485 等。

随着技术的进步,RS-232 虽然在工业领域仍被广泛应用,但在商业技术领域,USB 转串口技术逐渐取代了传统的 RS-232 串口。通过在电路中集成 USB 转串口芯片,如开发板上使用的 CH340C 芯片,可以轻松实现 USB 通信协议与标准 UART 串口通信协议之间的转换,为现代通信提供了更大的便利性和灵活性。

串口通信的数据包由发送设备的 TXD 接口传输到接收设备的 RXD 接口。在串口通信的协议层中,规定了数据包的内容,它由起始位、有效数据位、校验位以及停止位组成,通信双方的数据包格式要约定一致才能正常收发数据,具体性能描述如下:

(1)波特率

串口异步通信无须时钟信号,但要求通信双方预先约定相同的波特率。波特率表示每秒传输的码元符号数量,决定了数据帧中每一位的时间长度。常见的波特率包括 4 800 Bd、9 600 Bd、115 200 Bd 等,确保双方设备设置相同的波特率是顺利进行通信的前提。

(2)数据帧格式

串口通信的数据帧格式需要提前约定,包括起始位、停止位、有效数据位和校验位。

①起始位和停止位。一个数据帧从起始位开始,至停止位结束。起始位由一个逻辑 0 的数据位表示,而停止位可以由 0.5、1、1.5 或 2 个逻辑 1 的数据位表示,具体长度由双方约定。

②有效数据位。紧跟起始位之后的是有效数据位,即实际需要传输的数据。有效数据位通常约定为 5、6、7 或 8 位长,传输时低位(LSB)在前,高位(MSB)在后。

③校验位。校验位可视为一种特殊的数据位,主要用于判断接收的数据是否出错。常见的校验方法包括奇校验、偶校验、0 校验、1 校验以及无校验。通过校验位,可以增强数据传输的可靠性和准确性。

STM32F103 系列微处理器拥有丰富的串口资源和强大的功能。以 STM32F103ZET6 为例,它最多可提供 5 路串口,具备分数波特率发生器、支持同步单线通信和半双工单线通信、兼容 LIN 总线、支持调制解调器操作、智能卡协议以及 IrDA SIR ENDEC 规范,并集成了 DMA 功能。在 STM32F1 系列中,串口分为两种类型:USART(通用同步异步收发器)和 UART(通用异步收发器)。UART 是 USART 的简化版本,仅保留了异步通信功能,而同步通信功能已被移除。同步通信与异步通信的主要区别在于是否需要对外提供时钟信号,日常的串口通信大多采用异步方式。STM32F1 系列配备了 3 个 USART 和 2 个 UART。其中,USART1 的时钟源来自

APB2,最高频率可达 72 MHz;其余 4 个串口的时钟源来自 APB1,最高频率为 36 MHz。STM32 的串口输出为 TTL 电平信号。若需转换为 RS-232 标准信号,可使用 MAX232 芯片进行电平转换。也可以通过 USB 转串口芯片 CH340C 实现与上位机的通信,从而简化了硬件连接和通信设置。

6.6.2 USART 工作原理

通过分析 USART 结构框图(见图 6-22)学习 USART 的相关知识。

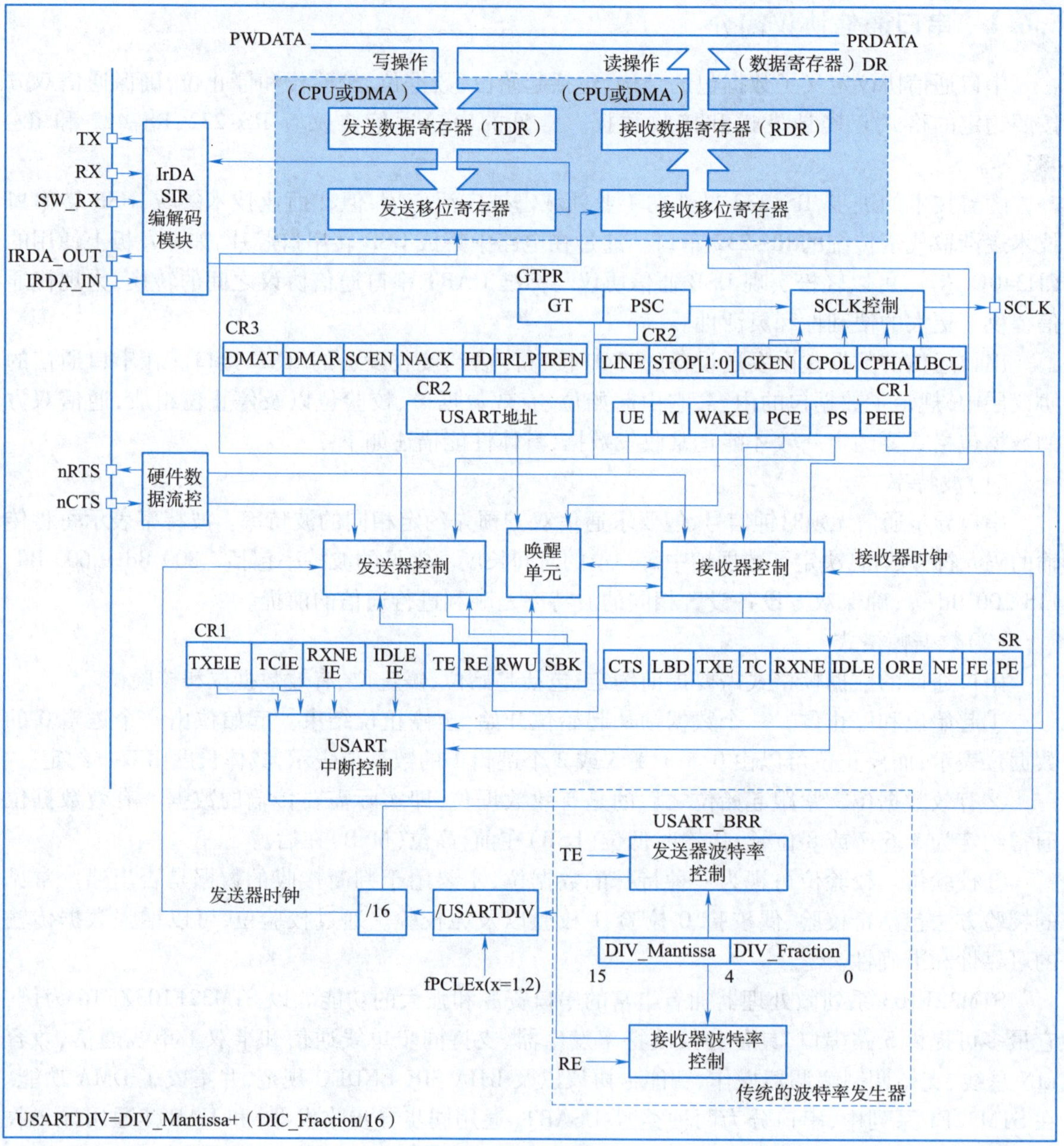

图 6-22 USART 结构框图

(1)USART 信号引脚说明

①TX:数据发送输出引脚,用于传输串行数据。

②RX:数据接收输入引脚,用于接收串行数据。

③SCLK:发送器时钟输出引脚,仅在同步传输模式下使用。

④SW_RX:数据接收引脚,为内部引脚,专门用于智能卡模式下的数据接收。

⑤IrDA_IN:IrDA 模式下的数据输入引脚,用于接收红外数据。

⑥IrDA_OUT:IrDA 模式下的数据输出引脚,用于发送红外数据。

⑦nRTS:发送请求引脚,低电平有效,表示 USART 已准备好接收数据。

⑧nCTS:清除发送引脚,高电平有效,用于在当前数据传输结束时阻止下一次数据发送。

这些引脚定义了 USART 在不同模式下的数据传输和控制信号,确保了串行通信的准确性和灵活性。

(2)数据寄存器(USART_DR)

USART_DR 是一个多功能寄存器,包含已发送或接收的数据。它实际上由两个独立的寄存器组成:发送数据寄存器(TDR)和接收数据寄存器(RDR),均支持读写操作。TDR 提供了内部总线与输出移位寄存器之间的并行接口,而 RDR 则连接输入移位寄存器和内部总线。在数据发送过程中,写入 USART_DR 的数据会自动存储到 TDR;在数据接收过程中,从 USART_DR 读取数据时,会自动获取 RDR 的内容。

USART_DR 的有效数据位为低 9 位,其余位保留。其第 9 位数据的有效性取决于 USART_CR1 的 M 位设置:当 M 位为 0 时,表示使用 8 位数据字长;当 M 位为 1 时,表示使用 9 位数据字长,通常情况下使用 8 位数据字长。

若使能校验位(通过设置 USART_CR1 中的 PCE 位),在发送数据时,数据最高位(MSB,根据数据长度不同,可能是第 7 位或第 8 位)将被后续的校验位取代。

(3)控制器

USART 包含专门的发送控制器、接收控制器、唤醒单元和中断控制等组件。

(4)时钟与波特率

这一部分为 USART 提供时钟信号并配置波特率。波特率定义为每秒传输的码元个数,在二进制系统中(如串口数据帧),波特率数值与每秒传输的二进制位数相等。可以将串口波特率理解为每秒传输的二进制位数,这是衡量串口通信速率的重要指标。波特率可以通过以下公式计算得出:

$$波特率 = f_{ck}/(16 \times \text{USARTDIV})$$

式中,f_{ck}是提供给串口的时钟频率(例如,USART2/3/4/5 的时钟源为 PCLK1,而 USART1 的时钟源为 PCLK2);USARTDIV 是一个无符号的定点数,其值存储在波特率寄存器(USART_BRR)的低 16 位中。

USARTDIV 的整数部分存储在 DIV_Mantissa[11:0]中,而小数部分存储在 DIV_Fraction[3:0]中。

假设需要将串口 1 的波特率设置为 115 200,且 f_{ck} = 72 MHz,则计算如下:

$$115\,200 = 72\,000\,000/(16 \times \text{USARTDIV})$$

由此得出 USARTDIV = 39.0625。将 USARTDIV 分离为整数部分和小数部分,整数部分为 39(即 0x27),小数部分为 0.0625。将小数部分转换为十六进制,即 0.0625 × 16 = 1(即 0x1)。

因此,DIV_Mantissa 应设置为 0x27,DIV_Fraction 应设置为 0x1,最终 USART_BRR 寄存器的值应设置为 0x271,从而成功将波特率设置为 115 200。特别的是,USARTDIV 是允许存在余数的,采用四舍五入的方式进行取整。这种取整方法可能会导致波特率出现轻微的偏差,但在实际应用中,这样的小误差可以忽略。

6.6.3 串口通信配置

下面将详细讲解 USART 接口的初始化步骤,包括波特率设置、数据位、停止位和校验位的配置。通过这些设置,确保了不同设备间的可靠通信。读者掌握这些知识点后,将能够灵活运用 STM32F103ZET6 的串口进行数据传输。

1. USART 的配置步骤

使用 STM32F103 的 USART 的配置步骤如下:

①通过在 USART_CR1 寄存器上置位 UE 位来激活 USART。

②编程 USART_CR1 的 M 位来定义字长。

③在 USART_CR2 中编程停止位的位数。

④如果采用多缓冲器通信,配置 USART_CR3 中的 DMA 使能位(DMAT)。按多缓冲器通信中的描述配置 DMA 寄存器。

⑤利用 USART_BRR 寄存器选择要求的波特率。

⑥设置 USART_CR1 中的 TE 位,发送一个空闲帧作为第一次数据发送。

⑦把要发送的数据写进 USART_DR 寄存器(此动作清除 TXE 位)。在只有一个缓冲器的情况下,对每个待发送的数据重复步骤⑦。

⑧在 USART_DR 寄存器中写入最后一个数据字后,要等待 TC = 1,它表示最后一个数据帧的传输结束。当需要关闭 USART 或需要进入停机模式之前,需要确认传输结束,避免破坏最后一次传输。

按照以上步骤配置可以使用 STM32F103 的串口。开启串口时钟,总结以上步骤,掌握配置 USART 对应的寄存器就可以使用串口功能。

2. USART 的配置寄存器

下面将介绍与串口基本配置直接相关的寄存器及其功能。

(1)串口时钟使能

STM32F103 的串口外设时钟使能由特定寄存器控制,其中串口 1 的使能位位于 APB2ENR 寄存器的第 14 位。值得注意的是,除串口 1 外,其他串口的时钟使能位均位于 APB1ENR 寄存器。此外,APB2 总线频率(72 MHz)通常是 APB1 总线频率(36 MHz)的 2 倍,这一特性在串口时钟配置时需加以考虑。

(2)串口复位

在系统初始配置外设时,通常首先执行外设复位操作,以将外设的相应寄存器恢复至默认状态,从而简化配置过程。对于串口 1 的复位,则是通过设置 APB2RSTR 寄存器的第 14 位来完成的。

(3)串口波特率设置

每个串口都有相应的独立波特率寄存器 USART_BRR,通过设置该寄存器就可以达到配置不同波特率的目的。

(4)串口控制

STM32F103 通过三个控制寄存器 USART_CR1～3 来控制每个串口。该寄存器的高 18 位保留未用,而低 14 位则负责串口的功能配置。实际使用中涉及的关键位如下:

①UE(串口使能位):将该位置 1 以启用串口。

②M(字长位):当该位为 0 时,设置串口为 8 个数据位,并附加 n 个停止位。停止位的数量(n)由 USART_CR2 的[13:12]位决定,默认为 0。

③PCE(校验使能位):设置为 0 时禁止校验,设置为 1 时使能校验。

④PS(校验位选择):设置为 0 时选择偶校验,设置为 1 时选择奇校验。

⑤TXEIE(发送缓冲区空中断使能位):将该位设置为 1,当 USART_SR 中的 TXE 位为 1 时,将触发串口中断。

⑥TCIE(发送完成中断使能位):将该位设置为 1,当 USART_SR 中的 TC 位为 1 时,将触发串口中断。

⑦RXNEIE(接收缓冲区非空中断使能位):将该位设置为 1,当 USART_SR 中的 ORE 或 RXNE 位为 1 时,将触发串口中断。

⑧TE(发送使能位):设置为 1 以开启串口的发送功能。

⑨RE(接收使能位):用法与 TE 相同,用于开启串口的接收功能。

通过合理配置这些位,可以有效地控制串口的工作模式和中断行为。

(5)数据发送与接收

STM32 的串口通信通过 USART_DR 数据寄存器完成,该寄存器实则由 TDR(发送数据寄存器)和 RDR(接收数据寄存器)组成。写入数据至 USART_DR 时,串口将自动启动发送流程;同样,接收到的数据也将存储于该寄存器中,实现数据的双向传输。

(6)串口状态

串口状态通过状态寄存器 USART_SR 读取。

①RXNE(接收数据寄存器非空标志)位被置为 1 时,表示已有数据成功接收并可供读取,应尽快读取 USART_DR 寄存器,读取操作会自动将该位清零;也可以通过向该位写入 0 来直接清除该标志。

②TC(发送完成标志)位被置 1 时,表明 USART_DR 寄存器中的数据已全部发送完毕。若已启用该位的中断功能,此时将触发中断。清零该位的方法有两种:首先读取 USART_SR 寄存器,然后写入 USART_DR 寄存器;直接向该位写入 0 以清除该标志。

通过合理利用这些标志位,可以有效地管理串口的数据接收和发送流程。

3. USART 的引脚复用功能实现

芯片外设众多而引脚资源有限。为解决这一矛盾,采用了引脚复用技术。这使得每个引脚除了作为普通 I/O 端口外,还能与特定外设关联,实现第二功能。值得注意的是,一个引脚可能具备多种复用功能,但在任何时刻仅允许一个外设使用其复用功能,以避免共用同一 I/O 引脚的外设之间发生冲突。为实现这一目的,芯片厂家设计了复用功能寄存器——AFIO。AFIO 寄存器负责管理复用功能 I/O 和调试配置。在 STM32F103ZET6 中,共有六个 AFIO 寄存器,包括:

①事件控制寄存器(AFIO_EVCR)。

②复用重映射和调试 I/O 配置寄存器(AFIO_MAPR)。

③四个外部中断配置寄存器（AFIO_EXTICR1 至 AFIO_EXTICR4）。

在操作这些寄存器之前，必须先启用 AFIO 时钟。这一时钟通过 RCC_APB2ENR 寄存器的第 0 位进行控制：将第 0 位设置为 0 表示关闭辅助功能 I/O 时钟；设置为 1 则表示开启辅助功能 I/O 时钟。通过合理配置这些寄存器，可以有效地管理引脚的复用功能，满足各种应用需求。

通过向 AFIO_MAPR 寄存器的特定位写入值，可以实现引脚的重新映射，从而使复用功能不再对应其原始分配的引脚。以 USART1 的重映射为例，AFIO_MAPR 寄存器的第 2 位负责控制这一功能：当该位为 0 时，表示没有重映射，USART1 的 TX 和 RX 分别使用 PA9 和 PA10；当该位为 1 时，则实现重映射，TX 和 RX 分别改用 PB6 和 PB7。

在默认配置下，PA9 和 PA10 作为串口 1 的引脚。如果这些引脚被用于其他用途，但仍然需要使用串口 1，可以通过将 AFIO_MAPR 的第 2 位设置为 1，将串口 1 的引脚重映射到 PB6 和 PB7。在这种情况下，串口初始化过程需稍做调整：首先启用 AFIO 时钟，然后设置 AFIO_MAPR 的第 2 位为 1，其余配置与普通串口设置相同。这样的灵活性使得引脚资源能够更有效地被管理和利用。

6.7 基础通信接口

本节介绍两种常见串行总线接口——I2C 和 SPI。重点阐述 I2C 的双向两线通信机制、多主多从架构及其适用场景；解析 SPI 的主从通信模式、高速同步特性及典型应用。通过对比两者在硬件连接、通信协议上的差异，引导读者掌握串行通信原理，为嵌入式系统设计奠定基础。

6.7.1 I2C 总线基础

I2C（inter-integrated circuit）总线是一种常用的串行通信协议，用于连接微处理器与外围器件。下面将介绍 I2C 总线的组成、工作原理及基本操作。掌握如何配置 SCL 和 SDA 引脚，以及如何实现数据的读写操作。理解这些基础知识对于后续学习高级 I2C 通信技术至关重要。

1. I2C 功能框图

I2C 总线是一种高效的双向两线式连续总线，专为集成电路（IC）间的通信设计。由 Philips 公司初创，这一串行扩展技术现已成为电视、录像及音频设备的标配。I2C 总线通过数据线（SDA）和时钟线（SCL）实现数据传输与外围扩展，其软寻址方式省去了片选线，标准的 7 位 SLAM 寻址字节可覆盖 127 个单元。STM32 的 I2C 总线结构（见图 6-23）包括数据收发、时钟逻辑及控制逻辑模块，确保了数据高效收发、时钟精准生成、总线仲裁及中断、DMA 等功能的无缝实现，其中涵盖了多个关键寄存器，如 I2C_CR、I2C_OAR、I2C_DR、I2C_SR 和 I2C_CCR 等。

I2C 总线有如下特点：

①总线由数据线（SDA）和时钟线（SCL）构成串行总线，数据线用来传输数据，时钟线用来同步数据收发。

②总线上每一个器件都有一个唯一的地址识别，所以只需要知道器件的地址，根据时序就可以实现微处理器与器件之间的通信。

③数据线（SDA）和时钟线（SCL）都是双向线路，都通过一个电流源或上拉电阻连接到正

的电压,所以当总线空闲的时候,这两条线路都是高电平。

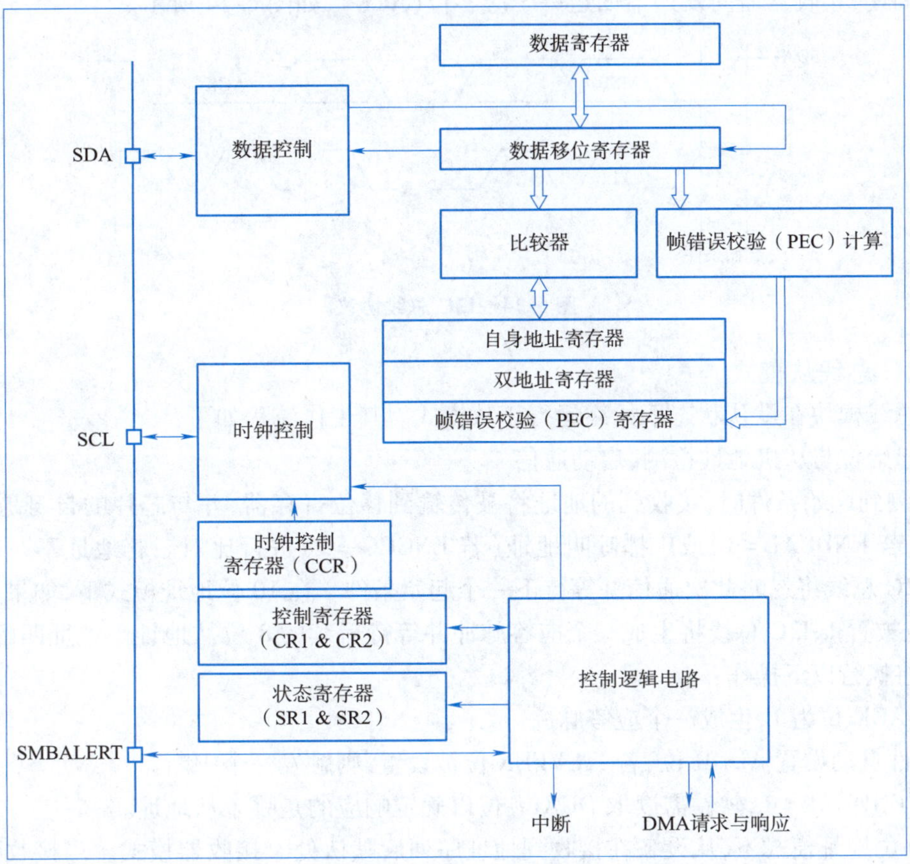

图 6-23　I2C 总线结构

④总线上数据的传输速率在标准模式下可达 100 kbit/s,在快速模式下可达 400 kbit/s,在高速模式下可达 3.4 Mbit/s。

⑤总线支持设备连接。在使用 I2C 通信总线时,可以有多个具备 I2C 通信能力的设备挂载在上面,同时支持多个主机和多个从机。

I2C 总线的硬件架构以图 6-23 中的 SCL(时钟线)和 SDA(数据线)为核心展开。STM32 芯片集成了多个 I2C 外设,其通信信号可通过不同的 GPIO 引脚引出。在实际应用中,需要将 I2C 信号配置到指定的 GPIO 引脚上,关于 GPIO 引脚的复用功能,请以芯片规格书为准。

2. I2C 工作模式

I2C 总线模块支持四种工作模式:从发送器模式、从接收器模式、主发送器模式和主接收器模式。默认状态下,模块工作在从模式。当总线生成起始条件后,自动切换至主模式;若发生仲裁丢失或产生停止信号,则从主模式切换回从模式。

在主模式下,I2C 总线模块负责启动数据传输并生成时钟信号。串行数据传输以起始条件开始,以停止条件结束,这两个条件均由软件在主模式下控制产生。在从模式下,I2C 模块能够识别自身的地址(7 位或 10 位)以及广播呼叫地址,且广播呼叫地址的识别可通过软件控制开启或禁止。数据及地址以 8 位/字节格式传输,高位先行。起始条件后紧跟 1 或 2 个字节的地址(7位模式为1字节,10位模式为2字节),地址仅在主模式下发送。每传输一个字节后的第9个时钟周期,接收器需向发送器回送一个应答位(ACK),如图6-24所示。

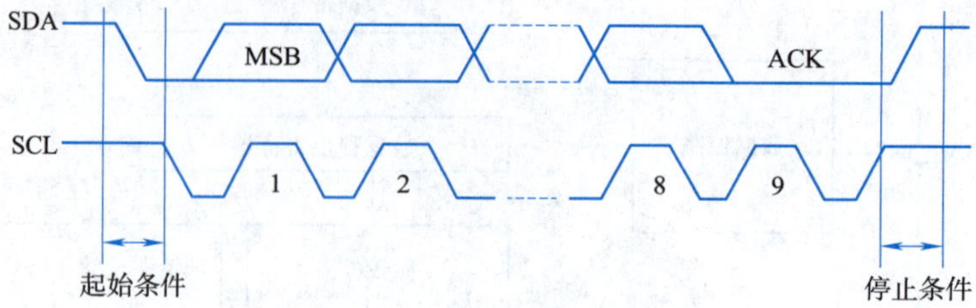

图6-24 I2C总线协议

3. I2C总线从模式

I2C总线模块在默认状态下始终运行于从模式。其工作流程如下:

(1)起始位与从机地址检测,启动通信

当检测到起始条件时,接收到的地址将被传输到移位寄存器,并与芯片的自身地址OAR1和OAR2(若ENDUAL=1)或广播呼叫地址(若ENGCG=1)进行比对。若地址不匹配或头段不符合,I2C总线将忽略此次通信并等待下一个起始条件。在10位地址模式下,如果头段匹配且ACK位被置1,I2C总线将生成一个应答脉冲并等待后续的8位从地址。地址匹配成功后,I2C总线将执行以下操作:

①若ACK位为1,生成一个应答脉冲。

②硬件自动设置ADDR位;若ITEVFEN位被设置,则触发一个中断。

③若ENDUAL=1,软件需读取DUALF位以确定响应的是哪个从地址。

在10位地址模式下,从设备在接收到地址序列后默认处于接收器模式。当接收到与地址匹配的头段序列且最低位为1(即11110xx1)后,若检测到重复的起始条件,从设备将切换至发送器模式。在从模式下,TRA位用于指示当前是处于接收器模式还是发送器模式。

(2)发送数据

在接收到地址并清除ADDR位之后,从设备作为发送器将数据字节从DR寄存器通过内部移位寄存器发送到SDA线上。从设备会保持SCL线为低电平,直到ADDR位被清除且待发送的数据已经写入DR寄存器中。

(3)应答

当从发送器接收到应答脉冲时,硬件会置位TXE位。如果同时设置了ITEVFEN和ITBUFEN位,将触发一个中断。若TXE位被置位,但在下一个数据发送周期开始前没有新数据写入I2C_DR寄存器,BTF位将被置位,导致I2C总线在清除BTF位之前保持SCL线为低电平。通过先读取I2C_SR1寄存器,然后写入I2C_DR寄存器,可以清除BTF位。

在接收到地址并清除ADDR位后,从接收器将通过内部移位寄存器将来自SDA线的字节存储到DR寄存器中。I2C总线在接收到每个字节后执行以下操作:如果ACK位被设置,则生成一个应答脉冲;硬件自动置位RXNE位。如果ITEVFEN和ITBUFEN位被设置,将产生一个中断。

如果RXNE位被置位,且在接收新数据完成前DR寄存器未被读取,BTF位将被置位。在清除BTF位之前,I2C总线将保持SCL线为低电平。通过先读取I2C_SR1寄存器,然后读取

I2C_DR 寄存器,可以清除 BTF 位。

(4)关闭从机通信

在传输完最后一个数据字节后,主设备会发出一个停止条件。当 I2C 总线检测到这一停止条件时,会设置 STOPF 位为 1。如果 ITEVFEN 位已被设置,此时将触发一个中断。随后,I2C 总线将等待软件读取 SR1 寄存器,并接着写入 CR1 寄存器,以完成停止条件的处理流程。

4. I2C 总线主模式

在主模式操作下,I2C 总线负责启动数据传输并生成时钟信号。串行数据传输始终以起始条件启动,并以停止条件结束。当通过设置 I2C_CR1 寄存器中的 START 位在总线上产生起始条件时,设备即进入主模式。进入主模式时,需遵循以下操作顺序:首先在 I2C_CR2 寄存器中设定模块的输入时钟,以确保产生正确的时序;接着配置时钟控制寄存器;然后配置上升时间寄存器;随后编程 I2C_CR1 寄存器以启动外设;最后将 I2C_CR1 寄存器中的 START 位置为 1,从而产生起始条件,正式开始数据传输。

(1)发起起始条件

当 I2C 总线处于空闲状态,即 BUSY 位为 0 时,将 START 位设置为 1,I2C 总线将生成一个起始条件并切换至主模式。起始条件发出后,SB 位由硬件自动置位。如果 ITEVFEN 位已被设置,此时将触发一个中断。随后,主设备需等待读取 SR1 寄存器,紧接着将目标从设备的地址写入 DR 寄存器,以继续后续的通信过程。

(2)从地址发送

从设备地址通过内部移位寄存器被传输到 SDA 线上。在 10 位地址模式下,发送一个头段序列会触发以下事件:硬件自动置位 ADD10 位,如果 ITEVFEN 位已被设置,此时将触发一个中断。接着,主设备需等待读取 SR1 寄存器,然后将第二个地址字节写入 DR 寄存器。随后,ADDR 位由硬件置位。如果 ITEVFEN 位已被设置,将再次触发一个中断。之后,主设备需先等待读取 SR1 寄存器,紧接着读取 SR2 寄存器,以完成地址传输的确认过程。

(3)发送/接收数据

在主发送模式中,主设备在发送地址并清除 ADDR 位后,通过内部移位寄存器将数据字节从 DR 寄存器传输到 SDA 线上,主设备随后等待,直到 TXE 位被清除。当接收到应答脉冲时,TXE 位由硬件置位。如果同时设置了 INEVFEN 和 ITBUFEN 位,将触发一个中断。若 TXE 位被置位且在上一个数据字节发送完成前没有新数据写入 DR 寄存器,BTF 位将被硬件置位。在清除 BTF 位之前,I2C 总线将保持 SCL 线为低电平。通过先读取 I2C_SR1 寄存器,然后写入 I2C_DR 寄存器,可以清除 BTF 位。

在主接收模式中,主设备在发送地址并清除 ADDR 位后,I2C 总线进入主接收器模式。在此模式下,I2C 总线从 SDA 线接收数据字节,并通过内部移位寄存器将其存储到 DR 寄存器。每接收一个字节后,I2C 总线执行以下操作:如果 ACK 位被置位,则发出一个应答脉冲。硬件随后置位 RXNE 位,如果 INEVFEN 和 ITBUFEN 位被设置,将触发一个中断。如果 RXNE 位被置位且在接收新数据完成前 DR 寄存器中的数据未被读取,硬件将置位 BTF 位。在清除 BTF 位之前,I2C 总线将保持 SCL 线为低电平。通过先读取 I2C_SR1 寄存器,然后读取 I2C_DR 寄存器,可以清除 BTF 位。

(4)关闭通信

在主发送模式下,主设备在将最后一个字节写入 DR 寄存器后,通过设置 STOP 位来产生一个停止条件,随后 I2C 总线将自动切换回从模式。

当主设备在从设备接收到最后一个字节后,会发送一个 NACK 信号。主接收器在接收到 NACK 后,从设备将释放对 SCL 和 SDA 线的控制,此时主设备可以发送一个停止或重起始条件。在产生停止条件后,I2C 模块将自动返回到从模式。

6.7.2 I2C 配置步骤

下面通过软件模拟 I2C 方式实现 I2C 通信,用到的是 HAL 库中的 GPIO 相关函数。使用 I2C 传输数据的配置步骤如下:

(1)启用 I2C 的 SCL 和 SDA 引脚对应的 GPIO 时钟

I2C 使用的 SCL 和 SDA 引脚分别为 PB6 和 PB7。因此,首先需要启用 GPIOB 的时钟,代码实现如下:

```
__HAL_RCC_GPIOB_CLK_ENABLE();              //启用 GPIOB 时钟
```

(2)配置 GPIO 工作模式

SDA 引脚配置为开漏输出模式(考虑到硬件已连接外部上拉电阻,对于 F4 系列及以上微处理器,也可使用内部上拉电阻)。通过调用 HAL_GPIO_Init()函数配置 SCL 引脚为推挽输出模式。

(3)根据 I2C 总线协议,编写信号控制函数

①起始信号:在 SCL 为高电平期间,SDA 从高电平向低电平跳变。

②停止信号:在 SCL 为高电平期间,SDA 从低电平向高电平跳变。

③应答信号:接收到从设备数据后,主设备通过发出特定的低电平脉冲来表示数据已成功接收。

(4)编写 I2C 的读写函数

参考 I2C 时序图,在每个时钟周期内发送或接收 1 位数据。读写函数均以字节为单位进行数据操作,确保每 8 位数据后正确处理应答位。

6.7.3 I2C 通信应用

下面通过调用 HAL 库的函数去驱动 I2C 进行通信。

I2C 驱动时可以采用宏定义的方式分别标识 SCL 和 SDA 两个引脚,同时定义了 IIC_SCL()和 IIC_SDA()两个宏,用于控制这两个引脚输出高电平或低电平。这一功能主要通过调用 HAL 库的 GPIO 操作函数来实现。为了在 I2C 操作函数中方便地读取 SDA 引脚的状态,特别定义了 IIC_READ_SDA 宏,该宏将在后续的 I2C 模拟信号实现过程中被频繁使用,以简化代码并提高效率,具体代码如下:

```
/* 引脚定义* /
#define IIC_SCL_GPIO_PORT GPIOB
#define IIC_SCL_GPIO_PIN GPIO_PIN_6
#define IIC_SCL_GPIO_CLK_ENABLE() do{ __HAL_RCC_GPIOB_CLK_ENABLE();\
}while(0)
```

```
#define IIC_SDA_GPIO_PORT GPIOB
#define IIC_SDA_GPIO_PIN GPIO_PIN_7
#define IIC_SDA_GPIO_CLK_ENABLE() do{ __HAL_RCC_GPIOB_CLK_ENABLE();\
}while(0)
/* I/O 操作* /
#define IIC_SCL(x) do{ x ? \
    HAL_GPIO_WritePin(IIC_SCL_GPIO_PORT,IIC_SCL_GPIO_PIN, GPIO_PIN_SET):\
    HAL_GPIO_WritePin(IIC_SCL_GPIO_PORT,IIC_SCL_GPIO_PIN, GPIO_PIN_RESET);\
                }while(0) /* SCL * /
#define IIC_SDA(x) do{ x ? \
    HAL_GPIO_WritePin(IIC_SDA_GPIO_PORT, IIC_SDA_GPIO_PIN, GPIO_PIN_SET):\
    HAL_GPIO_WritePin(IIC_SDA_GPIO_PORT, IIC_SDA_GPIO_PIN, GPIO_PIN_RESET);\
                }while(0) /* SDA * /
/* 读取 SDA * /
#define IIC_READ_SDA HAL_GPIO_ReadPin(IIC_SDA_GPIO_PORT, IIC_SDA_GPIO_PIN)
```

通过 iic_init 对于 GPIO 进行初始化,用于 I2C 通信。不过这里需要注意的是,SDA 线的 GPIO 模式使用开漏模式,同时 STM32F103 必须要外接上拉电阻。I2C 初始化代码如下:

```
void iic_init(void){
    GPIO_InitTypeDef gpio_init_struct;

    IIC_SCL_GPIO_CLK_ENABLE();                              /* SCL 引脚时钟使能* /
    IIC_SDA_GPIO_CLK_ENABLE();                              /* SDA 引脚时钟使能* /

    gpio_init_struct.Pin = IIC_SCL_GPIO_PIN;
    gpio_init_struct.Mode = GPIO_MODE_OUTPUT_PP;            /* 推挽输出* /
    gpio_init_struct.Pull = GPIO_PULLUP;                    /* 上拉* /
    gpio_init_struct.Speed = GPIO_SPEED_FREQ_HIGH;          /* 高速* /
    HAL_GPIO_Init(IIC_SCL_GPIO_PORT, &gpio_init_struct);    /* SCL * /

    /* SDA 引脚模式设置,开漏输出,上拉,不用设置 I/O 方向* /
    /* 开漏输出的时候( =1),也可读取外部信号的高低电平* /
    gpio_init_struct.Pin = IIC_SDA_GPIO_PIN;
    gpio_init_struct.Mode = GPIO_MODE_OUTPUT_OD;            /* 开漏输出* /
    HAL_GPIO_Init(IIC_SDA_GPIO_PORT, &gpio_init_struct);    /* SDA * /
    iic_stop();                                             /* 停止总线上所有设备* /
}
```

6.7.4 SPI 通信基础

SPI(serial peripheral interface)协议是由 Motorola 公司提出的通信协议,即串行外围设备接口,是一种高速全双工的通信总线。SPI 通信协议是 Motorola 公司首先在其 MC68 HCXX 系列处理器上定义的。目前已被广泛地使用在 ADC、LCD 等要求通信速率较高的场合。下面分别对 SPI 协议的物理层及协议层进行介绍。图 6-25 为 SPI 框图。

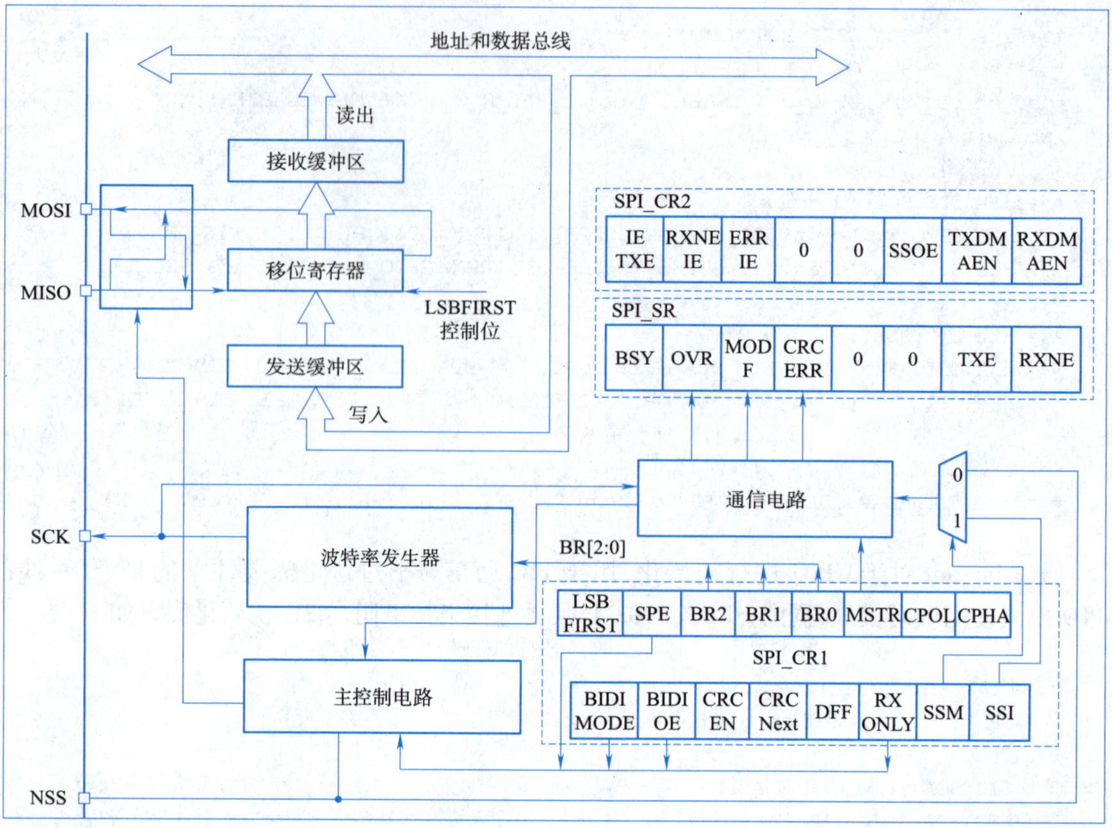

图 6-25 SPI 框图

根据图 6-25,SPI 引脚具体功能描述如下:

①MISO(master in slave out):此引脚用于主设备的数据输入和从设备的数据输出。当主设备需要接收数据时,从设备通过此引脚将数据发送给主设备。

②MOSI(master out slave in):此引脚用于主设备的数据输出和从设备的数据输入。主设备通过此引脚将数据发送给从设备。

③SCLK(serial clock):时钟信号线,由主设备产生。此信号用于同步主设备和从设备之间的数据传输。

④CS(chip select):从设备片选信号线,由主设备产生。主设备通过此信号线选择与哪个从设备进行通信。

SPI 通信主要基于主从模式,主机和从机各自拥有一个串行移位寄存器。通信过程如下:

①主机通过向其 SPI 串行寄存器写入 1 字节来启动一次传输。

②串行移位寄存器通过 MOSI 信号线将字节发送给从机。

③从机通过 MISO 信号线将其串行移位寄存器中的内容返回给主机。

通过上述流程,两个移位寄存器中的内容实现交换。在 SPI 通信中,外设的写操作和读操作是同步完成的。如果主机仅进行写操作,可以忽略接收到的字节;反之,如果主机要读取从机的一个字节,必须发送一个空字节以引发从机传输。SPI 总线支持三种传输方式:全双工通信、单工通信、半双工通信。这三种传输方式为不同的应用场景提供了灵活的选择。

6.7.5　SPI 配置步骤

SPI 配置步骤主要包括:SPI 参数初始化(工作模式、数据时钟极性、时钟相位等)、使能 SPI 时钟及配置引脚复用功能、使能 SPI、SPI 数据传输及设置 SPI 传输速率,具体如下:

SPI 参数初始化(工作模式、数据时钟极性、时钟相位等)可以利用 HAL 库中的 HAL_SPI_Init( )函数完成这些参数的初始化。需要注意的是,HAL_SPI_Init( )函数会内部调用 HAL_SPI_MspInit( )函数,该函数负责 SPI 底层的初始化工作,包括使能 SPI 和 GPIO 时钟、设置 GPIO 模式等。

使能 SPI 时钟及配置引脚复用功能,以 SPI2 为例,若使用 PB13、PB14 和 PB15 分别作为 SPI_SCK、SPI_MISO 和 SPI_MOSI,则需先使能 SPI2 和 GPIOB 的时钟。参考代码实现如下:

```
__HAL_RCC_SPI2_CLK_ENABLE();
__HAL_RCC_GPIOB_CLK_ENABLE();
```

引脚的复用功能配置可通过 HAL_GPIO_Init( )函数来完成。

使能 SPI 通过调用__HAL_SPI_ENABLE( )函数来实现,之后即可进行数据传输操作。

SPI 数据传输。发送数据使用 HAL_SPI_Transmit( )函数;接收数据使用 HAL_SPI_Receive( )函数。同时发送和接收使用 HAL_SPI_TransmitReceive( )函数。

设置 SPI 传输速率。SPI 初始化结构体 SPI_InitTypeDef 中的 BaudRatePrescaler 成员变量用于设置 SPI 的预分频系数,进而决定 SPI 的传输速率。HAL 库中没有直接提供修改 SPI 分频系数的函数。若需要在程序运行中偶尔修改传输速率,可以通过直接设置 SPI_CR1 寄存器来实现。

6.7.6　SPI 通信应用

下面通过调用 HAL 库的函数去驱动 SPI 进行通信。

SPI 驱动源码包括两个文件:spi. c 和 spi. h。

spi. h 文件中主要包含 SPI 驱动引脚宏定义,其内容如下:

```
/* SPI2 引脚定义 */
#define SPI2_SCK_GPIO_PORT GPIOB
#define SPI2_SCK_GPIO_PIN GPIO_PIN_13
#define SPI2_SCK_GPIO_CLK_ENABLE() do{ __HAL_RCC_GPIOB_CLK_ENABLE();\
                                   }while(0)
#define SPI2_MISO_GPIO_PORT GPIOB
#define SPI2_MISO_GPIO_PIN GPIO_PIN_14
#define SPI2_MISO_GPIO_CLK_ENABLE() do{ __HAL_RCC_GPIOB_CLK_ENABLE();\
                                    }while(0)

#define SPI2_MOSI_GPIO_PORT GPIOB
#define SPI2_MOSI_GPIO_PIN GPIO_PIN_15
#define SPI2_MOSI_GPIO_CLK_ENABLE() do{ __HAL_RCC_GPIOB_CLK_ENABLE();\
                                    }while(0)
```

```
/* SPI2 相关定义* /
#define SPI2_SPI SPI2
#define SPI2_SPI_CLK_ENABLE() do{ __HAL_RCC_SPI2_CLK_ENABLE();}while(0)
```

头文件中通过宏定义标识符的方式去定义 SPI 通信用到的三个引脚 SCK、MISO 和 MOSI,同时还宏定义 SPI2 的相关信息。

spi. c 代码中的初始化函数:

```
SPI_HandleTypeDef g_spi2_handler; /* SPI2 句柄* /

void spi2_init(void){
    SPI2_SPI_CLK_ENABLE(); /* SPI2 时钟使能* /
    g_spi2_handler.Instance = SPI2_SPI; /* SPI2 * /
    g_spi2_handler.Init.Mode = SPI_MODE_MASTER;/* 设置 SPI 工作模式,设为主模式* /
    /* 设置 SPI 单向或者双向的数据模式:SPI 设置为双向模式* /
    g_spi2_handler.Init.Direction = SPI_DIRECTION_2LINES;
    /* 设置 SPI 的数据大小:SPI 发送接收 8 位帧结构* /
    g_spi2_handler.Init.DataSize = SPI_DATASIZE_8BIT;
    /* 串行同步时钟的空闲状态为高电平* /
    g_spi2_handler.Init.CLKPolarity = SPI_POLARITY_HIGH;
    /* 串行同步时钟的第二个跳变沿(上升或下降)数据被采样* /
    g_spi2_handler.Init.CLKPhase = SPI_PHASE_2EDGE;
    /* NSS 信号由硬件(NSS 脚)还是软件(SSI 位)管理:内部 NSS 信号由 SSI 位控制* /
    g_spi2_handler.Init.NSS = SPI_NSS_SOFT;
    /* 定义波特率预分频的值:波特率预分频值为 256* /
    g_spi2_handler.Init.BaudRatePrescaler = SPI_BAUDRATEPRESCALER_256;
    /* 指定数据传输从 MSB 位还是 LSB 位开始:数据传输从 MSB 位开始* /
    g_spi2_handler.Init.FirstBit = SPI_FIRSTBIT_MSB;
    g_spi2_handler.Init.TIMode = SPI_TIMODE_DISABLE; /* 关闭 TI 模式* /
    /* 关闭硬件 CRC 校验* /
    g_spi2_handler.Init.CRCCalculation = SPI_CRCCALCULATION_DISABLE;
    g_spi2_handler.Init.CRCPolynomial = 7; /* CRC 值计算的多项式* /
    HAL_SPI_Init(&g_spi2_handler);/* 初始化* /
    __HAL_SPI_ENABLE(&g_spi2_handler);/* 使能 SPI2* /
}
```

在 spi_init()函数中主要工作就是对于 SPI 参数的配置,这里包括工作模式、数据模式、数据大小、时钟极性、时钟相位、波特率预分频值等。

HAL_SPI_MspInit()函数实现了关于 SPI 的引脚配置,具体代码如下:

```
void HAL_SPI_MspInit(SPI_HandleTypeDef * hspi){
  GPIO_InitTypeDef gpio_init_struct;
  if (hspi- > Instance == SPI2_SPI)
  {
    SPI2_SCK_GPIO_CLK_ENABLE(); /* SPI2_SCK 脚时钟使能* /
    SPI2_MISO_GPIO_CLK_ENABLE(); /* SPI2_MISO 脚时钟使能* /
    SPI2_MOSI_GPIO_CLK_ENABLE(); /* SPI2_MOSI 脚时钟使能* /
```

```
    gpio_init_struct.Pin = SPI2_SCK_GPIO_PIN;
    gpio_init_struct.Mode = GPIO_MODE_AF_PP; /* SCK 引脚模式设置(复用输出) */
    gpio_init_struct.Pull = GPIO_PULLUP;
    gpio_init_struct.Speed = GPIO_SPEED_FREQ_HIGH;
    HAL_GPIO_Init(SPI2_SCK_GPIO_PORT, & gpio_init_struct);
    gpio_init_struct.Pin = SPI2_MISO_GPIO_PIN; /* MISO 引脚模式设置(复用输出) */
    HAL_GPIO_Init(SPI2_MISO_GPIO_PORT, &gpio_init_struct);
    gpio_init_struct.Pin = SPI2_MOSI_GPIO_PIN; /* MOSI 引脚模式设置(复用输出) */
    HAL_GPIO_Init(SPI2_MOSI_GPIO_PORT, &gpio_init_struct);
    }
}
```

通过以上两个函数的作用就可以完成 SPI 初始化。

SPI 的发送和接收函数,其内容如下:

```
uint8_t spi2_read_write_byte(uint8_t txdata){
    uint8_t rxdata;
    HAL_SPI_TransmitReceive(&g_spi2_handler, &txdata, &rxdata, 1, 1000);
    return rxdata; /* 返回收到的数据 */
}
```

本节介绍了 SPI 的工作原理和实际初始化技巧。从初始化配置到数据传输,确保了 SPI 通信的高效与稳定。希望这些知识能为读者的嵌入式系统开发提供有力支持,激发更多创新应用。

习　题

简答题

(1)阐述 Cortex-M3 和 STM32 之间的关系,并列出 STM32 的主要外设。

(2)详细描述 Cortex-M3 内核的主要特点。

(3)简要描述以 STM32 处理器为核心构建的最小系统包括哪些组成部分。

(4)阐述计算机中的异常与中断在定义上的区别。

(5)说明 Cortex-M3 处理器具有哪两种工作模式,并解释设置这两种模式的必要性。

(6)阐述 Cortex-M3 处理器的两种工作状态,并详细说明这两种状态的具体含义。

(7)解释中断的概念及其分类,并列举中断技术引入的主要优点。

(8)何为中断源与中断向量?并阐述它们之间的关联。

(9)列举几种常用的中断优先级管理方法,并比较它们的优缺点。

(10)简要介绍 STM32F1×系列嵌套向量中断控制器(NVIC)的功能及其主要特点。

(11)列举 STM32 的 GPIO 支持的工作模式,并详细说明如何对这些工作模式进行配置。

(12)请设计一个使用 STM32 的 GPIO 端口 A 控制的电路,该电路包含 8 个 LED。要求每个 LED 每隔 1 s 轮流点亮。请绘制该电路的流程图,并编写相应的控制程序。

(13)简要介绍基本定时器的主要功能,并绘制基本定时器的结构框图。

(14)描述通用定时器的功能特点,并说明通用定时器寄存器的作用及其配置方法。

(15)对比基本定时器和通用定时器在结构框图和寄存器配置上的异同,并阐述它们在实际应用中的不同用途。

(16)概述串口通信协议的基本概念,并解释其在 STM32F103 系列微处理器中的重要性。

(17)阐述 USART 在 STM32F103 系列微处理器中的工作原理,并说明如何通过 USART 实现数据的异步发送与接收。

(18)请详细描述以下内容:

①USART 的配置步骤,包括初始化、波特率设置、帧格式配置等。

②USART 的配置寄存器,并说明它们在配置过程中的作用。

③如何实现 USART 的引脚复用功能,并给出一个实例,说明如何将 USART 的 TX 和 RX 引脚映射到 STM32F103 的特定 GPIO 端口上。

(19)绘制 I2C 总线的功能框图,并简述 I2C 总线的主要工作模式,包括从模式和主模式。

(20)描述在 STM32F103 系列微处理器中配置 I2C 总线的步骤,并说明如何实现 I2C 总线的主模式和从模式。

(21)编写一段 I2C 驱动代码,用于实现 STM32F103 微处理器与一个 I2C 从设备之间的数据通信,并简要说明代码的主要功能。

(22)阐述 SPI 通信的基础原理,并描述在 STM32F103 系列微处理器中配置 SPI 接口的步骤。同时,提供一个 SPI 通信的应用实例,说明如何使用 SPI 接口进行数据传输。

第7章 嵌入式实时操作系统μC/OS-Ⅱ概述

μC/OS-Ⅱ是一种基于优先级的抢占式多任务实时操作系统(real-time operating system, RTOS),专为嵌入式应用而设计。它由Micrium公司提供,具有高度的可移植性、可固化性、可裁剪性以及可抢占性,适用于多种微处理器、微控制器和数字信号处理器。

学习目标

(1)掌握嵌入式实时操作系统的意义与作用。

(2)掌握嵌入式实时操作系统的移植。

(3)掌握嵌入式实时操作系统的调试。

7.1 系统特点

嵌入式实时操作系统μC/OS-Ⅱ具有以下特点:

1. 可移植性

μC/OS-Ⅱ的源代码绝大部分是用ANSI C语言编写的,与微处理器硬件相关的部分则用汇编语言编写。这种设计使得μC/OS-Ⅱ可以轻松地移植到不同的微处理器上,只要该微处理器具有堆栈指针、CPU内部寄存器入栈/出栈指令,并且使用的C编译器支持内嵌汇编或可扩展、可连接汇编模块。

2. 可固化性

μC/OS-Ⅱ是为嵌入式应用而设计的,意味着它可以被嵌入产品中作为产品的一部分。只要具备合适的系列软件工具(如C编译器、汇编器、连接器以及下载/固化工具),就可以将μC/OS-Ⅱ固化到产品中。

3. 可裁剪性

μC/OS-Ⅱ提供了丰富的系统服务,但用户可以根据需要只使用其中的部分服务。这种可裁剪性是通过条件编译实现的,用户只需在应用程序中定义那些需要的μC/OS-Ⅱ功能即可。

4. 可抢占性

μC/OS-Ⅱ是一个完全可抢占型的实时内核,它总是运行就绪条件下优先级最高的任务。这种抢占式调度方式确保了系统的实时性。

7.2 系统组成

μC/OS-Ⅱ主要由以下几部分组成：

①内核。

②任务管理。

③时间管理。

④内存管理。

⑤任务间通信与同步。

7.3 版本与发展

μC/OS-Ⅱ的前身是μC/OS，最早由美国嵌入式系统专家罗伯斯特在1992年提出。随着时间的推移，μC/OS-Ⅱ不断得到改进和升级，现在已经发展到了更加完善的版本。同时，Micrium公司还推出了μC/OS-Ⅲ等后续版本，以满足不同用户的需求。

综上所述，μC/OS-Ⅱ是一种功能强大、稳定可靠的嵌入式实时操作系统，适用于多种嵌入式应用领域。

7.4 μC/OS-Ⅱ核心组件与机制

μC/OS-Ⅱ是一款由Micrium公司提供的嵌入式实时多任务操作系统，以其高效、小巧和可移植性著称。

1. 核心组件

(1)任务管理

任务的概念：在μC/OS-Ⅱ中，任务是并发执行的基本单位。任务通常是一个无限循环的函数，用于执行特定的功能或逻辑。

任务的状态：μC/OS-Ⅱ中的任务有五种状态，包括睡眠态、就绪态、运行状态、等待状态和中断状态。任务通过状态转换来实现多任务调度和管理。

任务的优先级：μC/OS-Ⅱ采用基于优先级的抢占式调度策略。每个任务都有唯一的优先级，高优先级任务可以抢占低优先级任务的CPU资源。

任务控制块(TCB)：TCB是μC/OS-Ⅱ中用来记录任务属性(如堆栈指针、当前状态、优先级等)的数据结构。系统通过TCB来管理任务。

(2)时间管理

时钟节拍：μC/OS-Ⅱ的时间管理是通过定时中断来实现的，该定时中断称为时钟节拍。时钟节拍的中断间隔是固定的，用于实现任务延时、时间片轮转等功能。

系统时间函数：μC/OS-Ⅱ提供了与系统时间相关的函数，用于获取当前时间、设置定时器等操作。

(3)内存管理

动态内存分配：μC/OS-Ⅱ提供了动态内存分配和释放的功能，允许开发者在运行时根据需要分配或释放内存。

内存池:开发者可以自定义内存池,以满足不同应用对内存大小和分配速度的需求。

(4)任务同步与通信

信号量:用于资源计数,允许多个任务共享有限的资源。

互斥量:用于保护临界区,确保同一时间只有一个任务访问特定资源。

消息队列:允许任务之间通过发送和接收消息来实现异步通信。

2. 机制

(1)任务调度机制

抢占式调度:μC/OS-Ⅱ采用抢占式调度策略,当高优先级任务就绪时,立即抢占正在运行的低优先级任务的 CPU 资源。

任务切换:任务切换包括任务级切换和中断级切换。任务级切换通过执行软中断或 TRAP 指令来实现,而中断级切换则在中断服务程序中完成。

(2)中断处理机制

中断优先级:μC/OS-Ⅱ支持多个中断优先级,中断服务程序可以嵌套执行。

中断级任务切换:在中断服务程序中,如果需要切换任务,可以调用中断级任务切换函数来实现。

(3)系统初始化与启动

系统初始化:在系统启动时,μC/OS-Ⅱ会进行一系列初始化操作,包括创建空闲任务和统计任务、初始化任务控制块列表等。

启动多任务:通过调用 OSStart()函数,μC/OS-Ⅱ开始执行多任务调度,进入实时多任务运行环境。

(4)可移植性机制

跨平台移植:μC/OS-Ⅱ设计时就考虑了跨平台的移植性,只需适配少量硬件接口,就能在多种处理器架构上运行。

移植文件:为了在不同硬件平台上移植 μC/OS-Ⅱ,开发者需要修改与处理器相关的几个文件,如 OS_CPU. H、OS_CPU_C. C 和 OS_CPU_A. ASM 等。

综上所述,μC/OS-Ⅱ的核心组件与机制共同构成了其高效、可靠的实时多任务操作系统架构。通过深入了解这些核心组件和机制,开发者可以更好地利用 μC/OS-Ⅱ进行嵌入式系统开发。

7.5　μC/OS-Ⅱ系统的移植

μC/OS-Ⅱ系统移植与配置方法主要涉及将 μC/OS-Ⅱ实时操作系统适配到特定的硬件平台上,即某一款单片机、ARM 或其他嵌入式系统,以实现多任务并发执行和高效的资源管理。

7.5.1　移植前准备

移植前需要准备如下事项:

1. 硬件平台选择

选择合适的硬件平台,如 STM32 系列微控制器。

2. 开发环境搭建

安装并配置好集成开发环境(IDE),如 Keil MDK 或 IAR Embedded Workbench。确保能够正确编译、连接和下载程序到目标硬件。

3. 获取 μC/OS-Ⅱ源码

从 Micrium 官网或其他可靠来源下载最新版本的 μC/OS-Ⅱ源码。

4. 获取硬件外设库

从硬件供应商官网(如 ST 官网)下载并安装最新的硬件外设库,以便访问硬件的各种功能。

7.5.2 移植步骤

移植步骤如下:

1. 创建工程目录结构

在 IDE 中创建一个新的工程,并构建清晰的目录结构,包括 CMSIS 目录、设备支持目录、外设驱动目录等。

2. 复制必要的库文件

将 μC/OS-Ⅱ源码和硬件外设库文件复制到工程的相应位置。

3. 修改配置文件

根据硬件平台和需求,修改 μC/OS-Ⅱ的配置文件(如 os_cfg. h),启用或禁用特定的功能。

4. 实现硬件抽象层(HAL)

编写与硬件相关的函数,如延时函数、定时器管理、内存分配等,以满足 μC/OS-Ⅱ对硬件操作的需求。

5. 修改与 CPU 相关的文件

根据目标 CPU 的架构,修改 OS_CPU. H、OS_CPU_C. C 和 OS_CPU_A. ASM 等文件,实现任务切换、中断处理等关键功能。

6. 编译与调试

在 IDE 中编译工程,解决可能出现的编译错误和警告。下载程序到硬件平台,进行调试和测试。

7.5.3 配置与优化

1. 任务配置

在 main. c 或类似的主文件中,创建并初始化任务,设置任务的优先级、堆栈大小和入口函数。

2. 中断配置

配置中断优先级和中断服务程序,确保中断能够正确触发并处理。

3. 时钟配置

配置系统时钟和定时器,为 μC/OS-Ⅱ提供时钟节拍。

4. 资源同步与通信配置

根据需求,配置信号量、互斥量、消息队列等同步与通信机制。

5. 性能优化

根据硬件平台和任务需求,调整任务优先级、堆栈大小、时钟节拍等参数,以优化系统性能。

6. 错误处理与调试

在代码中添加错误处理逻辑,以便在出现问题时能够及时发现并解决。

使用调试工具进行代码调试,确保系统能够正确运行。

7.5.4　注意事项

1. 硬件兼容性

在移植前,确保硬件平台与 μC/OS-Ⅱ兼容,包括 CPU 架构、内存大小、外设支持等。

2. 代码可读性

在编写和修改代码时,注意代码的可读性和可维护性,以便后续的开发和维护工作。

3. 文档记录

在移植和配置过程中,详细记录每一步的操作和遇到的问题及解决方法,以便后续参考和排查问题。

4. 版本管理

使用版本管理工具(如 Git)对源码进行版本管理,以便跟踪代码的变化和协作开发。

通过以上步骤,可以将 μC/OS-Ⅱ成功移植到目标硬件平台上,并实现多任务管理和实时操作系统的功能。在移植过程中,需要仔细阅读 μC/OS-Ⅱ的官方文档和硬件平台的技术手册,以确保正确配置和优化系统。

基于 μC/OS-Ⅱ的嵌入式应用开发实践是一个涉及多任务管理、实时性要求、资源优化等多个方面的复杂过程。以下将结合 μC/OS-Ⅱ的特点,详细阐述基于该操作系统的嵌入式应用开发实践。

7.6　基于 μC/OS-Ⅱ的嵌入式应用开发步骤

1. 需求分析

明确系统功能:详细确定应用系统需要实现的功能,如智能家居控制系统中的家电远程控制、环境数据采集与显示等。

功能细节与边界条件:进一步细化每个功能的具体细节和边界条件,如灯光控制的调光范围、设备故障时的应对策略等。

实时性要求:确定系统对实时响应的需求程度,如在工业自动化应用中,设备状态的监测和控制命令的执行可能要求极高的实时性。

资源限制:考虑目标硬件平台的资源限制,如内存大小、处理器性能等,这将影响系统功能的实现方式和任务的设计。

2. 任务划分与设计

功能独立性:将系统功能分解为多个相对独立的任务,每个任务负责一个特定的功能模块,以提高系统的可维护性和可扩展性。

优先级分配:根据任务的实时性要求和重要程度分配不同的优先级。对于实时性要求高且重要的任务，应分配较高的优先级。

任务接口设计：定义任务与其他任务、系统资源（如共享数据、外设）之间的接口，如通过消息队列进行任务间通信。

3. 系统实现

初始化操作系统：使用 OSInit( )函数初始化整个操作系统。

创建任务：使用 OSTaskCreate( )函数创建新任务，并为其分配优先级、堆栈大小等参数。

实现任务函数：编写每个任务的执行函数，实现具体的功能。

实现同步与通信机制：使用信号量、互斥量、消息队列等同步机制实现任务间的同步与通信。

4. 调试与优化

使用硬件调试器（如 JTAG 调试器）进行实时监控和调试，排查代码中的逻辑错误。

通过串口输出调试信息，使用串口调试助手查看关键变量值、任务执行状态等信息，辅助定位问题。

优化任务执行时间和优先级，减少不必要的任务切换开销。

对任务内部的算法进行优化，提高任务的执行效率。

分析系统的内存使用情况，优化内存分配策略，避免内存泄漏和不必要的内存占用。

7.7 μC/OS-Ⅱ调试、测试技巧及故障排查

μC/OS-Ⅱ调试、测试及故障排查是确保嵌入式系统稳定运行的关键环节。以下是一些实用的技巧。

7.7.1 调试技巧

1. 使用调试工具

利用集成开发环境（IDE）提供的调试功能，如断点设置、单步执行、变量监视等，来跟踪和分析代码执行过程。

使用硬件调试器，如 JTAG 调试器，进行实时监控和调试，可以直接查看 CPU 寄存器、内存状态等硬件信息。

2. 代码注释与日志

在代码中添加详细的注释，说明每个函数、变量和代码块的作用和目的，便于调试时理解代码逻辑。

使用串口输出调试信息，记录关键变量值、任务执行状态、错误信息等，帮助定位问题。

3. 任务划分与优先级管理

合理划分任务，确保每个任务的功能相对独立，便于调试和维护。

分配合理的任务优先级，避免高优先级任务长时间占用 CPU 资源，导致低优先级任务无法执行。

4. 内存管理

监控内存使用情况，确保系统不会因为内存不足而崩溃。

使用内存泄漏检测工具，及时发现并修复内存泄漏问题。

7.7.2　测试技巧

1. 单元测试

对每个函数或模块进行单独的测试,确保其功能正确无误。

使用测试框架或编写测试脚本,自动化测试过程,提高测试效率。

2. 集成测试

在完成单元测试后,将各个模块集成在一起进行测试,确保模块间的接口和通信正常。

模拟实际运行环境,进行压力测试和稳定性测试,确保系统能够长时间稳定运行。

3. 实时性能测试

测试系统的任务切换时间、中断响应时间等实时性能指标,确保系统满足实时性要求。

使用定时器或计数器来测量这些性能指标,并进行记录和分析。

7.7.3　故障排查

1. 观察故障现象

仔细观察系统出现的故障现象,如死机、重启、任务无法调度等。

记录故障发生时的环境条件、操作步骤和错误信息等。

2. 定位问题根源

根据故障现象和问题日志,初步判断问题可能的原因。

使用调试工具进行逐步排查,定位问题发生的具体位置。

3. 修复问题

针对定位到的问题根源,进行相应的修复操作。

修复后重新进行测试,确保问题得到彻底解决。

4. 总结经验教训

对整个调试和测试过程进行总结,记录遇到的问题和解决方法。

将总结的经验教训应用到后续的开发和测试过程中,提高系统的质量和稳定性。

5. 文档编写与更新

编写详细的开发文档和测试文档,记录系统设计、代码实现、测试过程和结果等信息。

在开发过程中及时更新文档,确保文档与代码同步。

6. 代码审查

定期进行代码审查,发现潜在的问题和隐患。

鼓励团队成员之间的交流和协作,共同提高代码质量和系统稳定性。

综上所述,μC/OS-Ⅱ调试、测试及故障排查技巧涉及多个方面,包括调试工具的使用、代码注释与日志、任务划分与优先级管理、内存管理、单元测试与集成测试、实时性能测试等。通过综合运用这些技巧和方法,可以有效地提高系统的质量和稳定性。

7.8　在不同类型单片机或嵌入式系统中部署μC/OS-Ⅱ

51 单片机和 STM32 是最常用的单片机与嵌入式系统的微控制器。下面分别介绍在在这两款微控制器中部署 μC/OS-Ⅱ的方法。

7.8.1 在 89C52 上部署 μC/OS-Ⅱ

在 89C52 上部署 μC/OS-Ⅱ的步骤如下：

1. 硬件准备

确保 89C52 单片机的硬件资源满足 μC/OS-Ⅱ的运行需求，包括足够的 RAM 和 ROM 空间。

根据需要配置外围电路，如时钟电路、复位电路、存储器扩展电路等。

2. 软件环境搭建

选择合适的开发工具链，如 Keil C51 编译器等。

配置好开发环境，确保能够正确编译和调试 89C52 单片机上的程序。

3. 移植 μC/OS-Ⅱ

获取 μC/OS-Ⅱ的源代码，并仔细阅读相关的移植文档。

根据 89C52 单片机的硬件特性，修改 μC/OS-Ⅱ源代码中的与硬件相关的部分，如任务堆栈的初始化、中断处理、时钟节拍等。

编写与 89C52 单片机相关的设备驱动程序，如 UART 驱动、定时器驱动等。

4. 编写应用程序

在 μC/OS-Ⅱ的基础上，编写满足特定应用需求的任务函数。

配置任务的优先级、堆栈大小等参数。

使用 μC/OS-Ⅱ提供的任务间通信与同步机制，实现任务间的数据交换和协调。

5. 调试与测试

使用开发工具链中的调试器，对移植后的 μC/OS-Ⅱ和应用程序进行调试。

检查任务调度、任务间通信与同步等功能是否正常。

测试系统的稳定性和实时性，确保满足应用需求。

移植 μC/OS-Ⅱ需要注意以下事项：

1. 资源限制

89C52 单片机的资源有限，因此在移植 μC/OS-Ⅱ时需要仔细考虑系统的内存需求，避免资源不足导致系统崩溃。

2. 中断处理

在 μC/OS-Ⅱ中，中断处理是一个重要的环节。需要确保中断服务程序能够正确响应外部事件，并且不会干扰任务的正常运行。

3. 实时性要求

根据应用需求，合理配置 μC/OS-Ⅱ的时钟节拍和任务优先级，以满足系统的实时性要求。

综上所述，在 89C52 单片机上部署 μC/OS-Ⅱ是可行的，但需要注意硬件资源的限制、中断处理的正确性以及实时性要求等问题。通过合理的配置和调试，可以构建一个稳定、高效的嵌入式实时系统。

7.8.2 在 STM32 上部署 μC/OS-Ⅱ

在 STM32 上部署 μC/OS-Ⅱ是一个常见的做法，这可以充分利用 STM32 的强大性能和 μC/OS-Ⅱ的实时多任务管理能力。以下是在 STM32 中部署 μC/OS-Ⅱ的详细步骤和注意事项。

1. 准备工作

(1)硬件准备

确保拥有 STM32 开发板或相应的 STM32 微控制器。

准备必要的调试工具,如 JTAG、SWD 调试器。

(2)软件环境搭建

安装 STM32 的开发工具链,如 Keil MDK-ARM 或 IAR Embedded Workbench。

下载并安装 STM32 的固件库和外设驱动库。

2. 移植 μC/OS-Ⅱ

具体参见 7.5.1 和 7.5.2 的内容。

3. 编写应用程序

(1)创建任务

在 μC/OS-Ⅱ的基础上,创建满足特定应用需求的任务函数。配置任务的优先级、堆栈大小等参数。

(2)任务间通信与同步

使用 μC/OS-Ⅱ提供的任务间通信与同步机制,如信号量、消息队列、互斥量等,实现任务间的数据交换和协调。

(3)初始化 μC/OS-Ⅱ

在 main()函数中,初始化 μC/OS-Ⅱ的内核对象。创建任务并启动任务调度器。

4. 调试与测试

(1)使用调试工具

连接 JTAG、SWD 调试器到 STM32 开发板。在开发工具中进行单步调试、断点设置等操作。

(2)检查任务调度

观察任务之间的切换是否正常。检查任务的优先级和时间片分配是否合理。

(3)测试系统稳定性

运行应用程序并观察系统的稳定性。检查是否存在内存泄漏、任务死锁等问题。

综上所述,在 STM32 中部署 μC/OS-Ⅱ需要仔细进行硬件和软件环境的准备、μC/OS-Ⅱ的移植、应用程序的编写以及调试与测试工作。通过合理的配置和调试,可以构建一个稳定、高效的嵌入式实时系统。

7.9　应用实例

下面分别以基于 89C52 和 STM32 为主控控制器的多点温度的实时监测系统和生命体征监测系统为例,介绍在 89C52 和 STM32 应用系统中部署和运行 μC/OS-Ⅱ。

7.9.1　基于 89C52 的温度巡检系统

大型库房仓储系统、楼宇火警智能化系统,以及一些对温度要求较高的生产流程需要对温度进行多点采集和实时控制。采用单任务循环编程模式设计的温度实时监测系统已经不能满足这种需要。以 μC/OS-Ⅱ为操作系统的、由多片 DS18B20 组成的多点温度巡回检测系统(简称“巡检系统”)具有更高的可靠性和可维护性。

1. 方案选择

该系统的基本功能是对多点温度的实时监测。选用 DALLAS 公司生产的单总线可组网的数字式温度传感器 DS18B20，其内部结构图和引脚图如图 7-1 所示，相应的引脚说明见表 7-1。每片 DS18B20 具有唯一的 64 位序列号，可以多片同时挂接在同一根总线上，且可以采用寄生电源方式，从数据线上获取能源，以降低系统功耗。DS18B20 与 89C52 的连接图如图 7-2 所示。

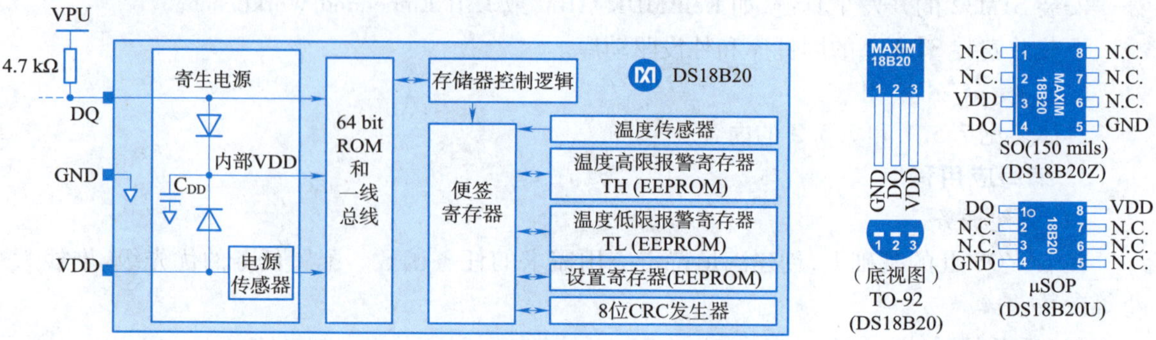

（a）内部结构图　　（b）引脚图

图 7-1　DS18B20 的内部结构图和引脚图

表 7-1　DS18B20 引脚说明

引脚			引脚名	功能描述
SO	uSOP	TO-92		
1、2、6、7、8	2、3、5、6、7	—	NC	置空
3	8	3	VDD	VDD 引脚。当采用“寄生电源”供电时，VDD 必须连接到地
4	1	2	DQ	数据输入/输出。1-Wire 漏极开路接口引脚。当采用“寄生电源”供电方式时，同时向设备提供电源
5	4	1	GND	地

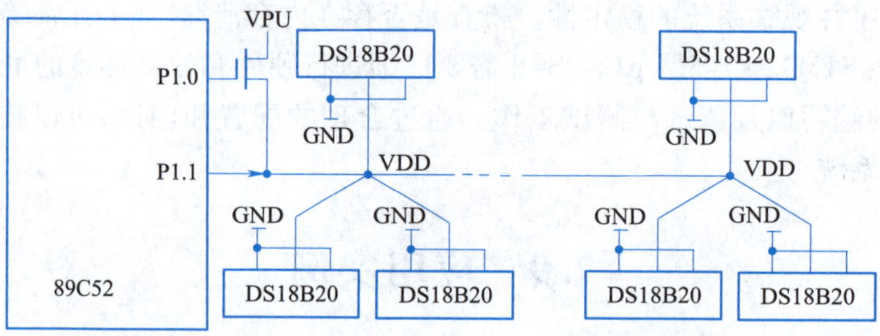

图 7-2　DS18B20 与 89C52 的连接图

DS18B20 在进行温度转换时，首先由主控制器选定传感器，然后发出温度转换指令。在温度转换结束后，DS18B20 会将所测的温度与预先设置的报警温度比较。如果超限，就设置报警标志。在收到主控制器发出的报警搜索指令后，DS18B20 就会响应。对于监测点较多的巡检系统，整个过程所花费的时间不容忽视。因此，要是找到一种方法，只让系统监测可能超限的点，就可以缩短时间，同时降低系统的功耗。采用模糊推理决策方法，设立 8 个监测点，每个点放 3 片 DS18B20。根据每片 DS18B20 每次测得的温度计算出温度偏差和采样间隔内的温度变化，并根据双输入单输出的模糊控制器得到控制决策量。据此就可设置报警级数、增加搜索频率等。故障检测和此过程类似，当监测点及周围监测点的温度都有变化时，可以发出报警搜索指令，而只有这片 DS18B20 异常时，就可能是故障了。

这个系统的软件代码较复杂，可以交给 μC/OS-Ⅱ来实现多任务管理。

2. μC/OS-Ⅱ在 89C52 上的移植

89C52 的硬件资源：8051 CPU，32 个 I/O 口，3 个定时/计数器，8 个中断源，8K Flash，256 B RAM。μC/OS-Ⅱ内核代码最小可以达到 2 KB，使用外扩 RAM，在 Keil C 编译器支持下，89C52 完全满足 μC/OS-Ⅱ移植及多任务运行要求。μC/OS-Ⅱ的移植工作主要包括以下几项内容：用 #define 设置一个常量的值 OS_TASK_GROWTH；声明几个数据类型（编译器相关）；用#define 声明 3 个宏：OS_ENTER_CR、ITICALOS_EXIT_CR、ITICALOSCtxSw；用 C 语言改写 OS_CPU. C 中 6 个简单的函数：

堆栈初始化函数 OSTaskStkInit()用来初始化任务的堆栈结构，返回的堆栈指针保存在一个全局变量中，最后存储到任务控制块（OS_TCB）。其他 5 个扩展函数 OSTaskCreateHook()、OSTaskDelHook()、OSTaskSwHook()、OSTaskStatHool()、OSTaskTickHook()必须声明但没必要包含代码。

OSStartHighRdy()、OSCtxSw()、OSIntCtxSw()和 OSTickISR()这几个函数主要目的是运行任务和执行任务切换，在任务进入运行态或者退出运行态时，将任务的当前状态值从任务堆栈中恢复或者保存到任务堆栈中。

3. μC/OS-Ⅱ具体功能的实现

根据系统的功能及工作原理，将应用程序划成 6 个不同的任务：DS18B20 序列号搜索任务；DS18B20 报警温度设置任务；PC 和单片机通信任务；温度转换任务；模糊决策控制任务；DS18B20 报警故障搜索任务。根据任务的优先级以及完成功能的逻辑顺序，确定任务状态切换图如图 7-3 所示。图中六个任务由用户所建，括号内的数字对应任务的优先级，箭头所示为可能的任务切换顺序。

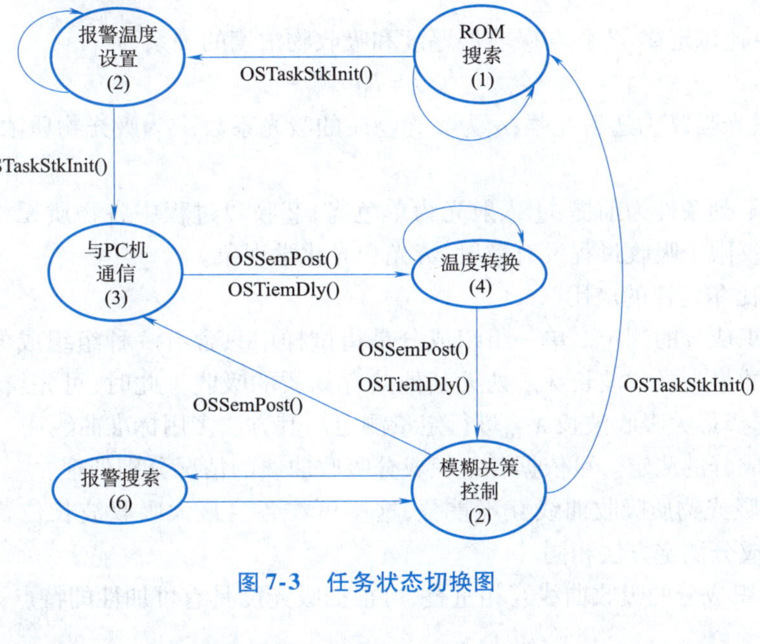

图 7-3　任务状态切换图

μC/OS-Ⅱ初始化后,通过调用 OSStart( )启动多任务,7 个任务(包括 6 个用户建立的任务和 1 个 OS 定义的优先级最低的空闲任务)都处于就绪态,此时任务就绪表中任务 1 优先级最高,进入运行态。搜索完所有在线传感器序列号后,调用 OSTaskSuspend( ),挂起任务自己,进入等待挂起状态。时钟节拍中断时,OS 判断此时就绪表中任务 2 优先级最高,切换,任务 2 进入运行态。任务 2 主要设置报警温度限,同样,设置完毕后调用 OSTaskSuspend( ),挂起任务自己,进入等待挂起状态。时钟节拍中断时,OS 判断此时就绪表中任务 3 优先级最高,切换,任务 3 进入运行态。任务 3、任务 4 与任务 5 是本系统的主要工作,同时为保证温度转换过程和模糊决策的连贯性,这 3 个任务使用同一个信号量。通过调用 OSSem Post( )来引起任务切换。同时,任务 5 还可以通过调用 OSTaskResume( )来恢复任务 1 的运行。

7.9.2 基于 STM32 的血氧饱和度和心率监测系统

低成本、廉价但高精度、高可靠性的健康监测与管理系统在家庭中的应用,必将在生命保障和维护健康方面发挥重要的作用。下面介绍基于嵌入实时操作系统 STM32 的心率、血氧监测系统,该系统能实时显示心率、血氧饱和度值并在参数异常时发送求救信号给监护人。

1. 血氧饱和度测量原理与方法

血氧饱和度不仅表征着血液携氧的能力,也揭示了肺的交换氧的能力,更直接反映了人体各组织可被供氧的状态,因而是一个十分重要的生理指标。血氧饱和度已成为监护仪器的一个基本指标。自从 20 世纪 80 年代末期,血氧饱和度测试仪进入实际应用以来,其价格从几万元人民币降至目前的几百元。

血氧饱和度测试仪在价格上有了翻天覆地的变化,但在精度上进步不大,目前存在的问题与多年前几乎完全一样:灌注不足和运动伪迹导致精度下降是难以克服的障碍。

(1)朗伯-比尔定律

朗伯-比尔(Lambert-Beer)定律反映了光学吸收规律,即物质在一定波长处的吸光度与它的浓度成正比。朗伯-比尔定律的意义在于:只要选择适宜的波长,测定它的吸光度就可以求出溶液的浓度。

根据朗伯-比尔定律,光强与吸收层厚度和吸收物浓度的关系为

$$I = I_0 e^{-\alpha cl} \tag{7-1}$$

式中,I_0 为入射光强;I 为透射光强;α 为吸光物质的吸光系数;c 为吸光物质浓度;l 为光路长度(光程)。

此定律以下列条件为前提:①入射光为单色光;②吸收过程中各物质无相互作用;③辐射与物质的作用仅限于吸收过程没有散射、荧光和光化学现象。

(2)朗伯-比尔定律的应用

①单一组织成分的测定。单一组织成分是指试样中只含有一种组织成分,或在混合物中待测组织成分的最大吸收波长 λ_{max} 处无其他共存物质的吸收。此时,可先绘制待测物质的吸收曲线,然后选择最大吸收波长 λ_{max} 进行定量测定。其方法多用标准曲线法。

②多组织成分的测定。可依据各组织成分吸收曲线的情况分别处理。

a. 若各种吸光物质吸收曲线互不重叠,这些可在各自最大吸收波长位置分别进行测定。这与单一组织成分测定方法相同。

b. 若各组织成分的吸收曲线互相重叠,可根据吸光度具有可加性的特点,即多组织成分试

液在某一给定波长处的总吸光度等于各组织成分吸光度之和,通过求解联立方程来进行测定。例如,有两种组织成分A和B,在A和B的最大吸收波长 λ_1 和 λ_2 处,分别测定混合物的吸光度,然后通过解二元一次方程组,求得各组织成分浓度。同样,当溶液中有 N 个组织成分同时存在时,亦可用类似方法处理,但随着组织成分的增多,实验结果的误差也将增大。

2. 离体血氧饱和度测量原理

当入射光透射过某种均匀、无散射溶液时,其光吸收特性遵从朗伯-比尔定律,可描述为

$$A = -\lg\frac{I}{I_0} = 2.303\alpha cl \tag{7-2}$$

式中,I_0、I 分别为入射光强和透射光强;c、α、A 分别为吸光物质的浓度、吸光系数和吸光度;l 为光路长度。

在某一波长光 λ_1 处,式(7-2)对于血液溶液可写为

$$-\lg\frac{I}{I_0} = [a_1c_1 + a_2(c - c_1)]\cdot l \tag{7-3}$$

式中,a_1、a_2 为 HbO_2 和Hb在波长 λ_1 处的吸光系数;c_1 和 c 分别为 HbO_2 和总Hb的浓度。

根据血氧饱和度定义,血液中 HbO_2 和总Hb浓度之比,即 c_1/c。因此,从式(7-3)可以推得

$$SaO_2 = \frac{c_1}{c} = \frac{-\lg\frac{I}{I_0}}{(a_1 - a_2)cl} - \frac{a_2}{(a_1 - a_2)} \tag{7-4}$$

由式(7-4)可看出,当使用单一波长光 λ_1 测量时,SaO_2 依赖于总Hb浓度 c 及光路长度 l。假如再采用另一路波长光 λ_2 同时测量时,与式(7-4)同理可得

$$SaO_2 = \frac{c_1}{c} = \frac{-\lg\frac{W}{W_0}}{(b_1 - b_2)cl} - \frac{b_2}{(b_1 - b_2)} \tag{7-5}$$

式中,W_0、W 分别为 λ_2 光入射光强和透射光强;b_1、b_2 为 λ_1 和Hb对 λ_2 波长光的吸光系数。

由式(7-4)、式(7-5)联立可以消去总Hb浓度 c 和光路长度 l,得到式(7-6),即

$$SaO_2 = \frac{a_2Q - b_2}{(a_2 - a_1)Q - (b_1 - b_2)} \tag{7-6}$$

式中,$Q = \dfrac{\lg\frac{W}{W_0}}{\lg\frac{I}{I_0}} = \dfrac{A_{\lambda 1}}{A_{\lambda 2}}$,$A_{\lambda 1}$ 和 $A_{\lambda 2}$ 分别为血液对 λ_1 及 λ_2 波长光的吸光度。

参考脱氧血红蛋白(Hb)和氧合血红蛋白(HbO_2)的吸收光谱曲线(见图7-4),选择波长在Hb和 HbO_2 吸光系数曲线交点(805 nm)附近时,即 $a_1 \approx a_2 \approx a$ 时,式(7-6)变为

$$SaO_2 = \frac{aQ}{b_2 - b_1} - \frac{b_2}{b_2 - b_1} = AQ + B \tag{7-7}$$

式中,A、B 为常数。

式(7-7)说明:当一个波长选为曲线交点附近时,SaO_2 可以从血液溶液在两个波长点的吸光度比率求得。这样 SaO_2 不依赖于总Hb浓度 c 和光路长度 l,这就是 SaO_2 测定的基本原理。以上原理的推导过程只针对纯血液溶液。如果该原理要实际应用于人体 SaO_2 无损伤检测,必须要考虑人体非血液组织对光的吸收及散射影响,并消除其所引起的测量误差。

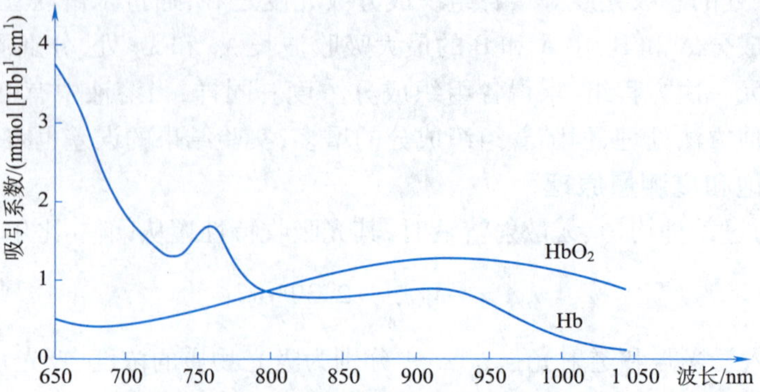

图 7-4　脱氧血红蛋白(Hb)和氧合血红蛋白(HbO_2)的吸收光谱曲线

3. 硬件设计

系统硬件框图如图 7-5 所示。整个系统包括控制器 STM32F103RBT6、TFT LCD 触摸屏模块、SD 卡存储模块、MAX30102 传感器模块和 SIM808 模块。传感器采集到的心率和血氧数据经主控制器处理后,在由 emWin 设计的触摸屏上实时显示与操作。

(1)控制器

监测系统应具有较低的功耗,同时为了方便接入各类传感器采集到的模拟信号,应带有 ADC 部分。采用 ST 公司的基于 Cortex-M3 内核的 STM32F103RBT6 芯片,最大时钟频率能够达到 72 MHz。满足系统中 μC/OS-Ⅱ和 emWin 的移植、运行和数据采集要求。

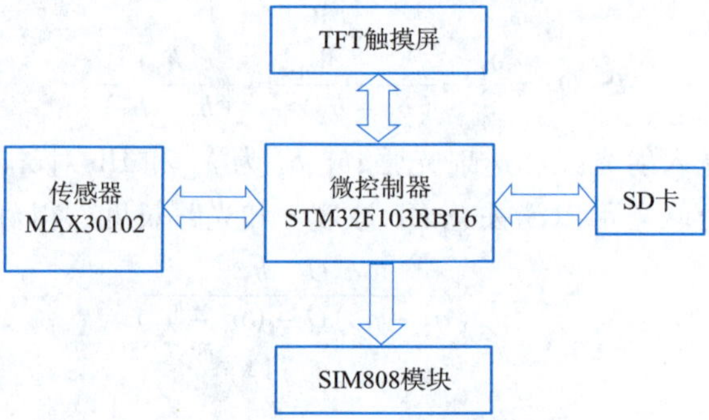

图 7-5　系统硬件框图

(2)传感器

采用 Maxim 半导体公司的 MAX30102 传感器。它是一个集成的心率和血氧饱和度检测的反射式传感器,它集成了两个 LED、光电检测器、光器件,以及带环境光抑制的低噪声电子电路。非常适用于健康监测和穿戴式设备。MAX30102 采用一个 1.8 V 单电源供电和一个独立的 5.0 V 电源用于内部 LED 的电源。通过 I2C 接口与主控制器进行通信,可通过软件进行模块关断,待机电流为零,实现电源始终维持供电状态。内部自带模/数转换功能,可直接与控制器相连。该传感器具有以下主要特性:

①可编程采样率,节省功耗,心率监测可小于 1 mW;

②可靠的运动伪影抑制,高信噪比;

③ -40 ~ +85 ℃工作温度范围。

(3)SIM808 模块

定位和报警求救部分选用 SIMCOM 出品的 SIM808 模块,该模块是 GSM + GPS + GPRS + 蓝牙组合模块,采用了行业标准接口和 GPS 功能。SIM808 模块与主控制器 STM32F103RBT6 之间通过 UART 串口进行通信。该模块与 MCU 控制器间的通信协议是 AT 指令集,与 STM32F103RBT6 之间无须电平转换。

4. 软件设计

软件部分主要包括系统软件和应用软件,采用模块化程序设计方法,便于系统维护和升级。系统软件设计主要有 μC/OS-Ⅱ和 emWin 的移植,应用软件主要由数据采集程序、LCD 显示程序、报警求救软件设计组成。系统软件框图如图 7-6 所示。主控初始化主要是初始化控制器 STM32F103 的中断向量表、系统时钟等。外设初始化主要是传感器、显示模块、存储模块初始化。

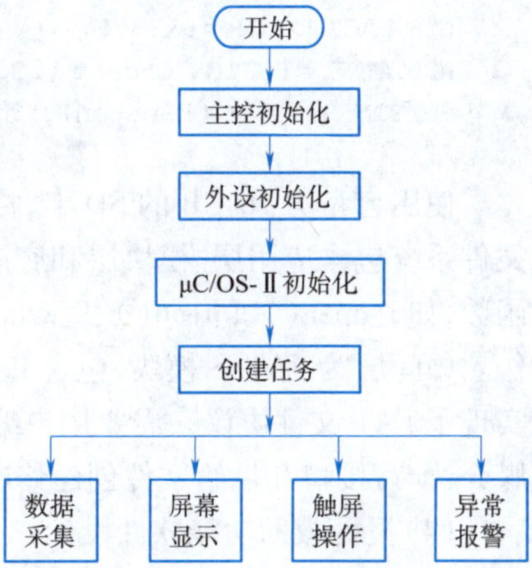

图 7-6　系统软件框图

(1)系统软件设计

μC/OS-Ⅱ的移植主要修改 OS_CPU_A. ASM、OS_CPU_C. C、OS_CPU. H 这三个与处理器相关的文件,主要是声明数据类型、编写任务堆栈初始化函数和任务切换程序等。

在调用 OSInit()和 OSCtxSw()对系统初始化后,通过调用函数 OSTaskCreateExt()来创建实时任务,再用 OpenTimer()设置时钟中断,当系统执行到 OSStart()函数时,开始进行任务调度。μC/OS-Ⅱ是利用静态方式设置任务优先级从而来进行任务调度。这种方式的优点是系统具有更好的预知性和稳定性。根据功能及实时响应的重要程度,将各个任务的优先级进行了设计,见表 7-2。优先级间隔分配便于后期增加系统功能。

表 7-2　任务优先级分配

任务名	优先级	说　明
Task_iic_PRIO	5	数据采集
Task_sos_PRIO	6	紧急报警
Task_display_PRIO	8	屏幕显示
Task_ctrl_PRIO	10	触屏操作

(2)信号采集

MAX30102 采用 I2C 通信协议,通过配置模式控制寄存器设置其工作在 SPO2 模式,采样频率为 100 Hz,红外光和红光的 LED 电流设置为 17. 4 mA,定时发送两路脉冲信号控制两者交替发光。利用 A/D 转换获取光强变化数据,采集精度设置为 16 位。当 MAX30102 工作模式为血氧检测模式时,要开辟 4 字节的存储空间来存放红外光与红光的交直流检测值,然后从 FIFO 寄存器中读取。采集到 PPG(光电容积脉搏波)信号后,求出每个 PPG 波形的极大值和极小值,从而可得到交流分量,两者的均值为直流分量,可求得血氧饱和度值。由于采样频率为 100 Hz,所以每两个采样点的时间间隔为 0. 01 s,那么一个完整的波形时间 $t = 0.01(n-1)$,n 为一个完整的 PPG 波形采样点的个数。然后用一个 PPG 波形时间可以求得脉率 $HR = 60/t$。

(3)界面设计与数据存储

emWin 是专门用于嵌入式应用的通用图形软件包,完全采用 ANSI C 编写,可轻松用于任何 CPU 和几乎所有显示器。有二维绘图库、多级 RGB 颜色管理、Windows 风格的对话框和控件等。在移植了 μC/OS-Ⅱ工程的基础上移植 emWin 主要有以下部分工作:修改 μC/GUI 配置文件的参数,编写 LCD 驱动程序和触摸屏驱动程序,以及修改与 μC/OS-Ⅱ操作系统相关的接口函数。

```
void LCD_Display_Dir(1);                              //设置屏幕为横屏显示
u16 BACK_COLOR = 0x83FF;                              //背景色(R,G,B) = (0,131,255)
hBUTTON1 = BUTTON_Create (25,185,40,15,",BUTTON_CF_SHOW);//显示按键
BUTTON_SetText (hButton1,"开始");                     //设置文本
```

使用容量为 16 GB 的 SD 卡,格式化为 FAT32 文件系统。采用 SPI 通信方式模式。FATFS 文件系统包含应用层、模块层和底层。只需要调用 FATFS 模块提供给用户的一系列应用接口函数,如 f_open( )、f_read( )、f_write( )和 f_close( )等,就可以实现读/写、关闭、删除文件等操作。中间层为 FATFS 模块,包含 ff. c 和 ff. h 文件,该层是 FATFS 文件系统的核心层,已经完整实现了 FAT 文件协议。需要用户编写移植代码的是 FATFS 模块提供的底层接口,它包括存储媒介读/写接口和供给文件创建修改时间的实时时钟等函数。

(4)报警救助功能软件设计

当系统判别出两个生理参数不在正常范围之内时,发出报警并发送短信和位置信息。采用消息邮箱作为系统任务通信机制。发生求救时,系统接收报警任务,打开短信功能,获取数据后发送。主控制器读取此时生理参数以文本形式作为短信内容。通过 AT 指令启动定位功能,在对定位信息解析后获得当前位置并通过 AT 指令实现短信发送。报警救助软件工作流程图如图 7-7 所示。

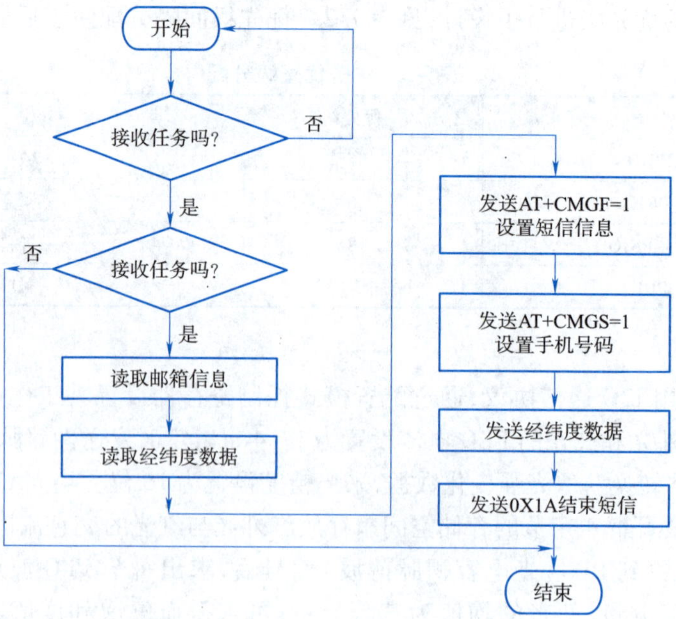

图 7-7　报警救助软件工作流程图

习　题

简答题

(1)为什么要采用嵌入式操作系统？

(2)嵌入式操作系统如何分配任务及其优先级？

(3)嵌入式操作系统(单片机)的性能(速度与内存)对任务的限制是什么？

(4)对实时性要求极高(相当于 ARM 或单片机的性能而言)是否需要采用嵌入式操作系统？

(5)“多任务”嵌入式实时操作系统的优势是什么？

第8章

单片机应用中的典型技术

8051系列8位单片机和STM32系列32位单片机作为嵌入式系统的核心处理器,因其功能强大、性价比高,广泛应用于家电控制、智能设备、工业自动化等多个领域。随着物联网和智能化设备的快速普及,单片机的应用场景日益丰富,对开发者的技术能力提出了更高要求。全面掌握单片机的基本原理,熟悉其开发流程,并精通外围设备的控制与接口设计,已成为嵌入式开发的核心技能。8051系列单片机以其成熟的技术基础和庞大的市场保有量,在传统项目中仍占据重要地位;而STM32系列单片机基于高性能的ARM Cortex-M内核,凭借其强大的计算能力和丰富的外设资源,成为嵌入式领域的主流选择。学习两类单片机的技术特点及实际应用,可为不同场景选择最优的开发方案奠定基础。本章将系统介绍嵌入式处理器应用中的典型技术,以及这些技术在8051和STM32单片机中的具体实现,涵盖数据采集与传输技术、频率测量技术、FIR数字滤波技术等内容。

学习目标

(1)掌握数据采集与传输、频率测量、FIR数字滤波的基本原理,并理解这些技术在8051和STM32单片机中的实现方法。

(2)具备面向现代工业与消费级电子产品的嵌入式系统开发能力,并能解决实际应用中的技术问题。

8.1　数据采集与传输技术

数据采集与传输技术是嵌入式系统应用中的关键技术之一,其核心是通过对外部环境数据的实时采集与可靠传输,赋予系统精确的感知和交互能力。基于单片机的数据采集传输系统如图8-1所示。

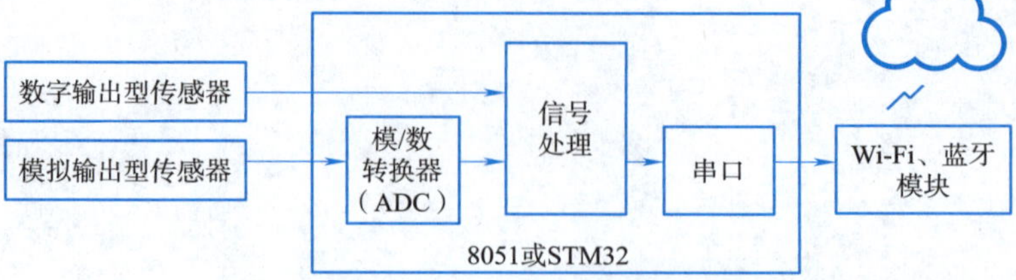

图8-1　基于单片机的数据采集传输系统

图 8-1 所示的数据采集传输系统需要通过传感器将物理量(如温度、压力、光强、速度等)转化为电信号。模拟输出型传感器输出的信号为连续变化的模拟量,无法被单片机直接识别。因此,这类传感器的输出信号先由 ADC 将其转换为数字信号,再存储到单片机内部的随机存储器(RAM)中,以供后续分析处理或是传输使用。而数字输出型传感器直接输出数字信号,其输出数据通过标准化的数字通信协议输入单片机 I/O 口。这些通信协议包括 I2C、SPI 和 OneWire 等,具有通信效率高、抗干扰能力强等优点。

单片机系统完成数据采集后,往往需要将结果传输给其他设备。数据传输方式主要包括有线传输和无线传输。有线传输通过单片机内部串行通信接口 UART 完成。无线传输则是由 UART 和外部无线通信模块共同完成。以数据发送为例,先由 UART 将待传输数据发送给 Wi-Fi 或是蓝牙等无线通信模块;这些模块接收到数据后,再基于无线通信协议将其发送到目标设备或平台(如云服务器或移动终端)。通过无线传输方式,可以实现远程设备对传感器采集数据的实时监控、分析和存储。

本节将探讨模拟输出型传感器的数据采集与无线传输技术,重点讲解 ADC 模块的使用方式、DMA 数据传输控制、无线蓝牙模块的配置方法等。结合实际案例分析和技术讲解,帮助读者全面掌握模拟输出型传感器在嵌入式系统中的集成方法与实践技巧,为开发复杂传感器应用系统打下坚实基础。

8.1.1　交流信号数据采集与传输

交流信号是指电流方向会随时间发生周期性变化的信号。从现实中获取的模拟信号大多具有交流变化特征。变化缓慢的模拟信号(如环境温度、湿度、电池电压等)通常对系统的实时性要求不高。因此,在采集该类数据时,主要关注如何通过模拟电路对信号进行调理。其关键是将传感器感应到的电压变化范围调整至单片机 ADC 模块的工作范围(如 0 ~ 3.3 V 或 0 ~ 5 V)。对于变化相对较快的模拟信号(如 50 Hz 工频信号、声音信号等),不仅需要考虑信号与 ADC 模块工作电压适配的问题,还要求 ADC 模块具有足够高的采样频率和采样稳定性。如果采样频率没有满足奈奎斯特采样定理,采样数据将会出现频谱混叠效应,从而引起信号失真。其次,稳定的采样率可以保证每次采样点之间的时间间隔固定,采集到的数据序列具有一致的时间参考。这对于后续的信号处理(如滤波、频谱分析或信号重建)尤为重要。如果采样率不稳定,将影响信号处理算法的准确性。

下面基于 IAP15F2K60S2 和 STM32F103ZET6 两款单片机,探讨如何实现交流信号的采集与传输。对于 IAP15F2K60S2 单片机,主要介绍如何利用内部定时器和 ADC 模块完成交流信号采集。对于 STM32F103ZET6 单片机,重点探讨如何利用其高性能的 ADC 模块、DMA 模块及丰富的定时器资源,实现快速高精度的信号采集。

1. 基于 51 单片机的交流信号采集与传输

IAP15F2K60S2 是 STC 公司生产的一款高性能单片机,基于单时钟/机器周期(1T)架构的 8051 内核设计。与传统的 12 时钟/机器周期(12T)8051 单片机相比,其执行效率显著提升,能在相同时钟频率下完成更高的指令吞吐量。该型号单片机还内置了八路 10 位高速 ADC,适合于嵌入式系统应用的诸多场景。

ADC 模块采样外部输入信号是在 IAP15F2K60S2 单片机定时器的控制下完成的。首先,通过 IAP15F2K60S2 单片机内部定时器生成定时时间。每当定时时间到,触发定时中断,MCU

转去执行中断服务程序。在中断服务程序中启动 A/D 转换并存储转换结果。具体实现流程图如图 8-2 所示。

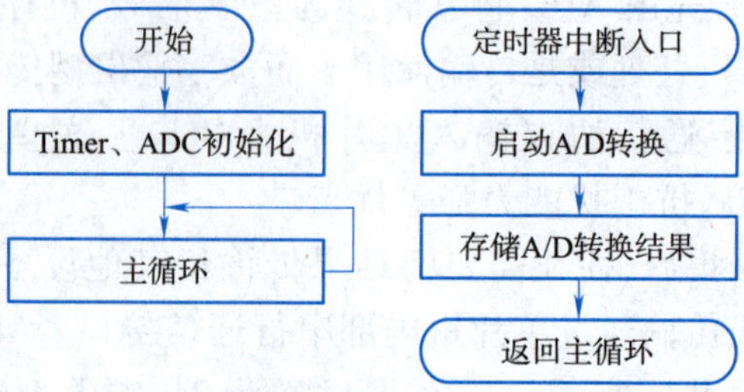

图 8-2 51 单片机实现固定采样周期流程图

图 8-2 所示流程中各个模块的程序代码介绍如下。

ADC 初始化程序如下：

```
void ADC_Init(void)
{
    ADC_RES = 0;                                    //ADC 存储器寄存器清零
    ADC_CONTR = ADC_POWER | ADC_SPEEDHH;
    Delay(2);                                       //开启 ADC 模块电源后适当延时
}
```

获取 ADC 结果的程序代码如下：

```
unsigned char ADC_GetResult(unsigned char ch)
{
    P1ASF = 0x01 << ch;                             //A/D 转换通道选择
    ADC_CONTR = ADC_POWER | ADC_SPEEDHH | ch | ADC_START;
    _nop_();
    _nop_();
    _nop_();
    _nop_();
    while (!(ADC_CONTR & ADC_FLAG));                //等待 A/D 转换完成
    ADC_CONTR &= ~ADC_FLAG;                         //清除 A/D 转换完成标志位
    return ADC_RES;                                 //返回 A/D 转换结果
}
```

在定时器中完成 A/D 转换的程序如下：

```
void Timer0Intr(void) interrupt 1
{
    ADC_Val = ADC_GetResult(2);                     //从 P1.2 引脚进行数据采集
}
```

在上述代码中，需要注意：与 8051 单片机不同，IAP15F2K60S2 单片机定时器 0 的方式 0 具有 16 位自动重装载模式。因此，在定时器中断服务程序中不需要对定时器 0 重新赋初值。

根据奈奎斯特采样定理，采样频率（采样周期的倒数）要大于或等于输入信号频率的 2 倍。

因此,定时器输出的定时时间(即采样周期)需要满足这一约束条件。如果输入信号的频率过高,定时器将会频繁地触发 MCU 发生中断,给 MCU 带来较大的负担。这有可能导致系统不稳定或影响其他任务执行。以声音信号的采集为例,声音信号的频率成分集中在 20 Hz ~ 20 kHz,为了高保真地捕捉该信号,ADC 模块的采样频率至少需要达到 40 kHz。此时,单片机内部定时器每隔 25μs 将发生一次中断。如此频繁的中断操作,将影响 51 系列单片机采集信号的速率,在实现高速率信号采集方面存在一定局限性。

2. 基于 STM32 单片机的交流信号采集与传输

IAP15F2K60S2 单片机的数据采集传输过程包括:MCU 启动 A/D 转换,当转换完成后,MCU 从 ADC 寄存器中读取转换结果,再将结果传输到内部数据存储单元。整个过程都需要 MCU 参与,MCU 的工作负担较大。STM32F103ZET6 单片机内部集成了 DMA 模块,可以在 MCU 不参与的情况下直接将 ADC 模块的输出结果传输到内部数据存储单元。由于数据传输和存储由 DMA 模块的硬件电路自动完成,极大地减少了 MCU 的工作负担。

在 DMA 模块的辅助下,很容易实现外部数据的批量采集和处理。具体流程为:先由 ADC 采集一组数据并存放到内存单元,然后 MCU 对该组数据进行分析处理;当 MCU 完成数据处理后,再次启动 ADC 采集下一组数据。采用双缓冲机制优化上述过程,还可以提高系统的实时性。在双缓冲机制下,设置有两个缓冲区:一个用于存放 DMA 传输的数据(即当前采集到的数据);另一个则存储已采集的上一组数据,供 MCU 分析处理。这样,采集数据的存放和处理数据的读取分别在两个缓冲区中交替进行,两项操作不会互相阻塞,最大限度提高了系统的实时性和处理效率。这种机制尤其适用于对数据处理有较高要求的实时应用系统。其实现框图如图 8-3 所示。

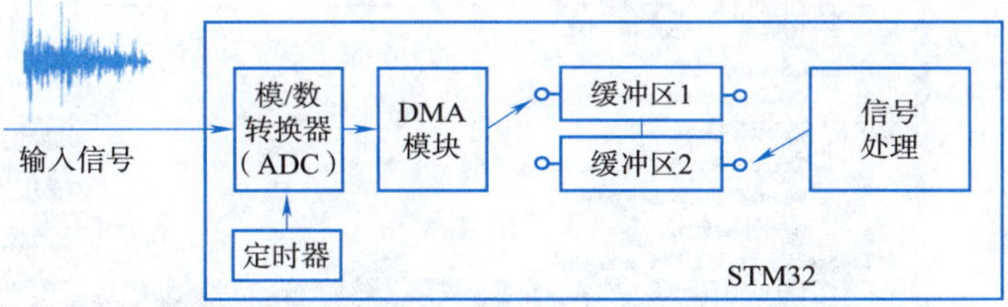

图 8-3　基于双缓冲机制的 DMA 数据传输实现框图

STM32F103ZET6 单片机除了拥有 DMA 模块带来的优势外,其内部定时器可以在不发生中断的情况下触发 ADC 对输入信号进行采样,在 ADC 采样结束后自动触发 DMA 传输,将 A/D 转换结果直接传输到内存单元缓冲区 1 中。这一过程没有定时中断发生,也不需要 MCU 参与,数据传输完全由 DMA 模块负责。当缓冲区 1 的存储空间满时,将触发 DMA 传输完成中断,MCU 转去执行 DMA 中断服务程序。在中断服务程序中将 DMA 传输的目的地址修改为缓冲区 2,下一次 DMA 传输的数据将会存储到缓冲区 2 中。下面介绍如何在 STM32F103ZET6 中实现基于双缓冲机制的 DMA 数据传输。

首先,根据实际项目需求,在 STM32CubeMX 软件中配置所需资源的参数,主要步骤如下:

(1)配置 MCU 主频

MCU 选择内部 RC 振荡器,在 Clock Configuration 选项卡下,选择 HSI,并在 HCLK 参数下输入 64 MHz,然后按【Enter】键,如图 8-4 所示。软件将自动配置系统时钟树,并确定 MCU 主频为 64 MHz。

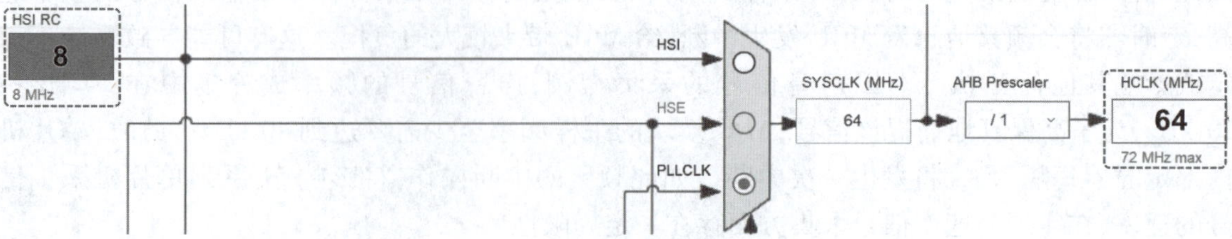

图 8-4 时钟树的参数设置

(2)设置 TIM3 的参数

在选项卡 Pinout & Configuration→Timers→TIM3 下,选择 Internal Clock 作为定时器 TIM3 的时钟源。设置定时器的预分频器 Prescaler = 64-1,自动重装载寄存器 Counter Period = 50-1。设置触发事件为 Update Event,具体如图 8-5 所示。

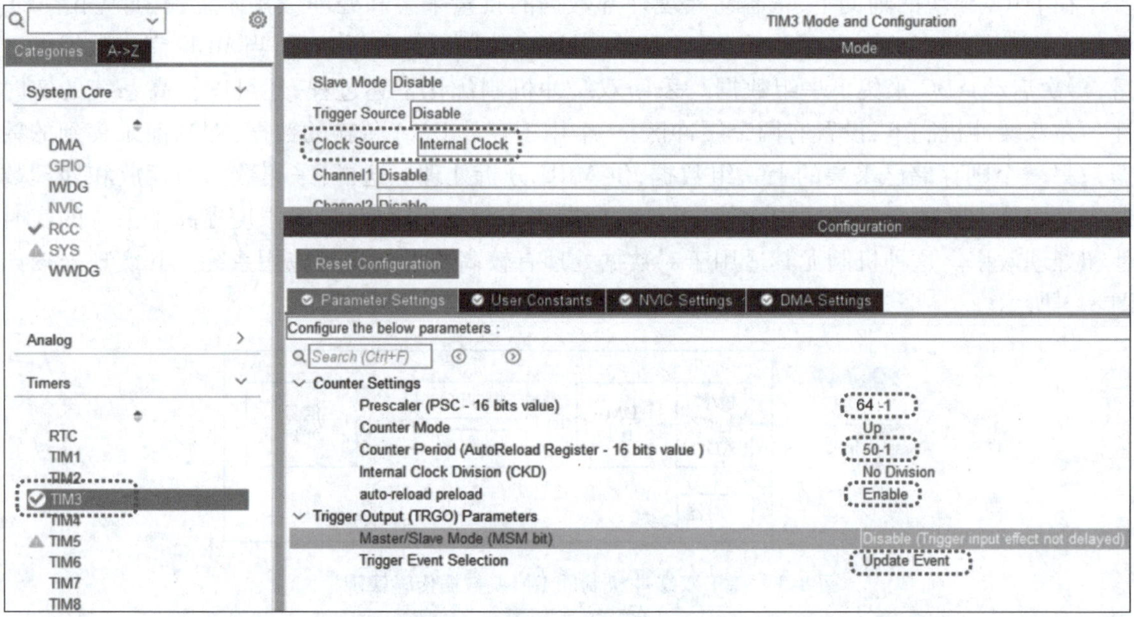

图 8-5 定时器 TIM3 的参数设置

(3)设置 ADC 的参数

在选项卡 Pinout & Configuration→Analog→ADC1 下,选择 IN1 作为输入端口。考虑到周期性连续数据采集需要设定精确的采样频率,系统采用定时器 TIM3 触发 ADC 进行数据采样,在 External Trigger Conversion Source 中选择 Timer 3 Trigger Out event,如图 8-6 所示。此时,ADC 的采样频率就是定时器 TIM3 产生更新事件的频率。

(4)选择 DMA 通道与 DMA 的参数设置

单击 add 添加 ADC1 的 DMA 通道。在选项卡 Pinout & Configuration→Analog→ADC1→DMA Settings 下,选择 Normal 模式,由于 STM32F103ZET6 的 ADC 分辨率为 12 位,将 DMA 字宽设置为“Half Word”(16 位),以匹配 ADC 数据的实际位宽。具体如图 8-7 所示。

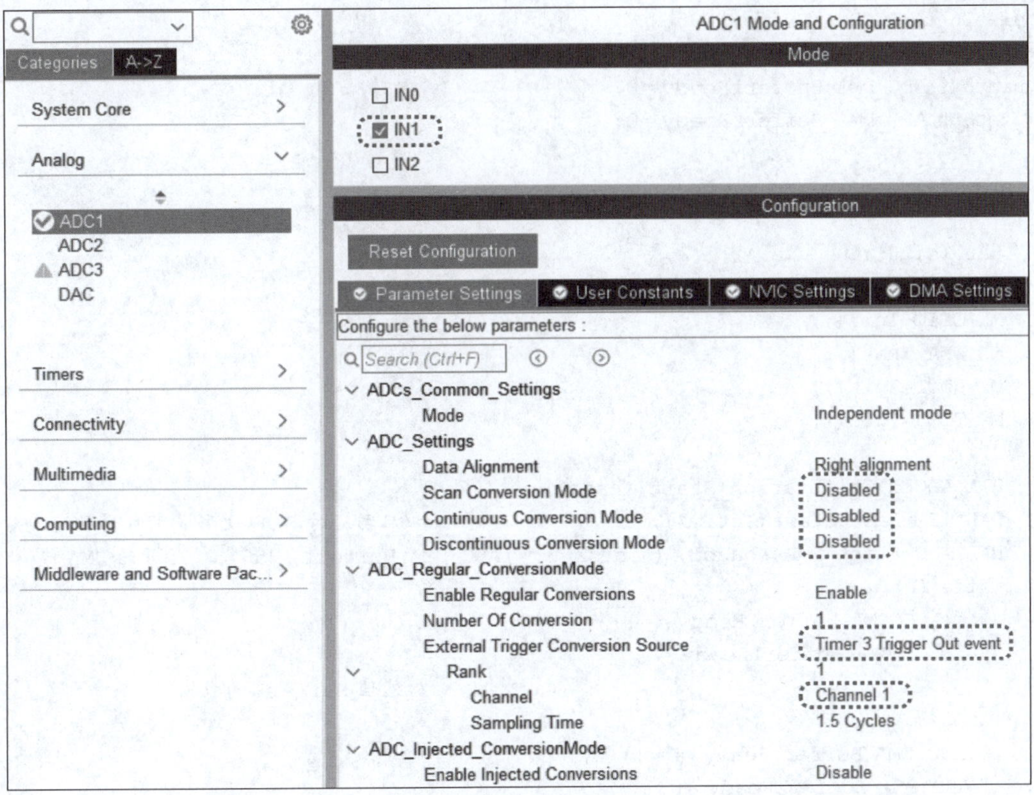

图 8-6　ADC 的参数设置

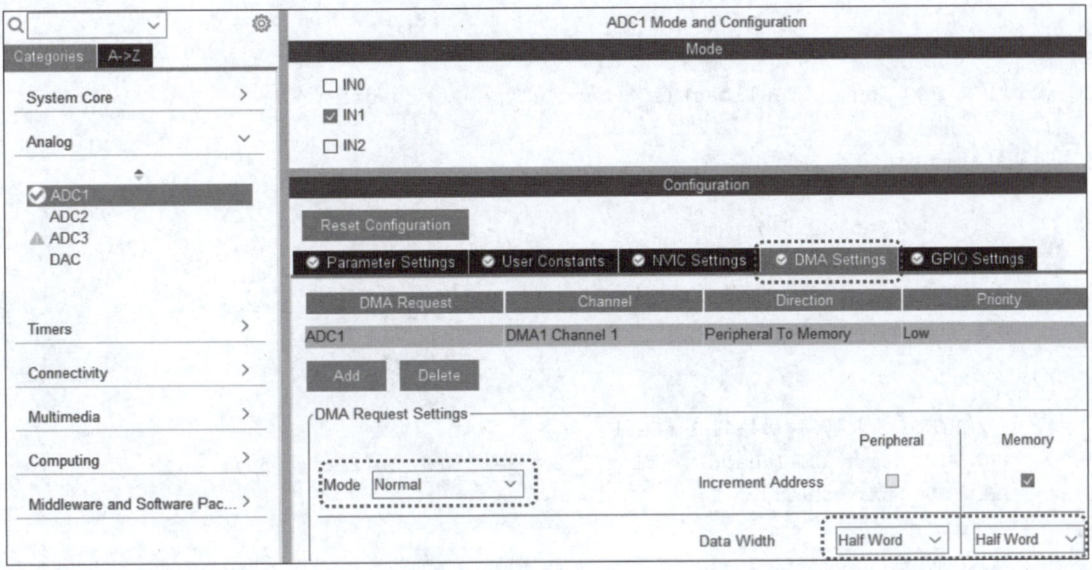

图 8-7　DMA 的参数设置

在完成以上设置之后，在程序代码中设置 Buffer1 和 Buffer2 的大小为 256。主要实现程序如下：

```
uint16_t ADC_DMA_Buffer1[256];
uint16_t ADC_DMA_Buffer2[256];
uint8_t ADC_DMA_Buffer1Ready=0;
uint8_t ADC_DMA_Buffer2Ready=0;

int main(void)
{
  HAL_Init();
  SystemClock_Config();
  MX_GPIO_Init();
  MX_DMA_Init();
  MX_ADC1_Init();
  MX_TIM3_Init();

  HAL_ADCEx_Calibration_Start(&hadc1);
  HAL_TIM_Base_Start(&htim3);                    //启动定时器,以便形成定时器触发 ADC
  HAL_ADC_Start_DMA(&hadc1, (uint32_t * )ADC_DMA_Buffer1, 256);  //开始 DMA 传输
  while (1)  {
    if(ADC_DMA_Buffer1Ready==1)  {
      ADC_DMA_Buffer1Ready=0;
        …;                                       //处理 Buffer1 的数据
  }
  if(ADC_DMA_Buffer2Ready == 1)  {
     ADC_DMA_Buffer2Ready=0;
     …;                                          //处理 Buffer2 的数据
    }
  }
}

void HAL_ADC_ConvCpltCallback(ADC_HandleTypeDef*  hadc)
{
    static uint8_t DMACnt=0;

    if(++DMACnt & 0x01)  {
    // Buffer1 数据满,切换到 Buffer2
    HAL_ADC_Start_DMA(&hadc1, (uint32_t * )ADC_DMA_Buffer2, 256);
    ADC_DMA_Buffer1Ready=1;
}
else{
    // Buffer2 数据满,切换到 Buffer1
    HAL_ADC_Start_DMA(&hadc1, (uint32_t * )ADC_DMA_Buffer1, 256);
    ADC_DMA_Buffer2Ready=1;
  }
}
```

需要注意的是,HAL 库中的 HAL_ADC_Start_DMA( )函数要求传入的缓冲区地址必须是指向 uint32_t 类型的指针,而实际使用的缓冲区 ADC_DMA_Buffer 类型通常为 uint16_t,因此在调用该函数时,需要对 ADC_DMA_Buffer 进行强制类型转换为 uint32_t* 类型。

8.1.2　多通道数据采集与传输

在许多应用场景中,需要嵌入式系统同时采集多路信号,以实现对环境或设备的实时监测和控制。考虑到系统工作效率、硬件成本等因素,利用一个独立的 ADC 与多路复用器,在不同的时间段以时分复用的方式采集多个通道的数据。目前,大多数单片机器件已经将 ADC 与多路复用器集成在芯片内部,包括 IAP15F2K60S2 和 STM32F103ZET6 单片机,如图 8-8 所示。

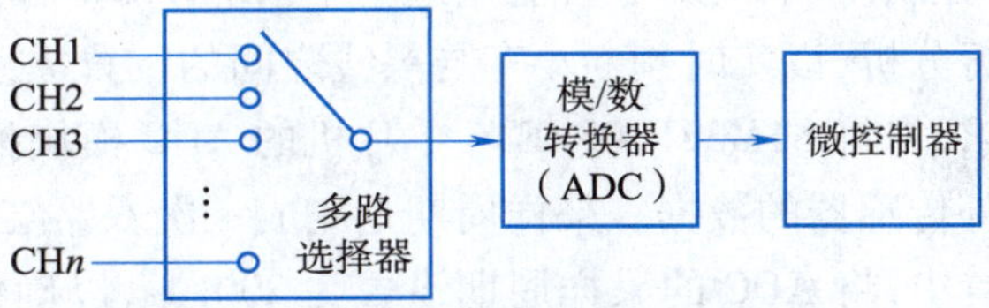

图 8-8　典型的嵌入式多通道数据采集系统

在图 8-8 所示的系统中,ADC 通过多路选择器依次切换不同的传感器信号源,每次采集一个通道的数据。这种方式能够显著减少系统所需的 ADC 数量,从而降低成本和复杂性。尽管每次只能采集一个传感器的信号,但当 ADC 和多路选择器的切换速度足够快时,就能够实现多个传感器的数据"同时"采集,达到近似并行的效果。下面具体介绍 IAP15F2K60S2 和 STM32F103ZET6 单片机实现多通道数据采集与传输的方法。

1. 基于 51 单片机的多通道数据采集与传输

IAP15F2K60S2 单片机内部集成有一个八路复用器和一个 10 位的 ADC,可以采集八路传感器信号。IAP15F2K60S2 单片机 P1 口的 8 个引脚(P1.0 ~ P1.7)均可配置为模拟输入通道,用于接收外部模拟信号。ADC 模块可以以时分复用的方式采集 P1.0 ~ P1.7 引脚输入信号,具体程序代码如下:

```
unisgned char ADC_Value[8];
void ADC_GetMultiChannelResult(void)
{
    unsigned char ch =0;
    for(i =0; i <8; i ++){
        P1ASF =0x01 << i;                          //A/D 转换通道切换
        ADC_CONTR =ADC_POWER |ADC_SPEEDHH |ch |ADC_START;
        _nop_();
        _nop_();
        _nop_();
        _nop_();
        while (! (ADC_CONTR & ADC_FLAG));           //等待 A/D 转换完成
        ADC_CONTR & = ~ADC_FLAG;                    //清除 A/D 转换完成标志位
        ADC_Value[i] =ADC_RES;                      //存储 A/D 转换结果
    }
}
```

上述程序采用查询法进行 A/D 转换,依次对 P1.0 通道至 P1.7 通道进行轮询采样,并将转换结果存储在数组 ADC_Value[ ]中。假如 IAP15F2K60S2 单片机的时钟频率为 21 MHz,则 ADC 模块的最高采样率约为 300 kHz,即完成单次数据采集的最短时间大约为 3.3 μs。因此,完成八路的 A/D 转换至少需要 26.4 μs。考虑到程序执行过程中存在一定的延时指令和其他操作开销,实际完成八路 A/D 转换所需的时间会略高于计算值。

2. 基于 STM32 单片机的多通道数据采集与传输

STM32F103ZET6 单片机凭借 DMA 技术,能够高效地实现多通道数据采集与传输,显著降低 MCU 的工作负担。在基于时间触发的程序架构中,系统通常需要周期性地采集多路传感器数据,以实现实时监测和控制。例如:对于智能循迹小车系统,MCU 需要每隔 1 ms 采集一次八路红外传感器的数据进行分析,以实时判断小车与黑线之间的位置关系,从而调整小车的运动路径。根据这一功能需求,先将 STM32F103ZET6 单片机的 ADC 模块配置为多通道扫描模式,以便能依次采集八路红外传感器的数据。采样周期是完成一次八路红外传感器数据采集与传输所需时间。在系统配置中,将 ADC 的采样周期设置为 200 μs,以确保循迹算法达到每 1 ms 分析一次传感器数据的要求。进一步,启用 DMA 通道,将 ADC 采集到的八路数据自动传输到存储数组 ADC_Value[ ]中。此时,数据采集传输过程完成,上层应用程序可以调用数组 ADC_Value[ ]的值做进一步处理。在这个过程中,数据的采集传输由 ADC、定时器、DMA 等硬件模块完成,程序无须任何额外操作即可直接访问最新的传感器数据。此外,各硬件模块没有触发系统发生中断,避免了执行中断服务程序产生的开销。结合上述分析,接下来进行参数设置。

(1)设置 TIM3 的参数(见图 8-9)。

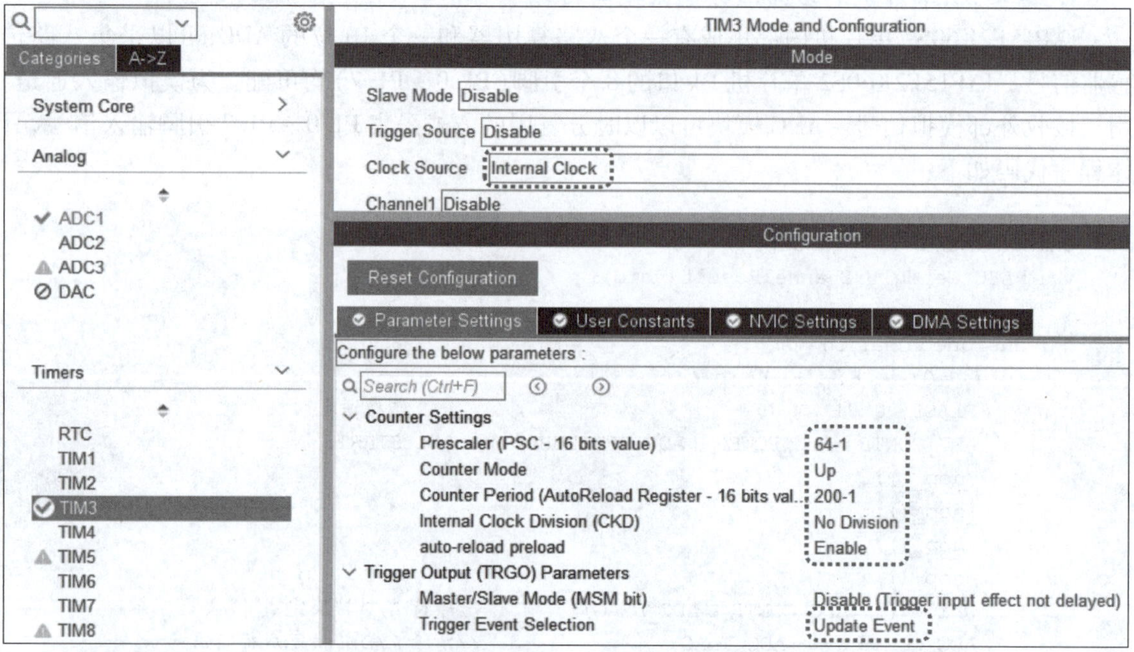

图 8-9 定时器 TIM3 的参数设置

（2）设置 ADC 的参数（见图 8-10）。

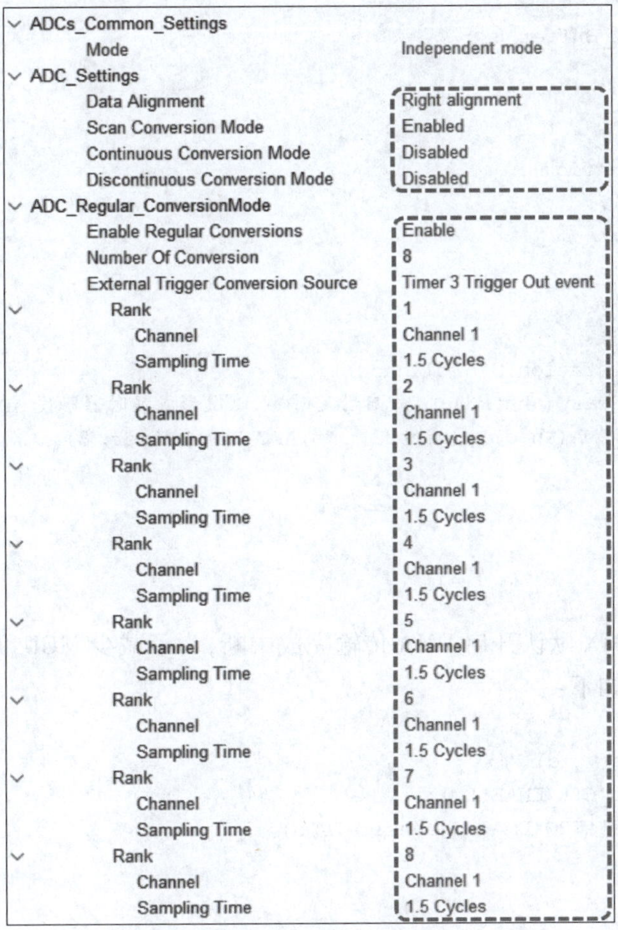

图 8-10　ADC 的参数设置

（3）设置 DMA 的参数（见图 8-11）。

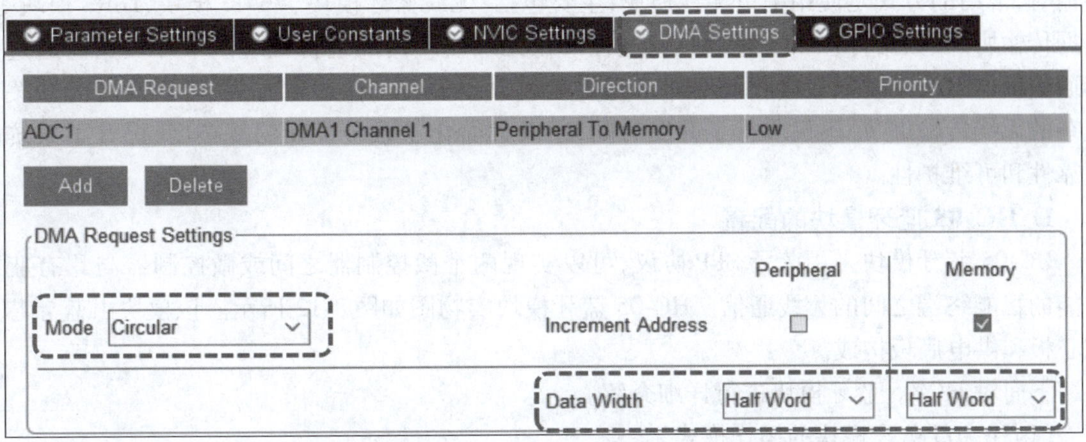

图 8-11　DMA 的参数设置

主要程序代码如下：

```
uint16_t ADC_DMA_Buffer[8];
int main(void)
{
  HAL_Init();
  SystemClock_Config();
  MX_GPIO_Init();
  MX_DMA_Init();
  MX_ADC1_Init();
  MX_TIM3_Init();

  HAL_ADCEx_Calibration_Start(&hadc1);
  HAL_TIM_Base_Start(&htim3);  //启动定时器,以便形成定时器触发 ADC
  HAL_ADC_Start_DMA(&hadc1,(uint32_t * )ADC_DMA_Buffer, 8);  //开始 DMA 传输
  while (1)  {
      …;                          //主程序
  }
}
```

由于 STM32CubeMX 默认开启 DMA 传输完成中断,为了减少 MCU 负担,可以在程序中禁止该中断。程序代码如下：

```
void MX_DMA_Init(void)  {
  __HAL_RCC_DMA1_CLK_ENABLE();
  HAL_NVIC_DisableIRQ(DMA1_Channel1_IRQn);
}
```

8.1.3 单片机数据的无线传输

前面提及的数据传输主要是单片机内部的数据传输。当单片机需要与外围设备进行数据传输时,常用的方式是使用串口无线模块,主要包括:无线蓝牙模块、Wi-Fi 模块、LoRa 模块等。数据传输协议、数据打包以及数据收发过程都在无线模块内部进行处理。单片机只需通过串行通信接口 UART 发送或接收数据即可完成无线数据收发。在这种方式下,开发者无须关注复杂的无线传输细节,不仅节省了开发时间,还极大简化了系统设计的复杂度,提升了系统的可靠性和可维护性。

1. HC-05 蓝牙模块的配置

HC-05 蓝牙模块采用蓝牙 SPP 协议,可以实现两个微控制器之间或微控制器与具有蓝牙功能的智能终端之间的无线通信。HC-05 蓝牙模块实物图如图 8-12 所示。该模块由蓝牙芯片核心板和供电底板构成。

下面对 HC-05 蓝牙模块进行详细介绍。

(1)HC-05 蓝牙模块的操作模式

HC-05 蓝牙模块可工作于两种操作模式:命令模式和数据模式。

①命令模式。在命令模式下,用户可以通过 AT 命令与蓝牙模块通信,以配置模块的各种

设置和参数,如获取固件信息、更改波特率、更改模块名称,配置模块为主设备或从设备等。

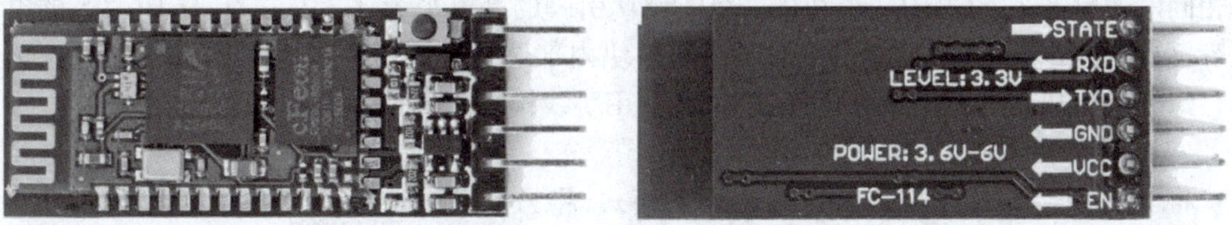

图 8-12　HC-05 蓝牙模块实物图

②数据模式。在数据模式下,蓝牙模块用于与其他蓝牙设备通信,即数据传输在此模式下进行。HC-05 蓝牙模块的通信速率最高可达 115 200 bit/s。

(2)HC-05 蓝牙模块的连接角色

HC-05 蓝牙模块可以工作于从设备模式或主设备模式。

①从设备模式。在从设备模式中,HC-05 蓝牙模块等待其他设备发起连接。这是该模块的默认角色,通常用于以智能手机为主设备的项目。

②主设备模式。在主设备模式中,HC-05 主动搜索其他蓝牙设备并尝试发起连接。此模式用于两个微控制器需要无线通信的项目。

(3)HC-05 蓝牙模块的 LED 状态指示灯

HC-05 蓝牙模块通过板载 LED 灯不同的闪烁速率以指示蓝牙模块的工作状态:

①上电后,蓝牙模块进入蓝牙配对模式,LED 以大约 2 Hz 的频率快速闪烁。

②当蓝牙模块与设备配对成功时,LED 闪烁模式会变为快速闪烁两次,然后暂停,再重复。

③当蓝牙模块进入 AT 模式时,LED 会以 0.5 Hz 的频率缓慢闪烁。

在正常使用蓝牙模块之前,需要先配置其操作模式、连接角色等参数。常见的配置方法是将 HC-05 蓝牙模块连接到 PC,通过串口调试助手发送 AT 指令进行设置。接下来,以两个蓝牙模块的通信为例,详细介绍具体的参数配置。先将一个 HC-05 蓝牙模块设置为主模块,另一个设置为从模块,并使它们完成配对。这种方式被称为主从设置,是在两个设备之间建立无线连接最简单的方法。具体的操作步骤如下:

(1)将 HC-05 蓝牙模块连接到 PC

使用 USB 转串口模块将 HC-05 蓝牙模块连接到 PC。常见的 USB 转串口模块有 CP2102 模块和 CH340 模块,实物如图 8-13 所示。

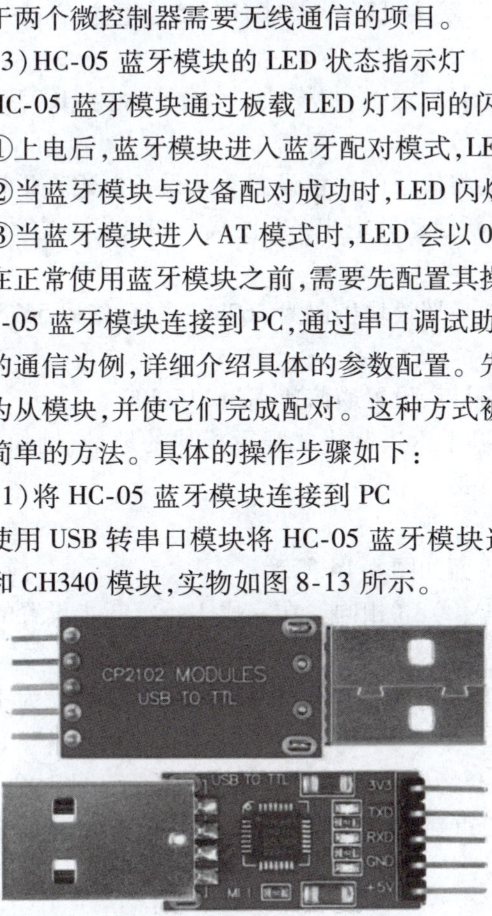

(a)CP2102模块

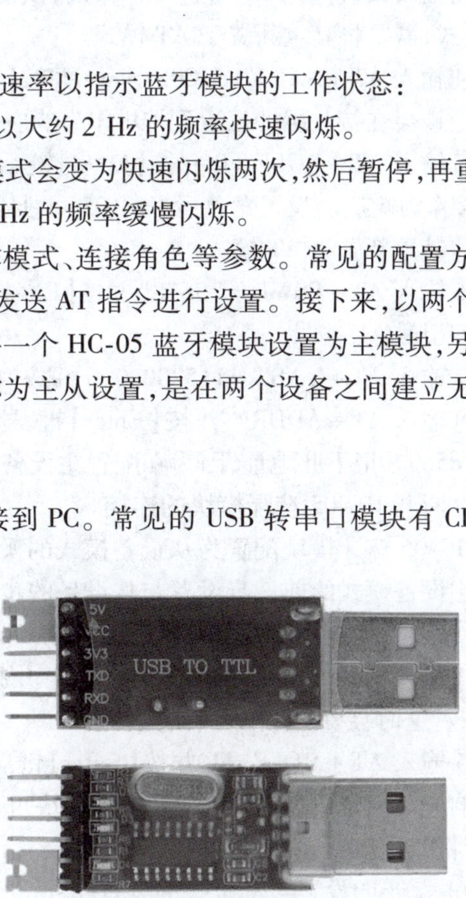

(b)CH340模块

图 8-13　常见的 USB 转串口模块

HC-05 蓝牙模块的输入输出引脚具有 3.3 V 的逻辑电平。因此,USB 转串口模块需要具有相同的逻辑电平。CP2102 模块的 TXD、RXD 引脚的高电平为 3.3 V,正好与 HC-05 的电平兼容,可以用杜邦线直接进行连接。CH340 模块内部芯片有 3.3 V 和 5 V 两种供电电压可选择。CH340 模块与蓝牙模块进行连接时,需要用跳线帽将 3V3 引脚和 VCC 引脚连接。

(2)配置 HC-05 蓝牙模块

将一个 HC-05 蓝牙模块配置为主设备模式,将另一个 HC-05 蓝牙模块配置为从设备模式。从设备模式的设置步骤如下:

①在断电的情况下,按住蓝牙模块上的 key 按键不松开,然后给 HC-05 蓝牙模块上电,等待 5 s 后松开按键。这会将蓝牙模块置于 AT 命令模式,此时应该会看到板载 LED 以缓慢而稳定的速度闪烁。这表明 HC-05 蓝牙模块已准备好接收 AT 命令了。

②当 CH340 模块连接到 PC 时,它将被识别为 COM 端口。打开计算机的设备管理器,查看该 COM 端口号。通过 STC-ISPv6.86 串口助手,选择好 COM 端口号和波特率设置为 38 400,发送和接收均选择“文本模式”,然后选择“打开串口”。在发送缓冲区的文本框中输入 AT 并按【Enter】键(方便生成\r\n),再单击“发送数据”按钮。这时应该会在接收缓冲区看到 OK 作为来自模块的响应。这意味着通信成功。

③输入 AT + ORGL 并按【Enter】键,恢复出厂默认设置。此时 HC-05 会重新启动并退出 AT 模式,需要将其重新置于 AT 模式。

④输入 AT + NAME = HC05-Slave 并按【Enter】键。这会将模块的名称更改为 HC05-Slave。这时应该会在接收缓冲区看到 OK 作为响应。

⑤输入 AT + ROLE = 0 并按【Enter】键。这会将模块的角色设置为从设备模式。此时也会有 OK 作为响应。设置角色后,HC-05 可能会重新启动并退出 AT 模式。如果发生这种情况,需要将其重新置于 AT 模式。

⑥输入 AT + PSWD = "5678" 并按【Enter】键,设置模块密码为 5678。注意:密码 5678 需要半角双引号。

⑦输入 AT + UART = 115200,0,0 并按【Enter】键,设置通信速率为 115 200。

⑧输入 AT + ADDR? 并按【Enter】键,这将以十六进制格式显示模块的地址,例如 01a2:b3:c4d5e6。记下此地址,因为在配置主设备时需要。

⑨断开 HC-05 蓝牙模块的连接。

HC-05 蓝牙模块配置为从设备模式的操作界面如图 8-14 所示。

主设备模式的前三步设置与从设备的步骤①、②、③相同。在完成①、②、③步设置的基础上,后续设置如下:

④输入 AT + NAME = HC05-Master 并按【Enter】键。这会将模块的名称更改为 HC05-Master。这时会有 OK 作为响应。

⑤输入 AT + ROLE = 1 并按【Enter】键。这会将模块的角色设置为 Master。此时会有 OK 作为响应。设置角色后,HC-05 蓝牙模块可能会重新启动并退出 AT 模式。如果发生这种情况,请将其重新置于 AT 模式。

⑥、⑦步的设置与从设备的设置相同。

⑧输入 AT + CMODE = 0 并按【Enter】键。这会将模块的连接模式设置为固定地址。此时会有 OK 作为响应。如果输入 AT + CMODE = 1 则表示任意蓝牙地址连接模式,不受绑定指令

设置地址的约束。此时，步骤⑨可以忽略。任意地址连接模式比较简便、灵活，而固定地址连接模式可以提供更安全的连接。

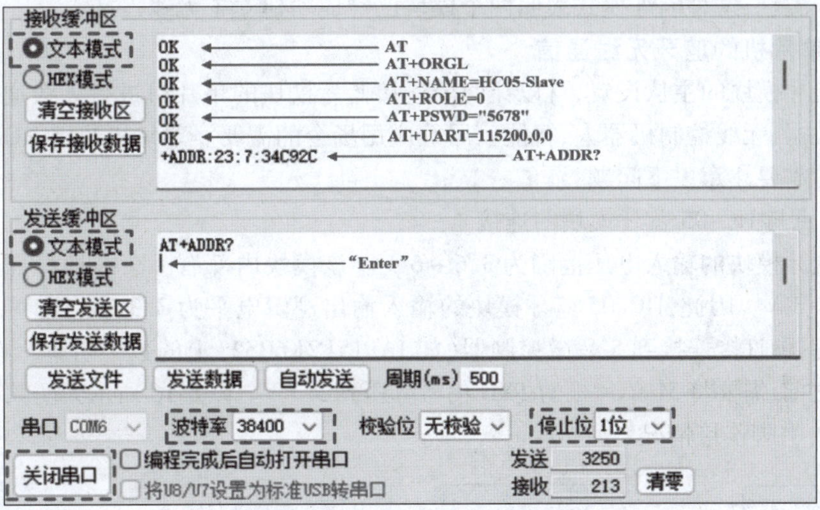

图 8-14　HC-05 蓝牙模块配置为从设备模式的操作界面

⑨输入 AT + BIND = 01a2,b3,c4d5e6 并按【Enter】键。将等于号后面的地址替换为从设备模块中记下的地址。

注意：在输入地址时，必须将冒号改为逗号。如果从机地址位数不足，则用 0 补齐。例如，从设备地址为 23:7:4c92c 此时指令为 AT + BIND = 0023,07,04c92c。上述操作将主设备模块与从设备模块配对。此时会有 OK 作为响应。

⑩断开 HC-05 蓝牙模块的连接。HC-05 蓝牙模块配置为主设备模式的操作界面如图 8-15 所示。

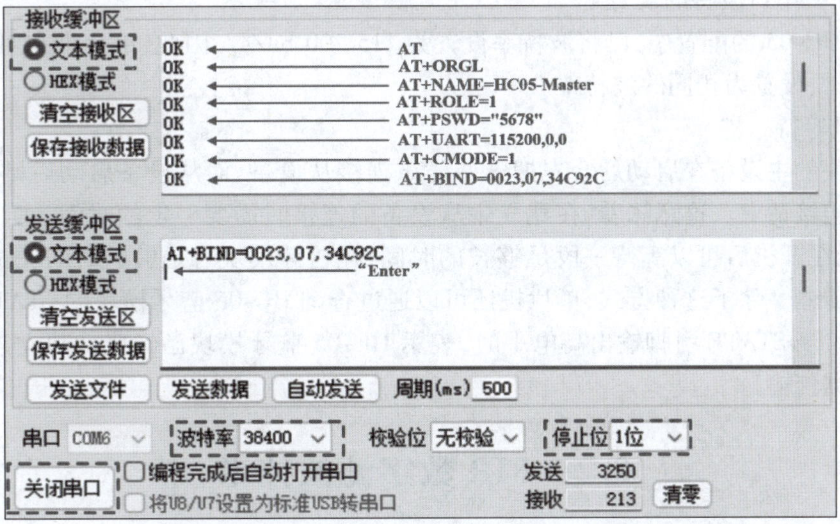

图 8-15　HC-05 蓝牙模块配置为主设备模式的操作界面

按照上述步骤将两个 HC-05 蓝牙模块分别配置为主设备和从设备后，再次启动模块时，主设备会自动搜索并与从设备建立连接。此时,可以通过观察模块上的 LED 指示灯确认连接状态:两个 HC-05 蓝牙模块的 LED 闪烁模式从原来的快速连续闪烁变为快速闪烁两次后暂停一段时间,如此反复。这种闪烁模式表明两个模块已经成功建立了无线连接。

2. 两个单片机的蓝牙无线通信

通过对蓝牙模块的主从设置,可以让两个连接蓝牙模块的单片机进行无线通信,满足无线监控传感器数据、无线控制机器人、智能家居等应用场合的需要。单片机使用 HC-05 蓝牙模块进行无线通信需要注意以下问题:

(1)单片机与 HC-05 蓝牙模块的连接

HC-05 蓝牙模块的输入电压范围为 3.6~6 V。该模块内部有一个线性稳压器,能将输入电压转换为 3.3 V。因此,HC-05 蓝牙模块的输入输出逻辑电平为 3.3 V,不能将 HC-05 蓝牙模块的 RXD 引脚直接连接到 5 V 微控制器(如 IAP15F2K60S2)上的数字引脚。在连接到 HC-05 蓝牙模块之前,需要将 51 单片机的 TXD 信号降压到 3.3 V。图 8-16 所示为两款单片机与 HC-05 蓝牙模块的引脚连接情况。

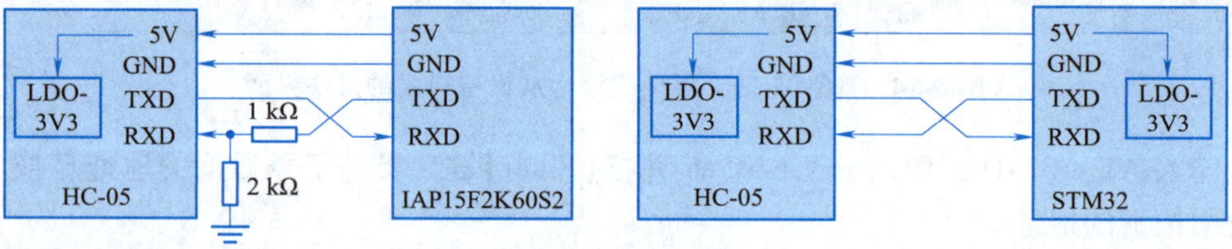

图 8-16 单片机与 HC-05 蓝牙模块的引脚连接情况

在图 8-16 中,IAP15F2K60S2 通过电阻分压将 TXD 引脚的输出电压降至 3.3 V,以便与 HC-05 的 RXD 引脚连接。而 STM32 单片机的工作电压与 HC-05 相同,因此无须进行电压转换。

(2)单片机串口波特的设置

由于在 HC-05 的配置中,已将波特率设置为 115 200 bit/s。因此,单片机在对串口进行初始化时,也需要设置为相同的波特率。

(3)开机等待

蓝牙模块的主设备在启动后会先搜索并尝试连接从设备,而从设备启动后则需要等待来自主设备的连接请求。这意味着,在建立主从设备的连接时需要一定的时间。为了确保连接成功,单片机在开机后可以等待一段足够长的时间,让蓝牙模块有足够的时间完成连接,之后再进行数据传输。除了这种方式,单片机还可以通过查询 HC-05 蓝牙模块的 STATE 引脚来确认连接状态。当 STATE 引脚输出高电平时,表示 HC-05 蓝牙模块已经成功建立连接,单片机可以进行数据传输。

8.2 FIR 数字滤波技术

有限脉冲响应(finite impulse response,FIR)滤波器是一种典型的数字信号处理技术,具有稳定、高效的优势。近年来,随着微处理器计算能力的不断提升,FIR 滤波器凭借其独特的线性相位特性和稳定的系统响应,已经在各类嵌入式系统中实现了高效实时的信号处理能力。在

图 8-1 的基础上，一个使用了 FIR 滤波器的数据采集系统如图 8-17 所示。下面结合 FIR 滤波器在物联网领域中的应用对图 8-17 进行介绍。

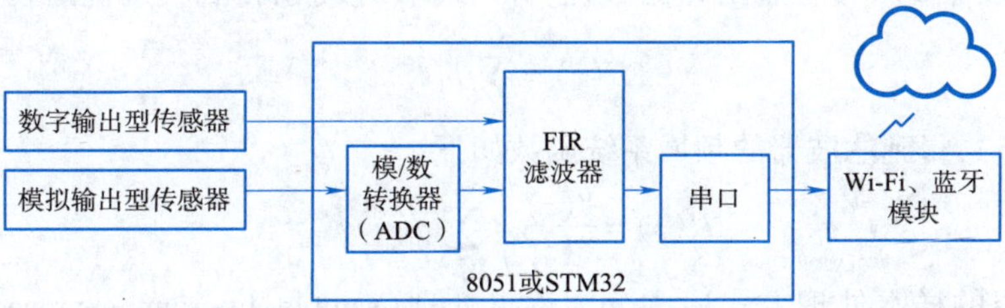

图 8-17　基于单片机的数据采集传输系统（使用 FIR 滤波器）

物联网的终端设备通常是一个数据采集传输系统。对于模拟输出型传感器，其原始信号先经过 ADC 模块进行模/数转换，然后再接入 FIR 滤波器；而数字输出型传感器输出的原始信号可以直接进行滤波运算。原始信号经过 FIR 滤波器提取到有效信息，再通过 Wi-Fi 等无线通信协议传输至云端平台。在图 8-17 中，系统将 FIR 滤波器部署于 MCU 端，其作用体现在预处理层面——通过在传输链路最前端实施噪声抑制和无效数据剔除，以优化传输带宽利用率，降低云端服务器的计算负载。这种边缘智能处理范式有效解决了物联网海量终端设备的数据传输与处理瓶颈问题。

下面将详细探讨 FIR 滤波器的具体实现技术。结合实际应用案例进行分析，全面介绍 FIR 滤波器的设计原理、优化方法及其在嵌入式系统中的应用。通过技术讲解和案例分析，帮助读者深入理解 FIR 滤波器的工作原理，掌握如何在实际项目中更好地应用该技术。

8.2.1　FIR 滤波器的实现原理

FIR 滤波器是指一类具有有限持续时间冲激响应的数字信号处理滤波器，其特点在于系统对输入信号的响应在经过一定时间后会完全消失，即滤波器的输出仅与当前及过去的有限个输入样本有关，而与未来的输入样本无关。这使得 FIR 滤波器具有线性相位特性，不会引入相位失真。FIR 滤波器的数学模型如下：

$$y(n)=\sum_{i=0}^{N-1}x(n-i)h(i) \tag{8-1}$$

式中，$h(i)$ 为 FIR 滤波器的系数；$y(n)$ 为输出序列；$x(n)$ 为输入序列；N 为滤波器系数的长度。

FIR 滤波器的数学表现形式也即其冲激响应，如式（8-2）所示。FIR 滤波器的冲激响应可表示为一串序列。

$$h[n]=\sum_{k=0}^{N-1}b_k\cdot\delta[n-k] \tag{8-2}$$

式中，N 为滤波器的阶数；b_k 代表序列中各值的大小；$\delta[n-k]$ 是单位脉冲函数，表示不同数字在序列中的位置。

FIR 滤波器是线性时不变系统，该系统的特征是输出序列 $y[n]$ 等于输入序列 $x[n]$ 与单位冲激响应 $h[n]$ 的线性卷积，即

$$y[n]=x[n]*h[n] \tag{8-3}$$

将式（8-2）代入式（8-3）得到式（8-4）：

$$y[n] = \sum_{k=0}^{N-1} b_k \cdot x[n-k] \tag{8-4}$$

式(8-4)为一个 FIR 滤波器的差分方程，对该式求 z 变换，得到其系统函数如下：

$$H(z) = \sum_{k=0}^{N-1} b_k z^{-k} \tag{8-5}$$

根据式(8-5)，得到滤波器的频域系统函数如下：

$$H(z) = \frac{Y(z)}{X(z)} = \sum_{n=0}^{N-1} h(n) z^{-n} \tag{8-6}$$

数字滤波器的样本处理方式通常分为逐点处理(sample-by-sample processing)和块处理(block processing)两种。这两种方式在数据采集、处理时延和应用场景上各有特点和优势，根据实际系统的需求选择合适的处理方式对于滤波器设计至关重要。

1. 逐点处理

逐点处理的核心思想是实时处理每一个输入样本。在这种方式中，系统每接收到一个数据样本，就执行一次滤波运算，生成对应的输出结果。

这种处理方式的最大优势在于低延迟，能够实现接近实时的信号处理，因此非常适合应用于控制系统、通信系统和传感器数据采集等需要快速响应的场景。然而，逐点处理的计算效率较低，尤其在复杂滤波器设计中，每次运算都需要针对单个数据样本执行完整的滤波操作，这在数据量较大时可能会带来较大的计算开销。因此，这种方式更适合小数据量或实时性要求高的场景。

2. 块处理

块处理是将输入信号按固定长度分块，并对每个数据块一次性执行完整的滤波处理。处理完成后，系统再接收下一个数据块，依次循环。块处理能够在保证一定实时性的前提下提升计算效率，被广泛应用于有大量数据需要处理的实时系统中。

每次滤波运算是对整个数据块样本进行的，减少了频繁的函数调用和中断处理。因此，块处理的优势在于提高了处理效率。然而，块处理需要等待一个数据块填满后才能进行滤波运算，在每个数据块之间存在等待延迟。因此，块处理更适用于对实时性要求不高的场合。表 8-1 对比了逐点处理和块处理在不同指标上的差异。

表 8-1　逐点处理与块处理的对比

指　　标	逐点处理	块处理
处理方式	接收一个样本就立即处理	接收一块数据后一次性处理
延迟	低延迟，实时响应	存在一定延迟
计算效率	较低	较高
适用场景	控制系统、传感器数据	大数据量实时处理、批量分析
算法实现复杂度	简单	相对复杂

下面介绍基于 IAP15F2K60S2 和 STM32F103ZET6 单片机的 FIR 滤波器实现。在 IAP15F2K60S2 单片机上，将探索使用逐点处理方式实现的 FIR 滤波器。在这种方式下，单片机每接收到一个数据样本就立即处理一次，适合小数据量的传感器系统应用。在 STM32F103ZET6 单片机上，将利用官方库函数，采用块处理方式设计 FIR 滤波器。通过在两款单片机上实践 FIR 滤波器的不同设计方法，可以更好地理解如何根据硬件特性选择合适的实现方式。

8.2.2　基于 51 单片机实现的 FIR 滤波器

当 FIR 滤波器的阶数较高时,需要占用一定数量的数据存储单元。IAP15F2K60S2 单片机具有 2 KB 的扩展静态随机存储器,能够满足逐点处理的 FIR 滤波器实现需求。FIR 滤波器的设计步骤如下:

1. 使用 MATLAB 工具箱设计 FIR 滤波器

根据 FIR 滤波器的指标参数(如截止频率、滤波器阶数等)计算出相应的滤波器系数。

2. 设计 ADC 定时采样程序

根据待采集信号的频率特性设置合适的定时时长,设计定时采样程序,确保单片机能够以稳定的采样频率对信号进行采样。

3. FIR 数字滤波器算法实现

将滤波器系数代入 FIR 滤波算法,对每个采样数据进行滤波,最后得到滤波后的信号。

利用定时器控制 ADC 模块采样外部数据的方法与 8.1 节相同。每次完成数据采样后,获取的数据将被输入 FIR 滤波器进行计算处理。具体实现流程如图 8-18 所示。

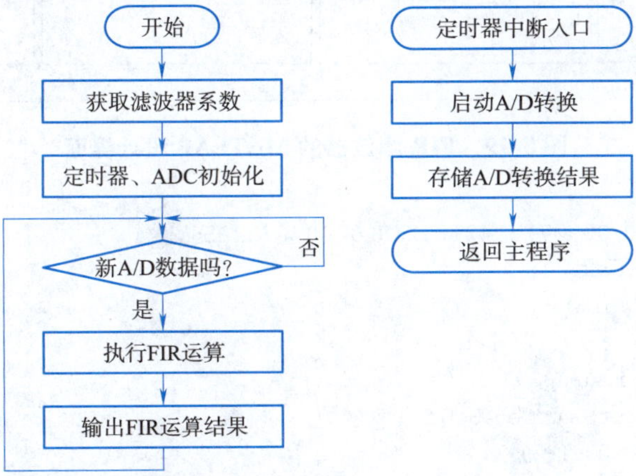

图 8-18　基于 51 单片机实现的 FIR 滤波器流程图

下面以 12 阶 FIR 低通滤波器的设计为例,简单说明设计过程。首先,根据设计需求,确定滤波器的基本参数,如截止频率、采样频率和滤波器阶数等。在本例中,选择 ADC 的采样频率 $f_s = 200$ Hz,滤波器的截止频率 $f_c = 40$ Hz,阻带频率 $f_{stop} = 60$ Hz。接着,使用 MATLAB 工具箱观察滤波器的效果并计算滤波器系数,确保滤波器的设计满足要求。最后,在单片机中实现该 FIR 滤波器。具体设置如图 8-19 所示。

FIR 滤波器程序如下:

```
#define  BL  13                              //滤波器系数比阶数大 1
//12 阶滤波器系数
float Bcoefs[BL] = {0.04807673395,  0.009271314368,  -0.06807389855,
                  -0.0671325624,  0.0822847113,  0.2964335978,  0.3982802331,
                  0.2964335978,  0.0822847113,  -0.0671325624,  -0.06807389855,
```

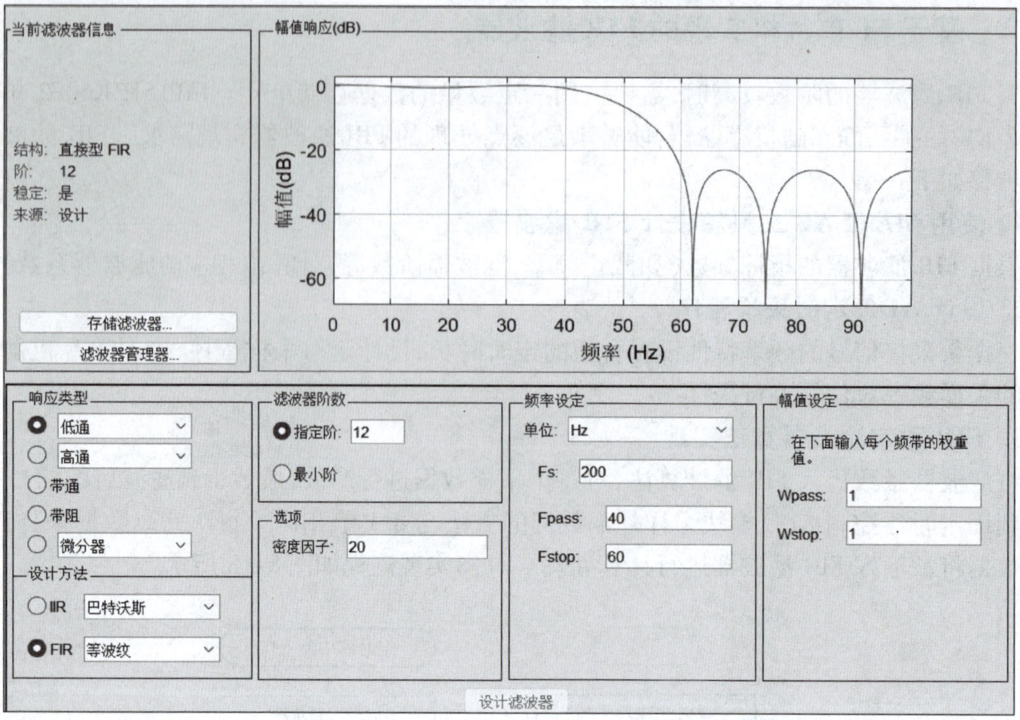

图 8-19 FIR 滤波器的 MATLAB 设计界面

```
                 0.009271314368,   0.04807673395};
// FIR 滤波器的实现函数
float FIR_Filter(void)
{
    unsigned char i=0;
    float FIR_OutputSample=0.0f;
    for(i=BL-1;i>0; i--)
    {
        FIR_InputSample[i]=FIR_InputSample[i-1];
    }
    FIR_InputSample[0] = (float)ADC_RawValue;    //获取 ADC 采样的数据
    for(i=0; i<BL; i++)                          //计算滤波输出
    {
        FIR_OutputSample += FIR_InputSample[i] * Bcoefs[i];
    }
    return FIR_OutputSample;
}
```

在上述 FIR 滤波器程序中,计算滤波器输出部分需要进行大量浮点数的乘法和加法运算。51 单片机对浮点数的计算效率低,有可能出现当前采样点未处理完,下一个采样点已到达的情况。为了确保实时性,要求 FIR 运算尽可能高效、快速。因此,可以将 FIR 滤波器的浮点运算转换为定点运算,从而减少浮点数运算所需的计算周期,更适合 51 单片机的计算架构,能够大大提高实时处理能力,确保逐点采样的要求得到满足。采用定点运算优化后的程序如下:

```
#define   BLQ15   13
//使用 MATLAB 以 Q15 格式导出滤波器系数
int BcoefsQ15[BLQ15] ={1575, 304, -2231, -2200, 2696, 9714, 13051, 9714,
                        2696, -2200, -2231, 304, 1575};
int FIR_FilterQ15(void)
{
    unsigned char i =0;
    int FIR_FilterOutputQ15 =0;
    long int FIR_OutputQ31 =0;                        //long int 型为避免运算结果溢出
    for(i =BLQ15-1; i >0; i --)
    {
        FIR_InputQ15[i] =FIR_InputQ15[i-1];
    }
        FIR_InputQ15[0] = (int)ADC_RawValue;
    for(i =0; i <BLQ15; i ++)
    {
    FIR_OutputQ31 + =FIR_InputQ15[i] * BcoefsQ15[i];
    }
        FIR_FilterOutputQ15 =FIR_OutputQ31 >> 16;   //输出结果保持 16 位
    return FIR_FilterOutputQ15;
}
```

经过上述处理,FIR 算法的实现已经得到了优化。然而,该程序还有进一步优化空间。

注意: FIR 滤波器的系数是对称的,这意味着滤波器的前半部分系数与后半部分系数是相同的。利用这一对称性,可以提高程序的计算效率。

原始 12 阶 FIR 滤波器的计算公式如式(8-7)所示。式(8-7)需要进行 13 次乘法操作。

$$y(n) = \sum_{i=0}^{12} x[n-i]h[i] \tag{8-7}$$

利用滤波器系数的对称性,可以将式(8-7)转变为式(8-8)的形式,即

$$y(n) = h[0](x[n]+x[n-12]) + h[1](x[n-1]+x[n-11]) + \cdots + h[6]x[n-6] \tag{8-8}$$

对比两个式子,可以发现式(8-8)的乘法运算次数从 13 次降为 7 次。改进部分的程序如下:

```
for(i =0; i <(BLQ15 -1)/2; i ++)           //对称性优化计算
{
    FIR_OutputQ31 + = (FIR_InputQ15[i] +FIR_InputQ15[BLQ15-1-i])* BcoefsQ15[i];
}
//中间系数单独处理(仅适用于滤波器系数为奇数的情况)
FIR_OutputQ31 + =FIR_InputQ15[ (BLQ15-1)/2] * BcoefsQ15[ (BLQ15-1)/2];
```

图 8-20 所示为上述三个程序的运行时间。测试是在主频为 27 MHz 的单片机上进行的。

从图 8-20 可以看到,12 阶 FIR 滤波器在进行浮点数滤波运算时,处理一个采样点所需的时间为 702 μs。通过将浮点运算改为整数运算,运算时间减少到了 303 μs。进一步,再利用 FIR 滤波器系数的对称性整理 FIR 滤波器的计算式,运算时间进一步减少为 223 μs。由此可

见，通过一些数学运算技巧，能够优化程序，一定程度上提高了 MCU 的数据处理效率。

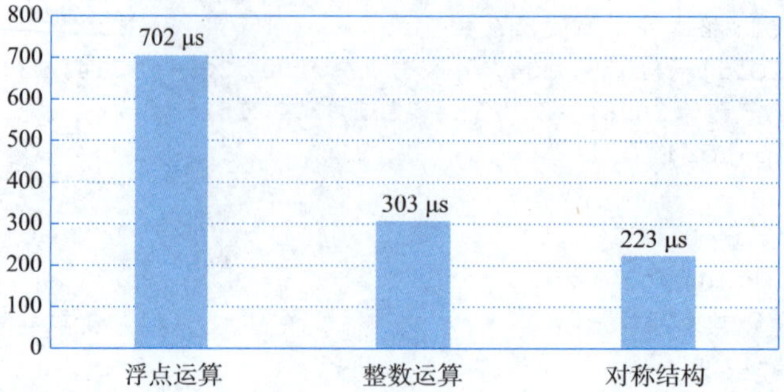

图 8-20 FIR 滤波器性能的优化比较

8.2.3 基于 STM32 单片机实现的 FIR 滤波器

STM32 单片机可以通过块处理的方式实现 FIR 滤波器。其实现流程如下：首先采集多个数据样本形成一个数据块，随后调用 CMSIS-DSP 库中的 arm_fir_f32 函数对该数据块进行 FIR 滤波处理。在这种块处理模式下，单片机在采集完一个数据块后会暂停数据采集，转而执行 FIR 滤波运算，待运算完成后再进行下一个数据块的采集。然而，这种处理方式存在明显的局限性，在 FIR 滤波运算期间无法进行数据采集，会导致部分数据丢失。以语音信号处理为例，这种处理方式会造成滤波后的语音信号出现明显的断续现象，严重影响信号质量。因此，在实际工程应用中，为了克服这一缺陷，通常需要将块处理方式与双缓冲数据存储机制相结合，以确保数据采集的连续性和完整性。下面以音频信号的实时 FIR 滤波为例，完整的"块处理 + 双缓冲"FIR 滤波处理框图如图 8-21 所示。

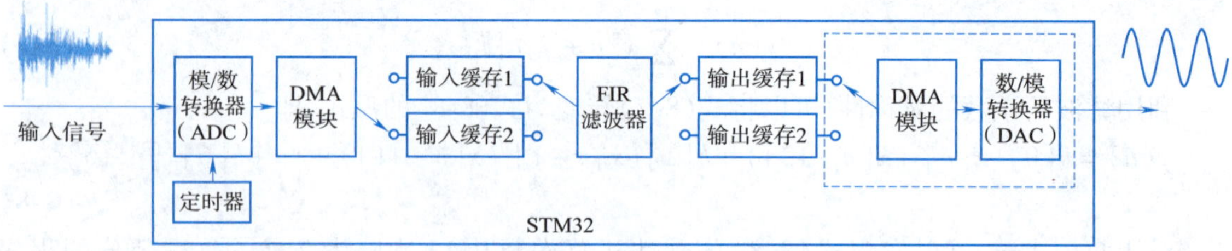

图 8-21 "块处理 + 双缓冲"FIR 滤波处理框图

系统将存储单元划分为四个独立的数据缓冲区，以实现高效的数据流管理。其中，两个输入缓存 buffer1、buffer2 用于实现 ADC 数据采集与存储的双缓冲操作；两个输出缓存 outbuf1、outbuf2 用于实现 DAC 数据输出的双缓冲操作。下面将重点分析数据在采集、FIR 滤波处理以及输出过程中的协同工作机制。

在系统初始化阶段，ADC 通过 DMA 模块将采集到的数据写入缓冲区 1。当缓冲区 1 的数据存储达到预设容量时，DMA 模块会自动切换至输入缓存 2，继续接收新的输入数据，从而确保数据采集的连续性。与此同时，MCU 立即启动对输入缓存 1 中数据的 FIR 滤波处理，并将滤波结果存储至输出缓存 1 中。当 MCU 完成输入缓存 1 的数据处理后，会进入等待状态，直到 DMA 模块完成输入缓存 2 的数据采集。一旦输入缓存 2 的数据存储完毕，MCU 即刻开始对输入缓存 2 中的数据进行 FIR 滤波处理，并将结果存入输出缓存 2 中。系统通过这种双缓冲机制，实现了数据采集、滤波处理和输出的无缝衔接，从而确保了音频信号处理的实时性和数据完整性。这种循环操作模式有效避免了数据丢失和处理延迟，充分发挥了 FIR 滤波器块处理方式效率高的优势。

STM32F103 系列微处理器在实现 FIR 滤波器时，可以利用 ARM 公司为 Cortex-M 系列处理器开发的 CMSIS-DSP 库。该数字信号处理库包含了丰富的信号处理算法，并针对 Cortex-M 内核的硬件特性进行了优化，使得滤波器的运行效率更高。使用 CMSIS-DSP 库时，可以通过以下方式将该库集成到项目工程中。在 MDK-ARM 软件中打开工程文件，单击工具栏的 Manage Run-Time Environment 按钮，在弹出的页面中选中 DSP 库源码，完成 CMSIS-DSP 库的添加，操作界面如图 8-22 所示。

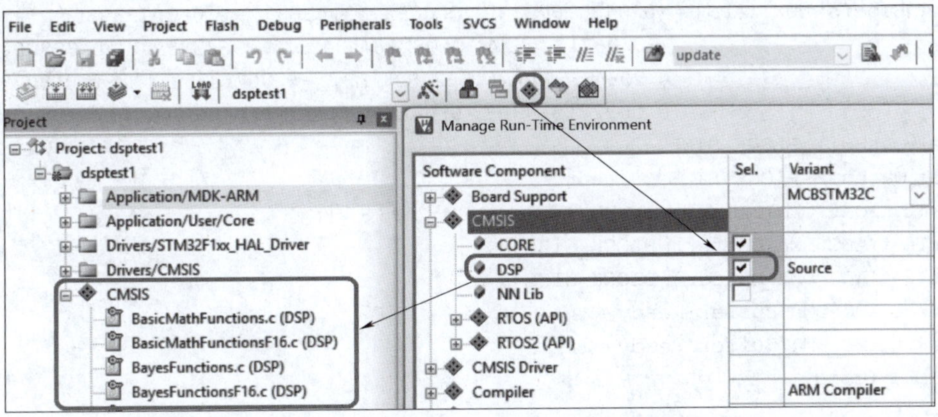

图 8-22　添加 CMSIS-DSP 库

单击工具栏的 Options 按钮，在 Target 选项卡下设置编译器的版本为第 6 版，以便获得更快的编译速度。操作界面如图 8-23 所示。

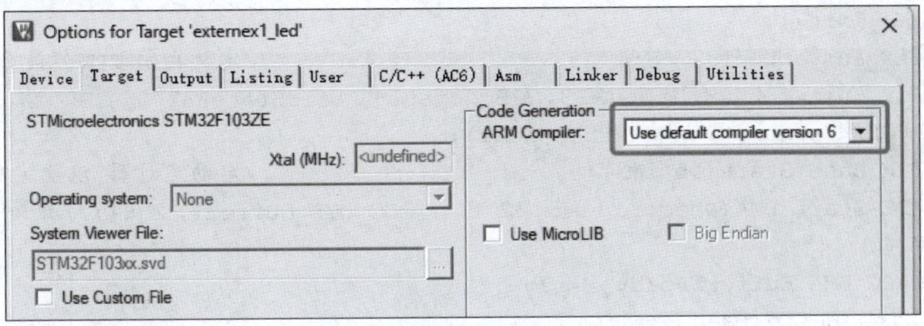

图 8-23　设置编译器版本

FIR 滤波器主要使用的两个函数如下：

```
void arm_fir_init_f32  (arm_fir_instance_f32? * S,     //指向 FIR 滤波器结构的指针
                        uint16_t          numTaps,     //滤波器系数的数量
                        const? float32_t * pCoeffs,    //指向滤波器系数缓冲区的指针
                        float32_t         * pState,    //指向状态缓冲区的指针
                        uint32_t          blockSize    //块处理的样本数量
                        )
```

```
void arm_fir_f32  (const arm_fir_instance_f32* S,       //指向 FIR 滤波器结构的指针
                   const float32_t * pSrc,               //指向输入数据块的指针
                   float32_t       * pDst,               //指向输出数据块的指针
                   uint32_t        blockSize             //块处理的样本数量
                   )
```

参数 pState 指向的数据长度必须为 numTaps + blockSize-1。程序如下：

```
#include "arm_math.h"     //使用 FIR 相关函数必需的头文件
#define BLOCK_SIZE         256
#define NUM_TAPS           13
float Bcoefs[NUM_TAPS] = {0.04807673395, 0.009271314368, -0.06807389855,
                          -0.0671325624, 0.0822847113, 0.2964335978, 0.3982802331,
                          0.2964335978, 0.0822847113, -0.0671325624, -0.06807389855,
                          0.009271314368, 0.04807673395};        //12 阶滤波器系数
float Outbuf1[BLOCK_SIZE];
float Outbuf2[BLOCK_SIZE];
static float firStateF32[BLOCK_SIZE + NUM_TAPS - 1];
uint16_t ADC_DMA_Buffer1[BLOCK_SIZE];
uint16_t ADC_DMA_Buffer2[BLOCK_SIZE];
uint8_t ADC_DMA_Buffer1Ready = 0;
uint8_t ADC_DMA_Buffer2Ready = 0;
int main(void)
{
    HAL_Init();
    SystemClock_Config();
    MX_GPIO_Init();
    MX_DMA_Init();
    MX_ADC1_Init();
    MX_TIM3_Init();
    arm_fir_instance_f32  S;                          //定义指向 FIR 滤波器结构的指针
    arm_fir_init_f32(&S, NUM_TAPS, & Bcoefs[0], &firStateF32[0], BLOCK_SIZE);
    HAL_ADCEx_Calibration_Start(&hadc1);
    HAL_TIM_Base_Start(&htim3);                       //启动定时器,以便定时触发 ADC
    HAL_ADC_Start_DMA(&hadc1, (uint32_t * )ADC_DMA_Buffer1, 256);//开始 DMA 传输
    while (1)  {
      if(ADC_DMA_Buffer1Ready == 1)  {
      ADC_DMA_Buffer1Ready = 0;
      //处理 Buffer1 的数据
      arm_fir_f32(&S, (float * )ADC_DMA_Buffer1, Outbuf1, BLOCK_SIZE);
      }
    if(ADC_DMA_Buffer2Ready == 1)  {
      ADC_DMA_Buffer2Ready = 0;
      //处理 Buffer2 的数据
      arm_fir_f32(&S, (float * )ADC_DMA_Buffer2, Outbuf2, BLOCK_SIZE);
      }
  }
}
```

FIR 滤波在主循环中完成，ADC_DMA_Buffer1Ready 与 ADC_DMA_Buffer2Ready 在 DMA 完成中断服务函数中被置 1。DMA 完成中断服务函数 HAL_ADC_ConvCpltCallback 与 8.1.1 节中的表述相同。

8.3　频率测量技术

频率测量技术在电子、通信、仪器仪表、自动化控制等领域有着广泛应用。在实际应用中，往往需要根据具体应用场合和需求选择不同类型的频率测量方法，以确保测量结果的准确性和可靠性。

本节将结合实际应用案例，全面介绍频率测量原理、频率测量技术的具体实现、优化方法及其在嵌入式系统中的应用。通过技术讲解和案例分析，帮助读者深入理解频率测量技术的工作原理，掌握如何在实际项目中有效地应用这一技术。

8.3.1　频率测量技术的实现原理

频率是指周期性信号在单位时间内的变化次数。频率 f 与周期 T 是互为倒数的两个物理量，即

$$f=\frac{1}{T} \tag{8-9}$$

频率测量可以从频率的定义出发，对被测信号在单位时间内的脉冲个数进行统计，统计结果就是被测信号的频率。该方法称为频率测量法。同理，利用一系列已知周期的标准脉冲信号，对被测信号的周期进行测量，然后根据频率与周期的关系，也能得到被测信号的频率值。由此得到两种常用的频率测量方法：频率测量法（测频法）和周期测量法（测周法）。

①测频法的测量原理如图 8-24 所示。

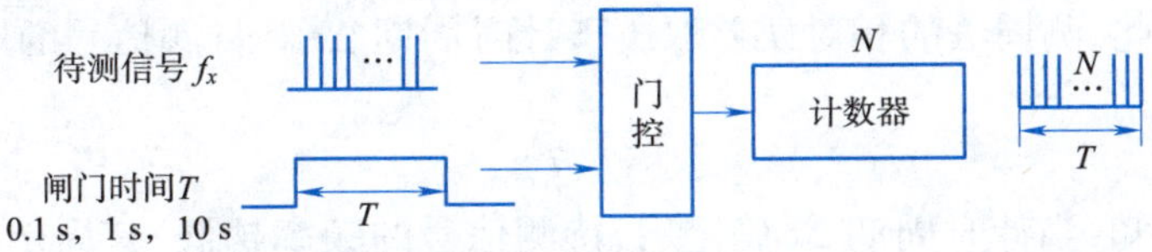

图 8-24　测频法的测量原理

测频法需要一个计数器和一个时间闸门电路。在测量时，将待测信号加到计数器的计数输入端，计数器在标准闸门时间 T 内进行计数。它是直接对单位时间内信号脉冲的个数进行统计。所得的计数值 N 与待测信号的频率 f_x 有如下关系：

$$f_x=\frac{N}{T} \tag{8-10}$$

②测周法的测量原理如图 8-25 所示。

测周法也需要一个计数器和一个时间闸门电路。不同的是，测周法将一个频率为 f_c 的标准信号送到计数器的输入端，而以待测信号的周期作为时间闸门，用于控制计数器的计数时间，所得的计数值 N 与待测信号频率 f_x 的关系为

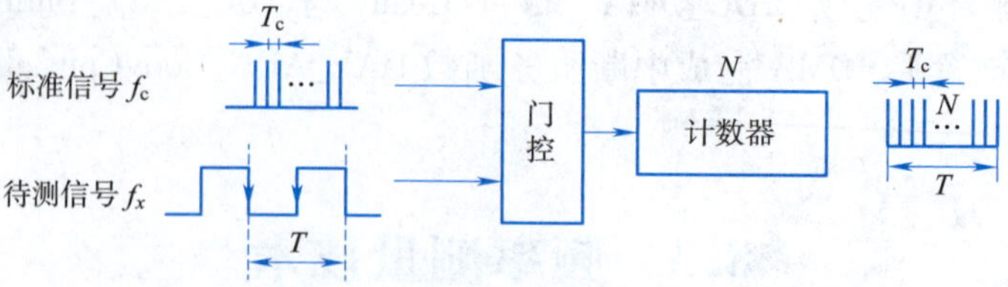

图 8-25 测周法的测量原理

$$f_x=\frac{1}{T}=\frac{1}{NT_c} \tag{8-11}$$

③FFT 测频法是利用快速傅里叶变换(FFT)将信号从时域转换到频域,从而分析出信号的频率成分。它是现代频率测量中最常用的数字信号处理技术之一,通过对采样信号进行离散傅里叶变换获得频谱图。在频谱图中,每个频率点对应一个具体频率值。通过寻找频谱幅值最大的频率点,再换算成实际频率值即可得到测量结果。

8.3.2 测量误差

测频法的误差主要是量化误差。测频法是在一个闸门时间内对待测信号的周期个数进行统计。若闸门时间与待测信号的周期不是整数倍关系,就会产生计数的偏差。例如:设闸门时间为 T,待测信号频率为 f_x,实际计数值 N 为 Tf_x,则当闸门开启和关闭时刻与信号周期不同步时,计数值可能会多 1 个或者少 1 个周期。此时,相对误差 δ 为

$$\delta=\frac{1}{Tf_x} \tag{8-12}$$

由式(8-12)可知,当闸门时间 T 确定后,待测信号的频率 f_x 越高,相对误差 δ 就越小。因此,测频法更适用于测量高频信号。

测周法的误差来源于计时误差。测周法是利用计时脉冲来测量待测信号周期 T_x 的时长。如果待测信号的周期 T_x 不是计时周期 Δt 的整数倍时,可能会多计或少计一个计时周期,从而引起测量偏差。因此,测周法的相对误差取决于计时周期 Δt 和待测信号的周期 T_x,即

$$\delta=\frac{\Delta t}{T_x} \tag{8-13}$$

由式(8-13)可知,当计时周期 Δt 确定后,待测信号的频率越低,其周期 T_x 就越高,相对误差 δ 就越小。因此,测周法更适用于测量低频信号。

FFT 测频法的误差主要来源于频谱泄漏、频率分辨率不足等因素。频谱泄漏是采样信号的周期与采样窗口长度不匹配,频谱从主频扩散到其他频率点,导致主频幅值下降和频率测量偏差。FFT 测频法的频率分辨率由采样频率 f_s 和 FFT 的计算点数 N 决定,即

$$\Delta f=\frac{f_s}{N} \tag{8-14}$$

如果信号的实际频率不在 FFT 频谱的离散频率点上,测得的频率会偏离真实值。增大 FFT 点数 N 并使用插值算法(如 Rife 算法)可以减少误差。

Rife 算法的步骤如下:

①对信号进行 FFT 变换。

②找到幅度最大的谱线 A_k,并计算这些频率点谱线的幅度值 A_{k-1},A_k,A_{k+1},找出次大谱线。

如果次大谱线为 A_{k-1}，则 $r=-1$，如果次大谱线为 A_{k+1}，则 $r=1$。

③使用 Rife 插值公式拟合出信号的精确频率 f_x。

Rife 插值公式如下：

$$f_x=\frac{f_s}{N}\left(k+r\cdot\frac{|A_{k+r}|}{|A_k|+|A_{k+r}|}\right) \tag{8-15}$$

式中，N 为采样点数；f_s 为采样频率；k 为 FFT 变换后最大谱线离散频率索引值；$|A_k|$ 为最大谱线的幅度；$|A_{k+r}|$ 为相邻的次大谱线幅度。

表 8-2 对测频法、测周法和 FFT 测频法进行了比较。

表 8-2　测频法、测周法和 FFT 测频法的对比

指　标	测频法	测周法	FFT 测频法
测量精度	受闸门时间影响	受时间测量精度影响	与 FFT 采样频率和点数有关
测量时间	短，实时性好	长，需要完整的周期	取决于采样周期和 FFT 长度
实现复杂度	低，实现简单	中等，需精确时间测量	高，需较强的运算能力
抗干扰能力	中	低，易受周期抖动影响	强
适用场景	高频信号测量	低频信号测量	宽带信号测量

8.3.3　基于 51 单片机实现的频率测量

测频法利用 IAP15F2K60S2 单片机的两个定时器可以实现精确的信号频率测量。其中，一个定时器用作计数器来记录输入信号的脉冲数，另一个定时器用作时间基准来控制测量时间。具体实现如图 8-26 所示。

输入信号 f_x 接到 T0 引脚，定时器 0 配置为外部计数模式，定时器 1 配置为定时模式，用于控制测量时间。为保证测频精度，单片机必须使用外部晶振来提供系统时钟信号。程序实现流程如图 8-27 所示。

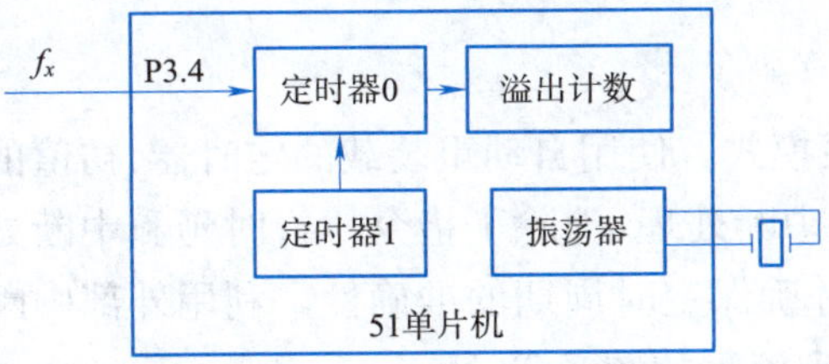

图 8-26　基于 51 单片机的频率测量框图

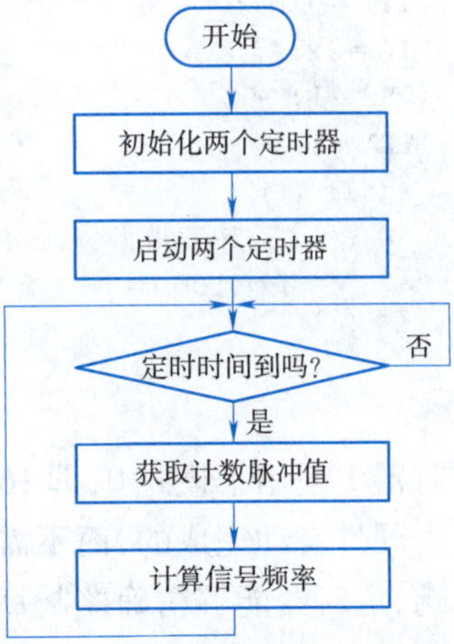

图 8-27　测频法的程序实现流程图

IAP15F2K60S2 单片机测频法程序如下：

```
#include <reg51.h>
unsigned long pulse_count = 0;          //记录脉冲计数值
unsigned int overflow_count = 0;        //记录定时器 0 溢出次数
unsigned char timer1_count = 0;         //定时器 1 中断计数,用于实现 100 ms 定时

//定时器 0 溢出中断服务程序
void timer0_overflow_ISR() interrupt 1 {
    overflow_count ++;                  //每次溢出计数 +1
}

//定时器 1 中断服务程序(2 ms 时间窗口)
void timer1_ISR() interrupt 3 {
timer1_count ++;                        //增加中断计数
if (timer1_count > = 50) {              //累积 10 次中断表示 100 ms
  timer1_count = 0;                     //计数值清 0
     TR0 = 0;                           //停止定时器 0
    //计算总脉冲数 = (溢出次数* 65 536) + 当前计数器值
    pulse_count = ((unsigned long)overflow_count << 16) | (TH0 << 8) | TL0;
    TH0 = 0;                            //重置计数器和溢出计数
    TL0 = 0;
    overflow_count = 0;
    TR0 = 1;                            //重新启动定时器 0
}
}
void main() {
//定时器配置
    AUXR |= 0x40;                       //定时器 1 时钟 1T 模式
    TMOD = 0x05;                        //定时器 0 为 16 位计数器模式,定时器 1 为定时模式 0
    TH0 = 0;                            //定时器 0 计数值清 0
    TL0 = 0;
    TH1 = 0x3C;                         //设置定时器 1 初值(每 2 ms 发生一次中断,25 MHz 晶振)
    TL1 = 0Xb0;
    IE = 0x8A;                          //开启定时器 0 和定时器 1 中断
    TR0 = 1;                            //启动定时器 0
    TR1 = 1;                            //启动定时器 1
    while (1) {
        //主循环可根据 pulse_count 计算频率
        //例如,100 ms 测量窗口内的频率计算公式:f = pulse_count * 50
    }
}
```

定时器 1 使用了模式 0,即 16 位自动重装载模式。使用自动重装载的定时器,初值的重载操作是由硬件自动完成的,而不需要依赖于软件中断处理,消除了指令执行时延和中断处理延迟的影响,定时器能够精确控制每次溢出时间,并确保定时周期的准确性。利用外部中断 0 和定时器 1,可以实现测周法的频率测量。程序实现流程如图 8-28 所示。

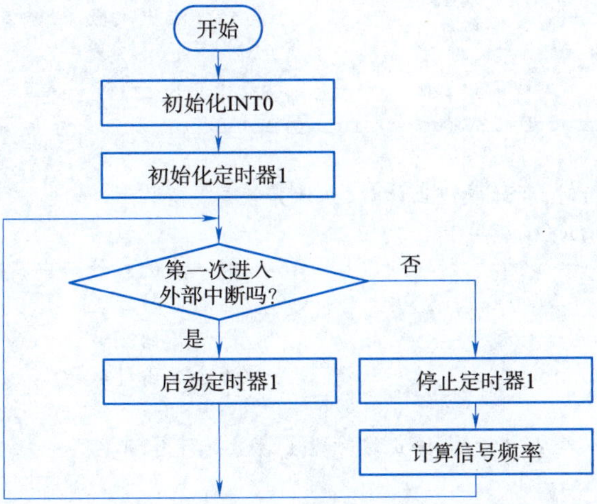

图 8-28　测周法的程序实现流程图

测周法程序如下:

```
#include <reg51.h>                          //包含 51 系列的头文件
volatile unsigned int overflow_count = 0;  //定时器溢出计数
volatile unsigned int timer_count = 0;     //定时器计数值
volatile float frequency = 0.0;            //测量到的频率
volatile bit measuring = 0;                //是否正在测量周期
unsigned long period = 0;

void Timer1_Init(void)
{
    AUXR |= 0x40;                          //定时器 1 时钟 1T 模式
    TMOD &= 0x0F;                          //清除定时器 1 的控制位
    TMOD |= 0x10;                          //设置定时器 1 为 16 位定时器模式

    //定时器 1 初值设置为 0
    TH1 = 0;
    TL1 = 0;
    //仅配置定时器,不启动它
    ET1 = 1;                               //允许定时器 1 中断
    EA = 1;                                //开全局中断
}

void ExternalInterrupt_Init(void)
{
    IT0 = 1;                               //设置外部中断为下降沿触发
    EX0 = 1;                               //允许外部中断 0
}

void Timer1_ISR(void) interrupt 3
{
    //定时器 1 溢出中断
```

```
    overflow_count ++;                        //计数溢出次数
}

void ExternalInterrupt0_ISR(void) interrupt 0
{
    //捕获信号下降沿时,开始或停止计数,并计算频率
    if (! measuring) {
                                              //第一次进入外部中断时,启动定时器1计数
        TR1 =1;                               //启动定时器1
        measuring=1;                          //标记开始测量
        overflow_count=0;                     //清除溢出计数器
    } else {
        //第二次进入外部中断时,停止定时器1计数并计算频率
        //关闭定时器1
        TR1 =0;
        timer_count=(TH1 << 8) | TL1;         //获取定时器1的计数值
        //计算周期时间
        period=timer_count + (overflow_count * 65536);
        //计算频率:频率 = 1/周期时间
        //25MHz 晶振,Tc=40ns 为定时器1一个计数周期的时间
        frequency=1.0 / (period * 40e-9);
        //准备下一次频率测量
        measuring=0;
    }
}

void main(void)
{
    //初始化外部中断0和定时器1
    ExternalInterrupt_Init();
    Timer1_Init();

    while (1)
    {
        //主循环中处理其他任务
    }
}
```

外部中断0初始化函数设置外部中断0为下降沿触发,用于捕捉信号的周期,计算周期的起始和结束时间。定时器1中断服务程序中,溢出计数器 overflow_count 会增加1。溢出计数器用于记录定时器溢出的次数,从而计算出完整的周期时间。第一次进入外部中断0时,measuring 为0,表示开始测量频率。此时,定时器1的计数器被启动,overflow_count 和 timer_count 被重置,然后等待第二次外部中断。第二次进入外部中断0时,measuring 为1,表示正在测量频率并准备计算周期时间。获取当前定时器的计数值,计算周期时间,然后根据周期时间计算频率。计算完成后,关闭定时器1,标记测量结束 measuring=0,并为下一次测量做准备。

8.3.4　基于 STM32 单片机实现的频率测量

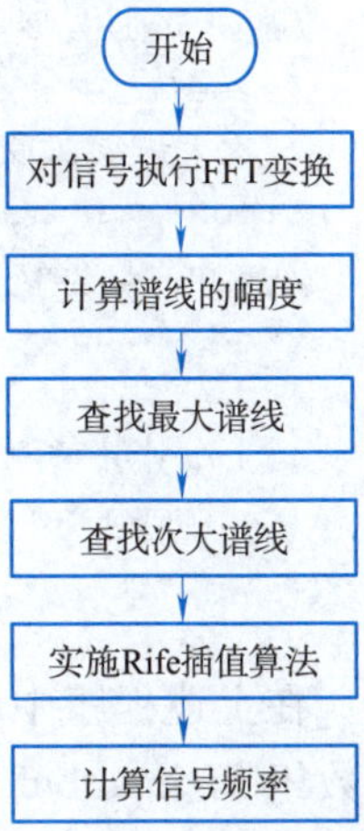

图 8-29　单片机 FFT 测频法程序实现流程图

STM32F103ZET6 单片机以其较高的主频和容量更大的静态随机存储器，能够支持更复杂的信号处理任务，例如：利用 FFT 算法进行频率测量。假设外部待测信号的频率为 99 Hz，信号经过 STM32F103ZET6 内部 ADC 采样，以 512 Hz 的采样频率存储到 ADC_Value 数组中，采样点数为 256。利用式(8-14)可知，FFT 的频率分辨率为 2 Hz，所获得的频谱图包含的频率点为 0 Hz、2 Hz、4 Hz、8 Hz 等。由于待测信号的频率为 99 Hz，并没有落在频谱图的离散频率点上，因此直接使用 FFT 算法测量会存在误差。

利用最大谱线和次大谱线的幅度值，通过 Rife 插值算法，可以将信号频率的位置精确地插值到离散频谱点之间，从而显著提高频率测量的精度。插值算法的误差通常小于频率分辨率的 1/10，对于高精度频率测量任务尤为适用。程序实现流程图如图 8-29 所示。

FFT 测频的核心部分程序如下：

```
#include "arm_math.h"
#include "arm_const_structs.h"

#define  N  256                                          //FFT 采样点数
float32_t  fft_inputbuf[N* 2];                           //FFT 输入数组
float32_t  fft_outputbuf[N];                             //FFT 输出数组
float32_t max_value  = 0.0;                              //最大谱线的幅度
uint32_t max_index  = 0;                                 //最大谱线索引号
float32_t second_max_magnitude =0;                       //次大谱线的幅度
float32_t sampling_frequency =512.0                      //采样频率
float32_t frequency =0;                                  //待测信号的频率
unint16_t  ADC_Value[N];                                 //ADC 采样的数据

void FFT_MeasureFrequence(void) {
for(i =0; i <N; i ++) {
fft_inputbuf[2* i] = (float)ADC_Value[i];                //实部为 ADC 采集的数据
fft_inputbuf[2* i +1] =0.0f;                             //虚部为 0
}
                                                         //FFT 变换
arm_cfft_f32(&arm_cfft_sR_f32_len256, fft_inputbuf, 0, 1);
                                                         //求模运算,得到谱线的幅度信息
arm_cmplx_mag_f32(fft_inputbuf, fft_outputbuf, N/2);
                                                         //找到幅度最大的谱线及其索引信息
arm_max_f32(fft_outputbuf, N/2, &max_value , &max_index);
                                                         //使用 Rife 插值算法来修正频率
    if (fft_outputbuf[max_index + 1] > fft_outputbuf[max_index - 1]) {
                                                         //次大谱线在最大谱线的右侧
    second_max_magnitude = fft_outputbuf[max_index + 1];
interpolated_frequency = max_index + (second_max_magnitude /
```

```
    (max_value + second_max_magnitude));
    }else{
    //次大谱线在最大谱线的左侧
    second_max_magnitude = fft_outputbuf[max_index - 1];
    interpolated_frequency = max_index - (second_max_magnitude /
    (max_value + second_max_magnitude));
    }
        //计算待测信号的实际频率
        frequency = interpolated_frequency * sampling_frequency / N;
    }
```

在上述程序中,ADC 采集的数据是实数信号,并没有虚部。因此在进行 FFT 前,需要将输入数组 fft_inputbuf 的虚部初始化为零,以构造复数输入。这样可以确保 FFT 的输入格式符合 arm_cmplx_mag_f32 函数的要求。此外,由于实数信号的 FFT 结果具有频谱对称性,计算频谱幅度时,只需处理前半部分的数据,即前 $N/2$ 个点即可,这样可以减少计算量。

习　题

简答题

(1)解释为什么 ADC 采集交流信号时需要进行偏置处理,并给出一个简单的电路设计方案。

(2)设计一个简单实验,使用单片机采集两个通道的数据:一个采集直流温度传感器(如 LM35)的输出,另一个采集 1 kHz 正弦波信号(已加偏置)。

(3)在单片机上实现 FIR 滤波器时,如何选择合适的滤波器阶数(滤波器系数个数)? 阶数对滤波效果和计算量有何影响?

(4)在 STM32F4/F7/H7 等具有 DSP 指令支持的单片机上,如何利用 CMSIS-DSP 库加速 FIR 滤波? 简要描述使用流程。

(5)请对比 8051 单片机与 STM32F103 单片机在实现 50 阶 FIR 滤波器时的计算时间,并分析影响计算效率的关键因素。

(6)请使用 DMA 半传输中断和传输完成中断实现数据采集的双缓冲操作,使用 C 语言实现。

(7)如果待测量信号的频率较低(如 1 Hz),选择哪种方法进行测量更合适? 若要提高频率测量精度,可以有哪些实现方案?

(8)等精度频率测量法也是一种测频方法,请查阅资料,描述该方法的实现方案。假设待测信号的频率是 500 kHz,分别使用测频法、测周法和等精度测量法进行频率测量,写出相应的 C 程序实现代码。

第9章

应用系统举例

当今世界，任何一套测控系统，无一不用单片机与嵌入式系统作为控制核心。本章给出了若干简单的应用系统，充分展现单片机与嵌入式系统的作用。同时也说明，只有对应用领域和信号检测的深刻理解，单片机与嵌入式系统才能有效地发挥作用。

学习目标

(1)能针对应用的场合、条件、要求等进行分析，选择单片机与嵌入式系统的型号。

(2)能进行单片机与嵌入式系统配置、通信与外扩存储器等资源的配置。

(3)掌握嵌入式操作系统并应用到系统中，要特别注意数字信号处理的实现，要避免机械、简单地套用某种滤波器或处理算法，在存储空间、算法实时性上需要特别注意。

9.1 电动车超声多普勒测速仪

全国很多地方在电动车的管理上遭遇十分尴尬的局面：一方面，电动车低成本、使用方便，是广大群众应用最广的代步工具，甚至到了日常生活不可或缺的地步；另一方面，由于电动车的行驶速度能够很快，经常发生交通事故，甚至犯罪分子利用电动车的高速度实施抢夺等犯罪行为。国家也出台电动自行车的法规以限制速度，然而，更改电动自行车的速度十分简便，而管理部门又缺乏相应的技术手段，多地“简单”的管理，造成广大民众的不满。本节介绍的“电动车超声多普勒测速仪”可实现电动车的科学管理。

9.1.1 测量原理

超声多普勒测速仪的实现主要利用多普勒效应。

多普勒效应：指波源和观察者有相对运动时，观察者接收到波的频率与波源发出的频率并不相同的现象。当波源与待测量物体相向运动时候，频率变高、波长变短；反之，当波源与待测量物体背向运动时候，频率变低，波长变长。超声波是指频率高于20 kHz的一种人无法听见的声波。超声波的波长比一般声波要短，具有较好的方向性，且能透过不透明物质。

当观察者与波源相互靠近时，接收到的信号频率f'大于发射频率f_0；当观察者与波源相互远离时，接收到的信号频率f'小于发射频率f_0。

如图9-1所示，一般计算公式为

$$f' = \left(\frac{v_0 \pm v_r}{v_0 \mp v_s}\right) f_0 \tag{9-1}$$

式中,v_0 为波在介质中行进的速度;v_r 为观察者移速(与波源接近时取正);v_s 为波源移速(与观察者接近时取负),为原始频率;f'为实际观测到的频率。

测速仪向物体发射超声波,物体相当于是信号接收者(观察者),此过程中,物体的速度为 v_r,声波的速度为 v_0,测量仪器的速度 $v_s=0$。

物体接收到的超声波的频率为

$$f'=\left(\frac{v_0+v_r}{v_0}\right)f_0 \tag{9-2}$$

物体接收到超声波后对声波反射或者散射形成回波,在此过程中,仪器相当于是信号接收者(观察者),运动的物体为波源。

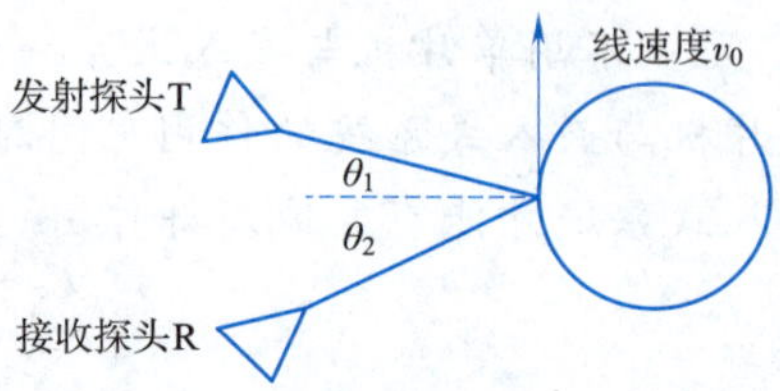

图 9-1　超声波多普勒效应测速原理

所以物体接收到的超声波的频率为

$$f''=\left(\frac{v_0}{v_0-v_r}\right)f' \tag{9-3}$$

上述两式联立得到

$$v_r=\left(\frac{f''-f_0}{f''+f_0}\right)v_0\approx\frac{\Delta f}{2f_0} \tag{9-4}$$

式中,Δf 为差频信号;v_0 在空气中取 340 m/s。

依据以上公式,只需要得到回波频率 f''、发射频率 f_0,或回波与发射频率之差就可以计算出物体运动的速度。基于以上分析,便可以进行相应的模拟电路的设计与搭建。

在实际应用中,超声探头之间存在夹角,因此有 $f'=\left(\frac{v_0+v_r\sin\theta_1}{v_0+r_r\sin\theta_2}\right)f_0$,为了增大频移信号以便于测量,并使速度与多普勒差频信号成正比,应取 $\theta_2=0$,即接收探头与车轮线速度方向垂直。为了电路的稳定性,且两探头之间在可测量范围内相距距离尽量取大,使得探头前后移动时 $\sin\theta_1$ 变化最小。取 $\theta_1=45°$。

9.1.2　测量原理系统框图

图 9-2 所示为超声波测速系统原理框图。

图 9-2 中:

①超声探头:利用超声探头作为收发装置,超声探头利用其压电效应,输入一个高频的方波,实现对物体速度的测量。

②单片机:用单片机代替信号发生器输出 40 kHz 方波,优点在于接入超声探头后更加稳定,同时驱动超声波探头。同时可以利用测频法和单片机的定时器进行测量,在一段“标准时间”内对被测信号的脉冲数量进行计数。

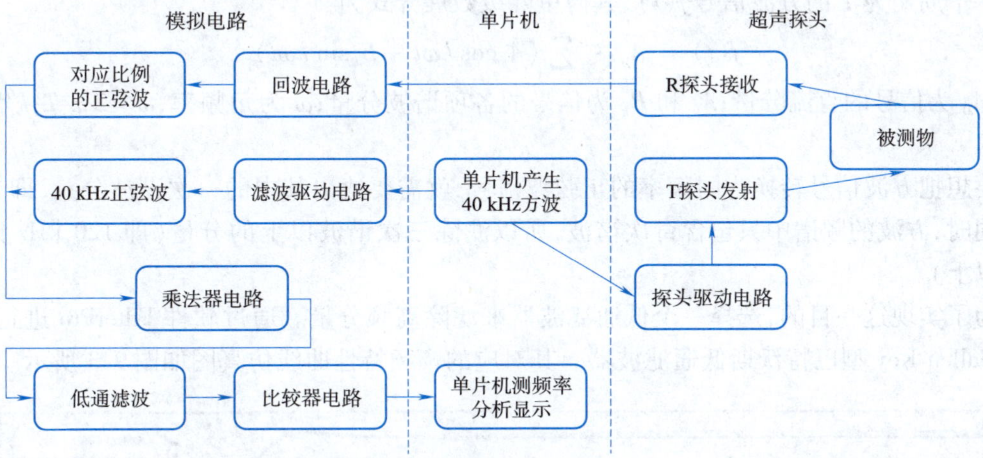

图 9-2　超声波测速系统原理框图

③方波转换正弦波电路:驱动信号为40 kHz 的方波,由于要进入到混频器中计算得到差频信号,且根据乘法器的工作原理,输入的信号需要是正弦波。因此输入方波经过这个电路会变成正弦波,频率仍然是 40 kHz。

④回波电路:回波电路是对超声接收探头收集到的信号进行处理。回波信号的强度较小,比发射的超声波强度小很多,因为超声波在被测物体内部传播过程中会发生能量的散射和吸收,且在其中混有一定的杂波,不能直接使用。因此设计回波电路目的是处理回波使其变为幅值较大没有杂波的正弦波。因此,电路输入为幅值较低且有杂波的正弦波经过一系列电路变为幅值 4 V 左右且标准的正弦波,以便进入乘法器使用。

⑤乘法器电路:需要研究回波的频率性质,即与驱动信号的频率差值。使用乘法器作为混频电路用来得到差频信号。乘法器的输出信号相当于由一个和频信号、一个差频信号组成。因此,电路输入一个频率大概为 40. 2 kHz 回波电路输出的正弦波,再输入一个 40 kHz 的方波转换的正弦波,最终输出为和频与差频的混合信号,前者是高频(接近于 2 倍激励频率),后者是很低频率的信号,是用于解算待测速度的信号,因此,需要滤波得到这个信号。

⑥差频信号处理电路:因为乘法器输出的是带有高频信号的正弦波,所以要将高频信号滤除,采用一个迟滞比较器将得到的差频正弦波转换为方波,这样能够将信号输入单片机进行频率采集和速度计算。

9. 1. 3　主要单元电路

1. 方波产生电路

该电路输出 40 kHz 的驱动方波。

2. 波形转换电路

该电路的作用在于将驱动发射头的方波转换为同频率的正弦波以便输入乘法器进行混频。

驱动信号为 40 kHz 的方波,根据乘法器的工作原理,输入的信号需要是正弦波。所以驱动方波信号要通过波形转换电路变成 40 kHz 的正弦波信号。

通过一个滤波电路即可实现波形转换。一个方波信号可以展开为一系列正弦波的叠加。

对于一个周期为 T 的方波信号 $f(t)$，其傅里叶级数展开式为

$$f(t) = A_0 + \sum (A_k \cos k\omega t + B_k \sin k\omega t) \tag{9-5}$$

式中，A_0 为信号的直流分量；A_k 和 B_k 为信号的各项谐波分量；ω 为角频率，$\omega = 2\pi/T$；k 为谐波次数。

要想把方波信号转换为同频率的正弦波信号，就需要滤出其中的一次谐波分量，即基频分量。同时，方波的频谱中只包含奇次谐波，所以滤除三次谐波以上的分量（即 120 kHz 谐波分量及以上）。

为了实现这一目的，选择一个低通滤波器来滤除高频分量。通过软件 FilterPro 进行设计，选择 Sallen Key 型巴特沃斯低通滤波器。其对应的幅频特性曲线仿真图如图 9-3 所示。

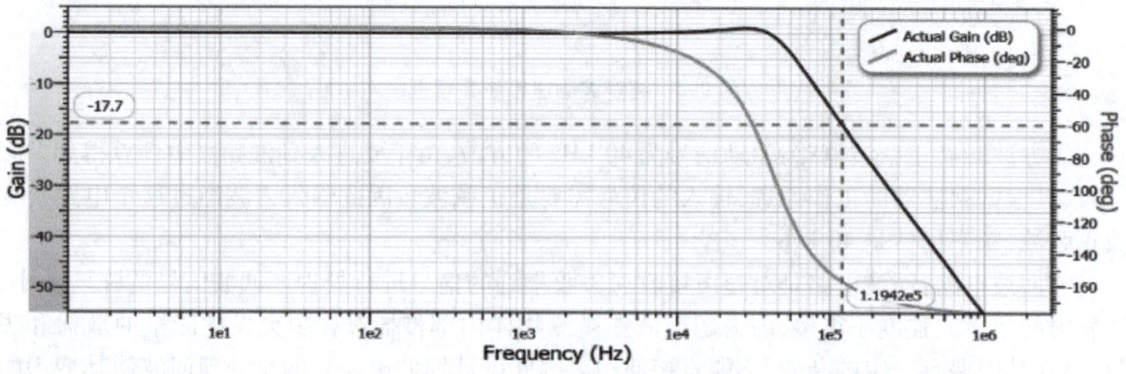

图 9-3　Sallen Key 型巴特沃斯低通滤波器及其幅频特性曲线仿真图

为了简化电路和尽可能实现目标，选择将截止频率设得较低，利用幅频曲线的斜率变化规律，尽管在 40 kHz 处幅值有所衰减，但对于三次谐波及以上分量的衰减就足够了，此时方波就能够较好地被转换为正弦波，仿真电路图如图 9-4 所示。

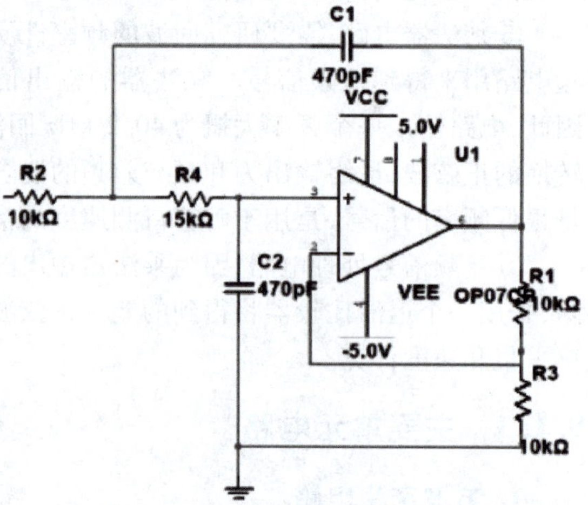

图 9-4　方波转换正弦波仿真电路图

3. 回波电路

超声波接收探头在接收到超声波信号后输出的正弦波存在些许杂波，同时，由于超声波在传播和反射过程中的能量损耗，在被超声波接收探头接收到再通过压电效应输出的信号幅值会较小（如图所示的信号是发射端紧贴接收端时的，为 1 V 左右，实际测量转速时回波的幅值约 400 mV），所以，不仅需要滤波，还需要对回波信号进行一定的放大。

采用无限增益多路反馈型带通滤波器。根据实验，在测量一个 0 ~ 5 m/s 的物体的转速时，其回波信号大多在 39 kHz 附近，所以选择 39 kHz 作为带通滤波器的中心频率 f_0。软件模拟出的滤波器特性曲线仿真图如图 9-5 所示。仿真电路图如图 9-6 所示（C1 = C2 = C）。计算可得

$$f_0=\frac{\sqrt{\frac{R_1+R_2}{R_1R_2R_3}}}{2\pi C}=39\ 378.6\ \text{Hz}$$

电路的增益为

$$A=-\frac{R_3}{2R_1}=-1.5$$

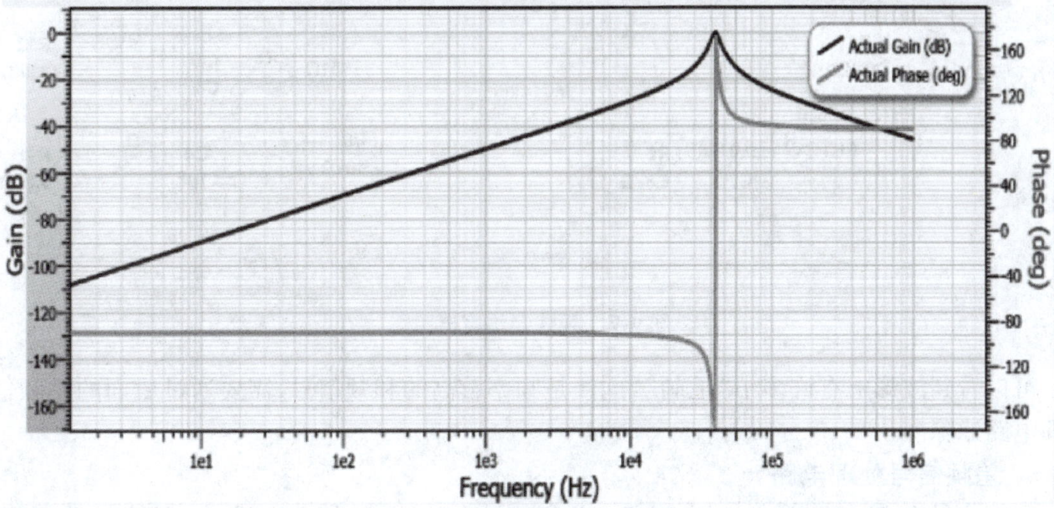

图 9-5 带通滤波器仿真图

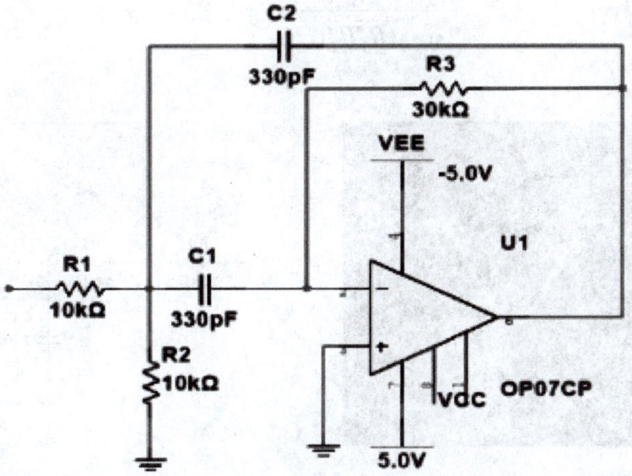

图 9-6 回波滤波放大仿真电路图

4. 乘法器电路

乘法器电路是对来自回波电路和波形转换电路输出的两个正弦波进行混频的电路，使用 MC1496 芯片进行搭建，仿真电路图如图 9-7 所示。

通过调节电阻器 R5，可以调节乘法器的工作点。乘法器电路的输出是混频信号，包含两个输入信号的和频信号 f_1+f_2 以及差频信号 f_1-f_2，其中差频信号 $\Delta f=|f_1-f_2|$ 就是最终需要的信号。乘法器输出波形如图 9-8 所示。

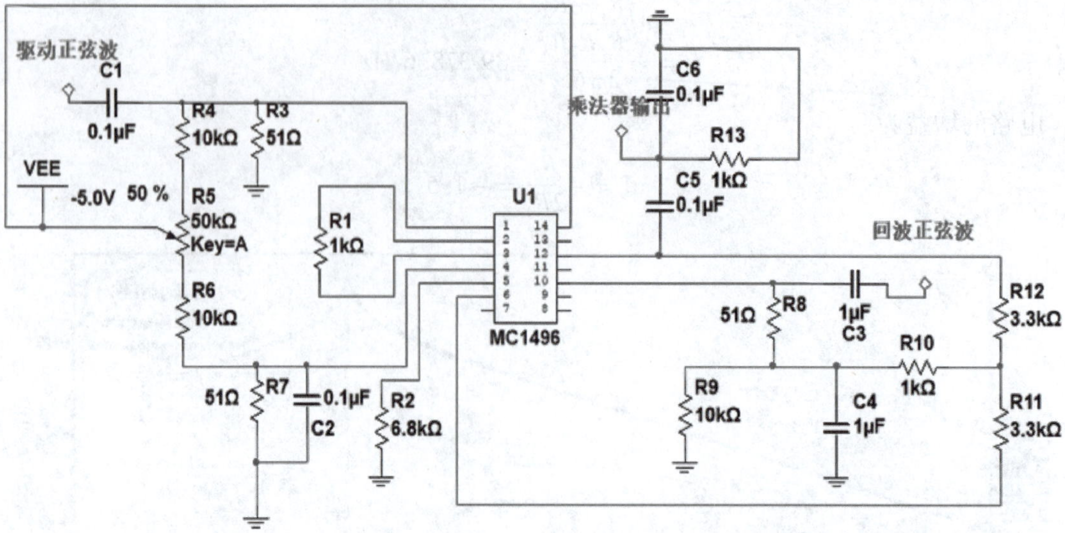

图 9-7　乘法器仿真电路图

可以看到波形上有许多小“毛刺”，这便是频率较高的和频信号，需要通过后面的差频信号处理电路滤除。

5. 差频信号处理电路

和频信号在 80 kHz 左右，频率较高。差频信号在几百赫到 1 kHz 左右，频率较低，所以通过一个低通滤波器（见图 9-9）来滤除和频信号。其截止频率为

$$f_c = \frac{1}{2\pi\sqrt{R_1R_2C_1C_2}} = 7\ 234\ \text{Hz}$$

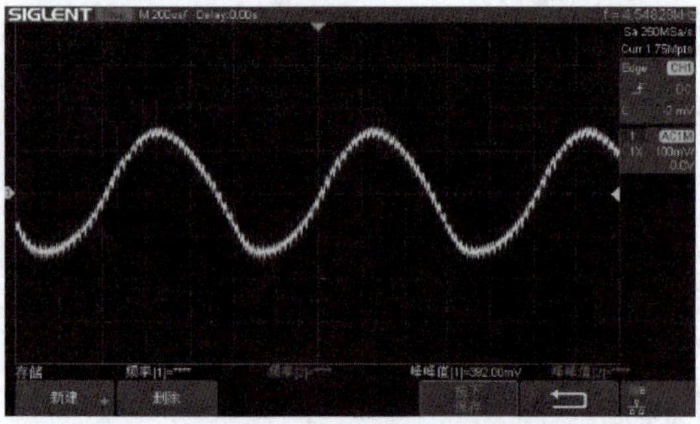

图 9-8　乘法器输出波形

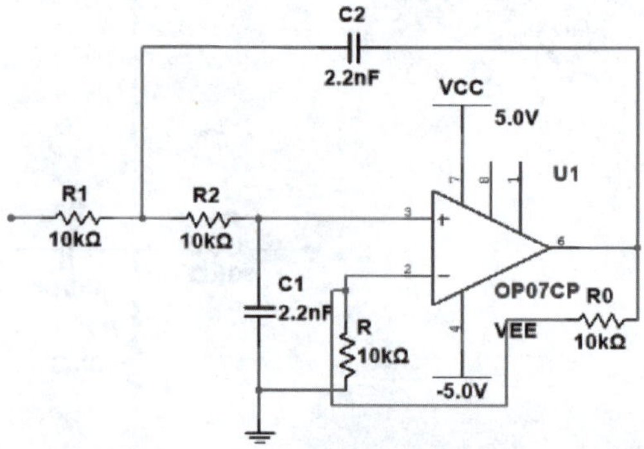

图 9-9　二阶低通滤波器仿真电路图

滤除和频信号得到差频信号。此时得到的差频信号就是因多普勒效应产生的信号了，单片机只能检测上升沿，所以需要将该正弦波转换为方波以便单片机处理。

有两个方法得到单片机可以处理的方波：

①通过一个迟滞比较器转换为方波，如图 9-10 所示。

②用高倍反相放大器（见图 9-11）将正弦波“放大”成方波。

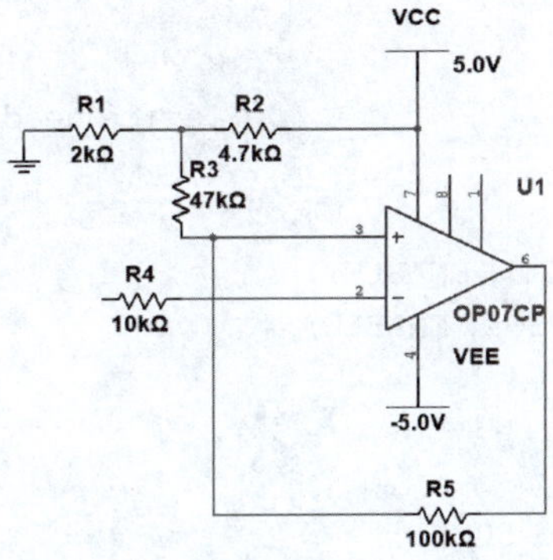

图 9-10　迟滞比较器仿真电路图

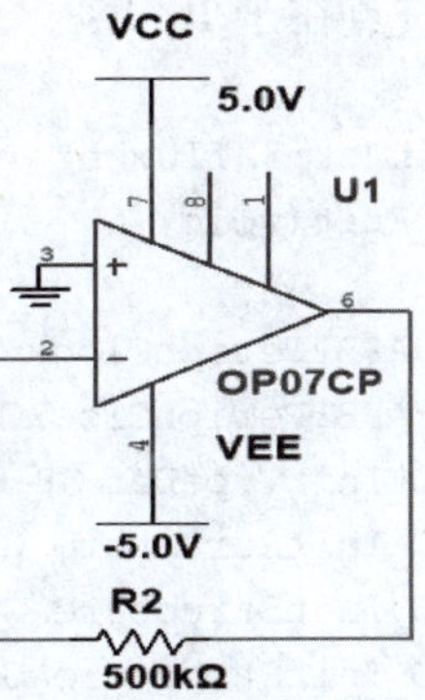

图 9-11　高倍反相放大器仿真电路图

9.1.4　单片机处理程序

单片机的主程序如下：

```
#include "stm32f10x.h"
#include "Delay.h"
#include "OLED.h"
#include "PWM.h"
#include "IC.h"
float a;
float b;
int main(void)
{
    OLED_Init();
    PWM_Init();
    IC_Init();
        OLED_ShowString(1,1,"Freq:00000Hz");
        OLED_ShowString(2,1,"VL:0000000m/s");
    OLED_ShowString(3,1,"w:0000000rad/s");
      while(1)
      {
         OLED_ShowNum(1,6,IC_GetFreq(),5);
         float freq=IC_GetFreq();
         a=170.0* freq/40000.0;
         b=a/0.3;
         OLED_ShowFNum(2,4,a,5,2);
         OLED_ShowFNum(3,3,b,5,2);
         Delay_s(2);
      }
}
```

该部分代码通过调用 IC_GetFreq( ) 函数测出输入引脚的方波频率，并计算对应的旋转体表面线速度和物体转速。测试对象是电动车的后轮，经过测量车轮半径为 30 cm，根据角速度与线速度的关系 $v=\omega r$，可以算出角速度的大小，并将最终测量结果显示在 OLED 屏幕上。

代码的重点在于 IC. h:

```
#include "stm32f10x.h"                                    // Device header
void IC_Init(void)
{
    RCC_APB1PeriphClockCmd(RCC_APB1Periph_TIM3, ENABLE);
    RCC_APB2PeriphClockCmd(RCC_APB2Periph_GPIOA, ENABLE);
    GPIO_InitTypeDef GPIO_InitStructure;
    GPIO_InitStructure.GPIO_Mode = GPIO_Mode_IPU;
    GPIO_InitStructure.GPIO_Pin = GPIO_Pin_6;
    GPIO_InitStructure.GPIO_Speed = GPIO_Speed_50MHz;
    GPIO_Init(GPIOA, &GPIO_InitStructure);
    TIM_InternalClockConfig(TIM3);
    TIM_TimeBaseInitTypeDef TIM_TimeBaseInitStructure;
    TIM_TimeBaseInitStructure.TIM_ClockDivision = TIM_CKD_DIV1;
    TIM_TimeBaseInitStructure.TIM_CounterMode = TIM_CounterMode_Up;
    TIM_TimeBaseInitStructure.TIM_Period = 65536 - 1;        //ARR
    TIM_TimeBaseInitStructure.TIM_Prescaler = 72 - 1;        //PSC
    TIM_TimeBaseInitStructure.TIM_RepetitionCounter = 0;
    TIM_TimeBaseInit(TIM3, &TIM_TimeBaseInitStructure);
    TIM_ICInitTypeDef TIM_ICInitStructure;
    TIM_ICInitStructure.TIM_Channel = TIM_Channel_1;
    TIM_ICInitStructure.TIM_ICFilter = 0xF;
    TIM_ICInitStructure.TIM_ICPolarity = TIM_ICPolarity_Rising;
    TIM_ICInitStructure.TIM_ICPrescaler = TIM_ICPSC_DIV1;
    TIM_ICInitStructure.TIM_ICSelection = TIM_ICSelection_DirectTI;
    TIM_ICInit(TIM3, &TIM_ICInitStructure);
    TIM_SelectInputTrigger(TIM3, TIM_TS_TI1FP1);
    TIM_SelectSlaveMode(TIM3, TIM_SlaveMode_Reset);
    TIM_Cmd(TIM3, ENABLE);
}
uint32_t IC_GetFreq(void)
{
    return 1000000 / (TIM_GetCapture1(TIM3) + 1);
}
```

采用测周法对频率进行测量,如图 9-12 所示。

两个上升沿内,以标准频率 f_c 计数,得到 N,则频率

$$f_x = f_c / N$$

造成测量误差的原因是:计数器只能进行整数计数,而在时间窗口 T_0 内,却不一定刚好有整数个标准信号周期。因此测周法造成的最大测量误差为 ±1 个标准信号周期,则测量周期的最大可能值为 $T_{max} = (N+1)T_0$;最小可能值为 $T_{min} = (N-1)T_0$。相对周期误差为

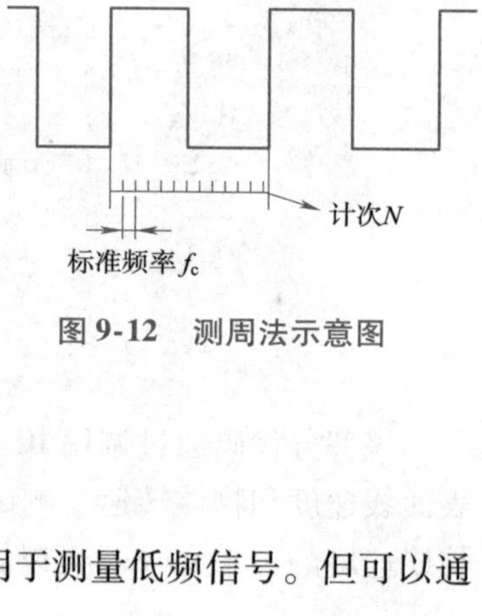

图 9-12　测周法示意图

$$\Delta = \frac{\pm 1}{N} \times 100\%$$

由此可以推得 N 越大,相对周期误差越小。所以,测周法适用于测量低频信号。但可以通

过多个周期平均或滑动平均的方法降低误差。

9.2 快速纸张计数装置

在包装、印刷部门业务调度过程中常需要纸张计量、分解等工序。目前采用的方法主要有人工测量和机械设备测量。由于人工计数受主观因素影响较大，机械设备易对纸张造成损坏，故本节设计了一种基于电容变化的纸张计数装置，利用电容大小和极板间距之间的比例关系测定两极板之间纸张的数目。

针对以纸为电介质的电极板电容容值较小的问题，采用了一种反相放大器，从而将对电容容值的测量转换为对输出信号幅值的测量；针对电极片移动灵活，难以控制唯一变量的问题，设计了硬件加以支撑；针对信号易受环境和电路影响的问题，利用 MCU 进行调制解调和滤波，提高了数据的稳定性。测试结果表明，对于一定范围内的纸张，计数准确率在 99% 以上。

设计要点：

①通过 DDS 模块，产生稳定的正弦输入信号。

②前端反相放大器，将极板电容容值的测量转换为输出幅值的测量。

③通过分压电路，将输出幅值由 0 ~ 5 V 转变为 0 ~ 3.3 V。

④A/D 过采样、快速锁相解调、中值滤波，提高特征数据精度和稳定性。

⑤区间标定、分段二次插值，建立特征数据（与容值有关）和纸张数目之间的比例关系。

⑥通过比例关系反推纸张数目，实现纸张数目的测量。

⑦通过 HC-05 蓝牙模块实现单片机和上位机之间的通信。

9.2.1 系统方案

1. 电容式传感器结构

电容极板选材方案对比：

①使用双面覆铜玻纤板制作 10 cm × 10 cm 的平行板电容器。由于手工板腐蚀制作过程过于烦琐，且成品质量较差，在测量中的误差较大，故舍去此方案。

②使用 5 cm × 5 cm × 3 cm 的铜质金属块作为平行板电容器的两极板。由于黄铜板较为坚硬，具有很好的散热性能，可以减小温度变化对于极板电容的影响，降低硬件带来的误差，提高测量精度，故采用此方案。

极板加紧固定装置的选择：

①采用夹子的方式将两块极板进行夹紧。这种方式结构简单、制作方便、使用灵活，但是存在诸多不足，如极板之间受力不均匀、夹子容易松动、极板相对面积不固定等因素都会影响等效电容的大小，造成测量误差。

②采用亚克力板四周打定位孔用碳素杆插入固定，中心铜板位置采用铅锤压紧，亚克力板四角使用玻璃砖固定压紧。由此使得极板相对面积基本保持不变，且极板间的位置与纸张数目成线性关系。这种方式制作稍微烦琐，但两个极板之间的受力较为均匀，调试方便，稳定性较好。极板加紧固定装置如图 9-13 所示。

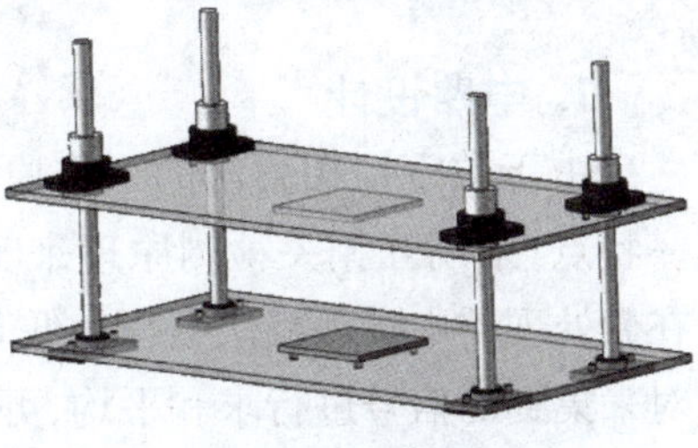

图 9-13 极板加紧固定装置

2. 前端模拟电路芯片

考虑到成本低且性能优良，首先采用了 OP07 进行测试。由于前端电路将极板电容大小转化为输出信号的幅值信息，且随着电容的变小（纸张数目的增加）而增大。而后采用单片机供电且需 A/D 采样，因此需要将信号输出幅值转变到 0～3.3 V。而单片机供电只能为 0～5 V，所以需要在低电压的情况下有较大的输出摆幅，因而选用了轨至轨芯片 TLV2316。

3. 数据拟合方式

因为测试之前需要标定来获得所需信息，尝试了两种方案。先对几个规定纸张数目（如 1、10、19 等）对应的特征信息进行标定存储。

①方案一为使用数据拟合的方式。在自校准的过程中，记录每次校准的数据，将得到的特征信息拟合为一条直线，计算得到直线的斜率和截距（$y = kx + b$，y 为纸张数目，x 为特征值），然后将测量过程中获得的特征信息代入公式 $y = kx + b$ 得到对应的纸张数目。

②方案二为依据得到的特征信息，将值域划分为一个一个的等大区间，测量区间上下限的特征值。实验中发现，随纸张数目增加，区间上下限的间隔逐渐减小，但在 10 张左右的范围内都具有良好的线性。由此，通过分段低次插值的方式获得每个纸张数目对应的特征值，使用二分法将测量过程中获得的特征信息与校准时的特征值进行比较，进而选定区间得到对应值。

使用方案二，在环境发生变化进行校准时，只需对规定区间上下限的纸张数目进行校准，实施简单，且单片机计算少，准确率高。

4. 快速纸张计数装置系统框图

图 9-14 为快速纸张计数装置系统框图。

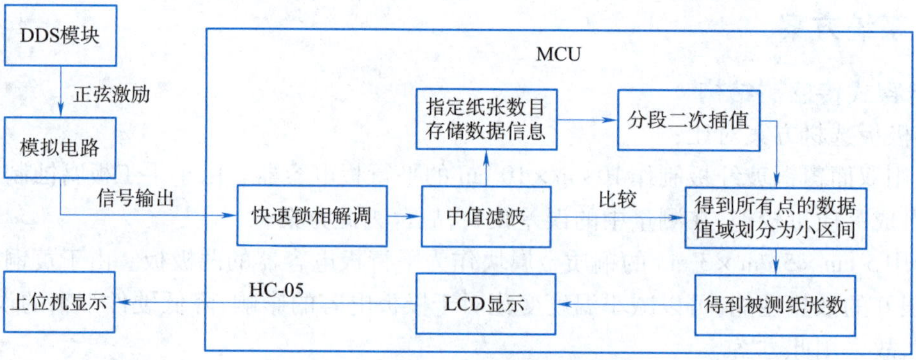

图 9-14 快速纸张计数装置系统框图

9.2.2 硬件设计

1. 电路设计

由于数字锁相算法的工作原理与模拟锁相放大器类似，都是利用信号与噪声互不相关这一特点，采用互相关检测原理来实现信号的检测。而快速数字锁相放大通过模/数转换器采样，在微处理器中实现减法运算和低通滤波器，达到计算信号幅值的目的。此外，采用过采样的方式对采集到的信号进行求和平均，可以大大减小采集过程中引入的量化噪声、外界干扰以及系统产生的热噪声。由此，外部电路得到进一步简化，模拟前端放大仿真电路图如图 9-15 所示。

电路中 u_i为 DDS 模块产生的 10 kHz,6 Vpp 的正弦波;C2 为电极板电容; +5 V、+2.5 V、GND 均为单片机产生;u_o为输出特征信号。

前端采用 TLV2316 构成一个反相放大器,输出端输出特征信号,经由一个分压电路将电压值转变到 0 ~3.3 V,输入 MCU 进行 A/D 采样。

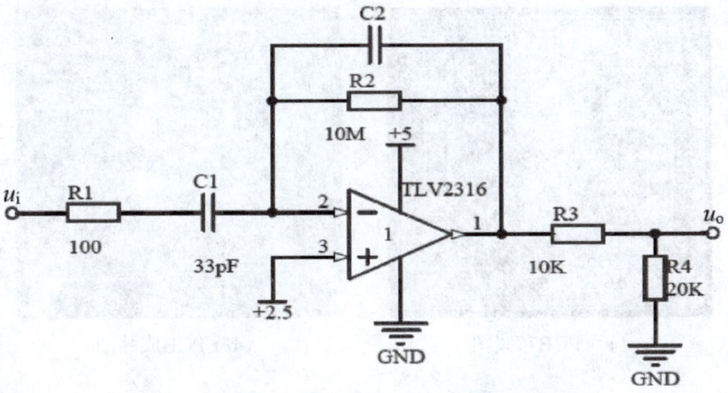

图 9-15 模拟前端放大仿真电路图

反相放大器的输出为

$$\frac{u_i}{u_o}=\frac{R_2SC_1}{(R_2SC_2+1)(R_1SC_1+1)} \tag{9-6}$$

当 $R_1SC_1 \ll 1, R_2SC_2 \gg 1$ 时,

$$\frac{u_i}{u_o}=\frac{C_1}{C_2}=\frac{C_1d}{S\varepsilon_r} \tag{9-7}$$

即

$$d=\frac{u_o}{u_i}=\frac{S\varepsilon_r}{C_1} \tag{9-8}$$

可知极板间距(放置纸张数目)与输出电压成正比。因而,通过对 u_o测量得到输出信号幅值,与已知纸张数目建立比例关系,即可推算出待测纸张数目。

2. PCB 设计

由图 9-15 可以看到,对于外部电路,仅采用了 4 个电阻和 2 个电容。为进一步减少布线差错和提高电路的抗干扰性能,设计打样了 PCB,其原理图如图 9-16 所示。

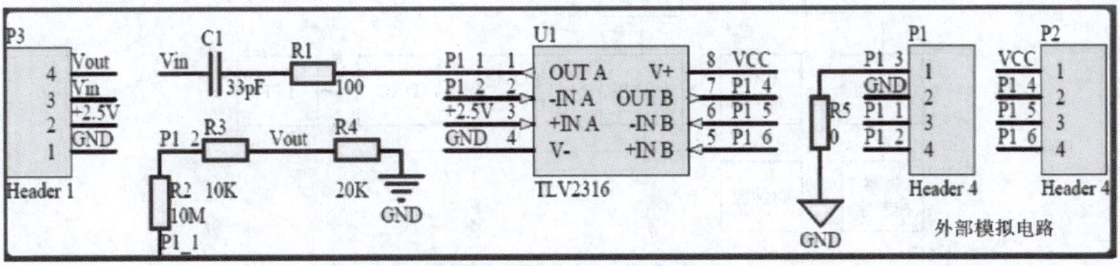

图 9-16 模拟前端放大电路原理图

为了便于实际电路焊接,电阻采用 AXIAL-0.4,电容采用 RAD-0.3 式封装,PCB 大小为 4 cm×4 cm,PCB 设计图如图 9-17 所示。

为进一步减小地线阻抗,提升电路的抗干扰能力以及提高电源效率,也出于使 PCB 焊接时尽可能不变形的目的，对 PCB 进行了覆铜处理。考虑到如果使用大面积覆铜，过波峰焊时，PCB 可能会翘起来，甚至会起泡，且电路中的输出电流只有微安级别，不需要加大电流；而网格覆铜降低了铜的受热面，更有利于散热，又起到了一定电磁屏蔽的作用，所以采用网格覆铜的方式。

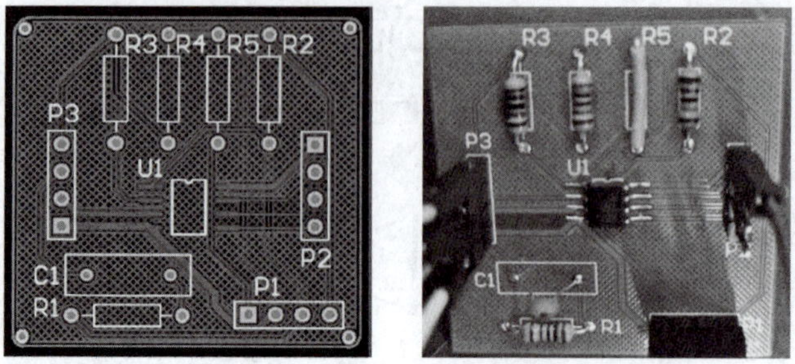

（a）PCB布线图　　（b）PCB成品图

图 9-17　PCB 设计图

9.2.3　软件设计

软件设计主要包括 DDS 模块产生稳定正弦波、过采样实现输出信号的提取、快速锁相解调获取幅值特征信息、中值滤波进一步滤除噪声、区间标定和分段二次插值存储特征信息以及蓝牙传输。

1. DDS 模块

DDS 模块的核心是相位累加器，它由一个加法器和一个 N 位相位寄存器组成，N 一般取 24～32。每来一个外部参考时钟，相位寄存器便以步长 M 递增。相位寄存器的输出与相位控制字相加后可输入到正弦查询表地址上。正弦查询表包含一个正弦波周期的数字幅度信息，每一个地址对应正弦波中 0°～360°范围的一个相位点。查询表把输入地址的相位信息映射成正弦波幅度信号，然后驱动 DAC 以输出模拟量，如图 9-18 所示。

系统中使用 AD9850/AD9833 模块，其信号输出幅值范围为 0.2～1 V。

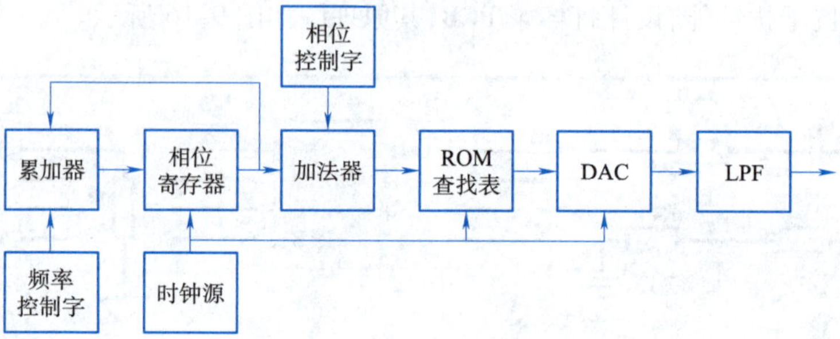

图 9-18　DDS 工作原理图

2. 过采样技术

（1）技术原理

过采样是指以高于奈奎斯特采样定理的采样频率对输入信号进行采样。模拟信号通过 N 位 A/D 转换器，将被转换为 $2N$ 个离散数字量，每一个数字量由一个 N 位的二进制数组成。因为模拟输入量范围是连续的，但是由于 A/D 转换位数的限制，输出的数字量是有限的，因此输入的模拟信号与相应的数字信号之间会存在 ±0.5 LSB 的量化误差，所以会带来量化噪声。而由于采集过程中引入的量化噪声、外界干扰以及系统产生的热噪声等大多为白噪声，其均值近似为 0，所以使用过采样进行求和平均的方法具有极强的去噪效果，可以使信噪比得到显著提高，进而折合成 ADC 有效位数的增加。

若输入信号最小值大于 1LSB，且输出信号的幅值随机分布：

$$N_Q = \frac{\lambda^2}{12} \tag{9-9}$$

$$P_o \ll \frac{\lambda^2}{12} \tag{9-10}$$

$$\frac{2}{f_S} = \frac{\lambda^2}{12} \tag{9-11}$$

由式(9-9)可以看出，此时量化噪声的总功率为定值，与 f_s 无关，量化噪声在 $0 \sim f_s/2$ 的频带范围内均匀分布。由式(9-10)可知量化噪声功率谱 P_o 与 f_s 有关。当采样频率提高 n 倍后，噪声能量在有用信号带宽内下降为原来的 $1/n$，信噪比提高了 $\sqrt{n}$ 倍。过采样后通过平均下采样还原等效转换速率，将高速低分辨率的数字信号转变为高分辨率的数字信号。

（2）设计方案

采用 PWM 模式配置定时器 2，定时器使用向上计数模式，采样频率为 160 kHz，设置 ADC 单次转换模式和外部触发模式（仅仅是相对于 ADC 的外部），在 PWM 的下降沿触发 ADC 转换，使用 DMA 进行数据的搬运。设置 ADC 通道采样时间为 239.5 个周期。设置定时器 2 在 $T = 20\ 000$ 时产生中断（0.125 s 输出一个结果），之后进行数据读取和求和平均。

在定时器的中断里，对于激励信号一个周期采样 16 个点，共采样了 12 508 个周期。之后每个周期中 4 个点下抽为 1 个点，每个采样周期中的间隔时间相同的点进行累加，最终得到 4 个采样点，即下采样至 32 Hz。综上，过采样的次数是 160 000/32 = 5 000，按照过采样理论，每提高 4 倍采样频率，分辨率相当于提高 1 位，则 A/D 采样达到了 16 位的分辨率。

3. 快速数字锁相算法

（1）数字锁相算法理论基础

经典数字锁相放大器是通过模/数转换器采样，在微处理器中实现乘法器和低通滤波器，达到鉴幅和鉴相的目的。假设信号离散时间序列为 $X[n]$，DC 为直流分量，A 为信号幅值，φ 为吸纳后初相位，采样频率 $f_s = Nf$（$N > 2$ 且为整数）。

$$X[n] = \mathrm{DC} + A\cos\left(\frac{2\pi nf}{f_s} + \varphi\right) \quad (n = 0, 1, 2, \cdots) \tag{9-12}$$

由微处理器产生同步采样正弦、余弦参考序列 $C[n]$、$S[n]$：

$$C[n] = \cos\left(\frac{2\pi nf}{f_s}\right) \quad (n = 0, 1, 2, \cdots)$$

$$S[n] = \sin\left(\frac{2\pi nf}{f_s}\right) \quad (n = 0, 1, 2, \cdots) \tag{9-13}$$

信号分别与正交参考序列相乘实现相敏检波的功能，相关信号中的直流分量仅与原始信号的幅值和初相位有关，因此通过数字低通滤波器取出直流分量。常采用 M 点平均低通滤波器，其中 M 为整周期采样点数，即对应着低通滤波器的时间常数。正交相关运算和低通滤波过程如下：

$$I[n]=\frac{1}{M}\sum_{n=1}^{M}X[n]\cdot C[n]\approx\frac{A}{2}\cos\varphi$$

$$Q[n]=\frac{1}{M}\sum_{n=1}^{M}X[n]\cdot S[n]\approx\frac{A}{2}\sin\varphi \tag{9-14}$$

得到信号的幅值为

$$A=\sqrt{(I[n])^2+(Q[n])^2} \tag{9-15}$$

(2)快速数字锁相算法的实现

根据上述经典的数字锁相算法计算结构(图 9-19)，当采样频率 $f_s=4f$ 时，即 $N=4$，一个周期内正弦、余弦的参考序列分别为

$$S=\{0,1,0,-1\},C=\{1,0,-1,0\}$$

设积分时间常数为一个周期，即 $M=4$，对应的低通滤波后的互相关信号为

$$I=\frac{1}{4}[X[0]\cdot 1+X[1]\cdot 0+X[2]\cdot(-1)+X[3]\cdot 0]=\frac{1}{4}[X[0]-X[2]]$$

$$Q=\frac{1}{4}[X[0]\cdot 0+X[1]\cdot 1+X[2]\cdot 0+X[3]\cdot(-1)]=\frac{1}{4}[X[0]-X[3]] \tag{9-16}$$

则计算出的幅值为

$$V_A=\sqrt{I^2+Q^2} \tag{9-17}$$

由此可以得出，若采样频率 $f_s=4Kf(N=4K)$、采集 q 个周期，对于经典的数字锁相算法正交相关运算中乘法次数为 $8Kq$，加法次数为 $8Kq-2$；而快速算法的乘法次数为 0，加法次数为 $4Kq-2$。

取 $K=4,q=1\ 250$，则相当于减少了 40 000 次乘法运算和 20 000 次加法运算，大幅度减少了计算量，提高了运算效率，保证了算法的高速性。

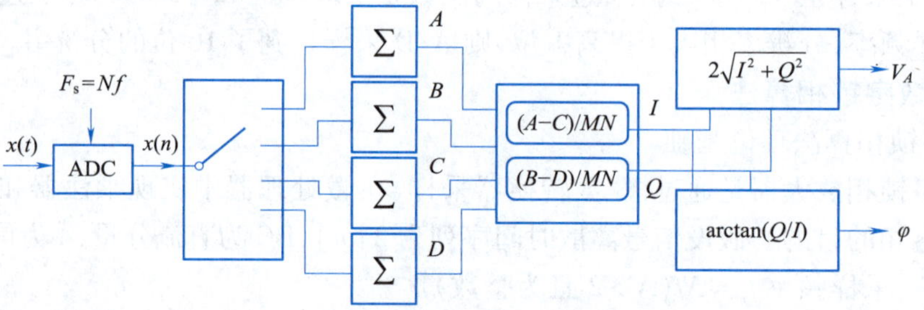

图 9-19　快速数字锁相算法原理图

4. 中值滤波

中值滤波是一种非线性平滑技术，指对一个数字信号序列 $X_j(-\infty<j<+\infty)$ 进行滤波处理时，首先定义一个长度为奇数的 L 长窗口，$L=2N+1$，N 为正整数。设在某一时刻，窗口内的信号样本为 $X(i-N),\cdots,X(i),\cdots,X(i+N)$，其中 $X(i)$ 为位于窗口中心的信号样本值。对这 L 个信号样本值按从小到大的顺序排列后，其中值，在 i 处的样值，便定义为中值滤波的输出值。中值滤波是在"最小绝对误差"准则下的最优滤波。

实验中，将锁相解调后计算出的与幅值有关的特征量 B 进行中值滤波处理，选取 $L=21$。

通过冒泡算法对 B 值进行排序，每出现一次前者数据大于后者数据，即进行二者数据的交换。选取排序后第 10 位的数据作为最终的幅值特征量，用于数据标定和测试。

5. 分段二次插值

在实际使用过程中，高次插值将所有样点包含进一个插值函数中，导致其幂次较高、计算复杂，且容易将开始时的误差放大。因此将数据分成若干小区间，在每一个小区间进行插值的效果更好。

选取 $N=2K+1$（K 为整数）作为一个插值节点，使用分段二次插值，以每三个节点作为一个子区间。分段插值函数可以表示为

$$\varphi_{\mathrm{h}}(x)=\begin{cases} p^{(0)} & x\in[x_0,x_1,x_2] \\ p^{(0)} & x\in[x_1,x_2,x_3] \\ \vdots & \\ p^{(n-2)} & x\in[x_{n-1},x_{n-2},x_{n-3}] \end{cases} \tag{9-18}$$

每一个插值函数的表达式为

$$p_2^{(i)}(x)=f(x_i)\frac{(x-x_{i+1})(x-x_{i+2})}{(x_i-x_{i+1})(x_i-x_{i+2})}+f(x_{i+1})\frac{(x-x_i)(x-x_{i+2})}{(x_{i+1}-x_i)(x_{i+1}-x_{i+2})}+ f(x_{i+2})\frac{(x-x_i)(x-x_{i+1})}{(x_{i+2}-x_i)(x_{i+2}-x_{i+1})} \tag{9-19}$$

实际上等距节点二次插值即为只有三个节点的拉格朗日插值，只是此时在给定范围内，每个子区间对应一个拉格朗日函数。由此，在测试前的自校准过程中，只需对插值节点的纸张数目进行标定，便可以得到每张纸对应的幅值特征量，使得测试装置可以更好地适应环境的变化。

6. 蓝牙传输

HC-05 蓝牙模块是基于蓝牙 V2.0 带 EDR 协议的数传模块，工作电压为 3.6 ~ 6 V，波特率为 1 200 ~ 115 200，可自行设置。

数据通信采用 UART 协议，设定波特率为 115 200，数据位为 8 位，1 位停止位，无奇偶校验位。蓝牙串口通过德飞莱串口调试软件进行数据发送。蓝牙模块与 PC 的连接如图 9-20 所示。

HC-05 从机借助 HC-05-USB 与计算机相连，主机与单片机相连，如图 9-20 所示，即可实现蓝牙通信。

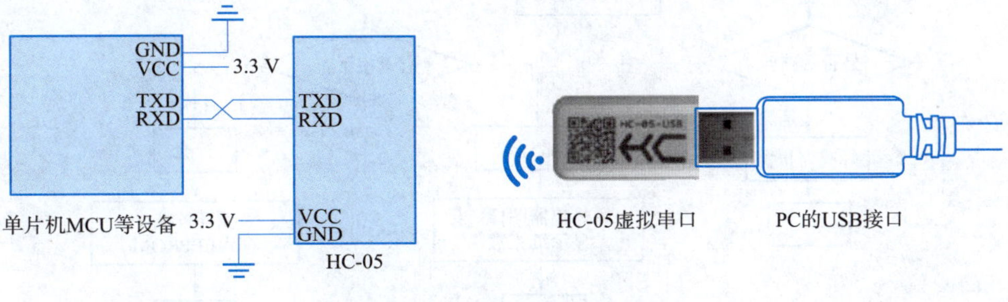

图 9-20　模块与 PC 的连接

9.2.4 系统测试

1. 测试实物图

测试系统时,使用充电宝(5 V/1 A)给单片机供电,使用充电宝(5 V/2 A)给 DDS 模块供电,如图 9-21、图 9-22 所示。

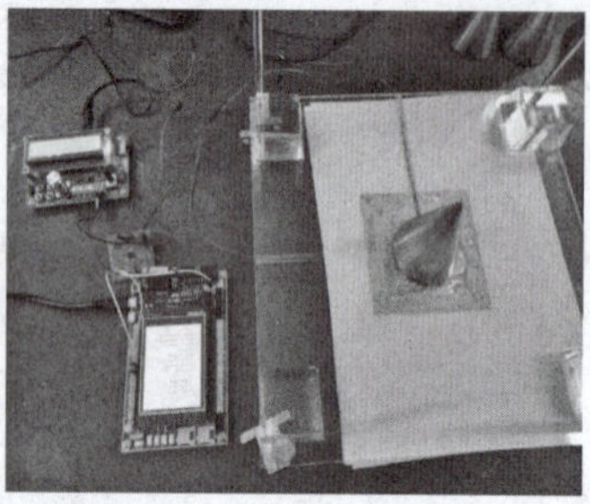

图 9-21 纸张计数测量装置

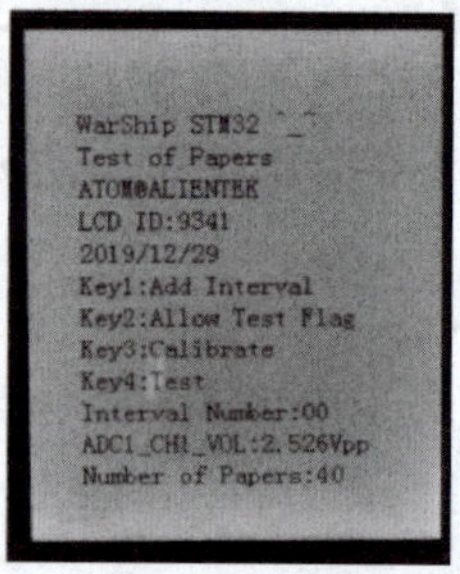

图 9-22 LCD 显示界面

2. 测试过程

单片机的四个按键触发对应功能。自校准过程中,按下按键 1,即增加对应的插值节点数;按下按键 3,则单片机将此时得到的幅值特征信息赋值给预先存储该对应纸张数目特征信息的变量,进行数据的重新标定。每完成一个节点的标定,单片机即会对包含该节点的子区间重新进行分段二次插值,即在正式测试前完成对所有纸张特征信息的重新标定。

测试过程中,如图 9-23 所示,若两极板之间没有纸张,则会触发单片机的蜂鸣器短路报警。若极板之间存在一定数目的纸张,按下按键 2,LED2 闪烁,单片机内部的测定标志位变为 1,电路进入测试状态。按下按键 4,单片机利用二分法将测得的幅值特征信息与标定纸张的特征信息进行比较,得到对应的纸张数目。

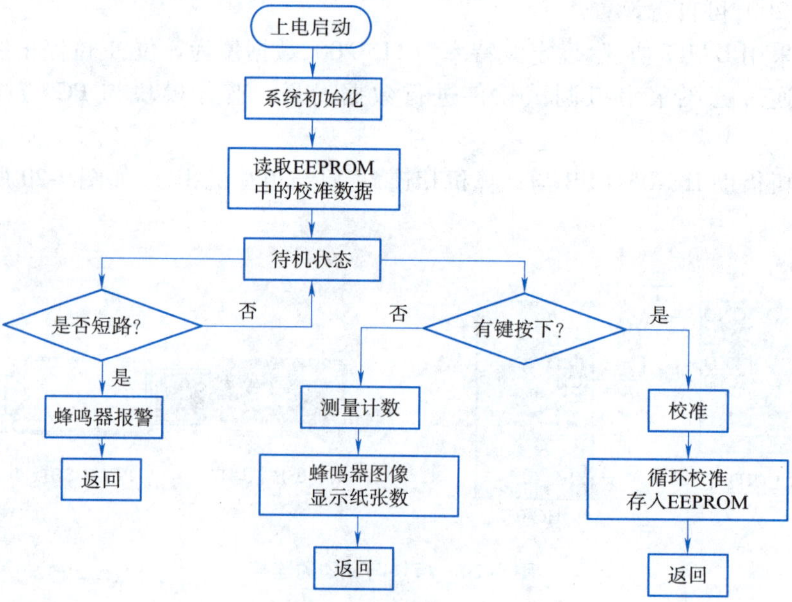

图 9-23 纸张计数测量过程

LCD 屏幕分别显示单片机基本信息、各个按键功能、标定区间数、输出信号峰峰值以及测得纸张数目，屏幕信息会随着按键按下而实时更新。

3. 测试结果

测定不同纸张数目对应输出信号的峰峰值以及实际测定纸张数目见表 9-1。

表 9-1 测试结果

纸张数目	峰峰值/V	实测值	纸张数目	峰峰值/V	实测值
1	0. 381	1	21	1. 672	21
2	0. 455	2	22	1. 709	22
3	0. 529	3	23	1. 764	23
4	0. 594	4	24	1. 802	24
5	0. 661	5	25	1. 839	25
6	0. 734	6	31	2. 108	31
7	0. 804	7	32	2. 145	32
8	0. 864	8	33	2. 192	33
9	0. 919	9	34	2. 229	34
10	1. 003	10	35	2. 285	35
16	1. 412	16	36	2. 331	36
17	1. 449	17	37	2. 372	37
18	1. 504	18	38	2. 405	38
19	1. 560	19	39	2. 452	38
20	1. 592	20	40	2. 526	40

9. 3 穿戴式心电装置

9. 3. 1 背景知识

随着人口老龄化趋势的日益严峻，心脏疾病的发病率与死亡率正显著攀升，其突发性和短暂性的特性，往往使患者在发病初期难以获得及时有效的医疗干预，进而加剧了病情恶化乃至危及生命。面对这一挑战，传统心电监护设备，如大型医院用监护仪与 Holter 系统，虽功能强大，却因便携性受限与实时性不足，难以实现对患者日常生活中心脏健康的持续、实时监测。在此背景下，穿戴式心电装置凭借其便携性、长期实时监测等优势，迅速成为科研界与产业界竞相探索的焦点。

穿戴式心电装置旨在实现全天候、无缝对接的心脏健康监护，因此对设备的轻便性、无线数据传输能力、穿戴舒适度及长时间连续监测的可靠性提出了高标准要求。当前市场上，穿戴式心电装置形态多样，包括智能手环/手表（如 Apple Watch、小米手环、fitbit 系列）、胸带/腰带（如 Geonaute、HRM2 心率带）、智能背心/衬衫（如生命衫、智慧衫、MIThril 等），以及粘贴式单导联心电监测仪（如泰控心仪、迈瑞 Mr. wear）等。然而，这些设备各有其局限性：手环/手表类因光学检测原理易受光线、肤色干扰，且电池续航有限；粘贴式单导联则因监测参量有限，难以满足复杂医学监测需求；而胸带/腰带及背心/衬衫类，尽管在监测稳定性和导联数量上表现优异，但在穿戴舒适度和不同活动状态下的信号准确性上仍有待提升。

因此，如何降低穿戴式心电装置的功耗、优化穿戴体验、增强信号深度分析的精准度，并确保在各种日常活动（静息、慢走、跑步等）中都能稳定、精确地捕获心电信号，成为当前亟待解决的关键问题与研究重点。基于前期研究成果，创新性地融合了低功耗集成模拟前端技术与蓝牙低功耗（bluetooth low energy，BLE）无线通信技术，设计并开发了一款可穿戴式心电背心。经实验验证，该背心在静息、行走及慢跑等多种状态下均能稳定采集高质量心电数据，不仅显著降低了系统功耗与设备体积，还极大提升了系统在不同动态场景下的检测稳定性与精确度，为穿戴式心电监护领域的发展开辟了新的路径。

（1）心电信号的产生

心脏是人体中血液循环的动力源泉，依靠心脏的有节律性的搏动，使得血液不断在体内循环，以维持正常的生命活动。

心脏在搏动之前，心肌首先发生兴奋，在兴奋过程中产生微弱的电流，该电流经人体组织向各部分传导，由于身体各部分的组织不同，各部分与心脏间的距离不同，因此在人体体表各部位，表现出不同的电位变化，这些电位变化可通过导线送至记录装置，即心电图机记录下来，形成动态曲线，这就是所谓的心电图（electrocardiogram，ECG），也称为体表心电图（见图9-24）。正常的人体心电图可以反映心脏激动电位的变化，是由一系列重复出现的波形、段和间期组成的。

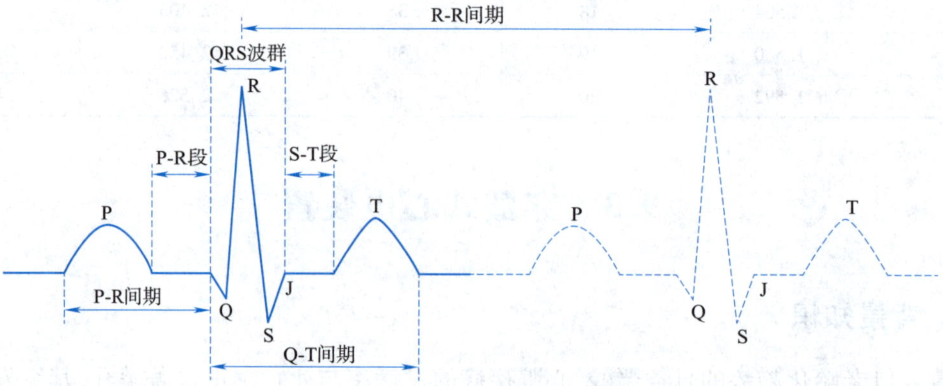

图9-24　正常心电图典型波形

（2）心电信号的特点

①微弱性：从人体体表拾取的心电信号很微弱，一般只有0.05～5 mV。

②不稳定性：人体心电信号处于动态变化之中。由于人体是一个与外界有密切关系的开放系统，加之内部存在着器官间的相互影响，所以，无论来自外部或者内部的刺激，都会使人体适应这种变化。因此，在对心电信号进行测量、分析和处理时，应该注意到它是随时间变化的信号，应按其频谱特性，选择适当的放大系数和显示记录装置。

③低频特性：人体心电信号的频谱范围主要集中在0.05～100 Hz，分布的带宽范围有限，其频率是比较低的。

④随机性：人体心电信号是反映人体机能的信号，它是整个人体系统信息的一部分。由于

人体的不均匀性以及可接收多通道输入,信息易随外界干扰而变化,从而使心电信号表现出随机性。

(3)心电信号的常见噪声

心电信号具有微弱、低频和高阻抗等特性,极其容易受到干扰,所以分析干扰的来源,以便采取相应的滤除措施,是数据采集重点考虑的一个问题。常见干扰有如下几种:

①工频干扰。由于供电网络无所不在,因此50 Hz的工频干扰是最普遍的,也是心电信号的主要干扰来源。它主要通过人体和测量系统的输入导线的电容性耦合,以位移电流的形式引入,其强度足以淹没有用的心电信号。

②呼吸引起的基线漂移和ECG(心电信号)幅度改变。呼吸引起的基线漂移可以看成是一个以呼吸的频率加入ECG信号的窦性成分(正弦曲线)。呼吸所引起的ECG信号的幅值的变化可以达到15%。基线漂移的频率范围是0.1~0.3 Hz。

③高频电磁场干扰。随着无线电技术的发展,各种频段的无线电广播、电视发射台、通信设备、雷达等的工作使空中的电磁波大量增加。这些高频电磁干扰也可通过测量系统与人体连接的导线引入,可能引起测量结果的不稳定,严重时会使测量系统不能工作。

④电极极化干扰。心电的获取是通过在人体体表放置电极来进行的。与电极接触的是电解质溶液(导电膏、汗液或组织液等),从而会构成一个金属-电解质溶液界面,因电化学的作用,在二者之间会产生一定的电位差,称为极化电压。极化电压的幅度一般较高,在几毫伏到几百毫伏之间。当两电极状态不能保持对称时,极化电压就会产生干扰,特别是在电极与皮肤接触不良以致脱落的情况下更为严重。

⑤肌电干扰。兴奋和收缩是肌肉最基本功能。在神经系统的控制下,肌肉机械性活动并伴随有生物电活动。这些生物电活动产生的电位差随时间变化的曲线即为肌电图。肌电通常是一种快速的电变化,其频率范围为20~5 000 Hz。

⑥测量设备本身的干扰。信号处理所采用的电子设备本身也会产生仪器噪声。这类干扰一般具有较高的频率特性,容易通过低通滤波器加以滤除。

(4)心电信号采集电路设计要求

心电信号是微弱的体表电信号,幅值为0.5~4 mV,频率主要在0.05~75 Hz范围内,属于低频低幅值信号。存在极化电压、50 Hz工频、肌电干扰和基线漂移等干扰。心电信号的检测与显示需要放大和滤波。放大时需多次放大,不能一次放大至要求幅值,因为会将噪声一同放大,不利于后续滤波处理。前级放大器增益不能过高,使用高通滤波器消除极化电压,低通滤波器抑制电路白噪声,50 Hz陷波器抑制工频干扰信号(可使用右腿驱动电路)。后级放大电路实现心电信号的检测与显示。设计要求输出摆幅大于2.5 V,总电路放大倍数约1 000。频带范围为0.05~75 Hz,需要设计截止频率为0.05 Hz的高通滤波电路(或更低)和截止频率为75 Hz的低通滤波电路(可高于75 Hz)。同时注意提高输入电阻、增大共模抑制比并降低功耗。

9.3.2 系统设计

本系统主要由五部分组成:前置放大电路、高通滤波电路、主放大器、低通滤波电路、50 Hz陷波电路和后级放大电路,还有单双电源转换电路。系统框图如图9-25所示。

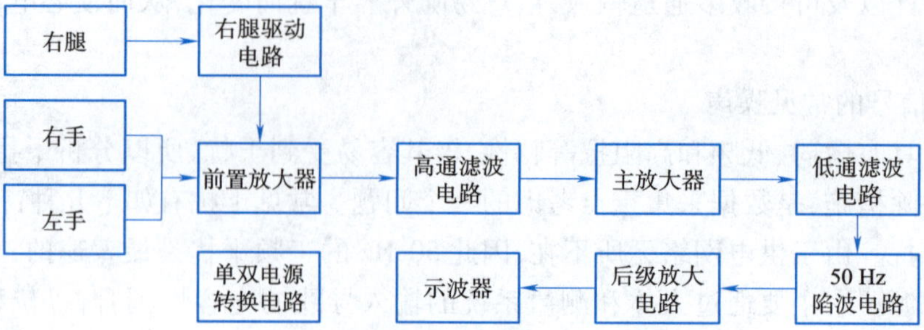

图 9-25　系统框图

1. 器件及电源选择

(1)仪表放大器 AD620

AD620 是一款低成本、高精度仪表放大器,仅需要一个外部电阻来设置增益,增益范围为 1 ~ 10 000。此外,AD620 采用 8 引脚 SOIC 和 DIP 封装,尺寸小于分立式设计,并且功耗较低(最大电源电流仅 1.3 mA),因此非常适合电池供电的便携式(或远程)应用。AD620 具有高精度(最大非线性度为 40×10^{-6})、低失调电压(最大为 50 μV)和低失调漂移(最大为 0.6 μV/℃)特性,是电子秤和传感器接口等精密数据采集系统的理想之选。它还具有低噪声、低输入偏置电流和低功耗特性,使之非常适合 ECG 和无创血压监测仪等医疗应用。

(2)运算放大器 OP290

OP290 是一款高性能、微功耗、双通道运算放大器,采用 1.6 ~ 36 V 单电源或 ± 0.8 V 至 ± 18 V 双电源供电。输入电压范围包括负供电轨,因而在单电源系统中,该器件可以处理低至地电压的输入信号。OP290 每个放大器耗用的静态电源电流均低于 20 μA,但却能够向负载提供 5 mA 以上的输出电流。输入失调电压低于 200 μV,无须外部零点校准。增益大于 700 000,共模抑制比优于 100 dB。电源抑制比小于 5.6 μV/V,所以电池供电系统的失调电压变化极小。

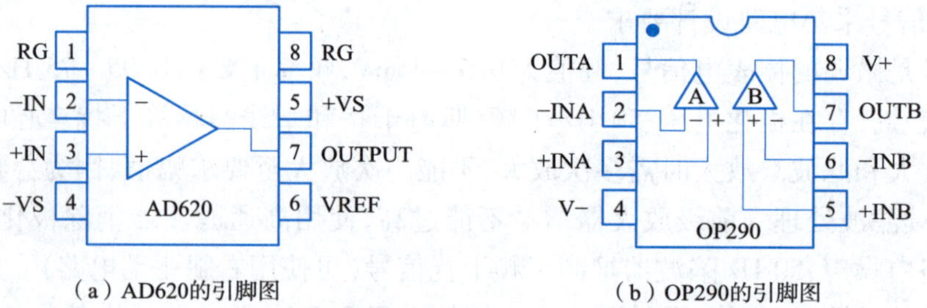

(a) AD620的引脚图　　(b) OP290的引脚图

图 9-26　放大器的引脚图

(3)运算放大器 OP07

OP07 芯片是一种低噪声,非斩波稳零的双极性运算放大器集成电路。由于 OP07 具有非常低的输入失调电压(对于 OP07A 最大为 25 μV),所以 OP07 在很多应用场合不需要额外的调零措施。OP07 同时具有输入偏置电流低和开环增益高的特点,这种低失调、高开环增益的特性使得 OP07 特别适用于高增益的测量设备和放大传感器的微弱信号等方面。

2. 前置心电放大器的设计

(1)单双电源转换电路

在图 9-27 所示电路中,实现了单电源到双电源的转换,其实质是在单电源供电时产生一个中间电压,作为信号地。集成运放的同相输入端连接了对称的串联电阻分压器,而集成运放本身则以电压跟随器的形式工作。根据集成运放的线性工作特性,使得集成运放的输出端与分压点之间的电位严格相等。集成运放的输出端被接地处理,因此集成运放的供电电源 VCC 被相应地分成两组对称的正负电源 ±VCC/2,从而实现了单电源到双电源的转换,并产生了信号地。在电路中,第 6 引脚输出被用作信号地,这可以降低外部连接的直流电源 50 Hz 干扰的影响。同时,信号地与电源地相互区分,有助于降低噪声的干扰。使用电池供电和信号地的设计,有助于有效减少 50 Hz 工频干扰,并提升输出波形的质量。

(2)前置高通电路

由于心电信号微弱,需要多级放大。然而,多级直接耦合的直流放大器容易引起基线漂移。此外,由于极化电压的存在,动态心电图机不适合采用多级直接耦合放大器。采用了 RC 耦合电路作为两级放大器之间的连接方式(见图 9-28)。这种时间常数电路既能隔离直流信号,又能实现高通滤波效果。高通滤波部分采用无源高通滤波电路,可以隔断直流,抑制极化电压。另外,加入共模驱动电路,使得前置电路中的各个支路每个节点均为共模信号,不再会由于元件参数不匹配而导致共模变差模的现象出现。共模驱动电路得到共模信号反相放大后输出到被测人体,使得人体与放大器构成一个闭环,会使放大器得到的共模信号只有环路增益分之一,一般能够抑制工频共模干扰几十分贝。

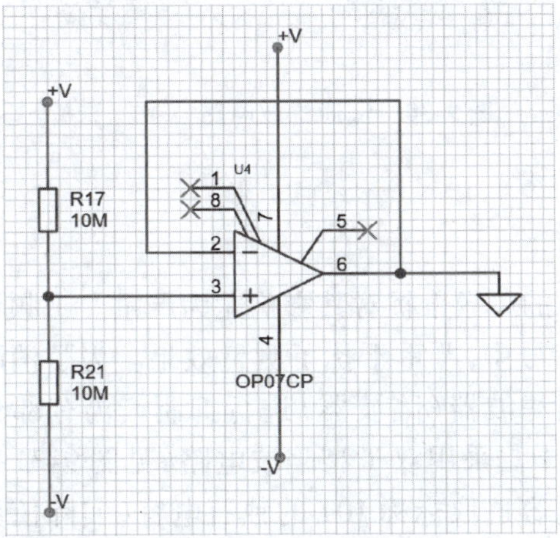

图 9-27　单双电源转换电路

注:图中 10M 即 10 MΩ,下同。

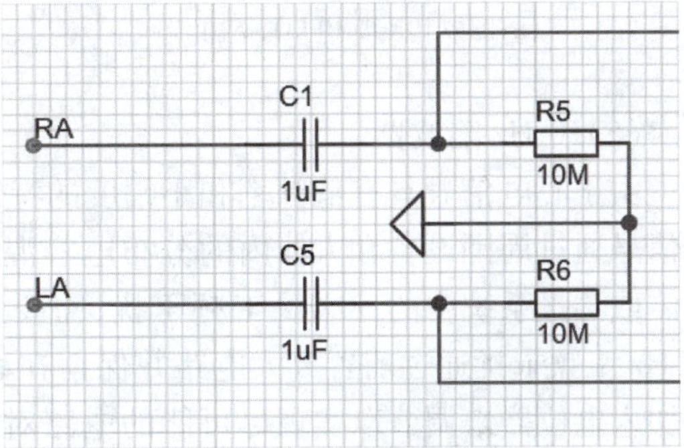

图 9-28　具有共模驱动的高通电路

注:图中 1uF 即 1 μF,下同。

(3)前置放大电路

前置放大电路在硬件电路中至关重要,其设计直接影响信号质量和仪器特性。要求高精度和稳定性,高输入阻抗,高共模抑制比,以减少共模干扰传递,降低噪声和漂移,保持对源信号影响小、输出稳定。高增益,满足心电信号微弱幅度范围(0.5 ~5 mV)和频率范围(0.05 ~100 Hz)的放大需求。心电信号幅度通常只有约 1 mV,而模/数转换芯片的电压输入范围为 0 ~5 V。根据采集到的心电信号的特点,前置放大器应选用高输入阻抗、低漂移,具有高共模抑制比的集成仪器，所以在微弱信号检测中选用仪表放大器 AD620（见图 9-29），具有良好的性能，能较好地在心电信号频率范围内不失真地放大采集的信号。

（4）低通滤波电路

由于电磁干扰越来越严重，所以心电信号在采集过程中不仅有 50 Hz 的工频干扰和低频、直流分量的干扰，还有高于 100 Hz 高频谐波的严重干扰，有必要进行低通滤波电路的设计。人体的心电信号频率在 100 Hz 以下，为满足设计要求，本电路设计的滤波器上限截止频率为 75 Hz，消除前置心电放大电路输出的心电信号中含有的肌电信号和电磁信号等高频干扰，如图 9-30 所示。

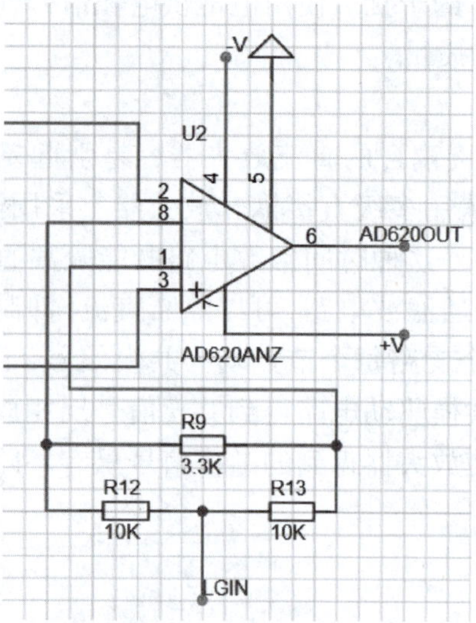

图 9-29　前置放大电路

注：图中 10K 即 10 kΩ，下同。

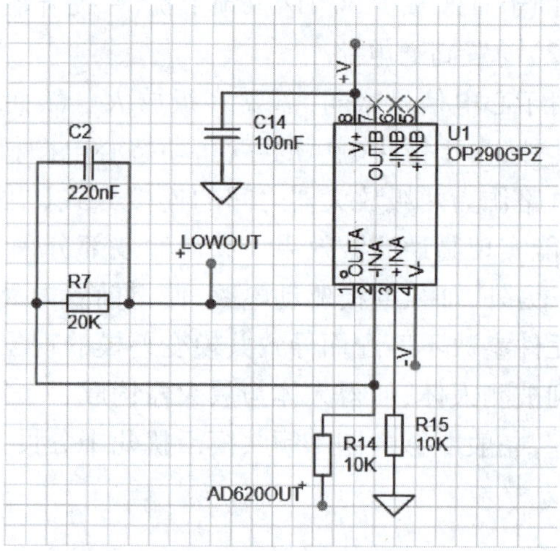

图 9-30　低通滤波电路

（5）50 Hz 陷波器

由于心电信号具有低频率和小幅度的特性，50 Hz 的工频干扰对其影响尤为严重。工频干扰信号通过周围设备和人体内的分布电容混入心电信号中，严重干扰了测量效果。为了消除人体或测量系统中的 50 Hz 工频干扰，需要采用带阻滤波器（陷波器）进行抑制。仍有部分 50 Hz 工频干扰通过前置放大电路并保留在心电信号中。采用双 T 型陷波电路（见图 9-31），并加入电位器来调节以实现尽可能的电路对称性。电容选取标称 104 的独石电容（实际值为 0. 98 μF），电阻选择 33 kΩ（实际值 32. 84 kΩ）以获得更好的输出波形效果，则陷波器的中心频率为

$$f=\frac{1}{2\pi RC}=50.00\ \text{Hz}$$

（6）后级放大电路

后级放大电路采用反相放大，包含两个反相放大器，如图 9-32 所示。后级放大电路应使总电路的放大倍数在 1 500 左右，同时后级放大电路要有较大的输入电阻，另外可以加入电位器实现放大倍数的微调以满足实际要求。

(7)右腿驱动电路

为了提高共模抑制比,设计电路图如图 9-33 所示,接前置放大电路中两个串联电阻之间,取初级放大的共模信号,通过集成运放反相之后经过右腿加回体表,可以有效抑制测量过程中引入的干扰。查找资料得知,采用右腿驱动电路能够使 50 Hz 共模干扰降低到 1% 以下,而且对于 50 Hz 干扰的抑制并不以损失心电图的频率成分代价,效果较好。右腿驱动电路抑制工频干扰的同时也为前置放大电路的正常工作提供偏置电流。

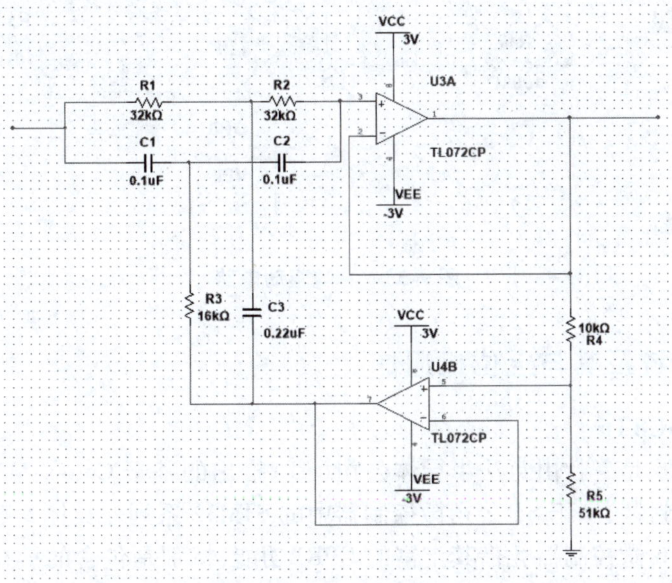

图 9-31 50 Hz 陷波器

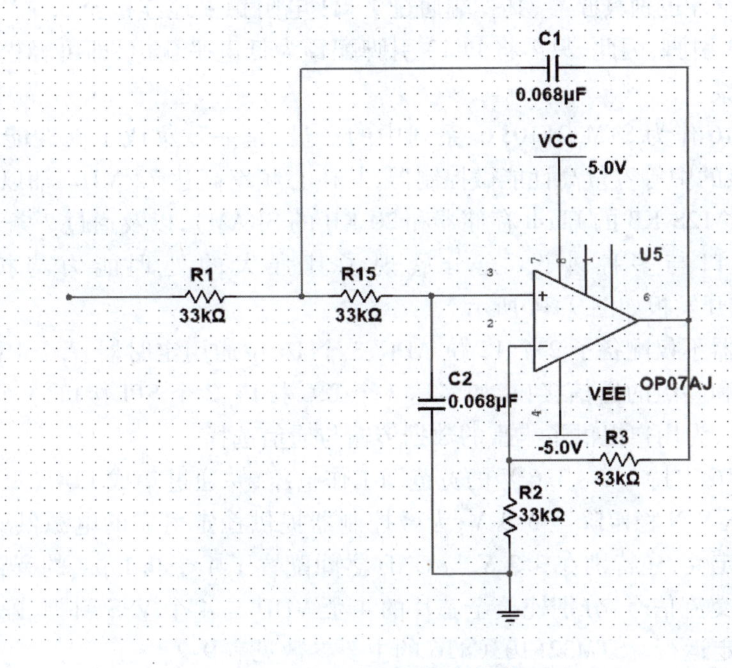

图 9-32 后级放大电路

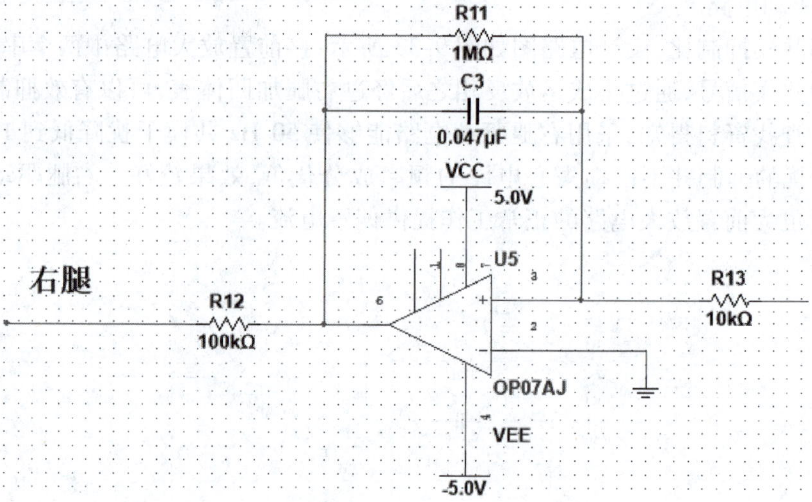

图 9-33　右腿驱动电路

9.3.3　ARM 系统及其与上位机通信

1. STM32F103C8T6

STM32F103C8T6 是一款由意法半导体公司(ST)推出的基于 Cortex-M3 内核的 32 位微控制器,采用 LQFP48 封装,属于 ST 公司微控制器中的 STM32 系列。具体参数如下:

STM32F103C8T6 微控制器凭借其丰富的 GPIO 功能,特别是包含的上拉与下拉输入模式,为外接按钮设计提供了极大便利,无须额外配置上、下拉电阻。按键 KEY0 巧妙地一端连接至 3.3 V 的 VCC 电源,另一端则直接接入 PA0 引脚,实现了简洁而高效的电路布局。同样地,发光二极管 LED0 的设计也别具匠心,其一端通过 1 kΩ 电阻稳妥地连接至 3.3 V 的 VCC 电源,另一端则接至 PC13 引脚,因此,只需将 PC13 引脚配置为低电平输出,即可轻松点亮 LED0,实现视觉上的即时反馈。

STM32F103C8T6 作为 STM32F103xx 系列中的一员,是一款集成了高性能 Arm® Cortex®-M3 32 位 RISC 内核的中等容量高性能微控制器,其核心频率高达 72 MHz,辅以高速嵌入式存储器系统(包括最多 128 KB 的 Flash 存储器和 20 KB 的 SRAM),以及通过 2 条 APB 总线连接的增强型 I/O 接口与多种外设,充分展现了其强大的处理能力与扩展性。基于 STM32F103C8T6 的开发板如图 9-34 所示。

该系列微控制器不仅配备了 2 个 12 位 ADC、3 个 16 位通用定时器、2 个 PWM 定时器,还集成了多种标准的和高级的通信接口,如多达 2 个 I2C 接口、2 个 SPI 接口、3 个 USART、接口以及 1 个 CAN 接口,为用户提供了丰富的数据传输与通信选择。

STM32F103C8T6 支持 2.0~3.6 V 的宽范围工作电压,并通过集成 LDO(低压差线性稳压器)确保将输入电压 VIN 稳定降至 3.3 V,为微控制器提供稳定可靠的电源供应。此外,为了进一步提升系统稳定性,还特别在 3.3 V 与 GND 之间配置了 4 个 0.1 μF 的旁路电容,这些电容有效滤除了高频交流信号,分别连接至芯片的 4 个 VDD 与 4 个 VSS 引脚,确保了芯片在复杂电磁环境中的稳定运行。STM32F103C8T6 的主要参数见表 9-2。

表 9-2　STM32F103C8T6 的主要参数

内　　核	Cortex-M3
Flash	64 K×8 bit
SRAM	20 K×8 bit
GPIO	37 个 GPIO，分别为 PA0 ~ PA15、PB0 ~ PB15、PC13 ~ PC15、PD0 ~ PD1
ADC	2 个 12bit ADC 合计 12 路通道。 外部通道：PA0 ~ PA7，PB0 ~ PB1。 内部通道：温度传感器通道 ADC_Channel_16 和内部参考电压通道 ADC_Channel_17
定时器	4 个 16 bit 定时/计数器，分别为 TIM1、TIM2、TIM3、TIM4、TM1 带死区插入，常用于产生 PWM 控制电机
	2 个看门狗定时器[独立看门狗(WDG)、窗口看门狗(WWDG)]
	1 个 24 bit 向下计数的滴答定时器 systick
工作电压、温度	2 ~ 3.6 V、-40 ~ 85 ℃
通信串口	2 个 I2C，2 个 SPI，3 个 USART，1 个 CAN
系统时钟	内部 8 MHz 时钟 HSI，最高可倍频到 64 MHz；外部 8 MHz 时钟 HSE，最高可倍频到 72 MHz

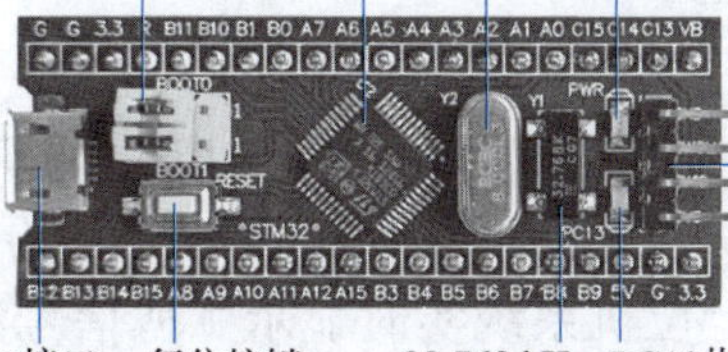

(a) 正面

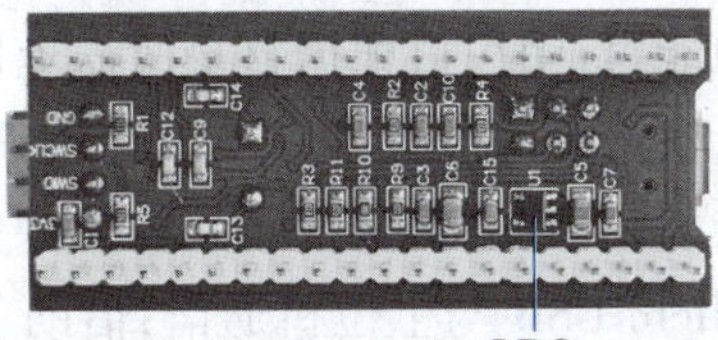

(b) 反面

图 9-34　STM32F103C8T6 开发板

2. 蓝牙模块

蓝牙模块以 JDY31-SPP 为核心，全面兼容经典的 HC-05 蓝牙模块，遵循蓝牙 4.0 高级协议标准，确保了数据传输的高效稳定。

该模块支持标准的数据配置：8 位数据位、1 位停止位，且省略了奇偶校验位，简化了数据传输的复杂度。在 10 m 的通信范围内，其信号强度表现卓越，能够无缝连接至各类蓝牙设备、笔记本计算机以及智能手机，实现数据的自由流转与指令的即时响应。

鉴于引入了过采样技术，单片机的 ADC(模/数转换器)输出精度达到了前所未有的 12 位，这一提升极大地丰富了数据采集的细腻度与准确性。然而，面对传统 8 位蓝牙模块的数据传输限制，巧妙地采取了分段传输策略，即将 12 位高精度数据拆分为高 8 位与低 8 位两组进行传输。这一设计既充分利用了现有蓝牙模块的传输能力，又确保了数据完整性与传输效率，完美兼顾了高精度数据采集与无线传输的双重需求。

3. 上位机的显示

本装置传输到上位机显示的心电信号如图 9-35 所示，从中可以看到较好的心电信号。

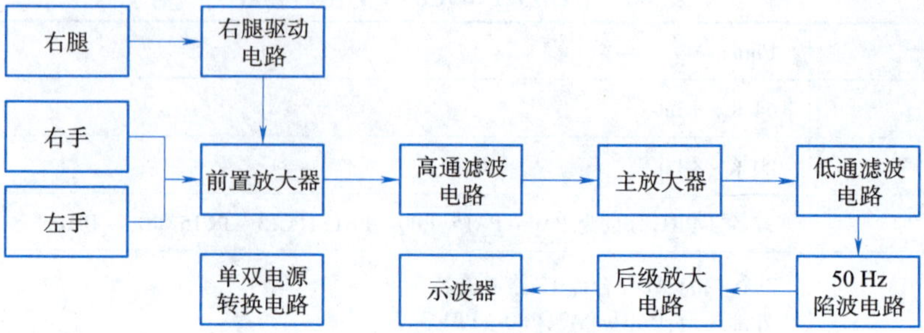

图 9-35 上位机显示的心电信号

9.4 频分双波长血氧饱和度测量仪

血氧饱和度是表征人体健康程度的重要生理参数，监测动脉血氧饱和度（SaO_2）可以对肺的氧合和血红蛋白携氧能力进行估计。基于朗伯-比尔定律，临床上可根据人体动脉的搏动引起的测试部位的血液流量变化间接计算血氧饱和度。从双波长光电脉搏波中提取两对峰值和谷值，这四个特征量作为自变量可对血氧饱和度进行测量。

虚拟仪器将计算机硬件资源、仪器与实验系统资源有效结合，其中最具代表性的软件开发平台当属 LabVIEW。它基于图形化语言，集数据采集、处理、存储、传输于一体，充分发挥计算机的能力，用户可根据自身所需个性化定制仪器。

根据脉搏波信号特点以及血氧饱和度计算所需，针对性地设计和搭建测量电路和上位机显示模块：光电转换电路和血氧探头均由单片机供电（3.3 V）；单片机实现采样与信号调制，并用 Micro USB 与上位机通信；借助 LabVIEW 编写的上位机系统实时显示脉搏信号波形与血氧饱和度。这里计划缩小电路体积小，高效、便携地实现脉搏波信号的采集与个性化获取生理参数，对推动健康监测普及有积极作用。

9.4.1 测量原理

人体心室周期性地收缩和舒张导致主动脉的收缩和舒张，使血流压力以波的形式从主动脉根部开始沿着整个动脉系统传播，这种波称为脉搏波。其波形可以反映出很多人体疾病。正常生理情况下，毛细、静脉血管不搏动，只有动脉血管搏动。当使用特定光强的一束光照射人的手指时，由于人体内各组成部分对光的吸收是恒定的，动脉血中的非脉动部分对光的吸收也是恒定的，只有动脉的搏动部分会发生变化，如图 9-36 所示。

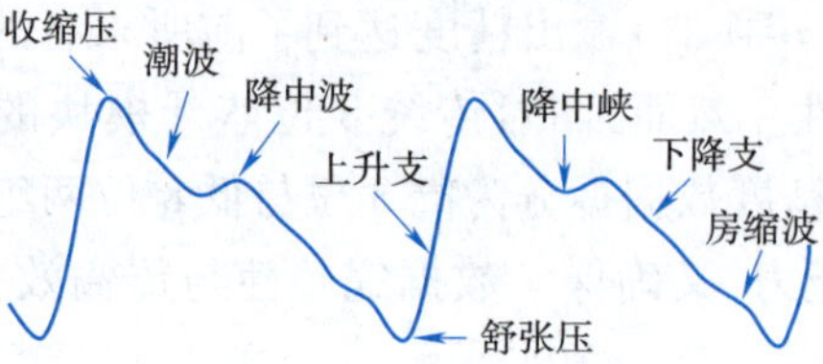

（a）动脉血液容积变化

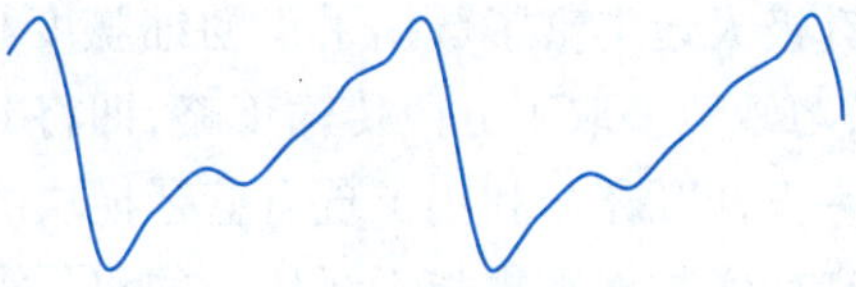

（b）光电吸收波

图 9-36 手指端动脉脉搏波

1. 光电容积脉搏波描记法(photoplethysmography,PPG)

该方法是借光电手段在活体组中检测血液容积变化的一种无创检测方法。当一定波长的光束照射到指端皮肤表面时,光束将通过透射或反射方式传送到光电接收器。在此过程中,根据朗伯-比尔定律:由于受到指端皮肤肌肉和血液的吸收衰减作用,检测器检测到的光强度将减弱。其中静止不动的皮肤、肌肉、组织等对光的吸收在整个血液循环中保持恒定不变;而皮肤内的血液容积在心脏作用下呈搏动性变化。当心脏收缩时外周血容量最多,光吸收量也最大,检测到的光强度最小;在心脏舒张时相反,检测到的光强度最大。使光接收器接收到的光强度随之呈脉动性变化,将此光强度变化信号转换成电信号便可获得容积脉搏血流的变化。

2. 动态光谱的检测原理

动态光谱法是一种根据光电脉搏波的产生原理检测血液成分浓度的方法,利用动脉充盈与收缩时吸光度的变化量,来消除测量中由于皮肤组织和肌肉组织产生的个体差异。

如图9-37所示,当来自光源的入射光没有收到脉动动脉血液的作用时,此时的出射光强最强(记作I_{max}),可视为脉动动脉血液的入射光I_0;当动脉血管充盈度最高时,出射光强最弱(记作I_{min}),此时对应着光电脉搏波的谷点。通过记录动脉充盈至最大与动脉收缩至最小时的吸光度值,就可以消除皮肤、皮下组织等具有恒定吸收特点的人体成分对于吸光度的影响。同时也可以一定程度上消除光源光强、传感器的灵敏度、待测者的个体差异(除血液成分外的生理、生化参数,如皮肤的粗糙、涂抹护肤品、脂肪厚度等)的影响。

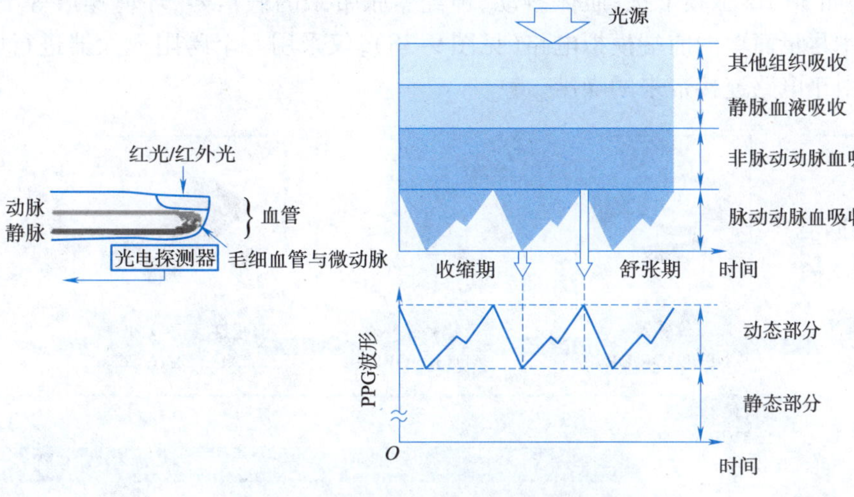

图9-37 光电容积脉搏波描记法原理图

根据修正的朗伯-比尔定律:

$$A^{\lambda}=\sum_{i-1}^{n}a_ic_jd=\ln\frac{I_0(\lambda)}{I(\lambda)}=\ln\frac{I_{max}^{\lambda}}{I_{min}^{\lambda}}=\ln(I_{max}^{\lambda})-\ln(I_{min}^{\lambda})$$

式中,A^{λ}为波长λ下的脉动动脉血液吸光度;d为最大充盈度状态下脉动动脉血液的等效光程。

动态光谱是从多个波长入射光所对应的光电脉搏中提取相应的脉动动脉血液的吸光度,再由这些吸光度组成光谱,从而计算出各组分浓度参数。

动态光谱法血液成分的检测包括以下内容:

①采用光电容积脉搏波描记法获得各个波长下的光电容积脉搏波；

②根据动态光谱定义，各单波长对应的单个光电脉搏波周期上吸光度的最大值与最小值的差值构成的光谱就是动态光谱；

③基于修正的朗伯－比尔定律，采用化学计量学方法提取血液成分的浓度信息。

3. 频分双波长脉搏波

基于血液中氧合血红蛋白与还原血红蛋白的吸收光谱特性的不同，分别用红光区与非红光区（血氧饱和度与这两个波长的光波测量有关系）的光照射到手指上，再由光电二极管和光电转换电路完成变化的光信号到变化的电信号的转变，即可在体表应用光电器件获取两个不同波长的吸光值与相应的波动变化。

将脉搏波调制到两个不同频率的方波上，借助两个不同的滤波电路分离两个频率的方波信号，分离后的信号分别经过精密整流、滤波、放大得到两路含不同信息的脉搏波。该过程也可借助单片机和上位机完成，用数字的方式完成信号调制与解调、分离、滤波和显示。

血氧饱和度测量原理详见 7.8.2 节。

9.4.2 系统方案

根据脉搏功率谱的能量分析，健康人的脉搏能量绝大部分分布于 1 ~ 5 Hz，是一种频率低、能量分布相对集中的信号。但人体脉搏波信号微弱，仅在微伏至毫伏数量级范围。在采集过程中极易受到如 50 Hz 工频干扰、肌体抖动、神经紧张带来的假信号、环境噪声等干扰。基于以上特点，采用尽量简单的前端模拟电路（见图 9-38），仅采用一个跨阻放大器进行电流/电压转换，以减少由于电路连接带来的噪声。

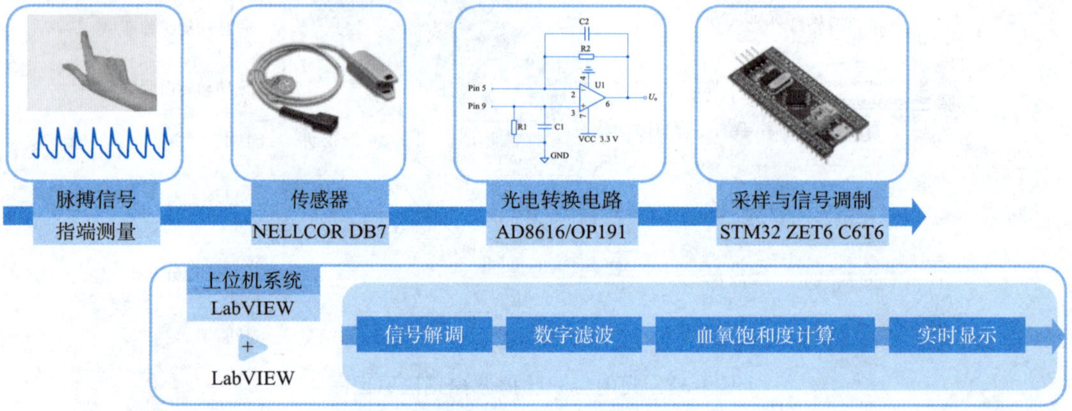

图 9-38 系统整体框图

若要通过模拟电路的形式得到清晰的频分双波长脉搏波信号，还需设计一系列的信号分离电路、解调电路、滤波电路和放大电路。考虑到脉搏波是一种频率低，有效频带窄的生物信号，使用模拟滤波器时易受阻容元件误差的影响。此外，元件老化、负载阻抗匹配、环境对电路接触和精度的影响也非常不可控。

为了在缩小电路体积的同时又能提高电路精度，使用单片机完成激励信号的发出、采样、解调和数据预处理；将解调的数据通过 USB 发送至上位机，在 LabVIEW 中对信号进行数字滤波、血氧饱和度计算、波形展示，只需发送一个 .exe 程序给其他用户即可完成测量。

1. 传感器选择

经过综合对比，最终选择 DB7 指夹式共阳型血氧探头作为光电脉搏波传感器。该血氧探头的外观与引脚示意图如图 9-39 所示。

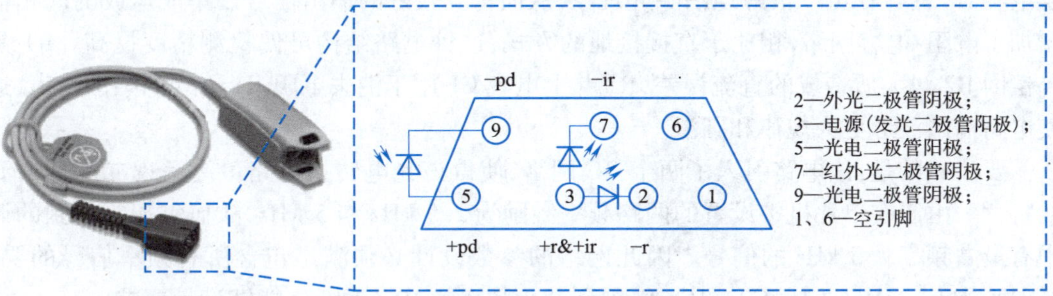

图 9-39　血氧探头的外观与引脚示意图

由于 DB7 是共阳型的血氧探头，故单片机 STM32 的 3.3 V 供电电源连接至 3 引脚；同时，单片机产生的两路频分信号连接至 2 引脚、7 引脚，红光与红外光的发光二极管阴极将会以两种频率切换高、低电平，由此驱动两种不同波长光探测脉搏波。5 引脚、9 引脚分别连接至跨阻放大电路的两输入端，如图 9-40 所示。

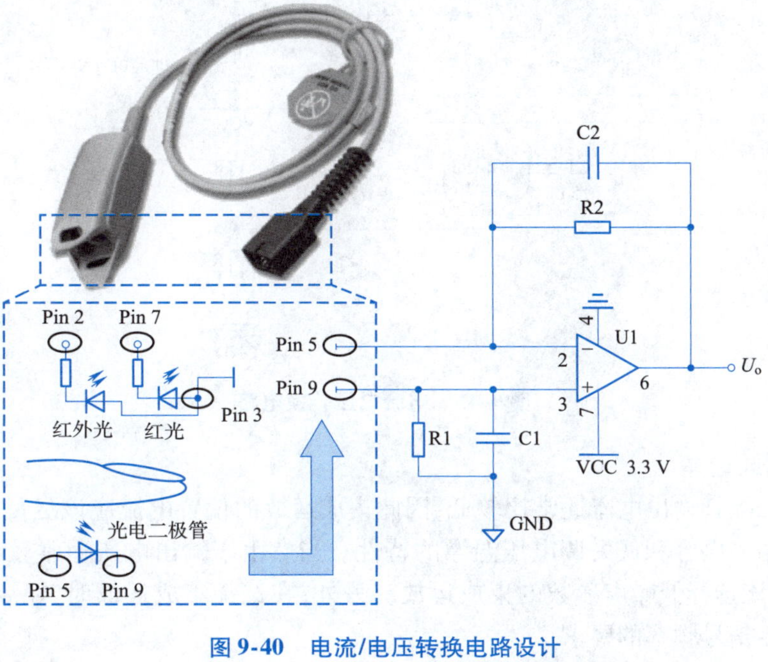

图 9-40　电流/电压转换电路设计

2. 光电二极管接口电路

（1）差动跨阻放大器

差动跨阻放大器用于实现电流信号到电压信号的转换，通过差分输入的方式可以抑制高频干扰，消除集成运放输入偏置电流对测量的影响。光电二极管输出的电流直接在放大器的反馈电阻上形成压降，等于放大器输出端的输出电压。故在血氧探头的 5、9 端口后外接一光电转换电路（分别为集成运放 2、3 端的输入），电路设计思路如图 9-42 所示。

(2)参数选择

在图9-42中,R2为反馈电阻,在电路中形成深度负反馈将光电二极管产生的微弱电流信号转换为较强的电压信号输出。但此时电路信号中仍然存在着严重的自激振荡和拖尾现象,补偿电容C2的存在可以很好地消除此现象,从而得到较好的输出信号。集成运放的同相输入端增加了电阻-电容网络,相比于直接接地的方式,这种电路结构可使检测精度提高。R1是为了补偿因R2过大所造成的直流误差,R1并上电容C1用于消去电阻R1引入的杂散噪声,这样可使电路输出波形更为规律和圆滑。

需要注意的是,该电路引入了两个RC网络,使得该光电转换电路最终呈现二阶低通滤波器的特性。由于在单片机中设置的两路频率激励为2.5 kHz与5 kHz,故血氧探头得到的调制波中有最高频率为5 kHz的信号。因此网络的参数设计必须满足包含所有频率信号的要求。选择R1 = R2 = 1 MΩ,C1 = C2 = 15 pF,得到截止频率约10.62 kHz,能够满足要求。

由于系统使用单片机供电,因此需要设置信号地使得脉搏波信号完整地发送至单片机。可以设置一个电压跟随电路提供信号地所需的电压。此处为简化电路,直接使用两电阻分压的方式得到$\frac{VCC}{2}$作为信号地,经测试效果稳定,此部分电路设计图如图9-41所示。

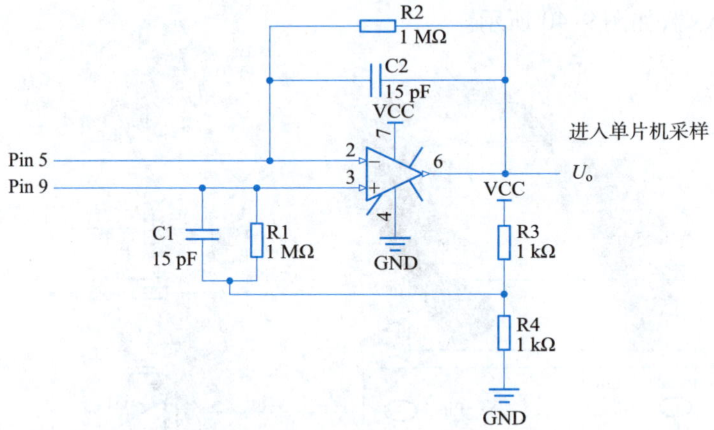

图9-41　电流电压转换电路

(3)集成运放选择

由于光电二极管输出电流通常比较低,因此集成运放的偏置电流应该尽量小,同时集成运放应该具有低输入电容和低失调电压温漂的特性。当然由于输出电压通常较小,为了降低噪声的干扰,还应该选择低噪声参数的集成运放。另外,在选择集成运放时,还要注意的就是增益带宽需要满足信号频率的要求。

AD8616为双通道、轨到轨输入输出运算放大器,具有极低失调电压、宽信号带宽以及低输入电压和电流噪声等特性,可采用2.7~5 V单电源供电,压摆率为12 V/μs,远高于上述集成运放,可快速实现信号采集;增益带宽乘积为20 MHz,满足设计需要。

3. 单片机程序设计

(1)模块使用

使用单片机型号为STM32F103ZET6,该芯片最高工作频率为72 MHz,具有64 KB SRAM、512 KB Flash、3个12位ADC、4个16位通用定时器、1个USB以及112个I/O口。其12位的

ADC 可以保证采集的动态范围。使用此单片机进行供电、频分激励信号的发生,两路脉搏信号的采集、解调以及将信号发送至上位机的操作。主要使用了 USART、ADC、时钟、USB 串口、外扩电源等模块。

(2)初始化与激励信号的产生

这里以 STM32F103ZET6 中的代码为例,阐释产生两列频率不同的方波的原理。在 main( )函数中定义全局变量 flag 用于翻转 IO 口,使用 STM32 的通用定时器 TIM3 的溢出中断控制电平的翻转从而获得方波,在 main( )函数中定义"TIM3_Int_Init(19,89)"设置中断溢出时间为 72 MHz/(19 +1)(89 +1) =40 kHz,在 main( )函数中定义中断溢出时间为 25 μs,计数频率为 40 kHz。在 main( )函数中定义全局变量 single 作用于翻转 IO 口,设定每 4 个点翻转一次得到 5 kHz 的方波信号,每 8 个点翻转一次得到 2.5 kHz 的方波信号,最后将两列方波信号通过 I/O 口输出,实现利用单片机输出两列方波信号。程序如下:

```
int main(void)
{
    NVIC_PriorityGroupConfig(NVIC_PriorityGroup_2);
    //设置中断优先级分组 2
    uart_init(115 200);                     //波特率 115 200
    ADC1_Init();                            //ADC 初始化
    TIM3_Int_Init(19,89);                   //1 MHz 的计数频率,计数到 4 为 5 μs
    GPIO_WriteBit(GPIOC,GPIO_Pin_2,Bit_SET);
    GPIO_WriteBit(GPIOC,GPIO_Pin_3,Bit_SET);
while(1)
{
    if(flag==1)
    {
        ADC_SampleValueBuffer2[ADC_BufferNum]=ADC_ConvertedValue[0];
        ADC_BufferNum++;
        Toggle_Num++;

    switch(Toggle_Num)
    {
        case 1:  case 3:  case 5:  case 7:  case 9:  case 11:  case 13:  case 15:
        break;
        case 2:  case 6:  case 10:  case 14:
        break;
        case 4:
        case 12:
        IO_Toggle(GPIOC,GPIO_Pin_2);
                  break;
        case 8:
        case 16:
        IO_Toggle(GPIOC,GPIO_Pin_2);     //PC2 输出 5 kHz 方波信号
        IO_Toggle(GPIOC,GPIO_Pin_3);     //PC3 输出 2.5 kHz 方波信号
        Toggle_Num  =0;
              break;
        }
```

(3)采样与模/数转换(ADC)

为了保证测量的信号不发生频谱混叠,能够完整解调出来,采样频率必须满足奈奎斯特采样定理,即采样频率$f_s \geq 2f_c$。奈奎斯特采样定理$(2N+1)/N$只有在N趋近于无穷时,才可以等效为2倍频率。因此为保留全部有效波形顶端,必须考虑过采样;但如果设置的采样频率过高,会增加单片机和上位机的数据处理负担,必须权衡考虑。先暂且设定采样频率必须大于等于10 kHz。

在本设计中,STM32单片机需要完成将采集到的脉搏波模拟信号转换为数字信号的过程,需要占用较多的时间,因而整个系统的精度很大程度上依赖于ADC的转换精度。但转换过程中会有热噪声、电源电压变化、参考电压变化、采样时钟抖动引起的相位噪声等噪声会降低ADC的信噪比,使得ADC的有效分辨率不达标,无法采集到微弱的脉搏波信号(脉搏波的幅度为微伏至毫伏数量级之间)。连续的模拟信号被量化为数字信号会与实际模拟量之间存在差值,该差值为量化噪声。量化噪声是不可避免的,但噪声的总功率是一定的。因此,增大采样频率f_s,叠加在有效信号上的噪声就越小,选用过采样技术用ADC的速度换取精度,提高ADC的分辨率。

根据参考电压V_{REF}与STM32F103的ADC位数12位能够确定ADC的最小分辨率,即量化电平为

$$\Delta = \frac{V_{REF}}{2N} \tag{9-20}$$

量化样本$\hat{x}[n]$与样本真值$x[n]$之差为量化误差,即

$$e[n] = \hat{x}[n] - x[n] \tag{9-21}$$

量化器中的量化阶通常是均匀的,输出的样本值被舍入到最接近的量化电平上,即

$$-\frac{\Delta}{2} < e[n] < \frac{\Delta}{2} \tag{9-22}$$

将$e[n]$看作$-\frac{\Delta}{2} \sim \frac{\Delta}{2}$上的随机变量,则其方差为

$$\sigma_e^2 = \int_{-\frac{\Delta}{2}}^{\frac{\Delta}{2}} e^2 \frac{1}{\Delta} de = \frac{\Delta^2}{12} \tag{9-23}$$

对于一个N位的量化器,若满幅值为A_m,噪声的方差即功率为

$$\sigma_e^2 = \frac{2^{-2(N-1)} A_m^2}{12} \tag{9-24}$$

信噪比可定义为信号功率与噪声功率之比,即

$$SNR = 10\lg\left(\frac{\sigma_s^2}{\sigma_e^2}\right) = 10\lg \frac{12 \times 2^{-2(N-1)} \sigma_s^2}{A_m^2} \tag{9-25}$$

$$= 6.02N + 4.77 - 20\lg\left(\frac{A_m}{\sigma_s}\right) \tag{9-26}$$

由此可知,降低噪声的功率即可提信噪比。假设以上采样是以f_s的采样率进行的,如果使用过采样技术,令R为过采样率,当以$f' = Rf_s$进行采样时,输出端噪声的功率变为

$$\varepsilon(\sigma_e^2) = \frac{1}{2\pi}\int_{-\pi}^{\pi} \frac{\sigma_e^2}{R} d\omega = \frac{\Delta^2}{12R} \tag{9-27}$$

采样后的信噪比变为

$$SNR = 10\lg\left[\frac{\varepsilon(\sigma_s^2)}{\varepsilon(\sigma_e^2)}\right] = 10\lg\left[\frac{12 \cdot 2^{-2(N-1)}\sigma_s^2}{A_m^2} \cdot R\right] \tag{9-28}$$

$$= 6.02N + 4.77 + 10\lg R - 20\lg\left(\frac{A_m}{\sigma_s}\right) \tag{9-29}$$

由此可知，过采样率每提高 4 倍相当于提高了 1 位 ADC 分辨率。同时，提高 ADC 精度可以降低对抗混叠滤波器的要求。

设置 ADC 的采样频率为 40 kHz，与两路激励信号频率 2.5 kHz 与 5 kHz 相比，满足奈奎斯特采样定理条件；在解调后进行下抽，得到过采样频率提高分辨率。同时，由于要采集两路信号，要在 adc.c 中对通道数目、采样时间做出设置，有关程序如下：

```
/* ADC1 设置 * /
ADC_InitStructure.ADC_Mode = ADC_Mode_Independent;
ADC_InitStructure.ADC_ScanConvMode = DISABLE ;
ADC_InitStructure.ADC_ContinuousConvMode = ENABLE;
ADC_InitStructure.ADC_ExternalTrigConv  = ADC_ExternalTrigConv_None;
ADC_InitStructure.ADC_DataAlign = ADC_DataAlign_Right;
ADC_InitStructure.ADC_NbrOfChannel = 1;
ADC_Init(ADC1, &ADC_InitStructure);
RCC_ADCCLKConfig(RCC_PCLK2_Div6);
ADC_RegularChannelConfig(ADC1, ADC_Channel_0, 1, ADC_SampleTime_1Cycles5);
```

(4)高速锁相解调

根据上述设计，采用 40 kHz 的采样频率对脉搏波数据进行采样，采样所得数据量较大，如果直接进行锁相解调运算量较大。这里采用高速锁相解调算法，具体原理如下：当采样频率为信号频率的 $4n$ 倍时，正交互相关计算中的乘法运算全部消除，只由加减法运算就可实现互相关运算，大大降低运算量，保持算法的高速性。同时，锁相放大是以相干检测技术为基础，利用参考信号频率与输入信号频率相关而与噪声信号不相关，从而从背景噪声中提出有用的信号，提高信噪比。脉冲幅度调制信号如图 9-42 所示。

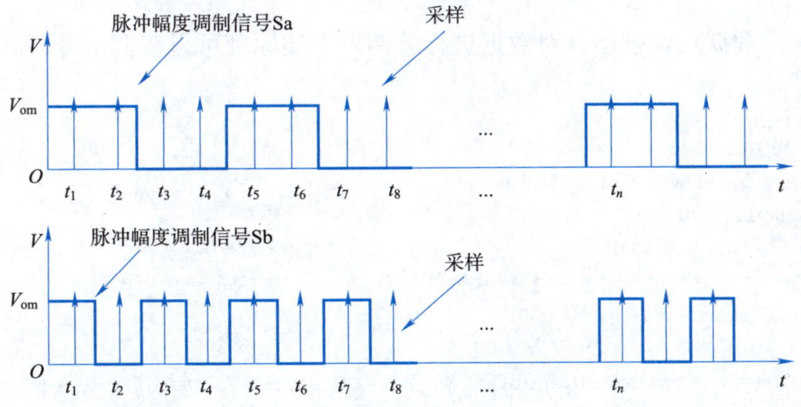

图 9-42　脉冲幅度调制信号

假设在 t_1 时刻采集的信号为 V_1，t_2 时刻采集的信号为 V_2，……，则对两路调制信号 V_{Sa}、V_{Sb} 有：

$$
\begin{aligned}
V_{Sa1} &= V_1 + V_3 - V_2 - V_4 \\
V_{Sb1} &= V_1 + V_2 - V_3 - V_4 \\
V_{Sa2} &= V_5 + V_7 - V_6 - V_8 \\
V_{Sb2} &= V_5 + V_6 - V_7 - V_8 \\
&\cdots \\
V_{Sai} &= V_{4i-3} + V_{4i-1} - V_{4i-2} - V_{4i} \\
V_{Sbi} &= V_{4i-3} + V_{4i-2} - V_{4i-1} - V_{4i}
\end{aligned}
\tag{9-30}
$$

两路波每采样 16 个点下抽为一个点，解调 32 次就向上位机发送一次数据，因此得到发送信号的频率为 40 kHz ÷ (16 × 32) = 78.125 Hz，相当于下采样率为 512，提高了 4.5 位分辨率。既减轻了上位机运算量，加快了运行速度，同时此频率大于要求的截止频率 20 Hz 的近 4 倍，对信号的完整性不会造成影响。采样算法流程图如图 9-43 所示。

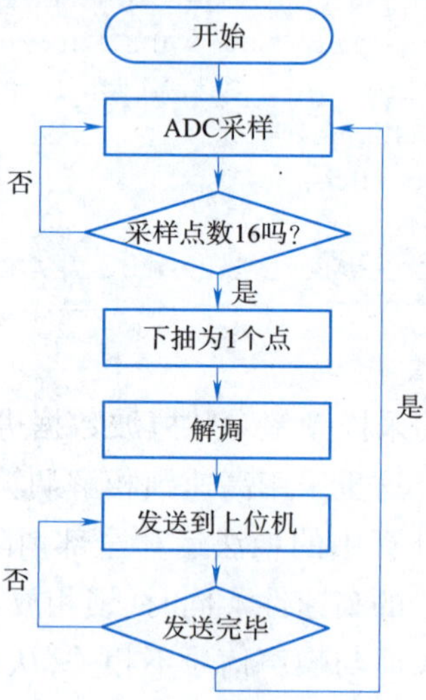

图 9-43　采样算法流程图

每 16 个采样数据点经过运算对数据进行解调以上述原理可得解调信号，程序如下：

```
uint8_t ADC_BufferNum = 0;
uint32_t PPG1,PPG2;
int ADC_SampleValueBuffer2[16] = {0};
int DownsamplingNum = 0;
//以上为变量定义，写在最前
/************************ 接激励信号后*****************/
if(ADC_BufferNum > =16)
{
PPG1 + = abs(ADC_SampleValueBuffer2[0] + ADC_SampleValueBuffer2[1]
 + ADC_SampleValueBuffer2[2] + ADC_SampleValueBuffer2[3] + ADC_SampleValueBuffer2[4]
 + ADC_SampleValueBuffer2[5] + ADC_SampleValueBuffer2[6] + ADC_SampleValueBuffer2[7]
```

```
-ADC_SampleValueBuffer2[8] - ADC_SampleValueBuffer2[9] -ADC_SampleValueBuffer2[10]
-ADC_SampleValueBuffer2[11] -ADC_SampleValueBuffer2[12] -ADC_SampleValueBuffer2[13]
-ADC_SampleValueBuffer2[14] -ADC_SampleValueBuffer2[15]) +abs(ADC_SampleValueBuffer2[0]
+ ADC_SampleValueBuffer2[1] + ADC_SampleValueBuffer2[2] + ADC_SampleValueBuffer2[3]
-ADC_SampleValueBuffer2[4] -ADC_SampleValueBuffer2[5] -ADC_SampleValueBuffer2[6]
-ADC_SampleValueBuffer2[7] -ADC_SampleValueBuffer2[8] -ADC_SampleValueBuffer2[9]
-ADC_SampleValueBuffer2[10] -ADC_SampleValueBuffer2[11] + ADC_SampleValueBuffer2[12]
+ ADC_SampleValueBuffer2[13] + ADC_SampleValueBuffer2[14] + ADC_SampleValueBuffer2[15]);
PPG2 + =abs(ADC_SampleValueBuffer2[0] + ADC_SampleValueBuffer2[1]
+ ADC_SampleValueBuffer2[2] + ADC_SampleValueBuffer2[3] -ADC_SampleValueBuffer2[4]
-ADC_SampleValueBuffer2[5] -ADC_SampleValueBuffer2[6] -ADC_SampleValueBuffer2[7])
+abs(ADC_SampleValueBuffer2[0] + ADC_SampleValueBuffer2[1]
-ADC_SampleValueBuffer2[2] -ADC_SampleValueBuffer2[3] -ADC_SampleValueBuffer2[4]
-ADC_SampleValueBuffer2[5] + ADC_SampleValueBuffer2[6] + ADC_SampleValueBuffer2[7])
+abs(ADC_SampleValueBuffer2[8] + ADC_SampleValueBuffer2[9] + ADC_SampleValueBuffer2[10]
+ ADC_SampleValueBuffer2[11] -ADC_SampleValueBuffer2[12] -ADC_SampleValueBuffer2[13]
-ADC_SampleValueBuffer2[14] -ADC_SampleValueBuffer2[15]) +abs(ADC_SampleValueBuffer2[8]
+ ADC_SampleValueBuffer2[9] -ADC_SampleValueBuffer2[10] -ADC_SampleValueBuffer2[11]
-ADC_SampleValueBuffer2[12] -ADC_SampleValueBuffer2[13] + ADC_SampleValueBuffer2[14]
+ ADC_SampleValueBuffer2[15]);

DownsamplingNum++;
```

(5)数据发送

在发送采样数据时,通过分组发送防止数据量过大而丢失。对于 32 组数据,再分为 4 组数据,由于数据变化缓慢,因此分为中间 16 组数据与后 8 组数据进行发送如图 9-44 所示。

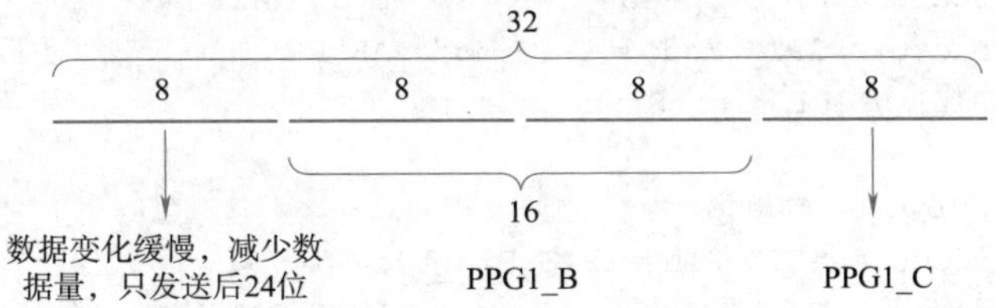

图 9-44　数据发送示意图

主函数中有关程序如下:

```
if(DownsamplingNum > =32)
{
    PPG1_B=PPG1 > > 16;
    PPG1_C=PPG1 > > 8;
    PPG1_D =   PPG1 & 0xff;
    PPG2_B=PPG2 > > 16;
    PPG2_C=PPG2 > > 8;
    PPG2_D =   PPG2 & 0xff;
    USART_SendData(USART1,PPG1_B);
    USART_SendData(USART1,PPG1_C);
    USART_SendData(USART1,PPG1_D);
```

```
USART_SendData(USART1,PPG2_B);
USART_SendData(USART1,PPG2_C);
USART_SendData(USART1,PPG2_D);
USART_SendData(USART1,0xaa);          //标志位
PPG1 =0;
PPG2 =0;
DownsamplingNum =0;
}
ADC_BufferNum =0;
}
```

同时,需要在 usart. c 的文件下进行相关匹配设置。此处为部分初始化程序,规定了通信协议:8 位数据位,1 位停止位(0xaa),无奇偶校验位。这对后续编写上位机的通信协议非常重要。相关程序如下:

```
void uart_init(u32 bound)
{
  //GPIO 端口设置
  GPIO_InitTypeDef GPIO_InitStructure;
    USART_InitTypeDef USART_InitStructure;
    NVIC_InitTypeDef NVIC_InitStructure;
    RCC_APB2PeriphClockCmd(RCC_APB2Periph_USART1 |RCC_APB2Periph_GPIOA, ENABLE);
                                                          //使能 USART1,GPIOA 时钟

  //USART1_TX   GPIOA.9 初始化
    GPIO_InitStructure.GPIO_Pin =GPIO_Pin_9;                //PA.9
    GPIO_InitStructure.GPIO_Speed =GPIO_Speed_50 MHz;
    GPIO_InitStructure.GPIO_Mode =GPIO_Mode_AF_PP;          //复用推挽输出
    GPIO_Init(GPIOA, &GPIO_InitStructure);                  //初始化 GPIOA.9

  //USART1_RX  GPIOA.10 初始化
    GPIO_InitStructure.GPIO_Pin =GPIO_Pin_10;               //PA10
    GPIO_InitStructure.GPIO_Mode =GPIO_Mode_IN_FLOATING;    //浮空输入
    GPIO_Init(GPIOA, &GPIO_InitStructure);                  //初始化 GPIOA.10

  //USART1 NVIC 配置
    NVIC_InitStructure.NVIC_IRQChannel =USART1_IRQn;
    NVIC_InitStructure.NVIC_IRQChannelPreemptionPriority =3 ;       //抢占优先级 3
    NVIC_InitStructure.NVIC_IRQChannelSubPriority =3;               //子优先级 3
    NVIC_InitStructure.NVIC_IRQChannelCmd =ENABLE;                  //IRQ 通道使能
    NVIC_Init(&NVIC_InitStructure);//根据指定的参数初始化 VIC 寄存器

//USART 初始化设置
    USART_InitStructure.USART_BaudRate =bound;                      //串口波特率
    USART_InitStructure.USART_WordLength =USART_WordLength_8b;
//字长为 8 位数据格式
    USART_InitStructure.USART_StopBits =USART_StopBits_1;           //1 位停止位
    USART_InitStructure.USART_Parity =USART_Parity_No;              //无奇偶校验位
```

```
USART_InitStructure.USART_HardwareFlowControl = USART_HardwareFlowControl_None;
                                                        //无硬件数据流控制
USART_InitStructure.USART_Mode = USART_Mode_Rx | USART_Mode_Tx;//收发模式

  USART_Init(USART1, &USART_InitStructure);             //初始化串口 1
  USART_ITConfig(USART1, USART_IT_RXNE, ENABLE);        //开启串口接收中断
  USART_Cmd(USART1, ENABLE);                            //使能串口 1

}

/* 发送数据* /
void UART1_Send_Array(unsigned char send_array[],unsigned char num)
{
        unsigned char i =0;
        while(i)
        {
                USART_SendData(USART1,send_array[i]);
                while( USART_GetFlagStatus(USART1,USART_FLAG_TC)! = SET);
                i ++;
        }
}
```

9.4.3 基于 LabVIEW 的上位机设计

1. 总体设计

将从单片机发送到上位机的信号接收并转化为十进制数,使用数字滤波器得到两路信号并在前面板显示,计算得到血氧饱和度,同步动态显示在前面板。系统框图如图 9-45 所示。

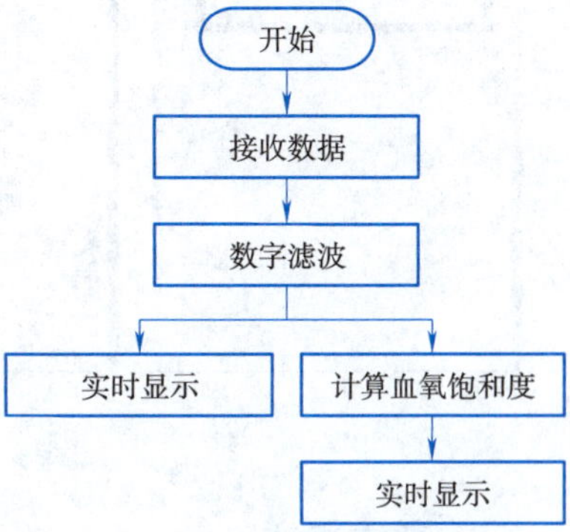

图 9-45　LabVIEW 程序系统框图

2. 信号接收

在 LabVIEW 中,调用 VISA Configure Serial Port 子 VI 进行串口配置,读取 STM32 向计算机发送的数据,其中的数据比特、波特率等要与单片机程序配置相同,如图 9-46 所示。通过队列操作函数传输信号。在 VISA 读取资源后,通过元素入队列在队列的后端添加新读取的函数,并在队列前端输出,读取过程即是一个的状态机,由 while 循环函数与 case 结构组成,while 循环保证状态机的连续运行,case 结构对应了“真”与“假”两种状态,即“真”状态时对应的布尔量为 T,“假”状态时对应的布尔量为 F,在前面板通过指示灯显示。

使用元素出队列将数据发送到数据处理的状态机中,由于在单片机中定义了发送数据的标志位是 0xaa,即十进制中的 170。根据通信协议,这 170 位数据是分成 7 组发送的。第 2 ~4 组为一路脉搏波的信号,第 5 ~7 组为另一路脉搏波信号。将数据依照信号发送时序分存入两个数组,此时的两路信号且均为十六进制数,要根据 3.4.5 中的协议进行解调,将其分离并转化为十进制数据进行滤波处理。每组的 24 位数据被分为了高 16 位,高 8 位和低 8 位,因此只

需依次将三部分的数据左移 16 位(乘 65 536),左移 8 位(乘 256)和保持不变,再将它们线性组合起来,就可以完成从十六进制向十进制数的转换。转换完成的数据存入 PPGa 和 PPGb 两个数组中,方便后续滤波和显示时调用,如图 9-47 所示。

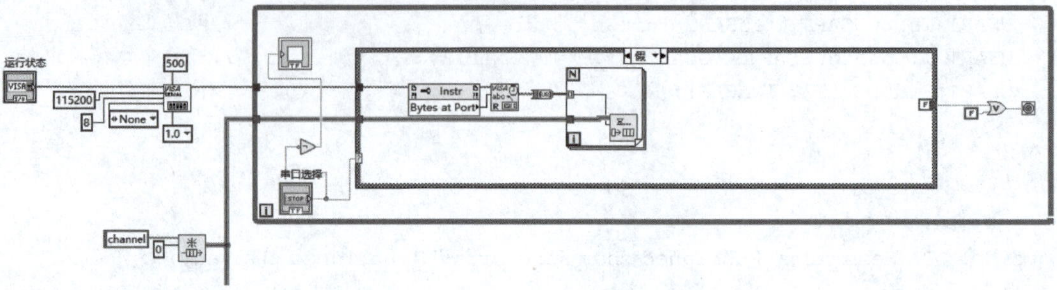

图 9-46 VISA 资源名称参数配置

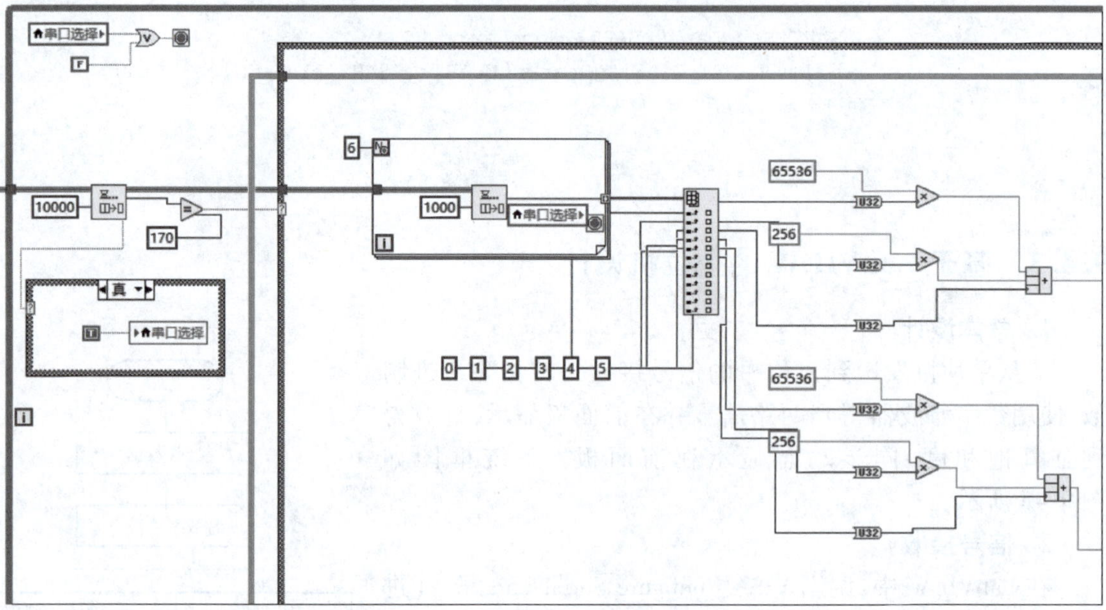

图 9-47 信号分离及进制转换

3. 数字滤波

在滤波器的选择上,为了得到准确的脉搏波波形,使用巴特沃斯滤波器(见图 9-48),这种滤波器具有通带内响应平坦的特性。参考在 MATLAB 上位机设计时的参数选择,分别在信号后接一个 6 阶 5 Hz 巴特沃斯低通滤波器,和一个 2 阶 0.5 Hz 巴特沃斯高通滤波器。并在滤波后显示两路波形。

4. 血氧饱和度的计算

根据血氧饱和度测量原理,只需提取两路脉搏波信号的峰值与谷值高度,利用修正后的公式和文献报道的参数计算即可得到血氧饱和度数据。但文献中的参数未必适用于所有仪器,因此需要对测试仪器进行标定和校准,或是修正参数。线上可行的两种方案:(1)选用现有的指夹式脉搏血氧仪产品获得血氧饱和度的参考值;(2)用血氧模拟仪产生标定的血氧饱和度对自制仪器进行标定。考虑到测试成本,选择前者方案,即用现有的脉搏血氧仪对自制产品进行标定。

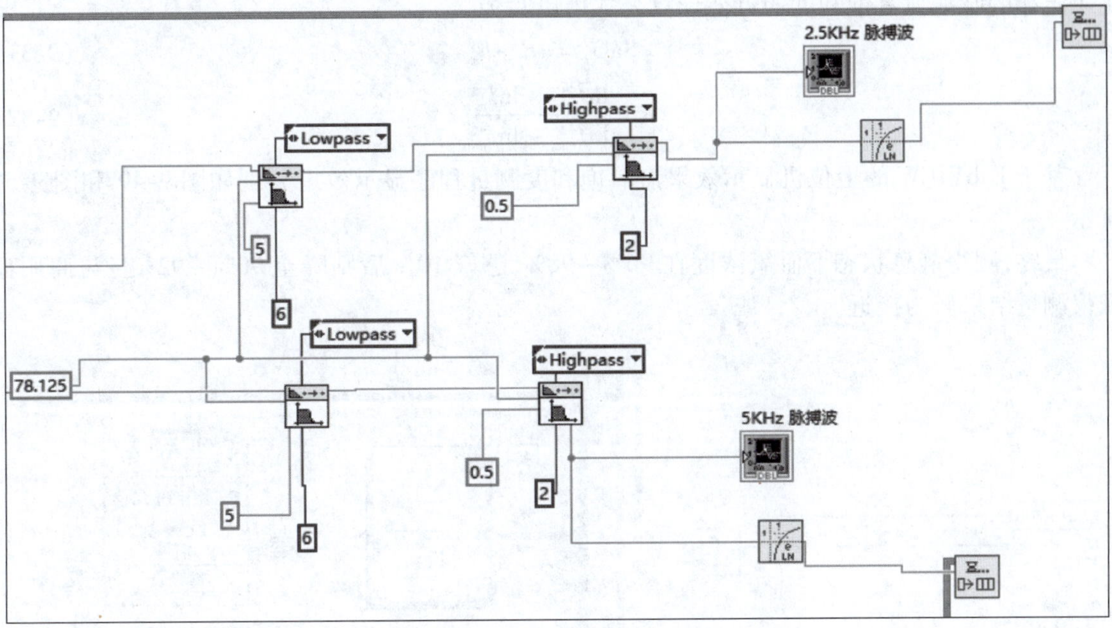

图 9-48　数字巴特沃斯滤波器

现有脉搏血氧仪产品是利用一定数量的光电脉搏波计算 R 值和血氧饱和度值,即显示结果滞后于血氧饱和度值的变化。因此,根据血氧饱和度参考值随时间变化的曲线,选择血氧饱和度发生改变的时刻为起点,向前截取一定数量的对数光电脉搏波,求该段对数光电脉搏波的峰值和谷值的平均值,作为该血氧饱和度参考值对应的自变量。

实验中,同时让受试者的食指与中指分别佩戴自制脉搏血氧仪和商用脉搏血氧仪(MD300C316),记录商用脉搏血氧仪测得的血氧饱和度和自制产品测得的脉搏信号峰值与谷值。由双波长脉搏信号的两组峰值、谷值计算 R 值,再建立 R 值与血氧饱和度参考值之间的线性回归预测模型,见表 9-3。

表 9-3　R 值与血氧饱和度参考值之间的线性回归预测模型

序　号	R	SaO_2	a	b
1	0. 977	0. 966 8	−0. 179 6	1. 142 3
2	0. 951	0. 987 0	−0. 171 6	1. 150 2
3	0. 941	0. 979 5	−0. 169 2	1. 138 7
4	0. 973	0. 975 2	−0. 174 4	1. 144 9
5	0. 851	0. 995 5	−0. 171 3	1. 141 3
6	0. 933	0. 976 1	−0. 173 1	1. 137 6
7	0. 985	0. 968 5	−0. 174 3	1. 140 2
8	0. 878	0. 978 5	−0. 180 3	1. 136 8
平均值	0. 936		−0. 174 2	1. 141 5

使用配置采样压缩每 40 个采样值取其最大值与最小值(LabVIEW 程序设计中则直接使用 Express VI 提取峰峰值),每得到 40 个最大值和 40 个最小值各进行一次均值计算,基于朗伯-比尔定律的脉搏血氧饱和度的近似计算公式可以写为

$$\mathrm{SaO_2} = aR + b \tag{9-31}$$

$$R = \frac{\ln I_{\max}^{\lambda_1} - \ln I_{\min}^{\lambda_1}}{\ln I_{\max}^{\lambda_2} - \ln I_{\min}^{\lambda_2}} \tag{9-32}$$

基于 LabVIEW 的上位机显示效果血氧饱和度测量程序显示效果分别如图 9-49 和图 9-50 所示。

最终,测得静息状态下血氧浓度在 96% ~ 98%,憋气 10 s 后则降至 90% ~ 92%。与商用血氧仪测量结果较为接近。

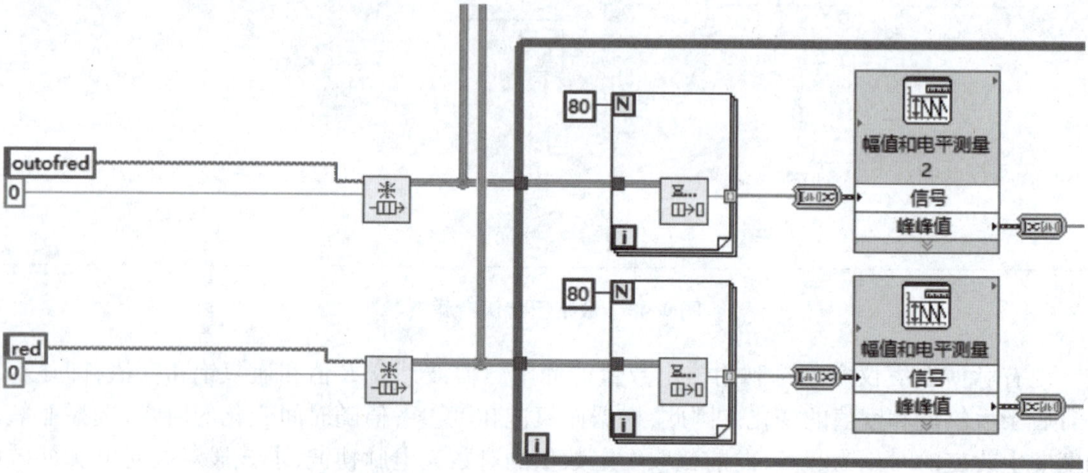

图 9-49　血氧饱和度测量程序

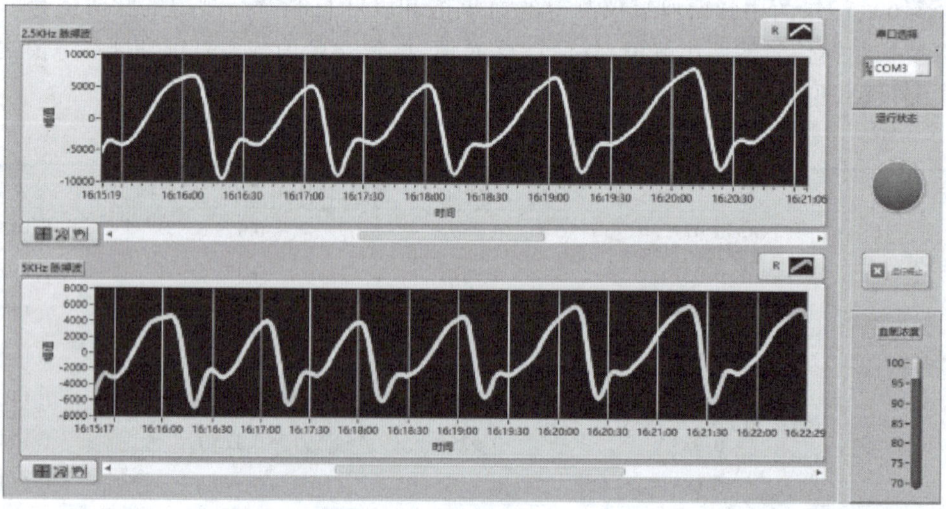

图 9-50　基于 LabVIEW 的上位机显示效果

习 题

简答题

(1)在一个应用系统中,单片机与嵌入式系统的作用是什么?

(2)绝大多数的应用系统具有测量系统,在测量系统中对模拟电路的要求是什么? ADC 起的作用是什么? 如何选择 ADC?

(3)在自动控制系统中,测量也是必不可少的。自动控制系统的控制精度与控制速度等主要指标与模拟电路、ADC 有什么关系?

(4)单片机与嵌入式系统的性能与应用系统的需求有何关系? 据此如何具体选择单片机与嵌入式系统的类型和型号?

(5)一个应用系统的功能与性能千差万别,不仅与字长、速度和存储器密切相关,还有更多深层次、多因素关联的问题,如程序与数据存储器(空间)的大小,供电电源的容量与可靠性,器件成本与开发成本(包括器件成本和研发时间),未来的升级方式等,请尽可能详细列出你能够想到的问题。

(6)在单片机与嵌入式系统中不仅要做简单的判断和控制,而是要进行更多、更恰当、更巧妙(准确、快速和少占存储空间)的数字信号处理,你对此的理解是什么?

(7)我们知道:学以致用。理解不难,怎么做到却很难:如果不会(能)用,你说自己已经学过只会"露怯",国家和社会并不会因此而"谅解"你,也不会因为有些知识没有"学过"而认可你。请对此给出你的看法。

附录 A　图形符号对照表

图形符号对照表见表 A-1。

表 A-1　图形符号对照表

名称	国家标准的画法	软件中的画法
发光二极管		
二极管		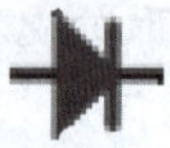
晶振	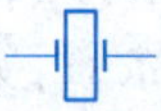	
按钮开关		
接地		
电阻器